稳敏兼顾

Balancing Stability and Agility: Solutions for Local Technology Organizations in the Digital Age

数字化研发管理实战

熊小龙 吴 穹 刘雨哲 等◎著

人民邮电出版社

北京

图书在版编目（CIP）数据

稳敏兼顾 : 数字化研发管理实战 / 熊小龙等著.
北京 : 人民邮电出版社，2025. -- ISBN 978-7-115
-66222-4

Ⅰ．TP311.52

中国国家版本馆 CIP 数据核字第 2025KN6336 号

内 容 提 要

本书全面探讨软件研发领域数字化管理的策略与实践，涵盖从数字化转型的必要性、实施步骤到效果评估的全过程。本书分 9 篇，共 19 章，第一篇介绍为什么转型和核心管理概念，帮助读者寻找问题出在哪里，出路又在哪里；第二篇聚焦组织战略，探索如何构建高效团队及明确战略定位和目标；第三篇讲解研发过程，强调需求层级体系、产品研发过程和团队协作；第四篇讨论人才体系，聚焦如何做到把工作目标和能力提升相结合，提供测试行会和效能行会的建设和运营；第五篇介绍度量体系，既有"多""快""好""赞"的体系，又有案例、实践误区、深入思考点；第六篇谈到整合管理，从敏捷项目管理与版本火车的视角，串联完整的研发过程管理；第七篇从引导技术的视角帮助转型者清除转型中的障碍，让转型在组织中传播更容易，效果更理想；第八篇介绍硬核技术，帮助读者在技术上做好基本功，为软件研发保驾护航；第九篇提供方法论指导和案例参考，帮助读者构建自己的规模化转型路径。

本书兼顾理论、实践和案例，书中不仅提供了丰富的真实案例，帮助读者深入理解软件研发数字化管理的实施与评估方法，还详细阐述了规模化转型的完整路径，指导读者根据自身实际情况构建适合自己的转型方案。本书既适合企业管理者、转型顾问和敏捷教练等需要全面了解软件研发领域的相关人员阅读，也适合在研发组织中工作的技术人员、项目经理、人力资源管理者等阅读。

◆ 著　　　　熊小龙　吴　穹　刘雨哲　等
　　责任编辑　杨海玲
　　责任印制　王　郁　胡　南

◆ 人民邮电出版社出版发行　　北京市丰台区成寿寺路 11 号
　　邮编　100164　　电子邮件　315@ptpress.com.cn
　　网址　https://www.ptpress.com.cn
　　大厂回族自治县聚鑫印刷有限责任公司印刷

◆ 开本：800×1000　1/16
　　印张：25　　　　　　　　　　　2025 年 4 月第 1 版
　　字数：550 千字　　　　　　　2025 年 4 月河北第 1 次印刷

定价：119.80 元

读者服务热线：(010)81055410　印装质量热线：(010)81055316
反盗版热线：(010)81055315

序　一

在生成式AI、区块链、物联网与5G等前沿技术的驱动下，全球经济正迈入一个全新的数字化时代。每家企业都面临着重新定义自身的挑战。尤其在银行业，数字化转型已不再是锦上添花，而是生存与发展的必然选择。从数据驱动的精准营销到智能风控，再到全渠道客户体验优化，每个环节都离不开技术的深度参与。我相信此刻，我们正在目睹一个全新的经济范式：技术不仅是支持业务的系统，更是推动价值创造和客户体验的原动力。这种"科技即业务"的模式不仅改变了银行的服务形态，更彻底重塑了管理的逻辑。

然而，技术的快速演进也带来了前所未有的管理复杂性。很多企业大力提倡新技术的应用，往往忽略了与之配套的管理体系创新建设。面对不断加剧的市场竞争与越来越快的技术迭代，传统的管理方法已无法满足数字化时代的需求。管理不再是单纯的流程优化和资源配置，现在管理要求组织具有动态调整能力，这是一场全新的考验。

今年，我特地走访了大量制造业企业，与一线的管理者、工程师深入交流，与其探讨他们在研发、生产和供应链管理上的创新实践。制造业作为现代工业体系的基石，经过数十年的技术积累与实践沉淀，在流程优化、质量控制、资源配置等方面有着系统性的方法论。我希望通过学习这些先进的思想，找到启发银行研发管理优化的关键路径。制造业的精益生产理念、端到端的价值链管理与系统化的度量方法，与本书所倡导的数字化研发管理的理念可谓不谋而合。这本书正是一部从数字化视角系统阐释研发管理的力作。它为我们提供了应对复杂性与不确定性的全新框架，并在诸多方面与我在走访制造业的过程中对得到的信息的思考有诸多契合之处。例如，制造业中的"柔性生产"与本书提出的"双模矩阵"有着异曲同工之妙。前者通过灵活的资源配置快速响应市场需求，而后者则将稳态与敏态并行的管理模式引入研发管理中，为银行业等知识密集型行业提供了创新思路——如何在确保核心业务稳定运行的同时，通过敏捷化的探索团队快速捕捉市场机遇。这种"稳"与"快"的动态平衡，不仅是一种管理技术，更是一种战略智慧。

另一个让我深入思考的是书中关于"效能教练"的讨论。德鲁克曾指出："你无法管理看不见的东西。"在数字化研发环境中，团队效能往往是隐藏的，难以被直接观察和衡量，而效能教练作为一种关键角色，通过数据驱动与反馈机制，让管理者得以洞察团队的运行状况，从而实现对效能的科学提升。这种管理方式不仅是对传统"监督-控制"模式的突破，更是对组织自治与创新能力的赋能。

　　作为从事金融科技30年的一名"老兵"。我深刻感受到数字化转型的每一步都是挑战与机遇并存。它需要的不仅是先进的技术，更是与之匹配的管理理念。本书为此提供了一个系统而深刻的指引，帮助我们在迷雾中找到前行的方向。

　　希望这本书能够启发更多企业管理者将数字化管理的思想融入实践，在数字化浪潮中急流勇进。

徐彤
恒丰银行首席信息官

序 二

在金融科技的不断演进中，商业银行正站在一个历史性的转折点上。随着人工智能和大模型技术的突破性进展，银行的服务、内部管理及风险控制都在经历着深刻的变革。金融科技的角色已经从传统的效率提升工具，转变为引领业务模式和服务方式变革的核心驱动力。这本书正是为那些站在这场变革前线的管理者和技术人量身打造的，旨在帮助他们应对技术与市场的复杂性，开发出更友好、更智能的应用系统。

"数智化"转型不是技术的简单应用，而是一个涉及多方面变革的复杂过程。首先，从架构设计层面来看，随着系统复杂性的不断增加，科技团队必须运用先进的理论和方法，如微服务架构、分布式数据库、云计算等，为构建高效、可扩展的系统提供可能，但由此也大幅提升了资源管理、应用协同、运维监控等方面的复杂性。其次，数据治理和规划成为智能化转型的关键一环。在大数据时代，数据的价值不言而喻，有效的数据治理是实现数据价值最大化的前提，也是保障信息质量的关键。因此，商业银行必须建立完善的数据管理体系，确保数据的准确性、完整性和安全性。

在积极拥抱技术升级、满足客户多样性需求、适应市场迅速变化的过程中，项目管理的专业性是不可忽视的。商业银行需要进行组织文化的重塑，提升员工的认知水平，并调整人才结构以适应智能化的发展趋势。这涉及从理念转变，到组织变革，再到员工技能更新等诸多方面的挑战。项目管理需要更加注重敏捷性、灵活性和可交付性，以确保项目的顺利进行和目标的达成。

上海银行自2015年起便开始了规模化敏捷和数字化研发管理的探索。从初步尝试到全面实施，上海银行经历了从"萌芽探索"，到"试点成型"，再到"全面覆盖"的演进过程。在这一过程中，上海银行深刻认识到敏捷转型不仅是开发实践的变革，更是管理机制、流程制度和工具的全面更新。此外，上海银行还引入了研发过程数据支撑管理，以提升生产力，优化生产关系，更好地适应数字化、智能化转型带来的生产力变化。在构建组织、数据基建、节奏迭代和度量驱动四大方面，上海银行已经成为一个能稳定、自主、持续进化的组织。根据持续改进理论，这种稳定、自主、持续进化是组织持续发展和适应环境变化的关键。

与这本书中提及的管理理念相呼应，上海银行通过与Agilean等合作伙伴的合作，构建了业务对齐的自主改进单元，梳理了角色体系，形成了端到端的管理信息架构，建立了需求优选和稳定的统一月版排期机制等。这些措施的实施为上海银行在组织架构、角色体系、需求体系、排期机制和度量体系等方面提供了强有力的支撑，也为上海银行数字化转型奠定了坚实的基础。这些措施有助于构建一个协调一致、高效运作的组织系统。

　　商业银行的“数智化”转型是一个复杂而多维的过程，需要科技团队在架构设计、数据治理、项目管理等多个方面进行全面升级。这本书中的深刻洞察和实践指导，为商业银行的研发管理者和技术人员提供了方法指导和实践参考。随着技术的不断进步和市场的不断变化，这本书将成为他们不可或缺的伙伴，推动银行业务的持续创新和发展。

胡德斌

上海银行副行长兼首席信息官

序　三

随着人工智能浪潮来袭，内外部环境的变化越来越快，企业的科技成分也随之提升，如何快速响应变化，同时保障交付质量，建立"以稳优先，稳敏兼顾"的交付体系，是金融企业面临的巨大挑战。在金融企业中，软件架构设计和系统研发是一项非常复杂的活动，尤其是在大团队、多人协作的组织中，其难度更是不言而喻。与传统的制造业的活动管理不同，软件研发中的浪费和需求交付中的拥堵往往隐蔽而难以观测。因此，如何有效管理软件研发过程，提升研发效能，成了我们面临的一大难题。

行业内，一拨儿接一拨儿的创新方法论能够让团队开阔视野。企业在拥抱变化时，稳定运营是前提。如何让企业在创新过程中既稳定中后台，又不影响创新的速度，是企业迫切需要解决的问题。如何让稳定中后台与保持创新速度融合并进，让技术债偿还与创新这两驾马车共同推动企业进步，是企业一直在持续探索和实践的。这本书从实践出发提出了"双模矩阵"和"产品部落"等概念，内容涵盖了从组织战略到研发过程、从人才体系到度量体系等多个层面，为科技管理者提供了一套完整的工具箱。这本书来源于实践又高于实践，我觉得它能够让管理者受到启发，并能使其结合自身企业的特点落实应用。

数字化转型不仅是技术实践和管理实践的升级，更是组织文化、理念的一次深刻变革。尽管我们深知管理场景极为复杂，但"他山之石，可以攻玉"，只要吸收内外部方法论，适配企业自身情况进行推动和推广，必定会增强企业数字化转型的信心。

在实际工作中，我深刻体会到，数字化管理的核心在于数据的收集、分析和应用。这本书不仅提供了数字化研发管理的理论框架，更重要的是，它还通过实战案例展示了如何将数据转化为决策的依据，如何通过数据驱动改进，提升研发效能。这些案例覆盖了从需求管理到版本控制，从测试自动化到持续集成/持续部署（CI/CD）等多个方面，为银行等金融机构的科技部门提供了宝贵的参考。

此外，这本书中对于敏捷转型的深入探讨也为我们提供了新的视角。在银行这样的高度监管和风险敏感的组织中，敏捷转型不仅是开发方法的变革，更是对整个组织运作方式的重新思考。如何保障安全、合规和市场敏捷性，如何确保在快速变化的市场中保持竞争力，这些问题在这本书中都得到了充分的解答。

总之，这是一本不可多得的实战手册，它不仅能够帮助我们理解数字化研发管理的深层逻辑，还能够指导我们在实际工作中应用书中介绍的理念和方法，实现科技组织的数字化转型。

希望这本书能够帮到科技组织中正在寻求创新和改进的管理者和技术人员。

李怀根

广发银行首席信息官

序　四

近20年来互联网高速发展，企业的业务与科技已深度融合，从科技的简单支撑到科技赋能业务，再到科技的部分引领，甚至"科技即业务"。随之而来的是，科技人员渐渐成为组织的重要组成部分，有的大企业的科技人员达万人之多，千人规模为常态，如何有效管理这些天之骄子，使其得以持续为企业提供竞争优势，是企业需要思考的问题。

Agilean公司根据自己10余年的咨询和协同产品知微的打造经历，和Adapt社区成员共同提出软件研发数字化管理理念，并通过本书呈现给读者。本书包括核心概念、组织战略、研发过程、人才体系、度量体系、整合管理、引导技术、技术工具和规模化等9篇共19章。由于篇幅有限，有些章节做了简化，如引导技术篇，因为这方面的专业图书已很多，本书仅融合部分关键内容，以表达软件研发数字化管理离不开方方面面的知识。

之所以聚焦软件研发数字化管理，是因为近10年来科技人员数量增长迅速，很多企业的科技人员在几年之内成倍增长，这给管理层带来了巨大的压力，以往的管理方法论和工具面临新的挑战，如何管理这类资金密集型、人才密集型、技术密集型组织是一个新的话题。在以往的管理方法论中，在纵向领域均有所突破，软件研发数字化管理系统融入了各种优秀的理念并加以提升和细化，不再简单地提易变性（volatility）、不确定性（uncertainty）、复杂性（complexity）、模糊性（ambiguity），即VUCA，而是精心地设计确定性管理和不确定性管理，并使用不同的方式将其融入设计中。在组织战略篇中，我们开创性地提出"双模矩阵"，通过稳态与敏态和刻意设计的快与慢，结合组织人才、成本现状组建最优团队，从实际出发，该科学的地方科学，该创新的地方应用创新方法，让组织常规运行管理和创新管理有序推进。

本书提供了一整套从理论到实践的系统化方案，从探究组织运作的底层逻辑，到结合软技能和硬技能，通过组织人才落地研发过程，有机地整合各类实践，最后给出组织能力建设和规模化推广的路径。

本书的基础理论来源于Adapt且远超Adapt，因为我们把完整理论基础涉及的方方面面都融入本书。Adapt框架中涉及的实践也在持续演进中，主要围绕组织篇、战略篇、人才篇、角色篇、精益篇、需求层级体系篇、价值流篇、效能管理篇、架构篇、测试篇、项目篇、数据篇等展开。读者读完本书，对持续演进的Adapt框架会有更深刻的认识，相信也能认识到本书中的理论可以长久运用而不过时。我们相信，软件研发数字化管理不仅需要工具和方法，还需要思维方式和文化的转变。希望本书可以帮助读者理解和实践软件研发数字化管理，以适应不断变化的市场和技术环境，提高组织的竞争力和创新能力。

在不久的将来，几乎每个组织都将成为全面数字化组织，每个组织都将以软件和互联网为基石。我们相信，软件研发数字化管理将成为组织成功的关键因素之一。希望本书可以成为组织在软件研发数字化管理领域的优秀参考书，为组织带来成功和持续发展。

熊小龙　吴穹　刘雨哲
Agilean公司

前　　言

　　本书的诞生经历了一个漫长而充实的过程，从2022年年初构思，到中途有了新想法导致写作中断，再到2023年2月重新整理目录和确定出版目标，我们付出了无数个日夜的努力，经历了多次审稿和优化。本书终于与大家见面了！

　　本书的主题是软件研发数字化管理，它是当今组织中备受关注的话题之一。在这个"数字化时代"，组织必须不断适应变化，提高效率，以满足客户需求。本书旨在帮助组织理解和实施软件研发数字化管理的关键原则和实践方法，使其更快、更好地向客户交付价值。

　　在此，我们感谢各章的作者和曾经的内容贡献者，2022年版初稿的部分章节在本书中保留，也有部分章节因为各种原因被删减。同时，感谢行业内各种管理方法论的贡献者和在各个领域持续深耕的传播者，让我们有机会学习和吸收这些管理方法论；感谢我们曾经和现在的客户的支持，管理方法论的打磨离不开实践。

　　下面列出本书的作者、作者的职位和参与写作的主要章节。

作者	作者的职位	参与写作的主要章节
熊小龙	Agilean公司首席顾问	第3章、第17章、第18章
吴 穹	Agilean公司首席顾问	第1章、第2章、第4章
刘雨哲	Agilean公司高级顾问	第1章、第2章、第3章、第4章、第7章
雷晶晶	Agilean公司资深顾问	第5章
雷晓宝	Agilean公司资深技术顾问	第15章、第16章
章霞光	Agilean公司产研负责人	第7章、第16章
程 萃	Agilean公司首席顾问	第11章、第13章、第14章
陈泽荣	Agilean公司高级技术顾问	第16章
周小宁	Agilean公司高级顾问	第7章、第9章、第10章
鲍祎侥	Agilean公司资深顾问	第3章、第9章、第10章
孙伟娜	Agilean公司资深顾问	第3章、第10章
欧兰辉	Agilean公司资深顾问	第14章
尹学罡	Agilean公司资深顾问	第8章

续表

作者	作者的职位	参与写作的主要章节
苏瑜珠	Agilean公司产品经理	第6章
张棚粟	Agilean公司高级顾问	第3章、第12章
项文韬	Agilean公司资深顾问	第11章
蔡木心	Agilean公司系统架构师	第16章
曹　成	Agilean公司首席顾问	第19章
周　麟	某大型公司研发效能教练	第10章
李　静	Agilean公司高级顾问	第13章
王海浪	Agilean公司高级顾问	第5章
王远扬	Agilean公司财务经理	附录A（网上下载内容）
白　阳	Agilean公司商务经理	附录B（网上下载内容）

除了感谢以上作者，还要感谢本书第一稿任务单上共创文章的钱伟、魏猷君、李黄容、刘华志、乐宁霞、臧振、程鸣萱、郭镇霞等。此外，评审者未在表中一一列出，在此一并表示感谢。

本书的顺利出版离不开Agilean公司的大力支持。Agilean公司CEO程鸣萱授权大家可以利用工作时间进行写作，最终版权归个人所有。最后，感谢人民邮电出版社的编辑的认真审校，让本书得以高质量地呈现给读者。

本书无法做到面面俱到，读者可以通过阅读纵向领域的图书补充相关知识。希望本书对读者有所启发，欢迎读者通过Agilean公司的微信公众号（Agilean）或Adapt社区的微信公众号（Adapt规模化敏捷框架）反馈宝贵意见和建议。

祝阅读愉快，感谢读者的关注和支持！

目　　录

第一篇　核心概念篇

第二篇　组织战略篇

第三篇　研发过程篇

第四篇 人才体系篇

第五篇　度量体系篇

第六篇　整合管理篇

第七篇　引导技术篇

第八篇　技术工具篇

第九篇　规模化篇

第一篇

核心概念篇

　　在数字化转型的时代趋势之下，国内大型企业的研发团队规模不断扩大，一系列问题也随之产生。笔者及所在团队在帮助各个企业解决这些问题的过程中，不断累积经验，总结出了兼具可落地与可复制特性的方法论。为了帮助更多企业看到当前软件研发管理面临的困境、解决他们遇到的难题，我们从问题出发，以解决实际问题为导向，分享这些落地方法与实战经验。为了让读者能更准确地理解本书中阐述的方法论，本篇对这些方法论涉及的一些重要概念进行澄清。如果能借此帮助组织构建统一语言，降低研发协同过程的沟通成本，亦是乐事一桩。

　　第1章以大规模研发组织面临的普遍问题为切入点，分析研发组织出现系统性拥堵的原因和影响，并针对这一问题，提出研发效能提升实施框架作为解决方案。

　　第2章将澄清方法论涉及的基本概念，阐述笔者的理解并给出概念的定义，以便读者在后续章节中遇到这些概念时能清晰地理解这些概念的应用场景和适用范围。

第1章

绪论

纵观人类历史，人类的生产力水平在越来越短的时间内，发生越来越剧烈的变化；借助生产工具，人类对外部世界的感知越来越快速，对外部世界的改造能力也越来越强。

到眼下的数字化时代和智能时代，万变不离其宗，数字化能力成为关键的生产要素。在各个领域，数字化能力使人的感知能力与远程协同能力都得到了极大强化，由此也带来了方方面面的影响。从个人消费者的视角来看，影响较明显的是企业提供的数字化业务、数字化产品、数字化营销，以及各种类型的数字化服务。

对企业而言，数字化能力的建设与提升已然不是一种选择，而是必然。就国内企业近几年的数字化发展进程而言，其大体上经历了"对外面向客户的数字化营销"和"对内面向员工的数字化管理"两个层面的演变。对外面向客户的数字化营销能够帮助企业更敏锐地感知外部环境变化，更自如地应对快速变化的外部环境，更准确地洞察客户实际需求，从而提升客户服务水平。对内面向员工的数字化管理实现员工赋能，释放员工创新能力，更好地基于客户需求开展业务创新，同时，强化管理，提升企业的风险抵御力。数字化转型的初衷是借助技术能力提升组织生命力——组织的响应能力、适应能力、进化能力，而只有对外营销和对内管理这"两翼"都丰满了，企业才能破茧成蝶、振翅高飞，如图1-1所示。

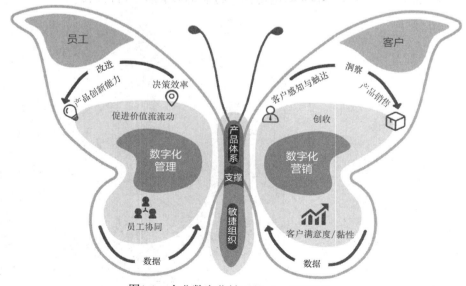

图1-1　企业数字化转型的"一体两翼"

毫无疑问，不论是对外的价值交付还是对内的组织管理，企业数字化能力建设的引擎和源头在研发团队。随着企业在数字化上的投入不断加大，研发团队的规模经历了一个快速扩大的阶段。如何管理好前所未有的大规模研发团队是每个管理者必须思考的问题。

1.1　团队规模扩大伴生种种问题

在上述背景下，众多企业近年来不断加大数字化科技研发投入，构建规模庞大的研发团队，以便更灵活地应对市场变化、更精准地满足客户需求，从而提升自身竞争力。

从表1-1和表1-2展示的数据可以看到，相对于小规模创业型企业，银行、券商等金融组织的科技员工规模动辄几百、上千，头部企业更是过万。由如此多的业务、产品、设计、架构、研发、质量、运维、运营、风控等科技员工组成的庞大组织，乃是一个知识技术密集型的复杂系统。

表1-1　2022年部分商业银行科技员工数（数据来源：各商业银行财报）

商业银行		科技员工数（万人）
国有银行	中国工商银行	3.60
	中国建设银行	1.58
	中国银行	1.33
全国性股份制银行	招商银行	1.08
	平安银行	0.90
	中信银行	0.48
	中国民生银行	0.41
	兴业银行	0.67
头部城市商业银行	北京银行	0.13
	上海银行	0.11
	宁波银行	0.14

表1-2　2021—2022年头部券商科技员工情况（数据来源：公司财报、数字化讲习所、零壹智库）

券商	科技员工数	占总员工百分比	较2021年同比变动幅度
华泰证券	3667	13.29%	15.71%
招商证券	1445	11.57%	26.64%
中信建投证券	1134	8.02%	2.25%
中金公司	1056	6.96%	20.55%
广发证券	927	6.26%	17.05%
海通证券	904	7.44%	4.63%
申万宏源	848	7.18%	−2.19%

券商	科技员工数	占总员工百分比	较2021年同比变动幅度
中国银河证券	740	5.62%	1.23%
东方证券	737	8.78%	181.30%
中泰证券	674	6.90%	98.82%

研发规模（系统）每增加一个量级，组织在产品规划、技术架构、协同运作、项目管理等方面的管理复杂性都会非线性陡增。大型企业中研发团队面临的种种问题，如图1-2所示。业务团队认为研发团队人员一直在增加，但是需求仍然长期积压，需求交付速度越来越慢。与此同时，研发团队却认为任务太多了，忙不过来；而中层管理者（研发领导）总觉得人不够用，要求增加人；研发人员并行任务繁重，不得不四处救火；高层管理者（第三方）看到的却是忙闲不均。

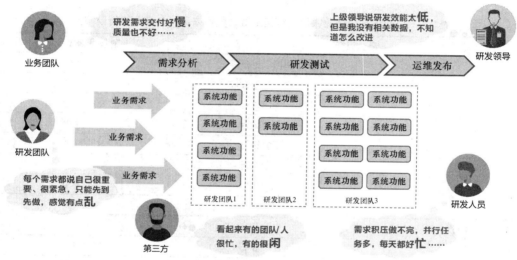

图1-2 大型企业中研发团队面临的种种问题

问题出在哪里？如何解决这些问题，提升企业数字化水平，真正发挥数字化的作用？这些都属于软件研发数字化管理需要考虑的范畴。

1.2 问题出在哪里

知其然知其所以然，要解决问题，首先要分析问题出在哪里及其原因。要从根因入手才能破除迷障，否则只能是浮于表面的粉饰太平。

当前，国内许多大规模的研发组织之所以会出现上述的一系列问题，导火索是系统性拥堵。许多组织都在拥堵状态中而不自知。假如员工常常感到自己非常忙碌，不断地被高并发的各种任务占用时间、精力，但回过头来发现自己其实什么任务都没完成，那么在这种情形下，组织大概率就处于研发拥堵状态。

为什么会发生拥堵？形成这一局面的背后既有限期排期机制的原因，也有拥堵不可见的原因，还有推动式流程滥用的原因。

系统性拥堵的成因是多方面的，如研发过程数字化不足、可视化不足、缺乏需求优选机制等。陷入系统性拥堵的研发团队通常深受任务高并发的困扰，并随着研发过程瓶颈的不断流动，出现结构性的忙闲不均。与此同时，企业体量大、审批流程烦琐、决策效率低又进一步加剧了这种忙闲不均。所以，业务团队和高层管理者总认为有人闲着；而更接近基层的中层管理者则疲于应对时不时到来的积压峰值压力，因此对"人不够用、忙不过来"感受更深。事实上，忙闲不均只是不同角色对此的不同感受（因为传导至不同角色的信息是有差异的），而人又往往受制于晕轮效应等心理现象的影响，放大了认知差异，问题也随之被放大。

总而言之，目前甚至将来很长一段时间内，国内研发组织面临的挑战更多的是对研发的管理。而以软件研发管理为切入点进行治理，将会在更短的时间内为企业创造更广泛的收益。

1.3 出路又在哪里

在锚定问题及其原因之后，就可以对症下药了。前文谈到大型组织中当前普遍面临的困境是研发需求拥堵而不自知，这映射出的是组织背后的一系列潜在问题。这些潜在问题归根究底是如何提升研发效能的问题。

企业要提升研发效能，核心思路是"自组织"。自组织不只是简单的"人的自组织"，更关键的是要建立具备自组织能力的组织架构。自组织的组织架构之于传统的组织架构就类似于市场经济之于计划经济，是一种更具活力、更有利于企业资源高效、合理配置的结构。

为了打造具备自组织能力的研发组织，我们主张企业构建由组织阵型、角色体系、需求层级体系、标准流程、优选机制、稳定节奏、度量体系、反馈机制构成的八大支撑，以优化协作基础、驱动自主改进；由协作平台作为底座支撑，使协作过程和交付过程透明化，促进拉通和统一管理；由此来实现提升研发效能的目标。研发效能提升实施框架如图1-3所示。

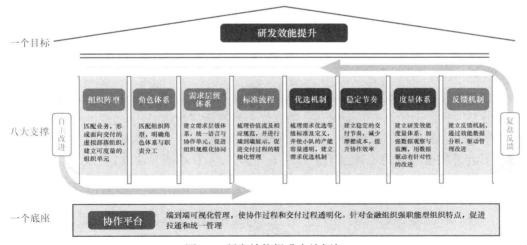

图1-3 研发效能提升实施框架

基于这个实施框架，本书从组织战略、研发过程、人才体系、度量体系、整合管理、引导技术、技术工具、规模化等层面，深入剖析当下国内企业的研发团队普遍面临的问题和挑战，并结合我们多年的实践经验，提供具备高可落地性的改进策略与建议。

1.3.1   组织战略

通俗地理解，组织战略就是明确企业应该朝着什么方向发展，以及做哪些事情。要让组织更好地朝着战略方向前行，需要与之匹配的组织架构。

首先，组织架构的设计与构建，第一要义是面向价值交付，只有这样才能适合企业长期发展。"要致富，先铺路"，同样的道理，要让企业里面的人发挥作用，得有顺畅的"道路"基础。当前许多大型企业的组织架构设计沿袭了工业革命以来的职能型组织架构设计。职能划分是顺应历史发展的自然产物，可提升人类创造物质财富的效率。但是随着现代企业规模的不断扩大，在知识劳动者密集的企业中（研发组织就是典型的知识劳动者密集的领域），职能型组织的劣势不断凸显。

为了更快向客户交付价值，需要不同职能的人员紧密协作，而林立的部门墙阻碍了协作。陷入这一困境的企业需要重新思考组织构建的逻辑。组织架构的设计核心原则是顺应价值流走向，明确职责体系。企业将五湖四海的人集中到一个场域内，目的是做成具体的事（做成事的效益是多面的，对外是成就客户，对内是企业盈利，对个人是通过努力而有所回报），因此，围绕"如何让大家更便捷、高效地做成事"去构建组织，同时，明确哪些人做哪些事是合理的。就像铺路的目的是便于人们更便利地抵达目的地，而不是为了铺路而铺路一样，道路也有结构，各司其职，和企业中的职责体系是同样的逻辑——不同的角色有不同的任务。但不论是什么角色，目标都是一致的——更快、更好地向客户交付价值。

其次，战略制定以及关于产品定位的思考。在商业社会中，战略对一个企业而言，就如同自然社会中，生态位对一个物种而言，是安身立命之本。强调战略和产品，核心在于组织要聚焦。因为资源是有限的，所以什么都想做、什么都做，最终只会什么都做不好。战略定位明确之后，要解决如何自上而下分解目标的问题，让整个组织都明确共同的目标，再逐步分解到各自的小目标，从而让员工个人和企业共同奔向最佳业绩。

1.3.2   研发过程

在构建了基于价值流的组织架构、明确了不同角色的职责体系之后，需要明确大家工作的标的，也就是"具体做什么事"的问题。构建统一的需求层级体系、一套共通的描述任务的语言，有利于组织内的成员高效协同，使大家对处理的任务有一致的认知。不同人对"需求"的认知通常不会是完全一致的（甚至千差万别），尤其是涉及不同专业背景的人，如果企业内部不对"需求层级体系"进行梳理和规范，会徒增内部的沟通、协调成本。

与此同时，研发组织需要建立产品研发价值流。明确价值流，也就是解决"怎么做好每件事"这个问题。不同人完成同样一个任务的方式可能是多种多样的，但是如果放任所有人自由发挥而不加以规范，将会给企业带来高昂的管理成本，尤其随着企业规模的扩大，该情况会愈演愈烈。价值流的明确是为了让大家沿着一个相对合理、高效的路径去完成任务，同时，便于组织建立统一的节奏，降低协同的成本，发挥规模优势。当然，我们强调的是价值流，也就是说，关键在于设置任务流转中的价值形成节点，而非非常细致的、限制性极强的工作步骤，为基层发挥的自由空间保留了充分的尊重。这就类似于交通运输中的一个运输任务可能有下单、收件、打包、运送、送达等一系列的环节。要对产品研发价值流进行可视化，以使任务进展透明、及时发现问题、解决问题，持续优化研发过程管理，从而提高软件研发的质量和效率。

在此基础上建立研发节奏，也就是对研发团队的产出水平以及效率进行合理的规划。稳定的节奏是管理研发团队效能的重要抓手，能够让团队从混乱状态回归到有序状态，让需求可以有秩序地"流动"起来，需求交付也更加可靠。很难想象，倘若火车系统没有规定每列火车能够运载多少乘客或者货物、发车频次等，那会造成多么混乱的局面——乘客永远不知道该什么时候去买票乘车，也不知道能不能乘上车，更不用提什么时候能够到达目的地了。

1.3.3　人才体系

在厘清"事"之后，还要关注"人"。

以测试团队为例。由于测试人员通常分散在不同领域的研发团队中，要对他们进行长期的能力规划与建设难度很大。因此，我们建议横向拉通，建立测试行会，汇聚测试人员的力量，解决研发组织发展过程中在测试领域面临的共性问题，以提升组织长期的交付能力。

在搭建了一系列体系、流程和方法之后，为了确保组织运行起来且不走样（主要是指偏离搭建机制时的预期目标的行为，而非改善的举措），需要有一支队伍以组织效能提升优化为目标，来维持可持续发展的组织数字化的规模化运行机制，本书称之为效能行会。效能教练是组织管理者很重要的参谋，在研发效能数据解读、组织持续改进方向等方面，可提供专业的建议，以辅助决策，不断驱动组织改进与成长。

1.3.4　度量体系

在梳理好了"如何做好研发"的基础上，接下来思考的是"如何做得更好"，毕竟，人总是朝着更好的未来前进，由人构成的组织也是一样的。要想成长为更理想的模样，先要对自身当前的状态有清晰的认知，才能够明确改进点在哪里。因此，建立度量体系，以更量化的形式，让组织"看见当下的自己"，洞悉改进方向。度量体系设计的合理性是一方面，但是很多时候大家往往会忽略其背后的许多前提与基础——组织的数字化水平，包括协作、管理等数字化程度，以及数据与事实的贴近程度。前提与基础的可信度，决定了组织看见的是否是真实的自己。如果看见的不是真实的，那么改进的方向往往也不会是对的。通过度量体系，照见自身，寻找改进方向——建立组织复盘反馈机制，即建立一套"分析现状、洞察问题、出具方案、效果检视"的良性循环机制，不断驱动组织有针对性地改进。

1.3.5　整合管理

前面谈了组织战略、研发过程、人才体系、度量体系等层面的设计原则和逻辑，如何让这些层面有机地结合起来，需要相应的整合管理办法作为动态机制，串接起具体的人、事、信息。由此，本书中引入了敏捷项目管理与版本火车两个概念。

区别于需求层级体系与研发价值流所描述的，针对单一研发需求的管理机制，项目管理的标的是相对宏观的，需要达成某个组织战略目标的任务事项集（不同项目的颗粒度或有所差异）。一个项目范围内的任务事项，可以拆分为许多具体的需求。在任务繁重而人力资源有限的情况下，如何有效整合资源、充分释放效能、高效完成任务以支撑企业战略目标的达成？具体要做些什么？哪些任务优先做？出现变化如何应对？需要怎样的风险防范措施？敏捷项目管理就是用于解决这些问题的。

一个敏捷项目往往需要企业内跨职能、跨团队的紧密配合。而版本火车则是就业务与科技双方之间的融合、力求提升研发交付效率的一个更具针对性的协作机制。通过一系列细致的"买票""检票""到站"等环节机制的设计，使需求状态透明、促进需求有序流动，同时规范需求提出方（业务）和需求接收方（研发）对需求的把控：需求提出方提出需求更为精确，需求接收方理解需求更为透彻、开发更为高效，使双方减少摩擦，增进相互理解，进一步促进正向循环。

1.3.6　引导技术

为了长期保有企业的活力与竞争力，文化的牵引力量也不容忽视。文化的牵引力量之所以强大，在于它能够在无形之中渗透到组织精心设计的各种机制与办法无法覆盖的方方面面。机制与办法再精细与完善，也无法涵盖所有的可能性。人具有主观能动性，文化的作用就是能够在机制无法形成约束的地方，潜移默化地影响人的行为。研发团队处理的是不确定性和复杂度很高的研发工作，需要给予研发人员更充分的发挥空间，企业要基于研发组织的特点，打造与之契合的文化氛围。本书提供了仪式、协作和工作坊等更为落地、开箱即用的有趣实践，以打造文化氛围、强化团队之间的情感联系与组织认同感。

1.3.7　技术工具

组织要高效运转，除了柔性的引导技术，还离不开一些硬性的技术工具的支撑。事实上，若要顺利落地前文所述的一系列流程办法、度量体系，软件研发数字化管理工具的支持是必不可少的。尤其对大型组织而言，随着业务量的快速增长，如果只依赖人工的推动与统计，不仅要耗费高昂的人力成本，而且收效甚微——数据沉淀不下来、远程无法协同、信息无法及时同步、度量无依据，数据驱动改进更是无从谈起，因此工具是必要的。

此外，引入业内有效的工程实践显然有助于研发效能提升。本书从软件设计、自动化测试、代码评审、版本控制与分支管理、持续集成、数据库变更、容器DevOps（研发运营一体化）实践等方面，为研发团队专业能力提升提供高可落地的实践参考。

1.3.8　规模化

本书第九篇将进行总体回顾，帮助读者对软件研发数字化管理能力建设和软件研发数字化管理规模化推广两个主题建立更清晰的全貌认知，快速构建规模化推广路径，并把主要的方法和实践有机地连接起来。

1.4 小结

本章的作用在于阐明本书撰写的初衷与整体的内容分布，包括组织战略、研发过程、人才体系、度量体系、整合管理、引导技术、技术工具、规模化等篇，便于读者对本书有整体的了解。本书不同章节相对独立，读者可根据每一篇篇首的简要描述选取自己感兴趣的章节优先阅读。

第**2**章

核心管理概念

本章我们对软件研发管理涉及的核心管理概念进行梳理和讲解，旨在帮助组织构建统一语言、降低研发协同过程的沟通成本。软件研发管理概念建模示例如图2-1所示。

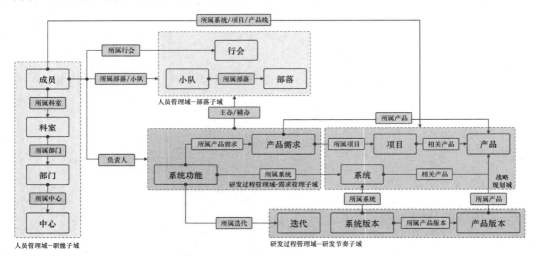

图2-1　软件研发管理概念建模示例

2.1　梳理核心管理概念的必要性

软件研发管理作为一个复杂的管理领域，包括大量的管理概念和管理单元。随着组织软件研发管理方法的变更和发展，管理领域中的许多概念开始变得模糊不清，甚至存在歧义。缺少明确定义的管理概念不仅无法正常发挥其管理职能，甚至会对团队造成伤害。

我们在辅导某组织进行敏捷转型的过程中发现，组织虽然使用了"史诗-用户故事-任务"进行需求分层管理，但是没有给出各个层级的需求的明确定义。在实施需求分层的初期，模糊的分层概念就给团队的需求拆分工作带来了困扰，组织中的各个团队在经过长期磨合后才勉强形成符合团队研发习惯的拆分习惯。随着组织落地研发效能指标，诸如"史诗故事数"的度量指标如一记重锤击垮了本就十分脆弱的需求层级体系——为了符合度量体系设置的指标，"史诗"被拆分得过于细碎，在丢失功能建设高维视角的同时，与"史诗"相关的评审、设计工作量也大幅增加。模糊的需求分层最终不仅没能牵引组织建立稳定的交付节奏，还导致与需求相关的指标失真，增加了组织的管理成本。

清晰的软件研发管理概念是组织数字化管理的基石。统一的概念一方面可以用于指导软件研发数字化管理工具体系的建设和演进，保证工具间的有效集成，另一方面也有利于工具在组织内的推广和落地，避免因为引入新概念而增加组织成员的认知负担。组织在建设自己的工具体系时，应充分思考工具中内置的概念是否和组织的管理概念相匹配，尽量避免由于概念不一致导致的术语体系的混乱。

某软件研发管理工具设计了"项目"用于工作空间划分和管理，某些组织在使用时为了实现不同团队的隔离，不得不使用团队名创建"项目"进行管理。这种工具概念和管理概念的错配，不仅导致工具在使用过程中变得难以理解、度量报表与预期不符，也给后续项目管理工具的创建和集成埋下了隐患。

2.2 有哪些核心管理概念

在复杂的软件研发管理领域，为了更清晰地定义其中的管理概念，我们需要缩小问题规模，在更简洁的上下文中给出准确的定义。通过多年的管理咨询实践，我们归纳出软件研发管理需要关注的3个核心问题：目标管理、人员管理和软件研发管理。

Adapt（Agile Development Agenda for Product Tribe）框架基于这3个核心问题划分出对应的战略规划、人员管理和研发过程管理这3个问题域，本节将进行详细说明。

2.2.1 战略规划域

战略规划域主要关注团队的目标管理和路线规划，同时支撑组织的目标分解和向下同步。在战略规划域中，核心的3个管理概念是产品、系统和项目。

1. 产品

产品是指为满足消费者需求而生产的物品或提供的服务。它可以是有形的实物（如服装、食品、电子产品等），也可以是无形的服务（如保险、咨询等）。

产品作为企业中长期创造客户和业务价值的管理单元，通过合理的分层能更好地帮助企业梳理价值流动网络，制定核心战略。在企业发展规划方面，产品天生具备长期视角，产品的长生命周期鼓励组织思考在较长的时间跨度内应该做什么事情。在资源管理方面，产品作为企业与客户互动的价值载体，可以拉通组织的价值交付主线，协助组织找准发力点，形成行业优势。在人员培养方面，围绕产品建立团队，可以在产品研发过程中沉淀领域知识，在技术创新等方面形成积累。长期磨合的产品团队，其效率远不是临时组建的团队可以比拟的。

虽然推行产品制已慢慢成为企业的共识，但我们发现很多企业中的产品制转型举步维艰。"到底什么是产品？什么是具体的金融产品？什么是系统？手机银行算吗？"是我们在推行产品制的企业一线常听到的声音。如果组织对产品本身的认知都不一致，产品制转型又从何谈起？

在金融组织中，根据面向客户的差异，可以规划可售产品、业务产品和数字产品。

（1）**可售产品**。在金融组织中，我们将具体的、具备金融属性的产品定义为可售产品（如5年定期存款、10年期国债、某一只理财产品、个人首套住宅按揭贷款等）。可售产品拥有在监管机构备案的产品号，在产品报备、资金户/托管户动账、财务记账等一类场景下出现的"产品"指的就是可售产品，这类产品主要用于满足财务、售后、企业日常运作等视角下的精细化管理的最细颗粒度要求。对一个金融组织而言，可售产品的规模通常是十分庞大的，为了便于业务板块管理的管理需求，需要对可售产品进行抽象与归类。可售产品这类产品的产品数量较多，不适合为其设置产品经理。

（2）**业务产品**。在可售产品的基础上进行一定程度的抽象，我们即可获得业务产品，可以将其理解为银行业内经常提及的"金融产品"。例如，许多银行针对中小微企业推出的各种供应链金融产品、针对个人客户推出的各种货币基金产品。每一类业务产品中可能包含许多具体的可售产品，一款业务产品通常适用一套业务流程，里面的可售产品涉及的相关属性（如利率、额度、期限、合约等）是一致的，只不过具体的数值有差异。例如，某款小微企业的融资产品可能对不同的企业利率和额度都有差异，但本质上其业务属性是一致的——都是针对小微企业，都是资产类业务，都适用同一套业务流程。

业务产品作为业务视角下的能力建设单元，其管理目标是通过规划产品能力集合巩固企业生态位，需要配备专门的产品经理来思考长期规划与建设问题。

业务产品的层次化特征
根据不同的抽象程度，可以划分出不同层级的业务产品。例如，个人贷款这一业务产品就可以涵盖所有的对个人的贷款类产品；而个人信用贷款也属于业务产品的范畴，只是其抽象程度没有个人贷款的高。

（3）**数字产品**。和业务视角下的可售产品和业务产品相对应，科技视角下的能力建设单元是数字产品。随着业务发展和技术提升，越来越多的业务产品需要数字产品的支持，数字产品和业务产品会形成多对多的关系。

在数字产品中，一类是关注科技基础能力建设的技术平台产品。例如，供应链金融产品尽管在业务产品层面会因为客户是供应链中核心企业的上游或者下游而区分出两类业务产品，但是从银行内部研发团队的视角看，不管是上游企业还是下游企业，调用的是同样一套科技交付能力单元。因此，我们会将这两类业务产品背后的能力单元视为一款数字产品，其数字化的特征体现在银行与客户的互动过程中。相较于传统的线下申请、人工层层审批授信的方式，数字产品使用全流程在线操作——在线收集客户数据、系统模型在线分析贷款额度与利率水平、在线放款、"贷前、贷中、贷后"风控体系在线监控。

数字产品作为科技交付能力的基础单元，其管理目标是利用技术手段不断优化价值交付过程，因此同样需要配备产品经理以进行规划和建设。

另一类数字产品是强调支持核心业务与客户经营、提升用户体验的业务平台产品。例如，手机银行App也是典型的数字产品，对内会同时对接许多不同的系统，面向外部客户则提供发生业务往来的平台，具备支撑业务价值快速实现的科技能力。

数字产品和系统的关系

　　数字产品和系统都是战略规划域的规划单元。其中，系统是最贴近功能实现的建设单元，在简单的产品体系中也能较好地承担规划单元的职责。随着企业发展，业务产品到系统的映射关系开始变得模糊不清，此时需要增加数字产品作为新的规划单元重建业务和科技间的沟通桥梁。

　　数字产品作为一种科技能力的抽象，和系统是多对多的关系，即一个数字产品需要多个系统进行支撑，一个系统也可能同时服务于多个数字产品。

2. 系统

　　在计算机科学中，系统通常指计算机系统，即由硬件、软件和数据组成的整体，它们相互协作以实现计算机应用的功能。计算机系统通常由操作系统、应用、网络等部分组成。

　　在组织发展的初期，业务模型相对简单，只需有限的系统就能很好地满足业务需求。在这个阶段，业务产品和系统的映射关系十分简单，系统虽然是科技视角下的功能建设单元，此时也能承担规划单元的职责。

　　随着企业发展，业务场景逐渐趋于复杂，业务产品和系统的映射关系开始难以维护。如果仍然使用系统作为规划单元，在业务边界不清晰的情况下，任何功能都可能在系统上堆砌。长此以往，系统的业务场景和架构越来越复杂，系统和业务产品的映射关系也越来越模糊。系统架构快速腐化，变得难以修改，导致研发团队对业务的响应能力大幅降低。

　　微服务的兴起使越来越多的研发团队开始重新审视系统的架构和职责范围。研发团队开始尝试设计职责单一的服务单元，将系统承载的复杂业务逻辑进行拆分，构建具有可扩展、支持弹性伸缩的高可用整洁科技架构。虽然微服务概念在科技领域大放异彩，但业务功能和微服务的映射关系仍十分复杂。微服务作为科技视角下的建设单元，尚不能很好地承担"共同语言"的职责，也不适合作为组织的规划和管理单元。

　　在Adapt框架中，我们建议仅将系统作为研发侧的建设单元，承载产品的基础功能建设。

3. 项目

　　项目是为创造产品、服务或成果而进行的临时性工作，而项目团队则是为交付项目而组织的跨职能临时团队。

　　项目作为经典的管理单元，在组织规划和管理中得到了相当广泛的运用，也沉淀了许多成熟的方法论。但在快速变化的软件研发领域，强调计划、预算、分工和人员利用效率等确定性驱动的传统项目管理思维开始受到挑战。由于项目团队通常只是对产品的某一建设阶段负责，这种项目的短期导向导致团队只是疲于应对功能交付，缺少有效的激励和知识沉淀，所交付的产品设计和质量都很难达到高标准。同时，团队只会以立项时确定的时间、成本和范围为交付任务，而不会关注组织产品竞争力建设，没有着眼于业务的长期发展和演进。

　　为了应对市场的不确定性，保持产品具有不断创新的活力，许多组织开始思考从项目制向产品制转型。产品制以满足客户需求为出发点，组建稳定、高效的团队，致力于产品的创新和持续优化。产品制遵循产品化原则，对客户需求进行优选，聚焦于实现和交付能够为客户带来最大价值且增强产品长期发展能力的功能。同时，产品制也鼓励团队在预算分配上保持灵活性，并采用增量交付的方式，确保产品功能逐步完善和持续改进。

许多互联网企业基于产品制建立了高效的研发团队，并取得了巨大的业务成功。在产品制风靡的同时，项目制的风评急转直下。在追逐转型风潮之前，我们不妨想一想，项目真的是过时的管理单元吗？团队实施产品制后，项目这个概念是不是就可以完全抛诸脑后了？

经过长期的实践，我们发现项目和产品并不是完全对立的管理概念。组织在进行战略规划时，产品由于其长期性，毫无疑问比项目更适合作为管理单元；对于短期内实施的重点任务，项目则可以更充分地发挥其对时间、成本、范围的约束力，保障较短时间尺度上的交付完整性和即时性。

总而言之，项目在软件研发管理中仍是必要的管理单元。只需正确认识项目的短期、临时特性，在合适的场景下使用项目进行规划和管理，就能让项目在产品研发中发挥其应有的作用。团队可以将项目作为装产品需求的篮子，在明确交付规划的同时确定关联的系统。项目作为桥梁建立起产品到系统的映射关系，帮助研发团队在进行紧凑的系统建设的同时明确产品的建设愿景。项目不可或缺，如何正确使用项目进行管理，我们将在第12章进行详述。

综上所述，在战略规划域我们建议构建的战略规划模型如图2-2所示。

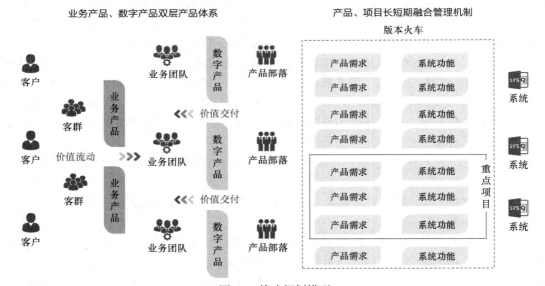

图2-2　战略规划模型

业务团队使用业务产品进行生态位的规划，服务好由有特定需求的客户组成的客群；业务团队和产品部落使用数字产品作为沟通的桥梁，规划组织产品能力的长期建设；产品部落使用项目规划短期重点系统功能的建设，并将系统作为研发侧的建设单元进行持续的梳理和优化。

2.2.2 人员管理域

人员管理域主要帮助组织明确"有多少人、能做什么事、以什么单元进行管理"。此外，在设计人员管理域时还需考虑如何支撑职能交错的矩阵型组织阵型。为了降低概念定义的复杂度，我们将人员管理域进一步划分为"职能子域"和"部落子域"。

1. 职能子域

职能子域是对经典职能组织管理模式的建模，旨在帮助组织梳理人员管理的基本脉络。职能子域中的几个主要概念为成员、科室、部门和中心。

（1）**成员**。人力管理作为组织软件研发数字化管理的基础，要做的第一件事就是人力资源的数字化。我们在与很多组织的管理者的交流中发现，很多管理者对团队的人力资源认识存在严重的不足。当我们问到"有多少人"这个问题时，很多大型组织管理者都无法给出一个准确的答案。在大型组织中，人力资源的数据往往散落在各个团队管理者的Excel里。尤其是研发人力资源涉及外包团队时，实际的人力资源数据往往会与管理者的估计大相径庭。

试问，如果在组织管理中，人力资源都是一个黑盒，软件研发数字化管理又从何谈起？"成员"不仅是职能子域的基本元素，也是软件研发数字化管理的重要基石。

（2）**科室、部门和中心**。定义说明如下。

- 科室：指在研发机构或企业中根据不同的专业领域或功能划分的组织单位。每个科室通常负责特定领域的研究、开发或技术支持工作，例如软件研发科室、硬件研发科室、生物技术科室等。科室的规模和组织架构可以根据组织的规模和需求而有所不同。
- 部门：在研发机构、大型企业中，部门是大规模的组织单位，负责整个研发工作的管理和组织。一个部门通常包括多个科室，涵盖不同的专业领域或功能，例如研发部门、产品开发部门、工程部门等。部门通常由一位部门经理或负责人领导，并负责战略制定、资源管理和项目协调等工作。
- 中心：中心是一个更大规模的组织单位，通常涵盖多个部门和科室，在一个特定的研究领域或技术领域内进行广泛的研究和开发工作。中心可能是跨学科的，汇集了多个专业领域的专家和研究人员。中心的目标通常是推动创新、促进知识交流和成果转化，并在相关领域取得重要的研究成果和技术突破。

科室、部门乃至中心，都是传统职能管理中重要的管理单元。传统职能管理具备清晰的层级架构和职责划分，其在资源分配、人员专业能力培养等方面是十分有效的管理形式。通过科室、部门等管理单元可以帮助组织聚焦战略重点、判断资源配置是否合理，并提供合适的管理单元进行研发效能度量和考核。因此，在大型组织管理领域中，科室、部门、中心作为重要的管理单元，仍是不可忽视的领域概念。

2. 部落子域

经典的职能管理单元在研发领域的表现往往不尽如人意。例如，由于团队壁垒的存在，不同职能的团队之间形成了严重的信息屏障和不当竞争；每个部门追求自己的目标和优先事项，导致组织中散布着信息孤岛；沟通障碍和协作问题也严重阻碍了跨部门的合作和创新；决策流程过长，导致错过做决策的最佳时机。

　　同时，研发领域的绩效评估往往比较困难，知识工作者的产出不容易量化和衡量。由于职能管理依赖于定量的指标和绩效评估方法，通常无法全面反映研发团队的贡献和价值。在这种绩效评估背景下，许多基础设施建设和维护工作变得难以开展，团队间的矛盾日益增加。

　　2012年，亨里克·克尼贝里（Henrik Kniberg）和安德斯·伊瓦尔松（Anders Ivarsson）联合发布了 *Scaling Agile @ Spotify with Tribes, Squads, Chapters & Guilds*，阐述了"部落制"下软件研发管理组织架构和该架构在Spotify公司的应用案例，如图2-3所示。截至2018年年初，Spotify拥有约1.59亿的全球活跃用户数、7000万的付费用户数和46%的付费用户增长率。Spotify是当之无愧的音乐流媒体领域的霸主，排名第二的苹果音乐无论是付费用户还是活跃用户，都只有Spotify的一半。优秀的研发团队管理架构无疑为Spotify获得业务成功提供了有力支持。

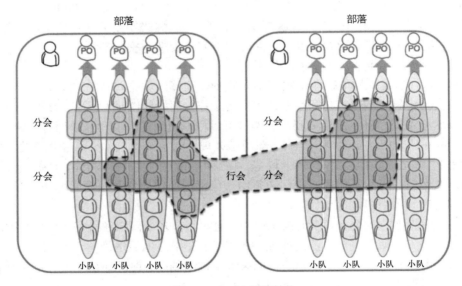

图2-3　Spotify部落结构

（来源：*Scaling Agile @ Spotify with Tribes, Squads, Chapters & Guilds*）

　　部落制作为新兴的研发团队管理架构，向人员管理域注入了新鲜的血液。我们结合多年的软件研发管理实践，对部落制进行了进一步改良，旨在建立高度自治的研发团队，更好地支撑业务扩张和探索。Adapt框架部落结构示例如图2-4所示。

　　（1）**部落**。部落是相同业务领域或平台域（如手机银行）所有小队的集合，为具体的业务/平台能力建设提供稳定的交付能力，一般为30～100人，设置部落长对整体交付过程负责。和传统的项目团队不同，部落是面向特定业务领域而长期存在的研发团队。和项目团队及"人力资源池"相比，部落具备的长期性和稳定性可以让其成员拥有更多的成就感和归属感。同时，基于"邓巴数定律①"，在规模更小的小队中，成员间具有更紧密的联系，这使构建敏捷、高效的协作团队成为可能。

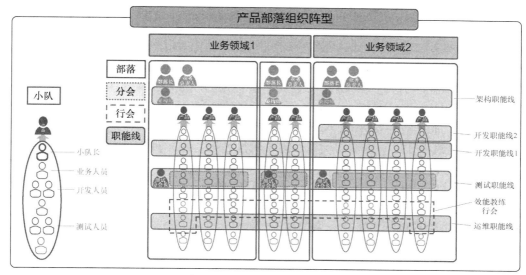

图2-4　Adapt框架部落结构示例

在组建部落时，我们推荐建立面向业务的产品部落——针对组织的重要产品组建对应的研发团队。专属团队在特定的业务领域进行深耕，更能保证业务产品的高效、高质量交付。产品部落的设计原则和技巧我们将在第3章进行更详细的说明。

（2）**小队**。小队是业务端到端交付的最小单位，包含所需业务人员、开发人员、测试人员等，一般约10人。小队主要负责持续、稳定地交付产品或功能。小队可根据实际情况，从产品维度或系统维度进行划分，旨在培养能紧密协作、高效协同的研发团队。

（3）**行会**。行会是统一管理职能或有长期特定目标的跨部落或跨部门组织。行会（如测试行会）由职能部门负责人进行人员管理，通常为职能经理。有长期特定目标的行会（如架构师行会），则由来自组织级、部门级、部落级的人员组成，并长期进行特定领域的建设规划、决策和流程优化。行会主要负责特定职能人员的能力培养，并主导组织的基础设施建设。行会和职能部门的设置可能存在一定重叠，但行会作为一个虚拟组织，可以从更精细的维度进行划分，具备更多的灵活性。

以自动化测试行会为例，该行会主要负责组织中自动化测试平台的规划和建设，以及人员

---

① 邓巴数定律是由英国人类学家罗宾·邓巴（Robin Dunbar）提出的一个理论概念。它指的是人类社交关系的认知限制，即人类大脑所能维持的社交关系数量的上限。根据邓巴的研究，人类有限的认知能力限制了我们在社交关系中能够有效维持关系的人数。邓巴研究发现，这个数字约为150，也称为"邓巴数"（Dunbar's number）。这个数字并非严格的固定值，而是一个估计范围，大约为100～250。邓巴数定律的重要性在于它对社交关系的认知限制的解释。它解释了为什么人们在社交关系中会有一定的限制和选择。超过邓巴数的社交关系数量可能会超出个体的认知能力，导致个体难以有效地管理和维持这些社交关系。

自动化测试能力的培养。在组建行会之前，相关的基础能力建设工作由于其"吃力不讨好"的特性，通常无法得到有力推进。通过建设自动化测试行会明确自动化测试能力建设的必要性，赋能其行会成员在组织中的各个团队进行自动化建设，并确定一定的绩效考核进行驱动，可保障行会建设目标的达成。

（4）**分会**。在大型组织中，只是使用行会进行管理已无法保障各个部落的实施效果。分会作为行会管理的衍生品内嵌到各个部落中，由行会授权部分管理职能。分会由单一部落中相同能力域内拥有相似技能的人员自管理，以保障行会设定的规范和目标能在部落中准确实施。分会长通常由职能团队负责人担任，负责培养员工、反馈分会成员绩效。

（5）**职能线**。职能线为实体职能组织，以专业化为方向，面向员工能力培养和提升，倾向于"养兵"。职能线本质上与行会很类似，由于职能是强实体，因此组织会考虑管理者能力的因素，设置多位职能经理来负责管理各类技能的工作。传统组织的职能线通常既管人又管事，部落里的职能线建议只管人，即人员能力视角，因此部落里的职能线可以规模更大。本书中其他章节提及的职能线，若无特别指出，均指部落里的职能线。

通过梳理人员管理域的概念，我们明确了组织成员的职责范围，以Adapt框架部落结构示例为例澄清了组织阵型涉及的基本概念。为了减少不同职能的团队间的协同摩擦，在此基础上，我们仍需要探索如何合理规划研发过程，以充分释放组织的生产力。

这里需要注意的是，在第3章的职能型组织阵型、项目型组织阵型和矩阵型组织阵型中，产品部落组织隶属于矩阵型组织阵型，在谈到成员组织时，产品部落组织下的小队、分会、行会等仍然会以小队阵型、分会阵型和行会阵型出现，这些术语不是组织的三大阵型，请读者读到相关内容时注意区分。

2.2.3　研发过程管理域

研发过程管理域主要关注需求层级体系和研发节奏的设计、帮助组织形成稳定的交付能力，让研发过程有序可依。

1．需求管理子域

在需求管理子域中，以用户故事为核心的需求层级体系是经典的需求管理解决方案。在标准的敏捷实践中，用户故事应承载对产品功能的简要描述，并尽可能保持在一个迭代周期内完成的颗粒度，以便团队进行迭代计划和协同开发。

部分组织在无视颗粒度限制的前提下仅使用用户故事进行需求管理——一句话需求、工单、缺陷等不同颗粒度的需求均作为用户故事被推送到研发团队。需求颗粒度差异过大导致团队容量（单位时间周期内团队能交付的需求数）评估变得极为困难，研发团队的迭代计划形同虚设，需求层级体系濒临崩溃。

部分组织意识到需求分层的必要性，尝试使用图2-5所示的"史诗-用户故事-任务"体系进行需求的分层管理。

在这套需求层级体系中，增加了"史诗"作为产品功能规划

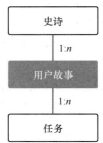

图2-5　用户故事需求层级体系

单元，可以很好地帮助团队保持统一的用户故事颗粒度，进而保证用户故事的流动速率，以建立稳定的研发节奏。我们在辅导组织进行敏捷转型的过程中发现，"史诗-用户故事-任务"管理模型在小规模试点中能很好地发挥作用，但在规模化推广后往往会陷入泥潭。在大型组织中，不同的团队对"史诗"的认知有所不同，导致相关的需求拆分、案例编写工作量变得难以评估，团队间协作变得困难。同时，与"史诗"相关的度量指标在这种场景下也变得难以使用，评估团队的产出和容量变得十分困难。在SAFe（Scaled Agile Framework，规模化敏捷框架）中，将"史诗"阐释为"重要的解决方案开发计划"，并根据建设目标进一步划分出"商业史诗"和"赋能史诗"。虽然SAFe设计"史诗"模板明确了需求形式，但仍未解决"史诗"的颗粒度界定问题。

　　综合考虑团队的管理诉求和使用便利性，我们设计了"产品需求-系统功能"两层需求层级体系，如图2-6所示。这个需求层级体系的具体使用方法和优化思路我们将在6.4节中进行详述。

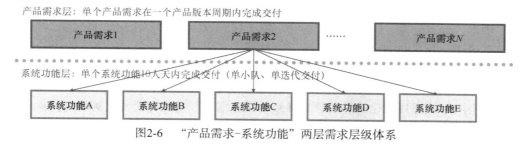

图2-6　"产品需求-系统功能"两层需求层级体系

　　需求管理子域中存在以下管理概念。

　　（1）**产品需求**。产品需求应提供完整业务价值，同时细化到能一次发布完整上线的颗粒度。产品需求作为第一层需求应当以业务视角进行划分，限制为一个版本周期能完成的颗粒度，鼓励团队在每个版本周期交付业务价值。在Adapt框架下，我们期望业务人员能通过业务内审和技术评审等活动对产品需求的颗粒度有更准确的认识，并通过横向拆分等方式，让产品需求可以保持在一个版本周期上线的颗粒度。

　　（2）**系统功能**。系统功能从产品需求拆分而来，和系统一一对应，通常需要细化到能在一个迭代周期内能够完成的颗粒度。系统功能作为第二层需求以科技视角进行划分，限制为在一个迭代周期内可以完成的颗粒度，以支撑团队进行合理的迭代计划。这一层的需求在一个迭代周期内会经历其完整的生命周期，具备良好的流动性，可以作为迭代进度跟踪指标。我们建议在站会上使用系统功能看板对齐研发进度、让研发风险透明化。

　　（3）**任务**（可选）。任务从系统功能拆分而来，和研发人员的具体工作任务相关，其可以是研发相关的一系列任务，如设计任务、开发任务、测试任务等，通常细化到1～3天的颗粒度。

　　通常而言，需求层级增加的同时也会增加研发团队理解和维护的成本，我们并不建议使用过多的需求层级进行软件研发管理。但在管理成熟度较低的团队，可能需要使用"任务"层对每个研发人员的日常工作进行记录和跟踪。为了避免"只见树木不见森林"，我们建议任务仅用于研发人员的日常记录，团队管理者则使用系统功能进行进度跟踪。使用任务或许能给管理者带来一定的掌控感，但它同时也是一个"甜蜜的陷阱"——如果事无巨细地使用个人任务进行记录，过多的数据反而会导致团队管理陷入信息超载的失控状态，以下就是错误使用个人任务的两种方式。

（1）某团队使用个人任务记录所有研发工作及其相关沟通事项，并在个人任务上登记研发工时。团队不得不消耗精力去维护数量颇为可观的个人任务状态。过多的任务掩盖了需求本身的优先级，导致个人任务不仅没能帮助研发人员进行工作规划，反而成了他们的负担。

（2）某团队使用个人任务开站会，导致团队没有聚焦于功能交付。站会变成了简单的任务汇报，没有人关注系统功能的研发进度和交付瓶颈。这种形式存在潜在的交付风险——在站会上汇报时每个人看上去都很忙，但需求交付的推动可能已经举步维艰。

第6章将对Adapt框架的需求层级体系进行详细说明。

2．研发节奏子域

在研发节奏子域中，常用的两个管理概念是"版本"和"迭代"。

（1）**版本**。版本是特定软件或系统的特定发布状态或标识。它用于区分特定软件或系统的不同变体和改进，并帮助用户和研发人员了解其演变过程和功能变化。版本作为产品需求的规划和上线周期，同样是业务团队需求编写和验证的周期。业务团队可以基于版本节奏建立"试验—收集数据—调整"的改进循环，推进产品功能迭代。缺乏版本管理会导致研发团队丢失交付目标，甚至由于缺乏规范化的需求管理导致需求遗漏，严重破坏研发团队的交付承诺，影响业务团队对研发团队的信任。

（2）**迭代**。我们将迭代定义为重复的研发时间盒。每个迭代周期都包含一系列计划、开发、测试和评估的活动，旨在逐步实现最终目标并增加软件或项目的价值。迭代作为系统功能的研发周期，在限制系统功能颗粒度的同时帮助研发团队建立稳定的交付和改进节奏。研发团队可以利用迭代计划、回顾会等活动构建改进循环，推动团队自治和持续改进。

当系统变得复杂、版本发布成本较高时，团队需要多个迭代后发布一个版本。此时单独使用迭代进行节奏管理会导致团队丢失阶段交付目标、系统分支管理和依赖管理混乱，从而导致生产发布难度升高。因此，在复杂场景下，应采用迭代和版本解耦的策略——使用迭代建立稳定的交付节奏，使用版本进行交付进度和发布管理。版本和迭代的组合管理是一个十分复杂的话题，我们将在第8章进行更详细的阐述。

2.3　小结

清晰的核心管理概念是组织管理的基石，只有统一组织成员对各个管理概念的认识，才能让其承载的管理方法充分发挥作用。同时，组织在建设软件研发数字化管理工具体系时也需要考虑工具内嵌的概念是否与组织的管理概念体系中的概念相符，避免在进行软件研发数字化管理的进程中出现"线上线下两张皮"，引入额外的宣导和数据清理成本。

梳理核心管理概念可以从各个相对独立的问题域开始，逐步完成对组织的管理概念体系的"重构"。后续的章节我们将对Adapt框架所包含的管理概念体系进行更详尽的阐述，为组织梳理自己的管理术语体系提供一些参考。

第二篇

组织战略篇

毫无疑问，组织与战略是现代企业管理中至关重要的主题，组织是战略实施的基础，而战略为组织提供方向，帮助组织聚焦在重要、有价值的事项上。本篇将围绕组织阵型、战略定位和目标管理3个方面展开介绍。

组织阵型是组织与战略管理中非常重要的一部分。组织阵型首先要响应企业战略的需要。为了满足战略诉求，要合理地设计企业内部各业务板块之间的关系，设计各个条线、部门、职能、岗位、角色之间的关系和层次结构。这些设计极大地影响组织的协调机制、决策机制和信息流动机制等。合理的组织阵型能够提高工作效率和协作能力，从而更好地支持战略实施，而具有高适应性的组织阵型也可以帮助组织更好地应对市场竞争和变化。战略为目标管理提供方向和指导，使目标管理能够紧密围绕战略展开；而目标管理则通过设定明确的路线和预期的战略结果，支持战略的实施和达成。

第3章重点介绍组织阵型设计的底层逻辑，并基于金融组织优化的产品部落组织及相应的角色体系，帮助读者理解组织为什么一直在调整，调整的到底是什么；带领读者探索组织阵型和如何选择最优的组织阵型以适应组织的发展。

第4章重点介绍战略定位，也就是想清楚企业到底要做什么、能提供什么价值、谁为之买单。针对当前复杂多变的环境，提出以定位为核心的生态位战略框架，帮助企业有节奏地思考未来要搜索、竞争、巩固、扩张和退出哪些生态位，凭借什么产品来完成这些动作，能够为客户创造什么样的价值，并明确在不同的阶段需要达成什么样的目标。

第5章介绍目标管理的"道法术器"，一方面帮助读者理解目标管理如何支撑战略；另一方面帮助读者理解目标管理的难点、在实践中常遇到的问题和阻碍。这一章的目标是通过上述两方面的介绍让读者能在实操中更好地将战略转化为团队和个人层面的可操作和可衡量的目标，确保团队和个人制定的目标与组织的战略目标一致，从而推动组织向预期的战略结果前进。

综上所述，合理的组织阵型能够为战略的实施提供支持，而目标管理则是战略执行的保障。三者协调一致，才能更好地支持企业在复杂多变的环境和激烈的市场竞争中获得持续优势。

## 第 3 章

组织阵型

组织可以简单地定义为：将工作拆分成若干不同的任务，再将各任务协调整合起来以实现工作目标的各种方法的总和。任何一家公司都会有部门，只是有的结构简单，有的结构复杂。那么，哪种组织阵型才是相对合理的，是层级众多的科层制组织，还是扁平化组织？

每个人对组织阵型可能会有自己的看法和偏好，我们也没有办法简单地说"存在即合理"，因为这并不能推进组织的进化，只能让人碌碌无为。

本章将介绍组织阵型设计的底层逻辑，以及我们基于金融组织（其实远不止适用于金融组织）优化的产品部落组织及相应的角色体系，以便读者能够快速掌握组织阵型设计并快速将其应用到你的组织当中。

本质上，任何脱离背景的关于组织阵型优劣的谈论，都是不合时宜的。对一家企业来说，没有最好的组织阵型，只有最适合的。

3.1　组织协调机制

组织阵型设计的底层逻辑需要从部门或人员之间的沟通与协调说起，本质上只有通过协作才能完成目标（如果只有1个人，则属于个人工作的协作）。这也是前文提到的两个基本要求：一方面需要把工作拆分成不同的任务，另一方面又需要将各任务协调整合起来，以完成工作目标。按照管理大师亨利·明茨伯格（Henry Mintzberg）在其著作《卓有成效的组织》中的定义，组织存在5种协调机制，即图3-1（a）所示的相互调节、图3-1（b）所示的直接监督，以及图3-1（c）所示的3种标准化，即输入技能（员工技能）标准化、工作流程标准化和工作输出标准化（图3-1中的箭头代表协作者之间的指令方向）。这5种协调机制是组织成员协同的最基本元素，它们共同作用，将组织聚合在一起。

如何理解这5种协调机制在组织中运作的情况呢？亨利·明茨伯格在《卓有成效的组织》中讲了一个拉库女士的制陶工作室的故事。

拉库女士拥有一间制陶工作室，她是一个制陶能手，在自家地下室里完成制陶的全部工序——揉泥、拉坯、修形、上釉、焙烧。后来业务拓展，拉库雇用了毕斯可，毕斯可对制陶有浓厚兴趣，希望向拉库学习陶器制作。拉库让她做两件事——揉泥和准备彩釉，这样既可以保障陶器的质量又可以提高陶器的产量。在这个过程中，她们简单交流就能搞定一切，可以说合作默契。

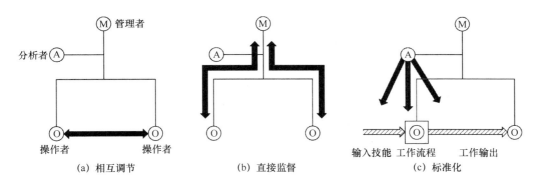

图3-1 5种协调机制

接下来，订单越来越多，拉库需要雇用学过制陶的熟手，就从陶艺学校招了3个人。毕斯可接受了不少培训，3个新人也受过训练，5个人的配合依然很好。后来又新增2个人，这时就偶尔会出现问题了，一次毕斯可被彩釉绊了一跤，还有一次拉库发现吊式花盆误上了紫红色的釉。拉库意识到，靠简单、随意的交流无法协调所有的工作，而且她需要花更多时间应对客户。于是，拉库指定她的徒弟毕斯可作为经理，负责监督和协调5名制陶工人的工作。再后来，人员持续增加，她就找工作方法分析者（指5种协调机制中主要负责制定标准的职能人员）帮助他们实现有效工作，转向按生产各道工序，由专人负责的管理方式，且制定了一套标准的操作指南。在人员规模持续扩大后，公司的业务向多元化发展，涉及的产品包括瓷砖、浴室设备、黏土砖等。此时，公司分成了3个部门——消费品部、建材产品部和工业产品部，她的管理方式变为按季度审查各部门业绩，通过业绩偏差情况采取措施，以实现各部门的协调。拉库女士的制陶工作室的成长过程如图3-2所示。

	工作室		作坊		小公司	
公司规模	1人	2人	5人	7人	20多人，持续扩大	
	老板：1人	学徒：1人	陶艺学校：3人	新人：2人	制陶工10多人，增加工作方法分析者1人、部门经理4人等	
主要客户	工艺品商店				连锁折扣店等	
协调机制	—	简单、随意的交流	简单、随意的交流	毕斯可作为作坊的经理，专门负责监督和协调	专人专职管理生产线 职能分工，横向协调	按季度审查各部门的业绩
运作情况	一个人负责所有工作。订单越来越多，委派出了她个人的生产能力	工艺品商店想要"拉库制作的陶器"，因此拉库决定只让毕斯可负责揉泥和准备彩釉，自己则负责其他各道工序	找已经学过陶器制作工艺的熟手，于是她决定到当地的陶艺学校直接雇人	毕斯可被一桶彩釉绊了一跤，打碎了5个陶罐；又有一天，拉库打开烧窑发现吊式花盆误上了紫红色的釉	产品生产线上的各道工序由专人专职负责——每条生产线（当时已有4条生产线，分别生产陶瓷、烟灰缸、吊式花盆及陶瓷动物）上的每道工序都有一个人负责，第一个人揉泥，第二个人拉坯，第三个人修形……这样，整个公司就形成了4条产品生产线	多元化发展——瓷砖、浴室设备、黏土砖等。之后，公司分成了消费品部、建材产品部和工业产品部3个部门

图3-2 拉库女士的制陶工作室的成长过程

下面我们将这个故事与图3-1结合，帮助读者深入理解图3-1中介绍的5种协调机制。

（1）**相互调节指通过非正式的简单沟通实现对工作的协调**。使用相互调节时，对工作的控制掌握在工作者自己手中。这是一种非常简单的协调机制，适合在简单的组织中使用，例如拉库女士的制陶工作室的规模还在5个人及以下的时候。值得注意的是，在特别复杂的组织中该机制仍然适用。想想在做创新的时候，我们要做的事情不那么具体，需要创业团队的专家运用自己所在领域的专业知识相互协同，探索出创新型产品。

（2）**直接监督指靠一个人对他人的工作负责，向他人发布指令并监督其行为，从而实现协调**。例如拉库女士的制陶作坊达到7个人的时候，由她的徒弟毕斯可专门负责监督和协调就是直接监督的体现。回到软件研发领域，小队长也是这个角色。

也有工作不强调相互调节或直接监督的，例如生产线上的工人或手术室里的外科医生知道从同事那里接过什么，如何做下一步。这就需要通过标准化来实现。组织可以通过对输入技能、工作流程、工作输出进行标准化，以满足工作的要求。

（3）**输入技能标准化指如果从事这项工作所需的培训要求非常清楚，就可以对员工技能进行标准化**。有时候工作流程和工作输出都比较标准化，在这种情况下，就需要部分流程内具备相关专业技能的人员作为协调机制的基础。例如拉库从学校直接雇用制陶熟手，公司招聘有经验的软件工程师，公司内部培训等。实际上，输入技能的标准化实现了大多数的协调。这也是富有经验的员工能够又快又好完成工作的原因。

（4）**工作流程标准化指当工作内容明确或程序化时，工作流程可以实现标准化**。例如拉库女士的制陶公司，不同工序之间可通过流程有序地衔接起来。在软件研发领域中，产品交付需要经过需求分析、澄清、设计、开发、测试、验收等工作。

（5）**工作输出标准化指当工作结果（如产品的尺寸或性能）确定时，可以进行输出的标准化**。例如拉库女士的制陶公司，负责揉泥的工人只需要把泥土按要求揉成0.45 kg的方块即可。在软件研发领域中，系统之间的调用可以约定后使用接口输入/输出。

随着组织的工作变得越来越复杂，组织偏好的协调机制就从**相互调节**变为**直接监督**，再到**标准化**；而标准化既可以是工作流程标准化，也可以是工作输出或输入技能标准化；最后又回归到相互调节上来。

至此，我们介绍完了组织的5种协调机制，它也是组织阵型设计的**底层逻辑**。需要特别注意的是，5种协调机制并不是独立存在的，它们基本上同时存在。例如，我们常说的全功能团队中来自不同专业领域的专家就是输入技能标准化的体现；鼓励面对面沟通，更多的是体现相互调节；团队的小队长在一定程度上起到直接监督的作用；每个需求的分析、澄清、设计、开发、测试、验收等流程，是研发团队中每个成员必须遵守的，不能没有经过测试就进行验收，这体现的是工作流程标准化；团队会为开发的前后端、跨系统调用设计好接口，这体现的是工作输出的标准化。

3.2　组织阵型设计

组织阵型服务组织战略，到底应该如何设计组织阵型呢？本节将围绕组织阵型设计的底层逻辑全面介绍一种具象化的科技型交付组织的产品部落组织。

3.2.1 组织阵型概念及类型

在5种协调机制的作用下，组织阵型会呈现什么形态呢？我们可以快速了解一下在项目管理知识体系（Project Management Body of Knowledge，PMBOK）中对它的描述，组织阵型是一种事业环境因素，它可能影响资源的可用性，并影响项目的管理模式。组织阵型包括职能型组织阵型、项目型组织阵型，以及介于两者之间的矩阵型组织阵型。

对于不同的组织阵型，我们在概述组织特点时会考虑项目经理的职权、可用的资源、项目预算控制者、项目经理的角色和项目管理行政人员中的一个或多个方面的内容。读者理解组织阵型与协调机制之间的关系时可以从这5个方面思考，如需完整了解这5个方面的详情，可参考项目管理知识体系。

1. 职能型组织阵型

典型的职能型组织阵型是一种层级结构，每位职员有一位明确的上级，如图3-3所示。职员按专业分组，如分为测试组、前端组、后端组、架构组等。各个专业领域还可以根据人数或业务领域进一步划分成职能部门。在职能型组织阵型中，各个职能部门可以相互独立地开展各自的项目工作。

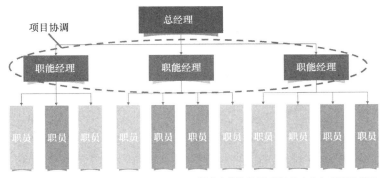

深灰色框标识的职员代表参与项目的职员

图3-3　职能型组织阵型

这类组织阵型有一个特点就是职能经理既管人又管事。这类组织阵型在输入技能标准化上通常做得比较深入。

2. 项目型组织阵型

如图3-4所示，在项目型组织阵型中，职员（项目成员）通常集中办公，组织的大部分资源用于项目工作，项目经理拥有很大的自主性和职权。项目型组织阵型是项目经理期待的组织阵型，是他们认为"我说了算"的组织阵型。

这类组织阵型有一个特点就是团队目标高度一致，项目经理的个人能力对项目影响很大，甚至大到影响项目的成败。这类组织阵型在相互调节这种协调机制上应用好的可能性更大。

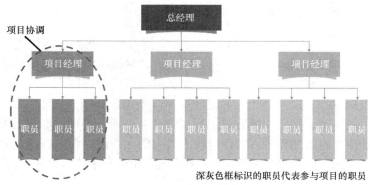
图3-4   项目型组织阵型

3．矩阵型组织阵型

矩阵型组织阵型兼具职能型组织阵型和项目型组织阵型的特征，如图3-5所示。矩阵型组织分为弱矩阵型、平衡矩阵型和强矩阵型，这里仅以组织特点的5个方面中影响或权限处于居中位置的平衡矩阵型组织阵型为例进行说明，其拥有全职项目经理，但并未授权他们全权管理项目和项目资金。这种组织常见的问题是如何处理好"多头管理"，项目经理的能力在一定程度上决定着项目的成败。

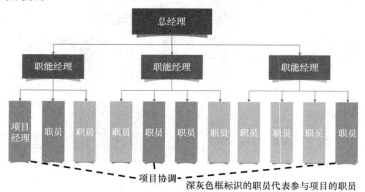
图3-5   矩阵型组织阵型

这类组织阵型有一个特点：项目经理争取资源和福利的能力，以及呈现成果的能力决定着职员（项目成员）工作的幸福度。这类组织阵型在输入技能（员工技能）上由职能经理负责，在交付上由项目经理监督以管控交付风险。

3.2.2   组织阵型的选择

企业如何选择组织阵型，特别是大型企业如何在发挥组织规模优势的同时享有小企业那样的灵活应对客户需求和市场竞争的能力？

显然，这不是一件容易的事。康威定律告诉我们："设计系统的架构受制于产生这些设计的组织的沟通结构。"通俗来讲，产品必然是其（人员）组织沟通结构的缩影。一个组织的结构是由沟通协作自然生长和精心设计出来的，两者必然相辅相成。由于存在人为因素的干预，自然生长往往落后于组织所迫切需要的协调机制。

让大型企业享有小企业那样的灵活应对客户需求和市场竞争的能力，精心设计的矩阵型组织阵型就是唯一（不是"之一"）的解决方案。但是，如果企业没有充分了解这种组织方式就开展变革工作，往往会阻力重重，不能取得预期效果，进而过早宣告"矩阵型组织阵型不适合本企业"，并再次回到职能型、项目型的组织阵型。我们从金融行业的实践中总结出一套对应的组织阵型落地方案——Adapt框架下的产品部落组织，为大型企业提供参考。Adapt框架不仅包含组织阵型的组成方式，还包含在产品部落组织下如何进行产品管理和项目管理。

需要注意的是，这里所说的精心设计的矩阵型组织阵型覆盖的范围是：为提升应对复杂多变的外部环境所涉及的部门和人员（如科技组织至少有7成相关人员）。而在一个大型企业中，组织阵型是多样的，不仅有重新设计的矩阵型组织阵型，也有职能型组织阵型（见3.7.2节）和项目型组织阵型（见3.4.2节）。

3.3　Adapt框架

Adapt框架源自Agilean公司的多年实战经验，是适合我国金融组织的规模化敏捷框架。在10多年帮助金融组织进行数字化落地和敏捷转型的过程中，我们意识到，SAFe、LeSS、Scrum等框架在金融组织落地时由于存在一定简化而面临着不同的阻力和困惑，而金融组织根据自身特点运用Adapt框架，可以建设敏捷组织，在研发侧建立与业务领域对齐的产品部落，助推业务价值端到端的高质量敏捷快速交付，实现组织数字化转型落地。产品部落组织阵型本质上也采用了研发是一种投资行为的理念，蕴含使用产品预算的方式来规划小队。

3.3.1　Adapt框架概览

Adapt框架中的产品部落组织由与业务领域对齐的产品部落组成，如图3-6所示。

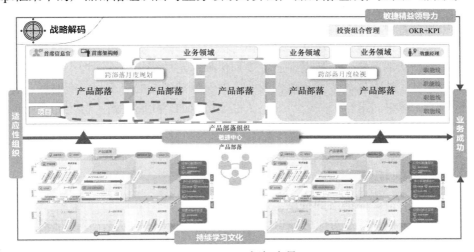

图3-6　Adapt框架全景

在整个组织中，有由不同的职能线组成的产品部落，还有中心级的角色（如首席信息官、首席架构师、效能经理等，注意此处是科技管理视角）来支撑产品部落运行。在传统项目管理中，存在"万物皆项目"，追求短期利益而忽略产品管理的情况。在产品部落组织中，建议采用"项目管理+产品管理"双维管理，并加强跨部落的月度规划和检视，以帮助组织快速解决跨部落协同和决策方面的问题。3.3节和3.4节聚焦在Adapt框架的产品部落部分。

3.3.2　产品部落

产品部落是与业务领域对齐的基本单元。产品部落组织阵型（见图2-4）类似于矩阵型组织阵型，有横有纵。纵向组织小队和部落面向价值交付，偏重"用兵"，以价值交付和业绩提升为方向。横向组织分会和行会面向能力提升，偏重"养兵"，以专业化为方向。部落、小队、分会、行会、职能线的定义以及它们之间的关系参见2.2.2节。

这里需要特别提出的是，除了面向交付的部落和养兵的职能线，仍然有职能型部门不属于我们通常理解的产品部落，如运维部门。运维部门的人相对较少，且需要隔离运维的复杂性，通常这个部门的人员需要统一管理，部门内流程相对刚性以保障生产的稳定。有时候在部落化时我们会直接把运维部门作为一个部落，再在该部落下按能力域划分职能小队，以与不同的开发部门进行运维工作的对接。

3.3.3　产品部落的设计原则

产品部落的设计原则有以下两条。

（1）**部落对齐或拉通相关业务与产品线。**专属的研发团队是产品部落划分的主要原则，这一原则表明，部落内的人力投入情况是相对稳定的。通过研发团队的专属性来保障研发团队能在某一业务领域进行专业上的深耕，同时对系统更加了解，以保障高质量、快速地交付。由于软件研发并不是简单的逻辑实现，而是需要业务产品研发的思维碰撞，因此这个过程需要长期合作才能实现。只有建立具有业务归属的研发团队，才能更好地提升团队的归属感和成就感。从预算的视角来看，研发预算作为一种投资行为也是一种很好的体现。

（2）**小队是特性小队或系统小队。**对于相对稳定的部落，小队也是相对稳定的。我们通过加强产品经理与小队的对应，产品经理通过规划保障稳定的需求输入，为小队的稳定性提供基础。在小队划分时，其中包含各类角色，基本可以保障端到端的可交付。有时候，有些小队的系统特点比较强，将它们组合为一个系统小队也是可以的。我们主张平台类的系统也需要有产品经理，以从支撑业务发展的角度进行平台能力规划和建设，有时候此类产品经理可以设立在研发侧。

3.3.4　产品部落的特点

下面详细介绍一下产品部落的特点。

（1）部落是与业务领域强对应的虚拟组织，在业务领域不变的情况下，部落通常是长期稳定的。例如，零售运营部落对应业务科室的零售运营管理室，只要零售运营管理室存在，对应的零售运营部落就存在。部落的特点如下：

- 同一办公地点；
- 每个部落为30~100人；
- 从事相关领域的工作，解决特定的业务问题；
- 为小队提供交流、合作、分享、创新、改进的环境和支持；
- 负责人是部落长。

部落调整策略是指部落跟随业务的调整而调整，**部落的形态即业务的形态**。当零售运营管理室的业务拓展或调整时，零售运营部落的小队需要随之做出调整。

部落长人选通常为研发团队的技术经理，此职位要有一定的正式权力，才能较好地推动部落内的研发工作。偶尔也会选择业务侧负责人作为部落长，特别是当一个原有的研发团队组织阵型存在不同研发分组或部门对应同一个业务科室时，由业务侧负责人来统筹部落会是一个更好的选择。

部落大小依据公司规模而定，如果公司规模尚小，负责某个业务领域的技术人员数量远小于100人，原则上部落优先与业务领域对齐，再参考人数规模。例如，我们曾划分过数字办公部落，此部落主要负责行政类内部系统，被定义为"非产粮食类"的业务，这种业务不得不做，但价值不好体现。我们就在原有的组织架构中，将这种业务分给每个技术组，让他们各自承担一点儿，利用优先与业务领域对齐的原则将各技术组人员划分为一个总人数不到20人的部落。

（2）产品部落包含多个小队，这些小队通常是长期稳定的，有特定的使命，例如专注个人账户产品的研发工作。小队的特点如下：

- 成员通常坐在一起；
- 自主管理；
- 拥有设计、开发、测试和发布产品所需的所有技能和工具；
- 拥有长期的使命或任务；
- 有专职的产品经理；
- 负责人是小队长。

小队长为一个虚拟的角色，非行政头衔。这样做的好处是可以把合适的人放在这个位置上，并且可上可下，按需调整，不用经过烦琐的行政升职方式。一个小队长通常只管理一个小队，小队长对小队交付负责，并统筹协调小队内的工作。由于小队长通常由开发负责人担任，是一个管理与技术并存的角色，因此我们建议小队长长期深耕于技术，而不只是担任管理角色。

关于小队工作协同和人数有以下几点说明。

- 关于工作安排，小队的工作来自产品经理，小队内的工作安排通常由小队内的各种角色完成。职能线的负责人不直接干预小队的工作安排。
- 关于交付需求，小队负责的需求在大部分情况下可以在小队内闭环。根据"二八原则"，八成需求"自闭环"，可以有效提升小队的交付速度和决策效率。
- 关于小队人数，在实践过程中，还需要结合小队交付产品的复杂度、角色分工的现实、小队长的综合能力等情况进行考量，通常不会超过15人。

（3）产品部落可以包含多个分会，聚焦部落内专业领域能力的提升。分会的特点如下：

- 每个分会定期开会讨论专业领域中的问题和面临的挑战；
- 分会负责人是分会成员的直线经理，承担所有的传统职责，如管人、管绩效；
- 负责人是分会长。

分会长作为部落内同一技术栈的负责人，承担着人员绩效反馈的职责。从同一技术栈视角评估，人的可比性才更强，也更能促进共享共建和知识分享。

另外，由于增加了分会，让散落在各个不同小队的同一技术领域的人员能得到更好的发展，在一定程度上也为公司培养了更多的专业人才。除此之外，原职能线既管人又管事的职责实际上由部落内分会承担，并且分会长可以根据人员技能、事情紧迫性在一定程度上对部落内人员调配提供建议。

（4）产品部落可以包含多个行会，聚焦跨部落专业领域能力的提升。行会的特点如下：

- 跨部落的横向虚拟组织；
- 为常驻成员组织培训、赋能，并定期处理与行会主题相关的决策；
- 推动实际工作与问题解决落地；
- 新入职人员面试，行会成员绩效反馈；
- 定期进行知识、工具、代码和实践的分享，为行会成员提供学习机会；
- 设定行会长、协调员、常驻成员、观察员等角色；
- 负责人是行会长（长期）。

这里定义的行会并非兴趣组织，而是从协同的角度组建的跨部落、具备同一目标的组织（有时候是技能行会，有时候是跨职能的具有特定组织目标的行会，如数据治理行会）。我们定义行会有四大主题：抓对子、用工具、办活动和融工作。

- 抓对子：通过行会组成对子，明确每一周期的目标，并通过定期机制同步检视进展。
- 用工具：行会工作线上管理，并推进部落内工作的线上管理。
- 办活动：制定活动行事历（把活动标记在日历上的一个计划表），定期组织活动，保障行会的活跃度和行会成员的贡献率。每周组织例会，明确例会主题和事项。
- 融工作：结合实际工作，行会内跨部落协同管理，部落内较难解决的问题由行会成员共同推进。

（5）产品部落包含多个职能线，类似于行会的职责，又同时考虑职能经理的个人能力等情况设立管理团队的大小和范围的大小。职能线的特点如下：

- 实体组织；
- 存在形式多样化，如小队级、分组级、部门级、领域级、公司级等。

如果采用部落制，受影响最大的就是职能经理（如技术线负责人、技术经理、测试经理等）。我们建议职能经理要转换管理思路，从管人管事转向技术赋能，成为技术专家与宏观掌控业务方向的人才。

职能线不可缺少，甚至需要加强。我们常常会看到一些奇怪的现象，后端研发负责人作为技术经理统管前端、后端，以及不同的操作系统等，由于存在技术栈壁垒，他们的发展受限于技术经理这个"天花板"。这时，我们反而建议增加职能经理，增强横向人才的赋能培养。

我们观察到，多数企业在业务高速发展的过程中总存在"野蛮成长"现象，缺少整体规划，哪里缺人就补哪里，能力强的管理者最终负责的部门或分组就越多。结果就生长出各种形式的管理汇报线，如有技术经理管理的测试团队，有团队级的测试团队，还有领域级的测试团队，或者公司级的测试团队。这是企业发展多样化的必然结果。

我们承认实体职能线的重要性，并在赋能、绩效管理上应该加强。而产品部落机制的魅力在于可以在基本不破坏职能线的情况下，建立与业务领域对齐的交付部落，把职能经理从协调人力资源中解放出来，更好地关注整体技术方面的把控和人员培养，有时间走近业务，提前做好能力储备和规划，给出行之有效的研发侧的方案，更好地服务于业务，从此告别"10口锅8个盖"的低效协调工作。

如果把现有的组织阵型定义为组织的第一套操作系统，那么产品部落组织阵型就是组织的第二套操作系统。第二套操作系统依托第一套操作系统的组织阵型，在不动其根基的基础上构建适合组织快速响应市场需求的产品部落组织。业务是动态发展的，研发团队坚持以虚拟阵型对齐业务领域的形式存在，才能永葆组织的弹性。通过将此思想贯穿组织的管理，组织的每个成员才能更好地关注价值交付。

3.4 划分产品部落的方法

管理大师亨利·明茨伯格预言，**矩阵型组织阵型**是未来组织的终极模式，但同时指出矩阵型组织阵型是不稳定的。很多企业因为没有信心或无法应对矩阵型组织阵型的"多头管理"而选择放弃，仍坚持传统的"统一指挥"原则，导致公司集权和官僚化，无法快速响应市场需求，成为创新的障碍；或者走向另一个极端，把公司拆分为若干个独立的业务单元，难以实现资源共享。某股份制银行在转型过程中，主动选择了这种精心设计的矩阵型组织——产品部落组织阵型，并用它来管理超5000人的研发队伍。产品部落组织中的部落把管理千人降为管理百人，小队再从管理百人降为管理十人。产品部落组织解决了企业快速、灵活地响应市场需求和发挥规模优势之间的平衡问题，最终让大公司像小公司一样灵活运作。下面来看一下产品部落的划分。

3.4.1 产品部落的划分

部落组建原则是对齐业务领域的纵向交付单元，如图3-7所示。

在通常情况下，业务部门作为一家公司的架构顶层，是相对清楚、明确的。研发团队需要做的事情是：第一，对齐业务领域（通常为一个科室）；第二，明确部落的划分方式（依据关键业务或系统）；第三，明确小队对应的业务产品经理。产品部落划分流程如图3-8所示。

图3-9中展示的是一种自上而下的部落划分模板。在划分流程中，需要做好充分的准备和信息的收集与整理工作。首先，经过前期的划分准备和信息收集后，在信息整理阶段确定每个小队主要负责的业务；然后，小队人员根据负责的关键业务进行调整（一个人员只属于一个小队）。当有一个人员负责的关键业务跨小队时，需要做相关工作的交接，形成部落初步方案。

具体操作时，在该模板中，把主要人员（如业务人员、产品经理、小队长、测试负责人等）的名字，以及每个小队的开发与测试人员总数填上，如果有内外编区分，需要明确，这样有利于可视化划分的合理性。

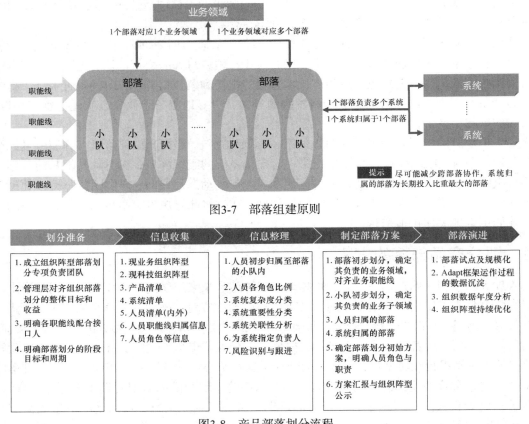

图3-7　部落组建原则

图3-8　产品部落划分流程

图3-9中除了明确的小队人员和关键业务或关键系统，还存在人员、系统共用的情况，也展示了用户界面/用户体验（User Interface/User Experience，UI/UE）设计人员；公共系统横向拉了一条，表示支持所有小队。通常UI/UE设计人员共用是允许的，虽然共用，但需要**明确主要对接的小队**。公共系统是支持业务的系统，它不直接对齐某个业务领域，本质上横向支持所有小队，同时对整个大业务领域负责，这可以是系统小队存在的一种形式。因为测试人员通常职能特点比较突出，所以需要明确每个小队有一个测试负责人。

此外，在部落方案中需要验证小队划分的合理性，第一看**人数**，小队需要在10人左右，如果有非内部编制的人员要一并考虑；第二看**需求数**，如果需求数很少且未来的需求也不确定，就需要考虑这样的小队划分是否合理。

当小队业务人员也是产品经理时，表格中的业务人员与产品经理这两项可以合并。当有产品经理时，尽量避免出现产品经理跨多小队的情况。如果难以避免，可以让有多个产品经理的小队选出一个起主导作用的产品经理负责需求优先级的确定。业务人员的选定和产品经理的稍有差异，列明时以主要提交业务需求的人员为主，不需要列明所有人，通常每个业务人员都可以提需求，而我们要找的是经常需要提需求的人员。部落划分完之后，组织划分人员与产品经理或业务人员对齐服务小队的人员情况及后续的协同工作方式，如对接需求的人员、需求排期的原则等。

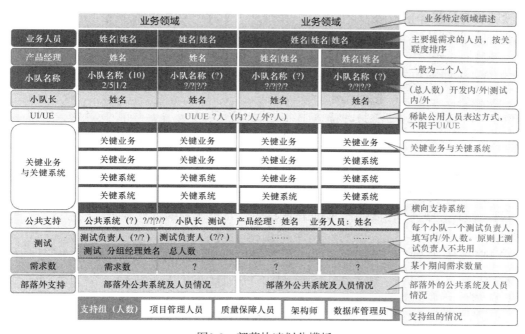

图3-9 部落快速划分模板

至此，部落的初步划分基本完成，如果需要更进一步划分，可以考虑部落外支持人员的情况，包括部落外的公共系统、支持组等。通过对部落划分的过程和结果透明化，对应部落的业务团队负责人和产品经理能够更好地理解可编写代码的人员与总人数之间的差异，更好地理解研发的工作模式。另外，如果团队较小，在划分时难以避免人员共享的情况，建议遵循人员归属一个小队，可承担两个小队任务的方式，同时共享的人员应该是团队中技术较好的人员。经过初次的划分并运作后，团队可以根据运作和业务的情况定期动态调整。

为了帮助读者对组织的全貌有一个更全面的了解，我们将在3.4.2节中介绍项目型组织阵型如何应用到产品部落，在3.5节中介绍行会阵型，在3.6节中介绍角色体系，在第9章中还会详细介绍测试行会组织的运作机制。同时，为了更好地理解组织，接下来将介绍组织里的主要角色以及他们如何支撑组织运作，最后将通过双模矩阵介绍在复杂组织中不同特点的团队可以采用的多种协作策略。

3.4.2　产品部落机制中的项目型组织阵型

当前各行各业普遍存在万物皆项目的情况，强调追求短期利益而忽略产品长期能力建设的管理成了主流。第2章中介绍了产品和项目并不是完全对立的管理概念。虽然产品和项目在管理时间尺度、管理重点和实施方式上存在差异，但它们并不相互排斥。相反，它们在组织战略规划和执行中相互补充和支持。产品提供长期稳定的价值，而项目则在短期内推动组织实现战略目标。理解并合理运用产品和项目的关系，对组织的成功发展至关重要。

《项目管理知识体系指南（第6版）》一书介绍组织阵型类型的部分提到了组织阵型对项目的影响，书中归纳总结了各种常见的组织阵型（如简单型、职能型、矩阵型、项目型和混合型等），以及其对应组织下的项目运行特征，3.2节已对几种常见的组织阵型进行了详细描述。本节主要围绕产品部落机制中不同项目的组织阵型进行讲解。

1. 影响项目的组织阵型的因素

在同一个组织内，由于项目的特殊性和项目所处环境的差异，不同的项目也可能需要不同的组织阵型来满足其独特的需求、应对挑战。下面是可能导致不同项目需要不同组织阵型的几个因素。

（1）**项目重要性**。某些项目可能对组织的战略目标或核心业务具有重要影响。这样的项目通常会受到更高层级的管理支持，并需要专门的项目团队和组织阵型来确保其成功实施。此类项目广泛存在于不同组织中，例如组织内每年年度规划的重点方向、核心产品、关键能力建设等。

（2）**项目目标与性质**。不同项目具有不同的目标和性质，这将影响其所需的团队结构、决策机制和沟通方式。例如，有些项目是针对新产品或新功能建设的，需要创新和探索；有些项目是运营型的，需要高效执行和运营管理；还有些项目是针对组织的某个阶段性业务或成本目标的，如大型促销节日、阶段性降本增效或金融牌照申请等项目，这类项目可能涉及组织的各个业务领域，尽管重要程度很高，但每个业务领域可以独立进行，因此，并不要求对项目资源进行集中管理。

（3）**项目范围和复杂性**。项目的范围和复杂性会影响项目团队的组织形式。对于大型且复杂的项目，可能需要建立专门的组织阵型来集中管理项目资源、决策和沟通。在过去实施的项目中，我们也遇到过类似的项目，例如某行某年的战略重点是新核心系统的建设，涉及众多系统的改造，横跨多个业务领域，需要上百人的实施团队全职参与，于是成立了专项的"项目工程"来进行集中组织管理。

（4）**资源可用性**。项目的资源可用性可能会影响项目的组织阵型的选择。如果某些关键资源只能从特定的功能部门获得，那么可能需要在组织中整合这些功能部门，并确保资源的有效分配和协调。此类情况常在各种组织中看见，最常见的则为职能型组织，其项目资源均需要从特定职能线调用，然而，当出现多个项目需要相同资源时，资源冲突也随之而来。

上面是影响项目的组织阵型的一些常见因素。实际上，还有许多其他因素可以影响项目的组织阵型，如项目时间要求、行业市场要求、利益相关方需求和项目团队物理分布等。此外，更常见的是，项目可能同时受到多种因素的影响，在构建恰当的组织阵型时，需要综合考虑项目的特定要求、目标、资源约束和环境等因素。这样才能确保项目的组织阵型能够有效支持项目的成功执行。

2. 项目的组织阵型在产品部落机制中的设计

前面提过，产品部落可以更好地帮助企业建设敏捷组织，在研发侧建立与业务领域对齐的敏捷产品部落，助推业务价值端到端的高质量敏捷快速交付，实现组织数字化转型落地。双维管理的实施意味着项目管理单元在产品部落机制中也应发挥重要作用。那么项目管理单元又如何在产品部落机制上体现？前面还提过，项目的组织阵型受多种因素的影响，那么产品部落机制中的项目的组织阵型应如何设计呢？

在产品部落机制中，项目的组织阵型设计应旨在最大程度地提高团队的协作效率和项目交付的成功率。通过合理分配资源、优化沟通渠道、明确管理者和决策机制，以及灵活调整团队组织，我们可以确保项目在产品部落机制中能够高效运作，并实现预期的业务目标。此外，产品部落机制本身类似于矩阵型组织阵型，其中项目的组织阵型设计受特定要求、目标、资源约束和环境等因素的影响，直接影响职员（项目成员）参与项目的程度。因此，后面的内容将从职员（项目成员）参与视角，以及管理产品部落与项目的视角出发，以简洁明了的方式，分析和展示适用于产品部落机制中项目的组织阵型的设计。

就目前业界的情况来看，在大型复杂组织中，尤其是在金融组织中，通常会设置职能线，在这种情况下，项目经常以矩阵型组织阵型存在。所以3.2.1节中提到的几种组织阵型中常见的问题与不足还是广泛存在的，例如多头管理、管理职责不清晰、资源竞争、人员复用程度高和协调困难等。然而，在产品部落机制中，因为部落是指相同业务领域所有研发团队的集合，面向具体的业务提供持续稳定的支持，对整体交付过程负责，所以在部落这一层级，已经对不同业务领域的研发团队进行了划分，相应地，业务领域的研发团队及其成员也就基本固定，且会有相对固定的对接管理层（通常为部落内的部落长和小队内的小队长）。因此，在这种情况下，项目经常会以由部落内（单个/多个）小队承接项目、跨部落承接项目或项目集、为关键项目或项目集单独成立项目型部落这3种组织阵型呈现，如图3-10所示。

（1）**由部落内（单个/多个）小队承接项目。** 此组织阵型主要是承接部落对应业务领域的相关项目。因为部落常服务于固定业务领域，所以当对应业务领域有规划项目时，通常会由部落内（单个/多个）小队承接。此时，根据项目的重要性与范围，项目经理由小队长或部落长担任，项目实施团队成员为部落内的成员。这种组织阵型也符合3.3.3节中部落对齐或拉通相关业务与产品线的设计原则。

（2）**跨部落承接项目或项目集。** 企业内，除了由单一业务领域牵头的项目，也有需要不同业务领域某些能力或领域协同的项目或项目集。例如前面提到的针对组织的某个阶段性业务或成本目标，如大型促销节日、阶段性降本增效或金融牌照申请等成立的项目或项目集。这种项目或项目集通常会由多个跨部落的小队共同承接，此时，项目经理通常由项目管理办公室（Project Management Office，PMO）或中高层管理者来担任，负责拉通协同并解决关键阻塞问题。若成立项目集，则其中的子项目相对独立，由对应业务领域的小队承接，子项目经理由小队长或部落长担任。同样，在这种情况下，基本不会专门改动原有的部落阵型，仍由对应的专属团队来服务对应的业务领域。

（3）**为关键项目或项目集单独成立项目型部落**。当企业的重点项目具备需要快速响应、灵活性强、复杂性和专业性要求高的特点时，建议成立项目型部落，虽然这种部落可能只有较短的生命周期（6~24个月），但具备部落的特点，同时保持了管理的一致性。例如，某银行进行手机银行全面改造时，会成立个人手机银行部落。这类项目通常需要跨多个部门或专业领域进行协调和执行，且需要快速响应需求和市场的变化。成立稳定的项目型部落能够将具有不同技能和专业知识的人员组织在一起，高效地完成项目目标。当组织需要在短时间内做出决策并迅速采取行动时，稳定的项目型部落可以提供更高的敏捷性和灵活性。

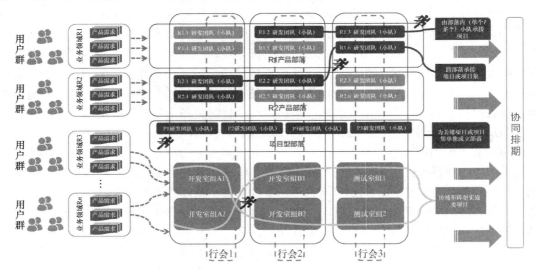

图3-10　产品部落机制中的项目型组织阵型

除了上面介绍的3种项目的组织阵型，笔者所在团队也在某些组织中遇到过弱矩阵型项目[①]，其并无一个特定的项目团队，仅有一份项目类的需求，可能涉及多个部落协同，项目经理仅做项目进度与风险跟进，无更多的管理职责。在这类项目的实施过程中，建议将这种项目类的需求对标日常需求的管理模式，在项目经理给出的进度安排下，进行协调、排期与研发。

3．项目团队交互模式在产品部落机制中的设计

Scrum 的创始人之一迈克·科恩（Mike Cohn）为了评估组织内团队之间沟通的健康度，曾提出"这种组织方式是否最小化了团队间的沟通路径？又是否鼓励团队进行沟通？"这样的问题；此外，在《高效能团队模式：支持软件快速交付的组织架构》一书中，马修·斯凯尔顿（Matthew Skelton）和曼纽尔·佩斯（Manuel Pais）认为，如果组织中出现了每个人都需要了

---

① 在弱矩阵型项目中，项目团队成员通常隶属于不同的职能部门，他们在项目中工作的同时，可能还需要完成其职能部门的任务。项目经理对团队成员的控制力较弱，团队成员可能更倾向于听从其职能部门经理的安排。

解大量信息，或需要每个人都参加大量站会或其他会议，事情才能进行下去的情况，那么这个组织的设计一定出了问题，所以在一个组织中也"并非每个人都需要彼此沟通"。并且，康威定律也表明，多对多的沟通方式往往会导致系统设计变得单体化、混乱无序、高度耦合且相互依赖，进而妨碍信息快速流动。因此，过多的沟通并非总是有益的。在《高效能团队模式：支持软件快速交付的组织架构》中马修·斯凯尔顿和曼纽尔·佩斯提出了限制非必要沟通的理论，并总结出图3-11所示的3种团队间的沟通方式，即在团队内部应该保持高频沟通，结对团队之间应该保持中频沟通，组织内的其他团队之间则应该保持低频沟通。例如在前面提到的，一个大的战略项目集团队同时可能负责多个独立业务，那么这就有必要将其拆分为多个独立的小团队来负责对应的子项目业务模块。

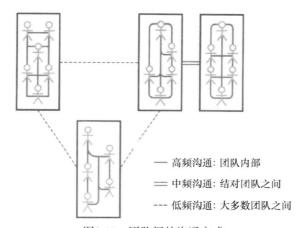

图3-11　团队间的沟通方式

　　过去，我们常认为团队的组织阵型是静态的，但随着组织在某个领域获得了更多的经验、业务发生了更多的变化、有新的技术成熟可用、组织规模变大等情况发生，组织阵型会随之进行相应的调整，此时团队与其环境或其他团队之间的相互作用也会发生较大的变化。对此马修·斯凯尔顿和曼纽尔·佩斯也讨论了以下3种核心的团队交互模式。

　　（1）协作：指与另一个团队密切合作。这种交互模式强调不同团队之间的互动和合作，鼓励沟通和知识分享，以促进创新和解决问题。协作通常适用于不同团队间需要多个成员的知识和技能共同协作的情况。

　　（2）服务：指使用或提供某种服务，而尽量减少协作。在这种交互模式中，一个团队为其他团队提供支持、资源或帮助，以满足其需求和达成其目标。这类似于服务提供者和服务接受者之间的关系。服务交互模式强调关注他人的需求，愿意主动提供帮助，并且在协作过程中更注重满足其他团队的利益。

　　（3）促进：指为给其他团队提供帮助或者寻求其他团队的帮助清除障碍。一个团队充当协调者或调解者的角色，帮助不同团队之间协调合作，解决冲突和促进信息流动。这种交互模式强调促进组织内部或团队之间的和谐与协作，以提高整体绩效和效率。促进交互模式通常在大型组织或复杂项目中发挥重要作用，有助于解决多个团队之间的交互问题，常见的例子是组织内的项目管理办公室。

　　回到产品部落机制中的项目的组织阵型的设计。每个项目本身都是一个独特且复杂的问题处理场景，在为组织内各项目构建其组织阵型时，不仅需要考虑团队成员间的沟通方式，也需要重新考虑项目团队之间的交互模式，如何才能最大化地让团队成员独立工作，从而产生集体的最佳效能。从成员参与项目的程度来看，我们将成员参与项目的程度划分为3类，即最密切、次密切和不太密切，如表3-1所示。

表3-1　成员参与项目的程度

程度	由部落内（单个/多个）小队承接项目	为关键项目或项目集单独成立部落	跨部落承接项目或项目集
最密切	协作形式：高频沟通，协作交互模式 具体表现：不改变部落	协作形式：高频沟通，协作交互模式 具体表现：为关键项目或项目集成立部落	协作形式：中频沟通，协作交互模式 具体表现：不改变部落，承接项目或项目集下的子项目（模块）
次密切	—	—	协作形式：中频沟通，协作交互模式或服务交互模式 具体表现：从部落中抽调合适的成员参与
不太密切	—	—	协作形式：低频沟通，服务交互模式 具体表现：不改变部落，与日常需求协同方式一致

　　在这3种项目参与程度中，"最密切"的成员均在稳定的部落当中，相应项目的管理层与部落管理层高度重合；"不太密切"的参与形式与原有部落的形式完全保持不变；"次密切"的参与形式则需要部落中的成员跨团队承接其他项目的研发工作。前面提到，当前组织里常见的项目管理难题有多头管理、管理职责不清晰、资源竞争、人员复用程度高和协调困难等。但在产品部落机制中的项目形态下，绝大多数的项目还是由原有部落内的小队来承接，在这种组织阵型中，前面提到的几种常见的项目管理难题会得到一定程度上的缓解。

　　当然，组织与项目的情况也不尽相同，产品部落机制也不是解决所有项目管理问题的"银弹"，不同组织有其自身的独特性与复杂性，推进的项目更是会受资源、环境、工具、业务特点等多种因素的影响，因此还是需要根据其自身的实际情况做相应选择。

3.5　行会阵型概览

　　行会是由一群具备特定技能、知识、经验的人员以虚拟或虚实结合的形式构成的组织，负责执行特定任务或监督特定领域的事务，通常需要进行讨论和协商，以达成共识并完成行会目标。行会通常具备图3-12所示的六大职责，不同类型的行会可以侧重一项或多项职责。行会可进行人员培养、能力测评、人才选拔（如面试、晋升等），并提供专业化指导，培养组织专业化人才，以实现组织竞争优势。

图3-12　行会的六大职责

行会通常有中心级、部门级、部落级等（这里假设公司的组织阵型是中心包含多个部门），设立行会长、分会长，按需设立普通成员等。行会由**行会长统一负责**，围绕行会目标进行工作规划与推进落地，统一指挥，民主决策，以**提升组织决策能力**，**解决组织问题**。下面来看几个常见的行会。

3.5.1　效能行会

关于效能行会，有以下3个问题需要思考。

1．效能行会是什么

效能行会（见图3-13）是在组织数字化转型过程中进化出来的一类人才的集合，这个集合承担组织数字化人才梯队的建设、效能教练能力的培养等职责，持续推动组织效能改进，对组织效能提升结果负责，并构建组织的可持续发展能力。效能行会通过持续变革、数字化推动、小步快跑的方式，借助六大能力域（在10.2.3节中会详细介绍）让效能教练具备长期成长、不断进化的能力。

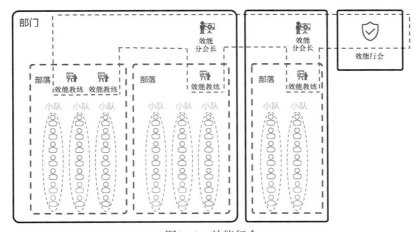

图3-13　效能行会

2．为什么需要效能行会

术业有专攻，组织中需要有一类角色持续关注组织效能的运营工作，同时CXO［Chief X Officer，公司高层管理职位，其中X是一种代称，代表公司里的一种特定职位，如CEO（Chief Executive Officer）是首席执行官，CFO（Chief Financial Officer）是首席财务官，CIO（Chief

Information Officer）是首席信息官，CDO（Chief Data Officer）是首席数据官等〕也需要一个具备专业特质且技能互补的智能团来满足组织从部落级到小队级，从规划层到执行层，从通用能力到专业能力等，多级别、多层次、多维度的管理诉求。

3. 效能行会如何设计

在设计效能行会时，我们一方面需要考虑帮助组织构建数字化转型效能教练框架和人才底盘，另一方面也需要考虑帮助有志成为效能教练的人才规划职业发展路径，所以我们提供了一套通用的效能行会中效能教练的"选育用留换"的设计方案。

该方案从整体设计上会考虑技能互补、能力互备、专兼职兼顾（在组织资源有限的情况下或者组织数字化转型前期），为了横向协同拉通更加顺畅，需要设计跨部门、跨部落、跨小队的沟通机制；同时，设计螺旋上升的能力域、应用评价体系，并且保持通用能力和专业能力相结合，自上而下承接组织数字化转型战略的分解，自下而上反馈闭环并不断改善。

当然，不同组织的架构不同，组织发展的阶段不同，所设计出来的效能行会形式也不同。在"BANI时代"[BANI 是 brittle（脆弱的）、anxious（焦虑的）、nonlinear（非线性的）和 incomprehensible（费解的）的首字母缩写]，当下适合组织的就是最好的，而未来可不断进化的仍需要继续探索。

3.5.2   测试行会

关于测试行会，有以下3个问题需要思考。

1. 测试行会是什么

测试行会是主要由测试人员构建而成的虚拟或虚实结合的多层级组织阵型，如图3-14所示。

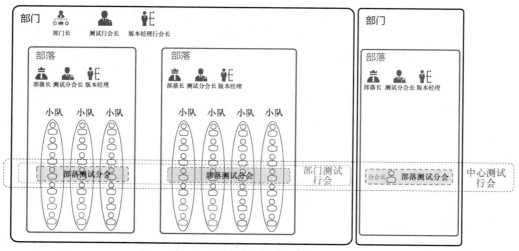

图3-14   测试行会

测试行会关注测试长期专项建设，包括测试人员的发展、测试流程的优化、资源的合理配置和测试平台工具的提升等，为研发团队提供高质量和高效率的测试服务，以提升组织的竞争力。

2. 为什么需要测试行会

组织的常见问题之一是重交付，但缺乏长期建设规划，例如人员能力培养或平台工具建设缺乏长期建设规划。测试行会通过精心设计组织架构、日常协调机制以聚合测试人员，帮助组织在关注交付的同时，提升测试的专业能力。

3. 测试行会如何设计

在大型金融组织中，普遍的现状是测试人员相较于开发人员比例较少，存在一个测试人员负责一个小队的情况，也存在一个测试人员负责多个小队的情况，因此众多测试人员呈现出分散在小队、部落、部门等各层级的状态。基于此，我们建议在组织中构建多层级组织阵型——部落测试分会（由部落内各小队测试人员构成）、部门测试行会、中心测试行会。通过这种多层级的组织阵型来聚合分散的测试人员，建立组织自上而下和自下而上的目标共识、信息发布与反馈渠道。测试行会需要拉通不同部门、不同部落、不同小队的测试人员，通过共同目标驱动、专业人才等级划分与绩效激励，打破部门墙，助力组织在专业领域实现能力提升和长期发展。关于测试行会的详细运作机制，参见第9章。

3.5.3 产品经理行会

关于产品经理行会，有以下3个问题需要思考。

1. 产品经理行会是什么

产品经理行会是一种专业化能力提升的虚拟组织，如图3-15所示。

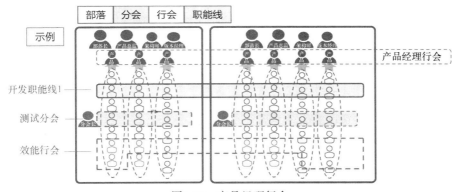

图3-15 产品经理行会

产品经理可以通过这个组织学习与分享知识，让其具备长期进化的能力。例如，产品经理可以学习或分享产品管理能力、用户洞察能力、数据分析能力、用户体验设计能力、创新思维、商业意识、业务知识等。

2．为什么需要产品经理行会

在产品部落组织中，产品经理通常负责一个小队的需求规划与输入，可以相对独立进行相关工作。除此之外，他们还需要学习产品经理应具备的技能。总之，产品经理要么忙于支持小队的需求澄清，要么忙于所负责的业务本身，或者因为所属业务领域的产品经理人员较少，无法形成一个特定领域的学习小组。有了虚拟的产品经理行会，一方面可以为产品经理提供学习平台，另一方面可以为需要锻炼的产品经理提供锻炼的机会，通过教学互长，促进整体能力提升。

3．产品经理行会如何设计

因为一个小队通常配备一个产品经理，而一个部落所对应的产品经理仍然有限，所以产品经理行会的设计可以跨科室或跨部门，以形成一个足够大的行会组织，这样既可以提供更多的学习输入，也为技能多样化提升提供了可能。在设计产品经理行会时，可以考虑为每个实体科室设置牵头人，然后把可纳入的产品经理按不同技能线（如用户体验、客户研究等）组成不同的产品经理分会，如创新思维分会、数据分会等。因为行会组织具有动态性，所以产品经理可以定期轮换加入不同的分会，也可以根据需要设立或撤销分会，以满足产品经理能力建设的需要。产品经理行会的运作机制参见3.3.4节。

3.6   角色体系

我们从组织的管理视角设定了Adapt 3.0中提出的"8+8+8+4"角色体系，如图3-16所示。图中展示的角色体系基于中心下有多个部门的实体阵型，考虑到不同组织的中心、部门的设置逻辑存在差异，读者应根据本章设定的场景来理解角色体系。

图3-16   "8+8+8+4"角色体系

该角色体系包含8个中心级角色，即首席数据官（CDO）、首席信息官（CIO）、变更经理、质量经理、效能经理、运维经理、首席架构师、人事经理，8个部门级角色，即部门长、开发经理、测试经理、测试行会长、架构行会长、版本经理行会长、效能行会长、项目经理，8个部落级角色，即业务团队负责人、产品总监、部落长、测试分会长、架构师、版本经理、效能教练、运维接口人，以及4个小队级角色，即产品经理、小队长、测试负责人、研发小队。部落通常为虚拟组织，在不改变企业现有组织架构的情况下搭建而成，所以，这里定义的角色是运行中的虚拟角色。小队可能负责一小块业务，也可能负责几个系统，前者为"业务小队"，后者为"系统小队"；业务小队是更理想的状态，系统小队也是可以接受的。项目经理可以是部门级、部落级兼职角色，负责协同跨部门、部门内的重要项目。

3.6.1　梳理角色体系的原因

正如前文描述的，传统的职能型组织阵型和项目型组织阵型已不能很好地满足企业应对复杂多变的外部环境的诉求，矩阵型组织阵型转型势在必行。同时我们也应该意识到，精心设计组织阵型固然重要，但"人"才是让组织阵型发挥作用的根本因素。只有根据组织的管理诉求为组织阵型匹配恰当的管理角色，才能让组织阵型真正发挥出其作为组织管理框架的能力，让各类管理动作落到实处。

经过多年对大型金融组织的辅导，我们总结出了多层级的"8+8+8+4"角色体系。该角色体系站在组织协同的视角，明确了各类角色在组织横向拉通对齐和纵向交付保障中需发挥的主要作用。角色体系秉承"职责清晰、范围模糊"的设计原则，旨在牵引矩阵型组织阵型中的各个角色进行频繁和高效的协同，进而优化组织交付过程的流程瓶颈，大幅提升组织的交付能力。在面向交付的部落主线之外，我们还设置了诸如效能经理这样的实体角色，旨在强化组织对软件研发数字化管理能力建设的关注度，提升组织收集数据、清理数据、使用数据的能力，让数据资产真正成为组织发展的关键助力。

3.6.2　角色介绍

本节将围绕Adapt 3.0的角色体系，分多条管理线对该角色体系中的各类主要角色进行详细说明。

效能提升线中的角色及其职责描述如表3-2所示。效能提升线中的角色应当具备优秀的数据素养，能为团队管理者提供准确的数据解读。一线的效能教练需要推广数据平台的使用，帮助组织提升软件研发数字化管理能力。

表3-2　效能提升线中的角色及其职责描述

角色	职责描述
首席数据官	• 制定数据战略：制定组织的数据战略和目标，并确保其与组织的业务战略和目标保持一致 • 管理数据资产：管理数据资产包括数据的采集、存储、清洗、分享和传递；确保数据的安全性和隐私性 • 推进数据治理：制定和实施组织的数据治理策略，以更好地支持组织的决策和运营 • 推进数据驱动文化：推进组织的数据驱动文化，包括推广数据的价值和重要性，并培训组织中的员工如何有效地使用数据；与组织中的其他职能部门合作，确保数据被充分应用于业务运营和决策过程中

续表

角色	职责描述
效能经理	● 规划软件研发数字化管理工具体系建设 ● 设计组织级指标 ● 提供组织级数据解读，向高层提供具备数据支撑的分析报告，辅助首席数据官、首席信息官进行战略决策
效能行会长	● 推动软件研发数字化管理工具体系建设 ● 基于组织级指标设计并维护部门度量体系。效能行会长需要在效能管理领域发挥承上启下的重要作用，负责在部门中落地组织的效能管理要求、规划部门效能提升路线 ● 培养效能教练，进行效能教练的选拔、培养和晋升管理
效能教练	● 负责提升部落管理、技术水平，是组织规模化效能提升的关键动力来源，通常需深入辅导一线团队，发现团队的能力提升诉求和组织效能提升目标的结合点，保障效能提升目标的达成 ● 推动团队使用软件研发数字化管理工具，进行一线的数据收集和数据治理，实现研发过程透明 ● 辅助团队建立研发效能基线，使用数据指导团队进行持续改进 ● 为团队引入优秀的管理实践，提升团队软件研发管理成熟度 ● 为团队引入优秀的技术实践，提升团队的持续交付和质量内建的能力

软件研发管理线中的角色及其职责描述如表3-3所示。软件研发管理线中的角色主要关注组织的高效交付，在研发团队中实施规范的软件研发管理流程。

表3-3　软件研发管理线中的角色及其职责描述

角色	职责描述
首席信息官	● 制定和实施信息技术战略：制定组织的信息技术战略和目标，并确保其与组织的业务战略和目标保持一致；确保信息技术战略可以帮助组织实现其业务战略和目标，并且能够与业务运营和决策过程相集成 ● 管理信息技术资源：管理组织的信息技术资源，包括硬件、软件、网络和人员等；确保信息技术资源的安全性和可靠性，并负责监督信息技术的质量和效率 ● 改进信息技术管理：制定和实施组织的信息技术管理策略，包括信息技术的规划、采购、部署、维护和升级等方面；确保信息技术管理策略与业务流程相一致，并能够支持组织的决策和运营 ● 推进数字化转型：推进组织的数字化转型，包括推广数字化技术的价值和重要性，并培训组织中的员工如何有效地使用数字化技术；与组织中的其他职能部门合作，确保数字化技术被充分应用于业务运营和决策过程中
变更经理	● 确定变更请求的可行性和影响：核实变更请求的合理性和必要性，并评估其对项目目标、时间、成本和质量的影响 ● 建立变更管理制度：包括变更请求的分类、优先级、审批流程、实施流程和验证流程等，以确保变更管理的一致性和可持续性 ● 管理变更请求的流程：建立变更请求的流程，确保变更请求的审批、实施和验证都遵循相关策略和程序 ● 跟踪变更请求的状态：跟踪变更请求的审批状态、实施状态和验证状态，并记录变更请求的历史信息 ● 与相关方沟通：与项目经理、项目团队、客户和其他相关方保持沟通，确保变更请求被理解并推进 ● 更新项目管理计划：包括时间表、成本和质量计划等，以反映变更请求的影响 ● 分析变更请求的趋势：评估项目的稳定性和变更管理的效果，并提出改进建议
开发经理	● 项目规划：与其他管理者一起制订项目计划，包括开发时间表、资源分配、质量保证等 ● 预算管理：与项目负责人合作，确保项目研发过程中的预算得到合理分配 ● 团队招聘：招募和选择团队成员，确保团队的技能和经验与项目需求相匹配 ● 绩效评估：制订和执行团队绩效评估计划，以确保团队成员的技能持续提升 ● 风险管理：识别和管理项目中的风险，确保团队成员能及时解决问题

续表

角色	职责描述
部门长	• 领导和管理部门：确保部门的运营和绩效符合公司要求和标准 • 制订和执行部门战略计划：与公司管理层一起制订部门战略计划，并确保计划的执行和达成目标 • 预算规划和管理：制订和执行部门预算计划，确保财务资源的合理分配和管理 • 人员管理：招募、培训和管理部门员工，引导员工提升工作效率，关注员工的职业发展 • 业务流程管理：制定和管理部门的业务流程，确保业务流程的高效率和质量 • 与其他部门协调：与公司其他部门协调和沟通，确保部门的工作和目标与公司整体战略一致 • 风险管理：识别和管理部门中的风险，确保能及时解决问题和避免损失
部落长	• 统筹管理：与业务团队负责人就产品的中长期目标达成一致，总览流入部落内的需求；熟悉部落内资源利用及调度情况，避免重复性工作的发生；对于风险有前瞻性；跟进重大项目，管理产品需求价值 • 部落决策：对于存在的有争议的需求，与业务团队负责人、产品经理团队协商并确定需求的优先级；主导需求的整体解决方案制定 • 部落协调：根据交付需要，进行跨部落资源协调，预先清楚依赖项，并进行升级风险的移除 • 内部管理：观察部落度量指标，分析部落运行状态，对重点问题和改进项进行跟进；注重部落人才建设，定期举办分享会，沉淀知识；培养小队长，提升组织管理能力
小队长	• 需求管理：参与需求的技术评审、拆分，负责小队的需求工作量估算和排期 • 交付管理：把控小队迭代节奏，识别交付过程的风险和阻塞点；明确需求的主办方和辅办方、协调研发资源和进度，保障相互依赖的需求准时交付 • 质量管理：主导团队代码评审、桌面检查等质量内建工作；组织生产问题复盘和发版异常事件处理 • 小队持续改进：组织小队站会、回顾会等迭代活动，协助效能教练落地软件研发数字化管理工具，推动小队数字化、可视化管理

架构管理线中的角色及其职责描述如表3-4所示。架构管理线中的角色主要关注组织的架构设计和演进路线，各层架构师之间需建立稳定、快速的沟通机制以保障架构设计的可落地性。

表3-4 架构管理线中的角色及其职责描述

角色	职责描述
首席架构师	• 制订技术战略规划：与高层管理者合作，制订公司的技术战略规划，并确保其与公司业务战略保持一致 • 设计系统和架构：确保系统具有高效性、可扩展性和安全性 • 保持技术领导力：作为技术领袖，指导和支持其他研发团队，确保研发团队能够实现业务目标和发展 • 评估技术：评估新技术、工具和框架，确定其是否符合公司的需求和目标 • 制定技术标准：确保所有的技术方案和开发工作符合公司的技术标准和最佳实践 • 组织技术培训：确保技术团队掌握最新的技术趋势和最佳实践 • 保证技术质量：确保技术方案和开发工作质量达到公司的标准和客户的要求
架构行会长	• 组建专业团队：将有技术热情、专业能力和架构整洁追求的部落成员组建为专业的架构师团队，支撑各部落研发的技术决策和质量内建 • 规划技术雷达：定期开展组织的技术栈回顾会，更新技术雷达，牵引团队使用成熟、先进的技术构建系统和流水线 • 沉淀架构知识：组织架构师行会的内部交流和分享，形成架构基本规范，总结针对特定场景和问题的解决方案 • 推动架构演进：定期对关键系统的架构复盘，明确当前阶段的技术瓶颈和架构缺陷；在研发工作中逐步优化架构，降低技术债，提升总系统的总体性能和可维护性

角色	职责描述
架构师	• 驱动部落技术改进：根据产品的定位以及整体架构，提供技术选型方案；综合考虑业务优先级与系统优化优先级，牵头推动系统的非功能性改进 • 提供技术仲裁：在团队对实现方案犹豫不决时，以合理的方式选出最优方案；制定符合项目需要的研发标准流程，支撑工程实践 • 提供技术咨询：充分理解业务目标，提供解决方案，有远见地对系统进行整体设计，实现低耦合、可扩展；对系统的核心模块进行设计或代码编写 • 守护研发质量：从方案评审、代码评审等方面对系统的质量进行把控；横向拉通协调小队间或部落间的技术实现方案，避免技术实现的重复，避免潜在的漏洞

测试管理线中的角色及其职责描述如表3-5所示。

表3-5　测试管理线中的角色及其职责描述

角色	职责描述
质量经理	• 制订质量管理计划：制订公司的质量管理计划，并确保其符合相关法律法规和标准 • 监督和管理质量管理体系：确保质量管理体系有效运行和持续改进 • 检查和审核产品质量：确保产品质量符合公司的质量标准和客户要求 • 管理供应商和供应链质量：确保所有的供应商和供应链符合公司的质量标准和要求 • 管理质量团队：包括招聘、培训、评估和激励团队成员 • 分析和报告质量数据：分析产品缺陷率、客户投诉率等质量数据，以帮助公司改进质量管理体系
测试经理	• 管理测试团队：招聘、培训和管理测试团队的成员，确保他们具备产品测试所需的测试技能，能够按时、高质量地完成测试任务 • 制定测试策略：了解项目需求、测试环境、测试资源等因素，并制定测试策略、制订测试计划，确保测试工作有条不紊地进行 • 管理测试过程：监督测试过程，跟踪测试进度和测试结果，及时发现和解决测试问题，确保测试工作达到预期目标 • 协调测试资源：包括测试人员、测试工具和测试环境协调，确保测试资源被充分利用 • 报告测试结果：向项目经理和其他相关人员报告测试结果，包括测试进度、测试质量和测试问题等 • 改进测试流程：对测试流程进行不断的改进和优化，提高测试效率和测试质量，降低测试成本 • 确保测试质量：制定测试质量标准，确保测试团队按照标准执行测试工作，保证产品的质量和可靠性
测试行会长	• 统筹测试资源：负责跨部落的测试资源协调，建立跨部落的测试沟通渠道，提升测试团队对业务、质量的关注，提升跨小队、跨部落的人员统筹协同水平 • 行会成员测试能力提升：规划测试人员能力成长路线，构建学习型组织，定期进行测试技术分享，提升测试团队成员的测试水平 • 组建专家团队：在不同的测试领域组建测试专家团队（如自动化测试、安全测试、性能测试等专家团队），丰富测试维度，保障关键系统交付质量 • 统一测试规范：设置不同领域的测试流程和操作规范，覆盖系统自动化测试、测试环境管理的要求与标准 • 构建测试平台：构建组织级的测试平台，通过工具落地行会规范和流程；推动平台建设、响应管理演进，并不断提升测试效能
测试分会长	• 质量保证：负责部落内测试工作流程规范的落地和反馈；负责解决测试工作中出现的技术难题，保证测试工作的顺利开展；负责测试过程中的质量风险管理，确保本部落质量目标的达成 • 统筹决策：负责部落内测试资源的分配及整合；负责跨部门、跨部落、跨小队的沟通协调工作；参与研发各阶段测试标准及测试整体解决方案的制定，提高整体测试技术水平及工作效能

续表

角色	职责描述
测试分会长	● 能力建设：负责部落级专项测试团队的组建与管理，参与组织级自动化测试平台建设；组织内外部测试技术培训及优秀实践分享，建立学习型组织 ● 分会管理及人员激励：制订分会成员的学习成长计划，进行人才梯队建设；制订分会规划及目标；制订合理、有效的奖惩激励机制
测试负责人	● 统筹协调：负责制订小队的迭代及版本测试计划，并主持迭代测试任务、安排测试人员；负责测试过程管理和跨小队的测试相关事项协调沟通 ● 质量保证：负责制定合理的小队测试策略，推动小队质量内建，建立起全员为质量负责的意识；负责小队研发过程中的质量风险管理，帮助小队达成质量目标 ● 成员赋能：提升小队测试人员对业务的理解能力，建立业务价值思维，提高业务敏感度；在缺乏统一的自动化平台建设的情况下，还需加强小队各成员的自动化能力的培养，建立自动化测试分层体系（自动化测试分层体系由单元测试、接口测试、用户界面测试等构成） ● 风险反馈：协助小队长进行小队测试人员管理、研发过程管理，提供质量、风险反馈

版本管理线中的角色及其职责描述如表3-6所示。

表3-6　版本管理线中的角色及其职责描述

角色	职责描述
版本经理行会长	● 制定发版标准：规划组织级的版本日历，明确基本的发放规范，如制品要求、过程文档等 ● 版本复盘：抽检各部落版本复盘问题的改进情况，总结系统性的问题 ● 版本协调：负责跨部门、跨部落的版本协调，对存在上线风险的版本进行评估，确定是否调整发版窗口 ● 组织发布能力建设：推动组织提升发布过程的自动化水平，选择与组织能力相匹配的发布模式；减轻发布人员心理负担，降低发布的风险和复杂度
版本经理	● 版本计划：参考团队的版本开发计划和时间表，协调各个团队的工作进度，确保项目研发顺利进行 ● 版本发布：负责版本的发布工作，编写产品版本发布相关文档 ● 版本控制：管理版本库，负责版本控制、变更管理和配置管理等工作，确保软件或应用的稳定性和可靠性

运维管理线中的角色及其职责描述如表3-7所示。运维有其专业性和安全敏感性，需要设计"运维经理"这样的角色进行统一管理。

表3-7　运维管理线中的角色及其职责描述

角色	职责描述
运维经理	● 设计和实施运维策略：根据公司的业务需求，制定合适的运维策略，确保系统的稳定性、可靠性、可用性和安全性 ● 管理运维团队：招聘和培训运维人员，管理和指导运维团队的日常工作，确保团队的高效运作 ● 管理运维预算：负责制定和管理运维预算，确保资金的有效使用和控制 ● 处理故障和风险事件：快速响应故障和风险事件，制定相应的应对措施，确保系统的高可用性和安全性 ● 制定和执行运维策略：确保运维策略符合相关法律法规和公司的规定 ● 汇报和沟通：向高层管理者汇报运维团队的绩效和成果，与其他部门协调沟通，确保公司各部门之间的协调和合作顺畅
运维接口人	● 系统部署资源协调：作为运维团队和其他部门之间的沟通桥梁，协调各运维团队资源，确保系统部署工作顺利实施 ● 监控系统性能：监控系统性能和运行状况，定期进行性能优化和容量规划

续表

角色	职责描述
运维接口人	• 反馈和解决问题：收集和反馈其他部门的问题和需求，及时解决运维问题和故障，确保服务质量和高可用性 • 维护设备和软件：监控、维护和更新系统的硬件和软件设备，确保系统的稳定性和安全性 • 风险识别：在系统运维过程中及时识别风险，并和研发团队进行同步

产品管理的相关角色及其职责描述如表3-8所示。

表3-8　产品管理的相关角色及其职责描述

角色	职责描述
业务团队负责人	• 运营决策：紧跟公司战略发展方向及目标，明确当前产品周期，明确当前运营阶段及主要目标；管理用户预期，实现业务增长；定期为公司提出运营状况分析和前景预测报告；明确业务优先级；制定可行的业务执行方案，权衡多方利弊，决定合理的业务上线日期 • 反馈和改进：明确业务优先级；制定可行的业务执行方案，权衡多方利弊，决定合理的业务上线日期；根据目标完成情况、运营效果和运营阶段进行总结，分析其间出现的问题，按需调整执行方案
产品总监	• 需求排期协调：同需求来源方进行排期协调，初步确定需求优先级，并在版本火车初期规划迭代的需求范围 • 快速决策：作为部落成员，在需求优先级和上线时间出现冲突时需进行快速决策；无法进行决策的问题则上升至业务团队负责人进行仲裁 • 持续优化：收集产品的相关运营数据，评估产品的市场表现；适时调整产品路线规划，增强产品能力，不断提升产品竞争力
产品经理	• 产品需求管理：负责产品需求编写、优选和状态管理 • 产品质量管理：制定交付标准，验收产品交付物 • 行业洞察：分析典型用户、典型竞品，规划产品建设路线

项目管理的相关角色及其职责描述如表3-9所示。

表3-9　项目管理的相关角色及其职责描述

角色	职责描述
项目经理	• 项目规划：确定项目目标和范围；制订项目的计划 • 项目风险管理：识别项目潜在风险；制定风险缓解策略 • 项目实施控制：监控项目实施进度；监控项目预算使用情况

人力资源的相关角色及其职责描述如表3-10所示。为了加快矩阵型组织的构建，制定与组织阵型相匹配的激励机制，与人力资源相关的角色同样不可或缺。

表3-10　人力资源的相关角色及其职责描述

角色	职责描述
人事经理	• 制定人力资源策略：负责制定、修订公司的人力资源策略，确保其符合公司的战略目标和相关法律法规 • 招聘与选拔：负责招聘和选拔员工，协助部门经理和招聘专员筛选简历、面试候选人，并制订招聘计划 • 培训与发展：制订并执行员工培训和发展计划，提升员工技能水平和职业素养

续表

角色	职责描述
人事经理	<li>绩效管理：制定绩效考核标准和流程，确保对员工的工作成果和绩效评估的公正性和客观性</li><li>薪酬福利管理：管理公司的薪酬福利制度，确保其符合公司的财务预算、匹配员工的工作价值</li><li>员工关系管理：处理员工关系问题，制定并执行公司的员工手册和劳动合同，协助员工解决工作中的问题和矛盾</li><li>人力资源数据分析：负责收集、分析和汇报人力资源数据，为公司的决策提供支持和建议</li><li>领导和管理人力资源团队：协调团队的工作，确保团队的高效运作</li><li>参与战略规划：与高层管理者合作，参与公司的战略规划，为公司的发展提供人力资源管理的建议和支持</li>

3.7　双模矩阵

双模矩阵是一个在行业内常用的词，本节将介绍它的来历，以帮助组织做出知情决策（指决策者在获取了相对全面的信息、了解了风险和收益后做出决策。本书中提到的数据知情决策是同样的含义）。

3.7.1　双模矩阵概述

无论在敏捷领域里，还是在各传统管理领域里，构建敏捷组织的呼声几乎无所不在，特别是在谈论组织的书中，敏捷组织更是大行其道，许多顾问也将构建敏捷组织作为组织转型方案中的一大要件。

实际上，查阅与敏捷组织相关的文献，读者就会发现敏捷组织这个概念多从对"敏捷性"的探索而来，然后逐步定义敏捷组织的特征、适应性、结构、要素等。在2016年出版的《敏捷组织》一书中，麦肯锡全球资深董事合伙人张海濛对敏捷性进行了定义：以比较低的成本快速适应外部变化的能力。外部变化包括监管环境的改变、技术的进步、客户需求的变化和竞争对手带来的颠覆等。

近些年来，"双速IT""双模IT""双态IT"等概念越来越多地应用于组织转型方案中，Agilean公司融合多家之长，总结出了"双模矩阵"，统一了概念体系，并全面覆盖了企业研发的4类场景，即需求复杂且环境动态、需求简单且环境动态、需求复杂且环境稳定和需求简单且环境稳定。

早在2012年，波士顿咨询公司（Boston Consulting Group，BCG）就提出了"双速IT"，它主要关注业务战略层面并给出了一个方向。它从企业和业务发展趋势的角度来看研发团队如何支持业务，管理者认识到传统业务和新业务的研发团队支持的交付速度不一样，一个需要快速，一个慢速也能满足需求。所以，它更多的是回答了"为什么会出现研发团队交付的不同速"的问题。

约2013年年底，Gartner提出了"双模IT"（见图3-17），它更多的是从IT层面出发，回答了"双模IT是什么"的问题。也就是说，业务发生了变化，IT需要适应不同业务的快速和慢速的情况，所以它提出了两种IT模式。第一种模式更多的是可预测的，也就是可控的、比较稳的、慢速的；第二种模式更多的是探索性的。

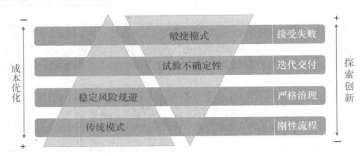

图3-17   双模IT（来源：Gartner于2013年年底提出的"双模IT"）

2016年，联想提出了"双态IT"。联想提出"双态IT"是因为联想要把IT产品（各种软件和硬件），以及"双速IT"和"双模IT"这些理论放到客户现场去。联想尝试找出一个更加可落地的、可操作的、在真正的项目上可实施的一套方法。联想也认为客户有传统业务和创新业务，定义的双态是稳态和敏态。联想要先分析客户业务的稳态和敏态的双态性，在这个基础上再来看IT的双态性。有一个非常重要的概念就是，业务的双态性出来之后所有的业务最后都要落到IT上来，体现为IT的双态性。

2022年年底，Agilean公司在Adapt 3.0中提出了"双模矩阵"的概念。Agilean公司提出"双模矩阵"是因为其在组织规模化转型过程中发现，组织不仅关注外部业务，而且关注内部业务，现有的行业概念已很难覆盖涉及内部业务和外部业务这两种场景。波士顿咨询公司提及的是业务视角的快与慢；Gartner提及的是IT视角的双模，以响应不同类型的业务；联想提及的是双态IT，以落地软硬件方法论。近几年，研发效能、内部效率越来越重要，研发团队管理者必须考虑组织内的各种场景才能回答研发投入问题，因此研发团队管理者不只是从简单的速度快慢、风险高低、是否可预测等诉求出发进行管理调整，在涉及的业务中组织具有的也不只是传统的稳态和敏态的定义，还有刻意设计的强监督和强流程模式。图3-18中展示的是双模矩阵。

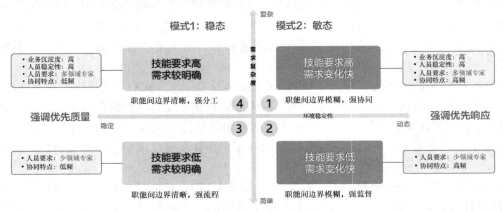

图3-18   双模矩阵

我们知道，一个优秀团队必须能够产生更高的价值，拥有更高的办事效率，但高效能团队并不仅涉及效率问题，效能的定义要比效率宽泛一些。效能是指有效的、集体的效应，即人们在有目的、有组织的活动中所达到的效率和效果，它反映了对所开展的活动目标选择的正确性及其实现的程度，因此效能被当作衡量工作成果的标尺，而效率、效果、效益则是衡量效能的重要依据。举例来说，某公司仅内部管理系统就需要上百人支撑，这类业务何谈稳态和敏态，这类业务需要组织配备的人才梯队也是非常有限的，这类业务得有，但要做得多好，不同企业有不同的选择。下面我们就从组织复杂性来看看组织对不同业务的IT人员配置的选择。

3.7.2　组织复杂性

组织复杂性是指组织内部系统及其关系的复杂程度。这种复杂性可能包括角色定义不清晰、决策过程复杂、沟通和信息流程不畅、组成成员的多样性等问题，影响组织的效率和支撑业务的效果。

组织复杂性通常包括以下几个方面。

- 结构复杂性：指组织的结构，如层级、职位、职责等复杂。
- 过程复杂性：指组织的决策、执行、评估等过程复杂。
- 沟通复杂性：指组织内部和外部的沟通、信息传递不畅。
- 关系复杂性：指组织内部成员间关系复杂，如角色定位不清、权力关系不明确等。
- 文化复杂性：指组织的文化多样性，如价值观、利益相关方等复杂。

这些复杂性可能导致组织效率降低、决策困难、员工满意度降低等问题。

组织成员的多样性包括技能、文化、年龄、教育程度、职业经历等方面。组织成员的多样性可以增强组织的创造力和创新能力，提高组织的竞争力。但是，如果组织成员的多样性不被充分尊重和利用，可能导致冲突、歧视等问题，影响组织的效率和支撑业务的效果。因此，组织需要通过有效的多元化管理来应对组织成员的多样性，充分发挥这种多样性的正面影响。

要有效地应对组织成员的多样性，一般可以采取以下措施。

- 强化多元化管理。通过多元化策略、制度和程序来进行多元化管理，提高组织对多样性的尊重和利用。
- 提高员工的多元化意识。通过培训、教育等措施来提高员工对多样性的认识和接受度。
- 建立和谐的工作环境。通过制定和执行有利于和谐的沟通、合作、评价等策略来建立和谐的工作环境。
- 实施多样性评估。通过多样性评估等方式来监测和评价组织的多样性管理水平，及时发现和解决问题。

这些措施需要与组织内部各方面的支持和配合相结合，才能实现有效的多元化管理。

如何在一个复杂的组织中，找到业务与IT人员配置的合理定位，这是双模矩阵要解决的问题。双模矩阵延续了传统定义的稳态和敏态，再创造性地把稳态和敏态根据业务特点进行了划分。我们理解的稳态和敏态是从公司经营的视角保证业务连续性不受影响，充分考虑系统风险和业务风险，而从分工协同视角，如果把合适的人放在合适的地方，可以保障组织整体最优。

1. 敏态

我们常常把图3-18所示的双模矩阵的第一象限和第二象限中的这类要求IT快速响应的业务称为敏态。下面分别看一下这两个象限对人员和响应的要求。

第一象限：组织有很多业务需要快速响应，同时需要多个领域专家，这些领域专家需要具备跨职能、高频协同的能力，例如创新探索类业务，人工智能生成内容（Artificial Intelligence Generated Content，AIGC）就是一个例子。此象限的内容其实也是不少人理解的敏捷，或许这也是存在误解的部分。值得注意的是，在此象限中也会看到以项目型组织阵型存在的组织，特别是中小型组织，这种组织需要集中优势力量做突破创新。

第二象限：组织有很多业务，例如内部业务——办公自动化（Office Automation，OA）系统，一旦有问题必须快速解决，例如OA流程审批不了，内部聊天工具无法发送消息，需要快速响应。这类业务影响面很大，组织内人尽皆知，但对经营的影响通常很小，组织通常只会派少量领域专家负责，再配备一些初级人员进行维护，以最小的成本实现正常运作。

2. 稳态

我们常常把图3-18所示的双模矩阵的第三象限和第四象限中的这类要求IT优先保障质量的业务称为稳态。下面分别看一下这两个象限对人员和响应的要求。

第三象限：组织也有不少业务，例如企业内部安全、合规、风险控制、稽核等涉及的领域，需求很明确，对响应要求也不太高，只要能按要求完成就可以了。组织只需要安排少量的领域专家，把工作拆分好，各职能各司其职，按流程办事就好。在此象限中，守住关键人员、严格执行流程优先。

第四象限：组织有很多十分重要的系统或业务，每一块都由领域专家负责，要求这些人长期稳定。这些系统或业务一旦出问题，企业运行可能面临重大风险，特别是金融组织的核心系统。由于业务特点，大家可以接受较慢的投产频率，毕竟安全第一。按职能，各司其职，就能很好地保障IT系统稳定运行，此时对跨职能协作要求并不高，很多领域专家也不擅长或不愿意跨职能过多沟通。这种场景主要是职能型组织的优势。

在组织需要规模化转型时，为了对外快速响应业务，对内优化效能，组织需要结合组织人才的多样性、成本的可控情况，根据双模矩阵分而治之，避免运用创新域的敏捷（也许只有企业业务的30%）来解决组织100%的业务场景问题。我们也发现，越来越多的组织从问题或战略出发，不再拘泥于对敏捷的理解，推动组织全面敏捷化。

3.8　人工智能对组织阵型的影响

组织阵型不是一成不变的，随着科技的进步，它也会持续演进。特别是自2022年年底以来的人工智能腾飞，已开始影响到科技组织的方方面面。从组织阵型的视角看，人工智能的加持使员工能力得到重塑，让组织中存在比以前更多的全栈人才，这会使创新变得更简单和高效。从小队人数上讲，人数可以更少，因为较少的人就可以完成远比以前较多的人才能完成的工作，可以大胆推测，未来单兵作战的能力将大大提升，1个人也许可以组成1个小队。那么，未来组织阵型的变迁还遵循本章讲的5种协调机制吗？答案是肯定的，只是做的事情可以更多，从人与人的协调，引入了人机协调。我们相信，人工智能能够正向推动组织的发展，且让组织更容易做正确的事和用正确的方式做事，管理者将从协调管理中解放大量的时间，并把这些时间放在团队激励、人员培养和创新引导上，成为技术应用的先驱者。

3.9 小结

组织阵型承载着组织战略，其设计代表着组织投入的方向和协作方式。我们知道，小企业的组织简单、弹性大，大企业如何做到和小企业一样，具有简单和弹性大的双重优势，这就需要我们定义的产品部落组织，其纵向是面向业务的"用兵"单元，横向是面向能力培养的"养兵"单元。此外，我们没有介绍平台型组织阵型，因为我们把平台作为一种内部业务，而且不同的视角对平台型组织会有不同的理解，从研发团队内部视角来看，可以将平台型组织理解为负责软件平台的团队，而从整个组织视角来看，也可以把研发团队作为一个平台部门。我们希望读者关注业务交付、能力培养和组织的复杂性，在面对传统敏捷组织的定义时有更深入的思考，在理解了三大组织阵型和产品部落组织之后，再去细化产品部落组织内的其他形态。

第4章

战略定位

本章将围绕战略定位展开介绍。战略定位清晰的企业能更好地判断项目、需求的优先级，能聚焦组织资源做正确的事。企业若缺乏战略的指引，其研发组织会受到最直接的影响——第1章描述的系统性拥堵情况进一步恶化，进而衍生出交付缓慢、业务团队与研发团队矛盾重重、资源浪费、市场响应能力不佳等一系列问题。我们不强调十分精确的战略，模糊的战略配合清醒的定位，也足以起到为组织指明方向的作用。

许多现有的战略管理理论仍然具有参考意义，在此基础上，定位，即想清楚企业到底想做什么？能提供什么价值？谁为之买单？这些都是至关重要的，这里我们提出了以定位为核心的生态位战略框架。

4.1 战略定位是核心

亨利·明茨伯格的《战略历程》一书中将战略形成过程方法论总结为设计学派、计划学派、定位学派、企业家学派、认知学派、学习学派、权利学派、文化学派、环境学派、结构学派，共10个学派，并详细描述了每一个学派的内涵、特点和局限性等，构建了相对完整的战略管理理论体系。

尽管战略管理理论体系看似十分成熟，然而没有什么现成的框架可以拿来即用且即管用。更多的时候，战略是模糊的、偏直觉的——无法事无巨细地进行规划并严格控制，企业家的直觉往往在关键时刻起作用。尽管在大方向上，战略形成的过程令人捉摸不透，但是不可否定，它存在一些可以帮助我们思考的方法。所以，这里不打算详细论述战略管理，而是将战略视为组织管理中不可或缺的一环，分享几点战略管理的关键思考与体会。

组织环境复杂且难以预测，在这种环境下，想要精细化、有意识地控制组织行为通常很难行得通。现实中的战略往往没有那么简单，其是深思熟虑的战略和逐渐涌现的战略在某种程度上的融合：既要构想和规划，也要在执行中逐渐涌现成型。在复杂多变的环境下，战略更多是指充满硝烟的战场上的果敢决断，而不是纸上谈兵的结果。

除了总结上述10个学派，亨利·明茨伯格还提出了战略5P模型，战略5P模型的具体描述如下。

（1）计划（plan）：是指战略是一种有意识、有预计、有组织的行动程序。

（2）计策（ploy）：是指战略不只是行动前的计划，还可以在特定的环境下成为行动过程中的手段和策略，一种在竞争博弈中威胁和战胜竞争对手的工具。

（3）**模式**（pattern）：是指战略可以体现为企业一系列的具体行动和现实结果，而不仅仅是行动前的计划或行动过程中的手段。

（4）**定位**（position）：是指战略是一个组织在其所处环境中的位置，对企业而言就是确定自己在市场中的位置。

（5）**观念**（perspective）：是指战略表达了企业对客观世界固有的认知方式，体现了企业对环境的价值取向和组织中人们对客观世界固有的看法，进而反映了企业战略决策者的价值观念。

在战略5P模型中，5个维度之间看似独立，但在企业实施战略的过程中，这5个维度是相互牵制、相辅相成的。在这5个维度中，定位是企业战略的核心，其余4个维度都可以基于定位来进一步规划和完善。

下面我们就以"生态位"这一概念为例，详细描述以定位为核心的关于企业战略的思考与总结。

4.2　生态位

技术的快速发展与演进会对社会参与者的交互关系产生颠覆性的影响，从而改变原先的商业"生态系统"。我们有理由相信，随着数字化的不断推进，未来生态位周期的变化会更加剧烈和无序，企业需要具备生态位思维，来应对这样的挑战。本章将通过两个案例说明生态位的重要性。

4.2.1　案例1：打败报纸的不是另一份报纸

回忆一下，在智能手机问世之前，大多数人在闲暇时间都在做什么？人们是怎么度过碎片时间的？我们可以尝试把视线聚焦到"人们是如何度过搭乘地铁这段时间的"这个具体场景下。在移动互联网普及之前，在地铁上经常可以看到乘客拿着图书、报刊来消磨这段时间，甚至很多地铁口会设有一些报刊亭，很多人上车前会习惯性地买一份报纸，到站时刚好看完并可以顺手丢到回收箱，不用随身带一本书，也刚好消磨了一段无聊时光。而在智能手机出现之后，大家乘坐地铁时更多时候是在使用智能手机，智能手机里面各种各样的App占据着人们的注意力。

从国内的情况看，2009年微博问世，开始瓜分"用户碎片时间"这个生态位，并迅速在2013年年初拥有了大量的用户，但随即迎来转折。2014年中国互联网络信息中心（China Internet Network Information Center，CNNIC）在北京发布的第33次《中国互联网络发展状况统计报告》中指出，2013年微博的用户数量和活跃度都出现由盛转衰的现象，截至2013年12月，我国手机微博用户数为1.96亿，比2012年年底减少了596万。同时，手机微博的使用率仅为39.3%，比2012年年底降低了8.9个百分点。之所以出现此现象，不得不提微信的崛起。2012年4月，微信上线朋友圈功能，意味着微信正式开始抢占微博的市场。同年8月，微信公众号平台上线，更加完善了微信内容生态，在用户时间抢夺战中微信拥有了更多筹码。随即，微信势如破竹，活跃用户连年攀升，截至2018年3季度月活跃用户超过10亿。而在这期间，短视频也在对这一生态位虎视眈眈。经过几年的蛰伏，在微信发展得如火如荼的时候（2017年前后），短视频平台崭露头角，并迅速后来者居上。

根据《中国网络视听发展研究报告（2023）》披露的数据，截至2022年12月，国内短视频用户规模达10.12亿，同比增长7770万，增长率为8.3%，在整体网民中占比94.8%。短视频用户的人均单日使用时长为168分钟，遥遥领先于其他应用。在亿量级App中，短视频类的月活跃用户规模远远高于金融消费等其他类。这一数据在某种程度上可以理解为：对于大部分用户，其他类App非必要时不会登录使用，也就是需要用时才会点开，而短视频类的则是一有空闲时间就使用。在2018年，微信与微博都位列全品类App中月度使用时长的前三。

在本案例中，不同时代不同企业在"用户碎片时间"这个生态位上角逐与博弈，可能某些"入侵者"的到来会打破原有的平衡，但新的平衡会再次得以建立。类比达尔文的进化理论，能够留存下来的"物种"都更加具备适应当下环境的能力，体现了"进化"的力量。

商业社会事实上也是一个"生态系统"，不同的企业在这个系统中占有各自的生态位，与其上下游企业及用户市场构成动态平衡的生态关系。对企业而言，生态位就是企业在商业活动中要明确向哪些用户群体提供什么样的产品，用户通过什么渠道购买产品，用户消费产品最终可获得什么价值，以及在这个过程中与其他企业如何竞争、协作等。由此，解决"要占领哪个生态位"这个问题便成了企业安身立命之本。

4.2.2　案例2：如何卖出更多奶昔

"用户购买奶昔是为了什么？"这个问题听上去似乎让人有点儿摸不着头脑，但不可思议的是当年奶昔公司营销人员就这个问题对用户进行观察与分析，最后帮助公司大幅提升了产品销量。

奶昔公司营销人员将问题聚焦在"用户用奶昔完成了什么任务"。首先，他们观察到大部分的奶昔是在早晨被匆忙的上班族买走的，上班族不得不百无聊赖地花很长时间开车上班，因此需要一些东西来让这一过程变得有趣一些；同时奶昔也可以帮助抵挡饥饿感。比起香蕉、甜甜圈、咖啡等同样为了帮助用户完成这一任务的竞争者，奶昔同时满足了有趣（比咖啡口感更丰富）、饱腹感（比香蕉分量多）、卫生（面包、甜甜圈一类食物经常会把手弄脏），这就是早晨这群用户"用奶昔完成的任务"。除了早晨的上班族，到了下午，奶昔更多是家长为孩子买的。这时候，奶昔的竞争者是陪孩子逛玩具店或者其他亲子游戏，是完全不同于早晨的待完成任务。

可以看到，一天之内，用户可能会因为截然不同的任务而购买奶昔，因此应该在不同的时段有针对性地制定产品创新策略，例如早晨的奶昔的改良方向是如何更加有趣，而下午的奶昔或许可以考虑减少分量。

我们所说的生态位就可以近似地理解为企业的产品到底可以帮助用户完成什么样的待办任务。例如，我们上文提到的报纸、微博、微信、短视频都在帮助用户完成"如何消磨无聊的时间（或者说如何让无聊的时间变得有趣）"这个任务，它们是同一生态位的竞争者。当然，某一款产品可能不只针对一个生态位，例如上面的奶昔至少就针对了两个生态位。又如微信，用户除了可以通过看微信公众号文章和朋友圈来消磨无聊的时间，更核心的是使用它的通信功能，这是"随时随地联系特定的人"的生态位。事实上也正是占领了通信这一生态位，微信才有能力不断拓展更多的生态位，例如支付、政务等，进而打造自己的生态圈。

4.2.3　小结

数字化时代，变化的速度更快，与上文类似的案例在各个行业中不断上演。企业如何巩固生存基础并实现长足的发展是每位管理者不得不面对的问题。企业管理者要清晰把握自己的企业占据着哪个生态位，处于企业生态位生命周期的哪个阶段，下一步又该往哪里走。

4.3　变化之下的应对之道

企业要想生存和发展，需要考虑清楚一个底层问题——"企业为什么而存在"，即企业使命。

企业使命通常是利他的，是从社会的角度对企业价值的度量。与企业使命紧紧相随的是企业愿景，即"企业应该成为什么样子"，可以将企业愿景理解为企业在达成使命的路途上企业本身应该成为什么样子的更具画面感的自我定义。

事实上，无论是使命还是愿景都与企业起初探索生态位所考虑的核心问题"企业能够为客户提供什么价值"不谋而合。许多企业初创时，或许并没有很清晰的使命概念，但是创立者们一定要知道自己的企业能够为其客户提供什么价值，这种价值是十分具体的。而通过一段时间的探索与实践，企业便可以从这些具体的价值中总结出统一的抽象价值，这也是企业使命不断明晰的过程。而后还能够在这一统一的使命引领下，开拓更多的生态位，不同的生态位可为相同的或者不同的客户群体提供和创造差异化的具体价值，且都在企业使命这一抽象价值的范畴之下。可以认为，企业的生态位战略实质上是支撑企业使命和企业愿景的具体存在和响应路径。

在理解了生态位的基础上，企业管理者需要进一步思考的问题是如何运用这样的思维去优化企业行为。应该将企业视为有生命律动的有机体而非机械性的组织，它可根据环境变化动态调整自身行为，并根据所处的生态位生命周期（见图4-1）阶段调整战略重点；明确企业用哪些产品占据了哪些生态位，处于生态位生命周期的什么阶段，有节奏地思考未来分别要搜索、竞争、巩固、扩张、退出哪些生态位，并严格监督执行进展。

图4-1　企业生态位生命周期

4.3.1　搜索

为了更精确地锚定企业的生态位，需要思考以下几个核心问题：用户是谁？企业能够为用户提供什么价值？企业如何获利？

少数初创企业一开始就有清晰的使命，大多数的初创企业是凭着创始人的创业热情或一技之长创建的，对上述问题的回答往往似是而非。这样的企业还在进行生态位搜索，没有找到明确的生态位，企业更多的是以提供劳动力（包括脑力劳动力）的项目方式生存。在这一阶段，企业就像没有壳的寄居蟹，必须尽快找到自己的"壳"，即明确自己的使命，找到自己的生态位。诚然，很多企业在这一阶段很快"死去"，这也是不可避免的自然法则——资源有限，优胜劣汰。

如何找到自己的"壳"？企业大体有两个方向可以搜索。一是现有生态位的细分，二是以颠覆式的方式来强攻现存生态位。

关于生态位的细分，打个比方，"出行"是一个大的生态位，可以细分出长途、短途，飞机、火车这种产品就是针对长途这一细分生态位的，而短途还可以进一步细分为省内、市内、通勤、校园内、最后一公里……因而有大巴车、出租车、公交、地铁、共享单车等不同的产品来填充不同的细分生态位。

关于强攻现存生态位，同样也有具体案例，滴滴、优步（Uber）等企业正是瞄准了出租车这一生态位。对于传统的出租车，乘客只能在路边随缘等，不知道得等多久，而滴滴、优步等企业则通过运用动态地理搜索、精确定位、智能服务系统等技术，把主动权交给用户，让车精准找人，避免了乘客被动等待的现象，对传统出租车行业形成冲击。

20世纪80年代到90年代，由于大多数人无法负担购买电影录像带的高昂价格（一部电影录像带的价格为60美元左右），因而音像制品租赁服务在美国盛行。1997年，因为不满意当时的录像带租赁巨头百视达（Blockbuster）提供的服务，里德·黑斯廷斯（Reed Hastings）和马克·伦道夫（Marc Randolph）创建了一家DVD租赁公司，20多年后，这家DVD租赁公司成了全球屈指可数的大型电视剧和电影制片公司，它就是美国奈飞（Netflix）公司，而当年的DVD租赁巨头百视达在2010年申请破产。

在生态位生命周期的搜索阶段，奈飞很巧妙地利用了互联网将娱乐去中心化的机遇，开启在线租赁，并推出有别于传统"按此收租金+滞纳金+限期"模式的"按月订阅"模式，改善用户体验。尽管订阅金额或许会高于租金，却帮助用户摆脱了缴纳高额滞纳金的烦恼——人们可能在租赁期内还没看完，或者刚好有事耽误了归还，却要为此付出高昂代价。要知道，人类就是喜欢规避风险的生物，而奈飞很好地顺应了人性。

奈飞强攻现存生态位的方式是帮助人们更便利地获取娱乐内容。它正是以消费者愿意买单的姿态来完成这一过程，并最终将原有的巨头逐出同一生态位的。

针对单个生态位的搜索过程可以借助商业画布这个工具来进行。如图4-2所示，商业画布主张，商业模式用于描述一个企业如下九大经营要素之间的互动关系。

（1）价值主张：为特定客户细分创造价值的系列产品和服务。

（2）客户细分：企业想要接触和服务的不同人群或组织。

（3）渠道通路：联系客户，向其提供价值主张的渠道。

（4）客户关系：用于创造需求。

（5）收入来源：价值主张创造的收入。

（6）核心资源：让商业模式有效运转所必需的最重要的资源。

（7）关键业务：为了确保商业模式可行而必须做的最重要的事。

（8）重要伙伴：指参与商业模式有效运作的合作方及合作动机。

（9）成本结构：商业计划运行付出的代价。

图4-2　商业画布

商业画布的优点在于可以一目了然地"看见"企业需要关注的核心问题。当战略方案调整时，需要重新绘制画布，因此随着时间的推移，一连串的画布可以展现企业商业模式的演变历程。

在商业画布的"价值主张"经营要素之下隐含了一个关键概念——产品。这里的产品是指广义上的产品，它可能是实体物品，也可以是一套解决方案，可能是虚拟物品，也可以是上述不同元素的组合。在生态位的搜索过程中，对产品的思考是不可或缺的，这是企业用以占据生态位的核心，是企业与用户发生互动的承载体，要思考拿什么去占据某个生态位、产品如何与用户旅程产生连接甚至强绑定、是否有更好的产品，并且在此后的生态位生命周期的竞争、巩固、扩张等阶段，产品思维要始终贯穿其中。

4.3.2　竞争

幸运的初创企业或许可以找到一个空白的生态位，即"蓝海"。如果在拥有可观的市场份额的基础上，建立起了自身的"护城河"，企业就可以直接进入生态位生命周期的巩固阶段。只不过目前，大多数企业，尤其是商业已经发展到一定阶段的企业，进入的是"红海"，需要在其中竞争求生，这就是生态位竞争。

共享单车的兴衰史就是一个商业生态位竞争的例子。2014年，ofo成立，初期仅在北京大学校园内供学生使用，而后，扫码、无桩、电子锁等设计引起社会大众关注，共享单车开始现身街头巷尾。首个占领"最后一公里"这一生态位的企业开始疯狂扩张：截至2015年10月底，ofo单车投放数量仅2万辆，而2017年则达到了2300万。在目睹了ofo和摩拜等企业的"试水"后，自2016年起，诸多企业开始加入这片红海，据不完全统计，这期间有20多家共享单车企业，行业年度融资超过30亿。然而好景不长，硬件"烧钱"、运营成本过高、价格战下只有微薄的收入等原因渐渐让共享单车企业捉襟见肘。2018年，许多共享单车品牌开始陆续宣告破产。短短不到5年时间，人们见证了一个行业的兴衰。无他，一山不容二虎，生态位的容量是有限的，当大家涌向同一个生态位、瞄准同一种"猎物"时，就该意识到很快会面临一拨儿残酷的优胜劣汰潮。

另一个出行方面的案例是滴滴与快的的生态位竞争。针对乘客这一端的用户，滴滴占据的生态位无须赘述："帮助消费者快速、便捷地打到车"。快的是与滴滴差不多在同一时期在杭州地区发展起来的，其瞄准的生态位与滴滴一致。2012年嘀嘀打车App正式上线之后，为了快速抢占市场，滴滴很快与竞争对手快的开启了低价竞争，也就是进入生态位生命周期的竞争阶段。2013年，滴滴的市场份额在同年3季度的市场份额已经接近60%，超过了其他竞争者的市场份额之和。

但是滴滴并没有就此止步，2014年年初，其再次实施低价策略，竞争市场份额。滴滴的主要竞争对手快的也不甘示弱。这样的低价竞争显然不可持续，不到半年时间，滴滴烧掉14亿美元，快的烧掉10亿美元。这一轮低价竞争的结果是滴滴与快的在行业内形成"两足鼎立"的局势，其他30多家网约车模式的公司被挤出这一生态位。次年春天，滴滴与快的冰释前嫌、握手言和。滴滴与快的合并后，优步为竞争市场份额也开始提供大额补贴，市场又经历了一轮价格战，滴滴和优步停战之后也选择了合并。2016年滴滴在国内的市场份额已经超过90%。

奈飞在竞争阶段的表现也可圈可点。在21世纪初，奈飞已经开始使用排序算法来为用户提供个性化的电影观看建议。有线电视频道通常更喜欢统计收视率，即关注一个电视节目有多少观众；但是奈飞则是站在观众（用户）的立场来思考，关注"观众看了多少电影（或节目）"，它的目标不在于通过优化单个电影（或节目）来让观众数量最大化，而是利用其平台沉淀的数据来优化每位观众观看的电影（或节目）数量。这种看似无足轻重的思维变化事实上是微妙而关键的，这使得奈飞的产品能够持续专注于如何更好地吸引观众。截至2006年年底，奈飞拥有了630多万用户，7年复合增长率高达79%，当年利润超过8000万美元。但是它并未止步于此，而是敏锐地把握住了市场趋势，在DVD在线租赁如火如荼之际已然未雨绸缪，开启流媒体转型。这也为此后DVD租赁行业的衰颓而奈飞却屹立不倒提供了最有力的解释。奈飞与同行的竞争阶段大概持续到2012年，而各位读者差不多也像美国的消费者一样已经把百视达抛诸脑后了。

奈飞正是通过对用户需求的切实洞察，不断优化自身的产品，并且十分有前瞻性地洞悉了行业转型的趋势，因而获得了优势。

在生态位生命周期的竞争阶段，可以借用SWOT分析法来帮助企业进行决策，如图4-3所示。

SWOT分析法整体上可以分为内部因素（即优势和劣势）和外部因素（即机会和威胁）两部分。它是基于和竞争对手的比较而得出的结论，是相对的而非绝对的。组织内部的优势和劣势可能包括产品、资金、技术、成本、规模等；组织外部的机会和威胁可能包括新需求、新市场、新的竞争对手、行业政策变化、经济趋势等。总体的应对原则是对内要发挥优势、规避劣势；对外要敏锐捕捉机会，同时警惕威胁。

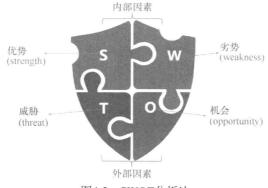

图4-3 SWOT分析法

4.3.3 巩固

如果企业在竞争中胜出，就可以进行生态位巩固。生态位生命周期的巩固阶段的重点工作一方面是进一步扩大优势，拓宽护城河，提高生态位进入门槛；另一方面是要谨防颠覆性创新者偷袭"大本营"，有的企业为了预防被颠覆甚至选择自身进行颠覆性创新。

1991年，英特尔推出首个广告语"Intel Inside"，并将其印成贴牌，作为铺展渠道的一种手段，出现在了众多配有英特尔处理器的品牌设备上。这是英特尔在确立了自己在个人计算机（personal computer，PC）处理器方面的优势地位之后，试图使消费者建立对英特尔的品牌认知，一方面投放大量直接面向终端消费者的广告，另一方面赞助PC厂商的广告。这样一来，英特尔不仅直接与消费者形成强连接，还让下游的企业卸下防备，促成与之更深度的合作。事实上，这的确也起作用了，它让那些隐藏在大宗消费品中不知名的部件同样能够拥有极高的知名度。通过对消费者认知层面的塑造——"内置英特尔芯片的电脑是好的"，反向影响消费者的消费决策，这是巩固生态位的明智之举。1993年，586处理器问世，英特尔将其命名为Pentium（奔腾），"Intel Inside"随后被翻译为"给电脑一颗奔腾的芯"。此后，英特尔迎来了它的"黄金时代"。到1997年，全球超过90%的PC都内置了英特尔的处理器，简单的两个英文单词为一个全球巨头打造了一个稳固的品牌形象，甚至成为一个时代的标志。

预防颠覆性创新的巩固行为可以从UPS（联合包裹运送服务公司）、DHL（敦豪国际航空货运公司）等国际物流巨头试水3D打印的案例中窥见端倪。出于对"3D打印颠覆企业交货模式，从而彻底改变全球商品流动范式"这一潜在行业趋势的警惕，UPS尝试推出了一项新的服务——为寄包裹的客户提供现场3D打印服务。起初，该服务只在小范围内推行，但后面几乎遍布整个美国。而同一时期，DHL测试了多种3D打印硬件和技术，并确定了有潜力重新定义制造和供应链战略的应用程序。总之，为了巩固自己的生态位，传统的巨头正在跨界进行积极探索，深挖新技术的业务价值。

以上都是有效的生态位巩固思路。

在生态位生命周期的巩固阶段，企业外部的客户黏性与企业内部的组织凝聚力都非常重要。很多企业在此阶段可能会开始宣扬企业使命。增强企业使命的存在感，对外可强化企业的正面形象，或许还会配合社会价值投资行为；对内则可用以提升组织内部的凝聚力与向心力，激励组织奋勇向前。毕竟，自我实现是人类最高层次需求，这也同时意味着对个体的无穷驱动力，可想而知这样的组织具备超强执行力。这都是需要结合企业实践，才能沉淀出的底层企业文化。相较于制度、办法等硬性管理手段，文化是更具艺术感的软性管理手段。在此基础上，再引入OKR（Objectives and Key Results，目标与关键成果）等更为落地的管理工具（第5章中会详细讨论），将高高悬挂的使命与愿景分解成一个个具体的目标和可实现的路径，让使命逐步具备真情实感。

如此一来，可为企业下一阶段的生态位扩张做足准备。

4.3.4　扩张

生态位巩固是一个持续不断的过程，但是，仅仅巩固是不够的，在生态位得到基本巩固之后，企业往往会开始抢占关联生态位，来进一步守护自己的核心生态位。事实上，扩张本身也可视为企业不断巩固生态位的手段。例如，谷歌在占据了搜索的核心生态位之后，还陆续占据了电子邮件、地图、视频等下游生态位，同时布局移动操作系统、无人驾驶汽车、多语言社交网络等上游生态位，这就是生态位扩张。

不是所有的扩张尝试都是成功的，但是我们很明显可以看到谷歌马不停蹄的步伐，几乎每年都推出新的产品以占据更多生态位，业务辐射范围越来越广，从而拓宽企业自身的护城河。更进一步，尽管分开来看，单一的生态位或许不盈利，但是从谷歌整个商业生态来看，其却能以不同的形式反哺它的利润中心——广告业务。不同平台沉淀着不同用户群体的行为数据，通过对用户行为、偏好等进行分析，可将其分析结果转换为商业决策依据，这意味着谷歌能够更精准地触达企业的目标客户，于是有大量的商业企业愿意为其广告买单。

类似地，国内的腾讯也一直在拓展自己的生态系统覆盖面。腾讯官方网站目前显示，其涉猎的业务领域包括通信与社交、数字内容、金融科技服务、广告、云服务、智慧产业（智慧零售、智慧医疗、智慧出行、智慧教育）、智慧产业工具（企业微信、腾讯会议、小程序）、人工智能、前沿科技、未来探索等。

在生态位生命周期的扩张阶段，可借助一些具体的模型和工具来帮助企业实践生态位扩张。例如，图4-4所示的安索夫矩阵（Ansoff matrix），也称为产品/市场扩张网格，该矩阵以产品和市场划分出4个关键象限，分别对应4种策略。

对于成熟且已经占有一定市场份额的产品，侧重市场渗透，目标是扩大与巩固现有生态位，增加用户黏性，将现有产品更多地销售给存量客户。例如，可口可乐公司的产品很成熟，且品牌全球闻名，所以他们更多是采取积极的市场渗透战略，在营销方面投入巨资，让客户更多地、重复地消费他们的产品。

	成熟产品	新产品
现有市场	市场渗透	完善产品
新市场	拓展市场	多元化

图4-4　安索夫矩阵

如果是针对企业目前的忠实用户，则开发新产品。例如，运动鞋制造商开发运动服装产品来销售给他们的运动鞋客户群；又如，麦当劳推出沙拉系列产品来满足喜欢麦当劳提供的便利与低价食品而厌倦了高脂肪食品的客户，以防止这部分客户"抛弃"麦当劳。可见，这种场景下重点应该是不断完善产品，巩固现有市场。

如果产品已经成熟，需要面向与当前不同的市场或者扩大目标客户，也就是需要新的客户来消费自家的产品，那么此时的重点是拓展市场，要在渠道、营销等层面下功夫。

最后一种情况是，产品是新的，市场也是未知的。这种情况意味着高风险。此时，多元化或许是条出路。例如，苹果公司在推出iPhone这一产品之前，曾经的产品包括PC、音乐播放器等，iPhone可谓是"新产品+新市场"的最佳多元化实践案例。

一个成功的组织可能会研发多款产品来针对不同的生态位，有的用于探索新的生态位，有的用于拓展到新的生态位，以此来不断拓宽自己的护城河。因此，很关键的一步就是产品设计。

4.3.5　退出

在企业生态系统中，生态位一般会长期存在，但是，有时一个企业可能会因竞争不力或者这一生态位变得不那么重要，而决定退出某一个生态位。平安集团于2014年5月上线了平安好房，旨在进攻房产O2O这一生态位，并且迅速推出了一系列营销活动，然而好景不长，一方面是监管环境趋严，另一方面是自身业务可持续性面临挑战，敌不过生态位内的竞争者，不到5年时间，平安好房就于2019年年初停止运营，也就意味着平安集团退出了这一生态位。

在生态位生命周期的退出阶段，同样可使用具体的工具来帮助企业判断是否退出某个生态位。例如，使用波士顿矩阵（BCG matrix），如图4-5所示。波士顿矩阵是针对经营多个领域业务的企业而设计的，通过观察、测量各个不同业务领域对其他业务领域的相对市场份额以及业务增长率，管理企业的业务组合。其中，针对相对市场份额与业务增长率双低的瘦狗类产品（也称衰退类产品），应对策略是退出：首先，应该立即淘汰那些销售增速和市场占有率都极低的产品；其次，对于相对情况没那么极端的产品，减少产量，逐渐退出，将剩余资源向其他更有价值的产品转移；最后，是整顿产品系列，将瘦狗类产品与其他类产品的事业部进行合并，统一管理。以上都可视为生态位退出行为。

图4-5　波士顿矩阵

4.4　小结

企业的生态位战略就是有节奏地思考未来要搜索、竞争、巩固、扩张和退出哪些生态位，凭借什么产品来完成这些动作，能够为客户创造什么样的价值，并明确在不同的阶段需要达成什么样的目标。生态位战略确有与其他战略框架相似之处（例如，主张基于客户价值的商业搜索），但不同之处在于，生态位战略更强调动态的适应性调整、伺机而动，不动与毫无章法地乱动都不可取。在探索生态位与上升循环中，企业应培养出拟生物态的韧性。

不论冠之以何种称谓，我们始终不能忘记制定组织战略的核心逻辑是指明方向，只有聚焦战略并围绕定位配置资源，才能让组织更高效地运行。

　　此外，还需强调，在这整个生态位战略的生命周期之中，产品是很关键的一个媒介，是企业用以占据生态位的核心，是企业与用户发生互动的承载体。因此，具备产品思维对企业管理者而言也十分重要。与此同时，为了让战略能够更为聚焦和可落地，通常需要佐以相应的管理工具，如OKR，将企业使命从愿景到战略再到具体目标进行层层分解，最后到每一个眼见为实的关键成果，这一从抽象到具象的过程可以让团队有清晰的努力方向。

## 第 5 章

目标管理

第4章中提到，战略的核心逻辑是指明方向。战略定位关注的重点是组织的总体框架和大方向。但战略是不会自我实现的，需要在管理组织时通过目标管理促进战略的实现。

也就是说，战略与目标管理必须相互契合和协调。战略为组织提供总体框架和大方向，而目标管理则帮助将这些战略目标转化为个人或团队层面的可操作和可衡量的目标，确保个人或团队制定的目标与组织的战略目标相一致，从而推动向预期结果的进展。

5.1 目标管理的定义

那么，什么是目标管理？目标管理（management by objective，MBO）的概念由彼得·德鲁克（Peter Drucker）于1954年在其著作《管理的实践》中提出，他在这本书中率先探讨了"目标"，定义了"关键成果领域"，说明了如何设定目标，以及如何运用目标来引导企业发展方向及评估绩效。但德鲁克在这本书中并没有对目标管理的概念做出明确定义。经典管理理论对目标管理的定义为：**目标管理是以目标为导向，以人为中心，以成果为标准，使组织和个人取得最佳业绩的现代管理方法。**

德鲁克认为企业的管理原则是"让个人充分发挥特长，凝聚共同的愿景和一直努力的方向，建立团队合作，调和个人目标和共同福祉的原则"，而"目标管理和自我控制"被德鲁克看作唯一能实现这一管理原则的手段。自我控制是指通过目标管理，让工作者能够以自我控制的管理方式来替代强制式管理。德鲁克也把目标管理和自我控制称为"管理哲学"，并明确提出："**并不是有了工作才有目标，而是有了目标才能确定每个人的工作。**"因此，也有不少管理专家将目标管理称为"管理的管理"。

5.2 目标管理的价值

目标管理是从微观个体到宏观组织的共同需要。这里从被管理者、管理者和组织的需要，谈谈我们对目标管理必要性的理解。

5.2.1 被管理者的需要：激发潜能

从目标管理的定义中可以看到对激发个体潜能的关注。在军事领域，使命导向指挥系统更是早已被实践。在这种系统下，指挥官应告诉下属需要做些什么以及何时完成（目标），但没必要告诉他们该如何去做（方法），从而激发个人的潜能。

这和我们过往的经历与体会是一致的。在工作中，有的管理者既管理需要达成的目标，又监督执行过程，有的管理者不给目标，但指导员工的每个动作。在这两种情况下，员工将把工作当作一种生存手段。因为不管是否达成目标都和个人无关，员工仿佛成了提线木偶。当然，还有一种情况是，员工在过往的工作中取得过一些成绩，应对了不曾想象过的挑战，这很可能是因为遇到了其他类型的管理者——他们给出了明确的目标，在执行过程中给予了员工极大的自主权，并总能在关键节点及时给员工反馈。理查德·哈克曼（Richard Hackman）在《高效团队：领导团队走向成功的5大黄金法则》一书中对此有个很好的总结：如果团队管理者不和员工一起设定目标，其结果就是员工不是出现"混乱"状态，就是出现出力不出工的"断开"状态。目标与方法对工作的影响如图5-1所示。

图5-1   目标与方法对工作的影响

为什么设定目标能够激发潜能？更深层次的原因在于：人类会追寻事物的意义。我们对意义的判断不仅来自理性，更来自情感。意义、目标触发的情感不仅驱动我们去行动，而且决定我们的注意力分配，增强我们的认知能力，也就是增加我们的"工作记忆"的容量，进而增强我们的认知能力。意义带来的驱动力及其伴生的认知能力的增强就是目标管理真正的力量来源。

5.2.2   管理者的需要：上下同欲，利出一孔

目标不只是被管理者单方面的需要，也是管理者的需要。

（1）**纵向管理——激励员工**：如果把源自人自身的驱动力定义为"内"驱动，把源自外部的激励、惩罚驱动定义为"外"驱动，那么微观管理就是单一的"由外向内"的驱动；而激发人内心的意义感、目标感，从而获得驱动力的就是"由内向外"的驱动。这两者的结合才是我们希望达到的状态。对管理者来说，不仅要为员工设定目标，从"外"驱动，更要为管理者自己设定一个充满雄心、有挑战的目标，从"内"驱动自身，并进一步激励员工。

（2）**横向管理——通力协作**：所有管理者都应该为整个组织负责。没有目标管理，每个部门各自为政，只关心自己的领域，致力于扩张各自的势力范围，而不是建立公司的事业，会致使整个组织变得十分松散。事实上，只要我们通过目标管理过程中的横向职能、部门之间的对齐，真正地将所有管理者视为"管理层的一部分"，企业效率的提升就是理所当然的。

5.2.3   组织的需要：管理聚焦

企业无法做到事无巨细和无差异地投入，必须有所取舍。目标管理做得好的企业，就获得了取舍的显性规则——是否有利于目标达成。有利于目标达成的事情，应具有高优先级，不需要等待管理者决策和下达命令，团队和员工可以自发地决策和解决问题。而企业只需要关注和

聚焦最为重要的问题。

5.3 目标管理的挑战

管理，用通俗的话来说，就是让一群人高效协作，快速完成一件事。这里面的"一件事"就是我们要讨论的"目标"，"一群人"当然不是一盘散沙，而是需要协作的一个组织。尽管国内外对目标管理的定义和具体实施的方法不完全相同，但本质上是一样的，**都是指说明白要做什么事（目标），牵引、激励所有人一起为这件事做出正确的努力，形成协作的合力（绩效），以达到预期的成果（结果）。**

上面是"道法术器"中"道"的层面，下面来看一下"法"的层面，它包含人和事两个层面。

5.3.1 人的层面：团队复杂协作

组织是指人的组织，组织里的"一群人"往往有不同的专业背景和职能立场，常常连专业术语都不能共通，时不时出现"鸡同鸭讲"的情况。简单区分一下，组织至少包含3类角色，即业务团队（如销售人员、产品人员、运营人员等）、研发团队（如架构人员、开发人员、测试人员等）和共同资源团队（如行政人员、人事人员、财务人员、法务人员等）。这些角色并不能独立存在，闭门造车。每一类角色分工不同，角色之间有密切的协作关系，其中任意两类都有协作交集，这就形成了一个复杂交织的协作网络。例如在金融、科技、媒体等行业，不同角色和分工的边界往往并不清晰，很多环节需要多个角色共同完成，完成过程也很难被"看见"。这和制造行业的边界清晰、进展明确的流水线非常不同。让这些角色节奏一致地动起来，其实并不容易。

5.3.2 事的层面：定义目标与形成共识

在事的层面，理想情况下，我们希望对"一件事"的定义**是清晰、具体、有意义的**，而不是一个简单的财务数字（如收入利润），同时还希望这个定义是"一群人"理解一致、共同认可的。

我们处于一个VUCA和技术变革的时代，在技术的影响下商业链条变长了，商业模式随之变得复杂，描述组织目标的难度自然也提升了。高度不确定的环境带来的直接冲击就是清晰和具体的目标很容易变得不可执行，这时候"有意义"的目标就变得非常重要。因为个人对工作意义的感受、对工作责任的感受、对工作结果的认知构成了工作的内在动机（《高效团队：领导团队走向成功的5大黄金法则》），所以目标的"意义"（为什么做）会给团队带来使命感，并且会在环境变化时成为目标校准的准星。有一个故事很适合用在这里：3个工人一起在工地上砌砖，第一个说我在建造一堵墙，第二个说我在建造一幢房子，第三个说我在建造世界上最伟大的教堂。显然，这3个目标带来的使命感、投入程度不可同日而语，这就导致3个人的远期成就也必然不同。

目标定义已经很难，形成共识更不容易。这不仅存在专业背景和职能立场带来的理解差异，也存在传播过程中信息的衰减。可如果没有共识，就好像建筑施工没有蓝图一样，很难驱动大型团队真正同心协力，实现的目标价值就会大打折扣。团队目标对公司目标的影响如图5-2所示。

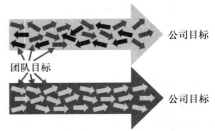

图5-2　团队目标对公司目标的影响

在人类社会发展过程中，正是因为认知革命的存在，人们才会相信没有看见过、没有发生过的事情，并为之付出努力。在努力的过程中，由于有共同的认知，才能促使人们突破邓巴数定律的限制，在更大范围内协作，实现共同目标。

下面来看两个很典型的目标不清晰、不具体和缺少意义的情景。

（1）只给出较模糊的目标，而对为什么要确定这样的目标不给出清晰、具体的描述。例如，以提高收入20%作为目标，而不加限定，也不说明目标的意义，短视行为将必然存在。

（2）要做的事情只是一个口号，没有和目标的意义进行关联。以某公司为例，该公司3～5年战略是发展中等收入群体作为核心客户，但没有利己或利他的意义（例如满足中等收入群体获得高性价比产品的需求，让公司在垂直细分市场获得先发优势）；相关的年度目标缺失（例如在4个重点准一线城市拓展新的中产用户），也没有对为什么这么做给出补充描述（例如摸索出典型中产用户的需求，打造1～2款主打产品，并获得未来可复制的营销经验）。

当然，没有完美的目标，但的确有更好的目标。只要能把目标清晰、具体、有意义地表达出来就是好的开始，而"清晰、具体、有意义"没有标准，只是团队共识及团队共识的持续演进。

有了目标，目标管理就有了基石。在推动目标达成的执行过程中，一定存在目标的分解、设计、及时调整的问题，但这是"术"和"器"层面的问题，我们会在本章后面的几节中仔细讨论。

上面提到的两个情景是目标"说不清楚"的情况，还有"不愿说"的情况，这种情况追根究底是管理者对控制感的执着阻碍了目标管理。这可能是管理者自身管理风格的问题，也可能是组织对团队的控制权让渡，以此作为对管理者的不能获得足够薪酬的弥补。在当前主流的目标设定方法中，不管是KPI（key performance index，关键绩效指标）还是OKR，都是通过集思广益生成的，这本身和控制型的企业文化相悖。然而，我们常常看到的是，许多团队强调执行，而成效只由管理者来评判。因为在这种情况下，管理者既不用斟酌目标，也不用对成效要求做详细解释。让员工来执行，对管理者来说是最轻松、最能完全掌控的情况。这也许是一些团队不讲目标、只讲行动的原因。

5.4　目标管理的工具与落地过程

介绍完目标管理的"道"和"法"，下面来介绍目标管理的"术"和"器"，也就是目标管理的操作指南和落地工具。本节重点介绍KPI和OKR两套工具的共性与差异。

5.4.1　工具：KPI与OKR

KPI和OKR都是目标管理的操作指南和落地工具，属于"术"和"器"的层面。

虽然存在一些差异，但两者都源自目标管理的思想，在"道"和"法"层面两者是一致的，在"术"的层面实际上两者也有相当大的重合，而在"器"的层面两者的差异相对比较明显。

近两年，我们观察到一种批判KPI、神话OKR的风潮，似乎KPI就是"拍脑袋"、管理僵化、压榨员工的代名词，而来自前沿科技公司的OKR就是先进、灵活、激发员工的正面标杆，是目标管理完美无缺的工具。同样是进行目标管理，KPI和OKR作为不同的操作指南和落地工具，一定会有差别，但这个差别也不会是天差地别的。

下面来看一下KPI和OKR都必须做的事。这些事如果没有做到，目标管理是无法落地的。

（1）**识别关键成功因素**。识别关键成功因素是目标管理实施的最重要的前提，它决定了企业到底是事倍功半还是事半功倍。戴维·帕门特（David Parmenter）在《关键绩效指标：KPI的开发、实施和应用》一书中将关键成功因素定义为"企业员工每天需要努力做好的企业内部的关键问题或方面"。KPI的主要目的就是确保企业员工在工作时间内重点关注企业的关键成功因素。这里不赘述如何识别关键成功因素，只对需要注意的事项进行介绍。

对于成熟行业的商业模式和业务模式，一些关键成功因素可能是行业通用的。企业根据自身的行业地位和竞争策略对关键成功因素进行有针对性的调整即可。但需要注意大环境（宏观经济、科技进步、跨行业影响）的变化，这会影响整个行业的关键成功因素。

对于创新业务或者任何存在较高不确定性的业务，对关键成功因素的认识和识别往往也是渐进式的，所以需要更及时地反馈和调整关键成功因素。对此感兴趣的读者可以阅读《精益创业》和《精益数据分析》中的相关内容。

（2）**让信息/反馈透明**。让信息/反馈透明是目标管理实施的基础。明确现状才能知道和目标的差距，并思考如何达成目标。中低层管理者需要及时掌握、衡量目标达成所需的信息，而且应该迅速收集信息，并根据所期望的结果进行必要的调整。这些信息应当直接交到中低层管理者本人手里，而不是先交到上级手里。信息/反馈应该是自我控制的途径，而不是从上至下施加控制的工具。

上面提到的是衡量管理者自身团队的信息，同样重要的是，中高层的团队管理者也应该获得整体目标达成的信息。否则，管理者在运营自己所属的团队时，就不会去追求最佳绩效，而是去追求最好看的局部结果。

（3）**纵向对齐**。在纵向对齐中，自上而下往往不是问题，需要特别关注的是自下而上的对齐。对中低层管理者来说，团队的目标制定是其职责的一部分；事实上，这是管理者的第一职责。这还意味着，每位管理者都应当参与到自己团队所属的更高级团队的目标设定当中。

管理的层级结构有时会危害目标管理。具体来说，"老板"做的事、说的话，甚至老板最不经意的评论、习惯和举止，在员工眼里也变得像是正式计划，或者别有深意。所以有时上下级的相互理解不能靠"向下沟通"而只能靠"向上沟通"来实现。《人与绩效：德鲁克管理精华》一书中提供了一个很好的实践参考——"经理来信"，即员工定期根据自己的理解来界定上级的工作目标及自己的工作目标，并向管理者陈述自己对目标的理解。这一点很像敏捷开发实践中产品经理和软件工程师沟通需求时的"反向澄清"环节，通过这种方法可以暴露彼此想法的不一致、不对齐。

（4）横向对齐。横向对齐是组织在目标管理中的关键薄弱环节。管理者必须向下整合，即与向自己汇报的人合作，这是传统管理方式强调的地方。然而，如果想实现目标管理的效果，管理者在组织里整合工作最重要的关系来自与自己没有管理控制权的人的横向合作。所以，不管是在OKR方法中，还是在"原教旨"的KPI方法中，都有横向对齐的步骤——尽管不作为重点强调，但仍是存在的，只是在多年的KPI实践中被渐渐忽略了。

在很多按职能划分团队的组织中，职能型管理者容易按照自己掌握的技术的专业标准来衡量目标的达成情况，而不是按照对企业整体目标的贡献来衡量自己的绩效。例如金融行业的风控，如果仅仅以降低风险作为唯一指标，那么不做业务的风险才是最低的；又如IT领域的测试，如果只关注测试覆盖率、缺陷漏测比例，就会让测试环节的耗时大幅增加，而这在很多非关键领域，是不必要的。人事、财务、法务等职能部门也类似，如果不能面向业务、面向全局、面向战略，就很容易出现管得累还不落好的情况。所以，建议在传统职能型组织的基础上，增加尽量按照业务领域重新组织的"全职能"团队，依据企业整体目标，及时横向对齐。

既然KPI与OKR在"术"的层面没有这么大的差异，那么为什么当前认为OKR是更好的实践方式呢？这是因为OKR在具体工具层面上规避了KPI的以下几个明显的缺点。

（1）OKR比KPI更具灵活性，有利于适应高度不确定的环境。OKR优先强调的是目标（objective），更强调意义感，更关注调动人的积极性和主观能动性，是相对稳定的。相应地，关键结果（key result）是对意义的解读，可以根据实际情况进行调整，保持灵活度。也就是说，在OKR体系内，目标和关键结果的关系是非严格推导但高度相关的，存在一定的灵活度。举个例子，实现了没有龋齿的目标，很有可能是因为每天坚持认真刷牙（也可能完成了定期洗牙等其他任务）；但是只是每天坚持认真刷牙，没有龋齿的目标也有可能实现（并不是一定能实现）。而KPI优先强调指标（index），更强调对指标达成过程的逻辑拆分，它具有刚性。KPI往往有一个明确的计算公式，如$KPI=(A+B)/C$。人们能做的就是不断测算A、B、C如何组合能够实现指标，灵活度相对较低。这也是近年来KPI越来越失效和OKR兴起的主要原因，目标可以相对稳定，成为团队的驱动力，最大化地发挥人的主观能动性，用相对灵活的关键结果，指导更加灵活的关键行动（key action），从而适应快速变化的环境。

（2）OKR比KPI更适合边界模糊的复杂协作。OKR比KPI更强调横向对齐、自下而上，更能推动多职能协作和达成整体共识，也更强调高频反馈与及时调整，更能支持企业在不确定环境下提升适应性。

（3）OKR比KPI更强调透明，有利于自上而下对目标形成一致的理解。虽然KPI也强调目标的意义，却并不特别强调所有人都需要知道，大家可能只是简单知道KPI很重要，自己的行为会影响KPI的结果，而KPI的目标会被错误地等同于企业目标。大部分人并不完全理解KPI是如何支持企业发展的，就像只知道每天刷牙两次，每次刷牙3分钟，但并不清楚其目标其实是没有龋齿。OKR则相反，大家需要知道自己的行为会怎么影响关键结果，关键结果会怎么支持目标。

只要是工具，就必然有其适用性，使用场景（大环境）、使用对象（行业与组织情况）、使用成本（导入成本与管理成本）都需要考虑。

（1）KPI诞生于制造业兴盛的时代，外部环境、客户行为变化相对较小。如果企业的商业模式清晰，内部分工相对比较清晰和明确；战略稳定，目标和战略的关系比较明确，目标主要在管理层对齐，日常管理需要重点关注关键环节的执行；员工对目标的理解对工作内容没有太大影响，就更适合使用KPI。

（2）OKR诞生于科技行业兴起的时代，外部环境、客户行为快速变化。如果企业的商业模式处于转型、探索过程中，内部分工存在复杂交织和模糊；战略本身也存在根据环境调整的需要，目标和战略的关系不完全清晰（往往存在比较明确的关联，但不是明确的推导关系）；员工对目标的理解对工作内容存在明显的影响，所以目标需要传导到所有员工，这样的企业就更适合使用OKR。

5.4.2 落地过程

在落地过程中，OKR与KPI有共通的地方，但两种工具在具体执行层面上的差异体现了管理理念的差异。

1. 目标的设定

作为目标管理的工具，OKR与KPI的落地都从设定目标开始。

对使用KPI的组织来说，组织目标往往等于战略在当前年度的分解，例如量化的业务收入、利润等关键业务指标，然后在这些组织级的关键业务指标基础上再向下进行层层分解。

OKR的目标本质上也是承接战略，但OKR鼓励设定具有挑战性的目标，然后制定明确的关键结果，即用于衡量目标实现情况的指标，关键结果应该是具体的、可衡量的、有挑战性的。这样看来，OKR中的目标似乎有愿景的意味，目标会与我们期望实现的更大目标相关联，但需要注意的是，这绝不代表将公司愿景等同于目标、完全不考虑实际情况，否则很有可能还没有开始，下面的人就"躺平"了。

2. 上下关联与对齐

确定了组织目标之后，接下来就需要将组织目标对应到部门、团队和个人。

KPI的目标传导方式是对指标从上至下层层分解，具有强制性和被动性。如上文所言，KPI适用于外部环境与战略都较为稳定、企业商业模式清晰、内部分工相对比较清晰和明确的企业。对这种组织来说，目标相对清晰可控，只要每个人各司其职完成被分解的指标，那么企业就有较大的概率达成最终的目标。

OKR强调透明性和主动性，既要自上而下关联，也要自下而上和横向对齐。企业设定组织目标后，每个团队和个人都要思考如何设定自己的OKR来支持组织的OKR实现。在这个过程中，OKR提倡个人发挥主动性，共同参与和共创内容，确保每个人都理解目标和关键结果，并明确自己的角色和任务。

3．定期监测、反馈与调整

在落地过程中，KPI与OKR都少不了定期监测与反馈。

由于KPI一般与考核挂钩，因此KPI的执行过程中都会涉及相应的考核和反馈机制，包括定期进行数据收集和分析、绩效评估和反馈等，及时监测指标实际达成与目标的差距并反馈以改进。但是一般情况下，KPI不鼓励修改指标，因为岗位职责与目标产出都相对稳定，轻易调整反而不利于绩效管理体系的稳定性与权威性。

在目标调整这一点上，OKR与KPI有着本质区别，灵活性是OKR的一大特点。OKR更适用于不确定的、创新型的业务场景，变化是环境的底色，因此在执行过程中可以根据环境变化修改甚至放弃某些关键结果，鼓励在团队共识的基础上进行反思和调整。同时，OKR强调更高频的沟通与对齐，实时追踪目标达成进度，例如每个季度甚至更短的周期都需要进行几次团队管理者与团队成员的一对一详细检查，以识别障碍和改进关键结果；团队与部门每周一起盘点OKR的执行过程，明确本周具体负责完成哪些任务才会让团队离目标更近一步。

4．结果评估与应用

KPI不仅仅是一个目标管理工具，也是一个绩效考核工具，其结果与员工的薪酬绩效、职级晋升强挂钩，所以其结果评估周期往往与组织的考核周期一致。

制定OKR的初衷是为了激发员工发挥自驱力，从而推动组织实现目标和创新，而不是为了奖惩员工，OKR更强调行动过程中的持续沟通与评估、指导与校正。因此，OKR的结果可以作为个人价值的周期性反馈来源，应避免将其与奖惩挂钩。

5．目标管理落地的工具

OKR的具体落地可以参考图5-3所示的目标管理落地评分表示例。

该评分表适用于较稳定的团队组织（通常为5～20人），适合初评和阶段性评估的使用场景，评估频率可以是每月或每双月，具体的评分方式是达标计1分，未达标计0分，最后汇总分数，根据达标数目确定OKR成熟度等级，从而了解OKR的执行水平。具体等级评判标准如下。

- 基础级：达标1～10项（不含）。
- 提升级：达标10～20项（不含）。
- 优秀级：达标20项及以上。

该评分表可结合回顾会等敏捷实践使用。

维度	序号	评估项	达标情况（1表示达标，0表示未达标）
设定与使用	1	团队有明确年度/季度OKR，并与组织目标大方向对齐（格式暂不做要求）	
	2	核心团队成员共同参与设定团队OKR	
	3	季度OKR目标聚焦，目标的个数原则上不超过3个，每个目标对应的关键结果个数原则上不超过3个	
	4	目标和关键结果具有明确的关联性和逻辑关系	
	5	基于OKR拆解建立里程碑（月度）/产品路线图/迭代目标	
	6	团队参考部门OKR并结合自身情况制定明确的年度/季度OKR	
	7	向团队成员公开讲解和宣传团队OKR，并吸取团队成员意见，获取共识	
	8	遵循OKR规范结构和要求（例如，一个目标对应多个关键结果，其个数为3~5个、目标和关键结果有明确时间点，关键结果可度量，关键结果的完成有明确的路径、策略等）	
	9	OKR设定分为承诺型和挑战型，挑战型比例不低于30%	
	10	具备全局思维，在团队设定OKR过程中，考虑纵向对齐和横向端到端拉通	
	11	团队OKR设定在目标聚焦前提下，能充分考虑客户/用户市场、组织内部、监管合规、能力成长、数字化等维度因素	
	12	迭代工作成果能关联并反映到OKR的进展中	
	13	OKR能体现使命型团队目标，打造使命型团队（组织）	
	14	基于1~13，参考部门、团队OKR以及自身情况设定团队成员个人OKR，激发团队成员个人动力和潜能	
	15	团队形成良好的OKR文化，并将优秀实践经验在组织内分享传播	
工具及可视化	16	在团队层面，可视化展示OKR内容，展示方式不限	
	17	在团队层面，可视化展示OKR拆解里程碑和迭代目标的对应关系	
	18	在组织层面，公开团队OKR，以便横向拉通	
	19	在团队层面，可视化展示OKR进展和阶段性结果	
	20	开始尝试采用线上专业OKR工具辅助OKR的可视化和进度跟踪	
	21	差距分析和改进措施的可视化与跟进	
	22	基于16~21，采用线上方式辅助个人OKR的设定与跟踪	
反馈与调整	23	团队负责人每季度至少向组织反馈OKR进展一次，共同检视	
	24	开始尝试采用回顾会等方式分析OKR周期中的团队表现和改进措施	
	25	针对OKR结果进行基于量化结果的差距分析，制定改进措施，形成OKR闭环管理	
	26	基于23~25，团队能阶段性根据市场和自身的变化，对OKR进行适应性调整	
	27	在定期检视团队OKR的基础上，定期沟通和检视个人OKR，及时调整	
合计			

图5-3　目标管理落地评分表示例

5.5　落地面临的问题与思考

不管使用哪种工具，都需要在团队实际落地才能发挥作用。在实际落地的过程中，我们观察到一些误用，让团队"误入歧途"，也观察到团队面临的一些实际问题，让团队陷入两难；但值得欣喜的是，我们也发现一些团队结合OKR落地了符合当前宏观经济环境和行业发展趋势、适合团队文化现状和工作现状的管理机制。

5.5.1　OKR的误用

OKR在实践的过程中，已经因为变形而丢失了本身的优势，甚至存在打着OKR的旗号，做相去甚远的事情的情况。下面列举一些我们观察到的误用。

（1）**没有目标或目标不公开、不透明**。管理者自己对目标并没有很好地理解，让员工先写OKR，写完自己总结。员工在设置OKR的时候，没有公司和高层的OKR作为输入，实际上无法真正支持公司的目标。所有人制定OKR以后，也不知道执行情况。

（2）**缺少对齐**。简单按照现有部门制定OKR，没有适应网状的协作现实进行纵横对齐。在OKR制定后，不知道也不关心别人（包括上级）的OKR。

（3）**虎头蛇尾**。开始的时候导入、宣传、启动搞得声势浩大，等OKR真的写出来以后，却再也没有追踪、回顾，更没有调整。让管理缺少稳定一致性，长期损害很大。

（4）**目标、关键结果和关键行动设置不合理**，即目标、关键结果和关键行动混用。

- 目标：应该定义做什么事情，有什么意义。实际上，目标经常被定义成使命、愿景、财务目标（关键结果）。但不管怎么样，写成使命、愿景也好过没有目标。
- 关键结果：应该定义怎么算做到了，是标准。实际上关键结果经常被定义为关键行动（只要干活就能完成）。
- 关键行动：应该定义实现路径，怎么做到。实际上关键行动经常被定义为工作量，或者没有定义。

中层管理者简单地把高层管理者的关键结果设置成自己的目标，并进行类似的向下分解，降低了员工的主观能动性，甚至出现中层管理者都没有设置目标的情况。

由于利益冲突，在设置目标的过程中产生了严重的博弈，导致目标迟迟无法确定，或者在公司层面设置过多的目标。

注意，不管是KPI还是OKR，或者其他已经出现或将要出现的新"武器"，其作为操作指南和落地工具当然应该（也必须）与时俱进，并在实践中不断完善、推陈出新，但无论如何都不能脱离目标管理本身的思想和理念，否则最好不过是照猫画虎，形似而神不似。

5.5.2　KPI和OKR的混用

理想的情况是结合OKR和KPI的优势，但结果往往事与愿违。

KPI与OKR同时存在于同一个团队中可能出现几种情况：OKR的实现和KPI一样，OKR只是为KPI加上一个目标；员工根据OKR设置了比KPI更高的目标，管理层认为员工在设置时留有余地，应制定更高的KPI，导致员工超负荷工作。这些情况都会导致员工与管理者进入博弈模式。

5.5.3 当目标管理遇到绩效考核

先明确一点，目标管理、团队与个人绩效评估、团队与个人绩效评估结果应用（绩效考核）之间虽然有关联，但仍然是3件事。

目标是评价企业绩效的标准。理解了这一点，就很容易理解为什么目标管理要配套团队与个人绩效评估。而且目标的达成过程需要通过周期性的回顾来校准，目标达成的结果将给未来的目标制定提供参考。团队与个人的贡献、经验沉淀也需要通过周期性的回顾来实现，这就是团队与个人绩效评估的目的：明确哪些行为对目标的达成产生了有益影响，需要固化沉淀；明确哪些行为还可以进一步改进，促进团队与个人成长。

团队与个人绩效评估结果，不管其形式是打分、排名、分位数还是别的形式，都可能被用于职位晋升、年终奖评定和薪资调整等这些与个人利益息息相关的场景。我们称这些应用为绩效考核。绩效考核和激励、公平有关，和目标的关系相对没有那么强，这里不做深入讨论。但我们的观点很明确，**不反对进行绩效考核，但是必须非常慎重地选择考核方案。因为你考核什么，就会得到什么。**一旦涉及实际利益，就会极大程度地影响人的行为。

如果将OKR与绩效考核解绑，会导致团队根本不重视OKR。这和KPI在近一二十年遇到的情况类似。很多企业都误以为自己在用KPI进行目标管理的实践，实际却丢失了目标管理本身的思想和理念。

如果将OKR与降职、不加薪等惩罚性质的绩效考核挂钩，人们可能会为了逃避惩罚而无所不用其极，甚至在目标制定时，天然地选择设置一个很难被惩罚的目标。

类似地，有时候企业在特定时期为了实现特定目标会"重金悬赏"，这时就需要考虑可能会导致团队和个人采取什么样的极端行为。这样的行为出现以后，是否会曲解目标或损害长远利益。

所以在制定奖惩之前，一定要先想明白大家站在各自的立场上会怎么使利益最大化，这样的行为是不是组织可接受的。

5.5.4 灵活性与严格执行的平衡

灵活是好事，但也不能过度灵活。不管什么样的管理理念和方法都强调落地执行，过度强调严格执行难免使落地僵化。灵活性和严格执行需要在实践中进行平衡。下面给出一些基于实践的思考。

1. 审批与回顾

OKR一个很重要的思想在于向下授权，而不鼓励强审批。但是，授权并不意味着当甩手掌柜，而是把事前审批控制，转变为高频率的事后回顾。这是什么意思呢？举个例子，很多时候立项都需要走很冗长的流程。当前有些企业为了加快进度，划出一部分预算，把某个类型的小微项目的审批流程向下授权，并且大幅简化，形成快速通道。这么做的初心当然是好的，但是实际执行的结果怎么样呢？可能刚进入3季度，小微项目的预算额度就已用完。为什么会这样呢？因为缺少了管理，有的本该走其他审批流程的小微项目走到了这里，有的中型项目通过拆分变成了小微项目，甚至有的原本不会通过审批的小微项目也通过这样的方式启动了。这就是大家常常抱怨的"一管就死，一放就乱"。那怎么办呢？既然放松了事前管理，就需要加强事后管理和事中管理。

一方面，需要及时的事后管理。授权以后，应该更高频率地进行回顾。例如，每个月都要看看哪些项目通过快速通道启动了，这些项目是不是企业想要的；如果有不想要的项目走了快速通道，后续是不是要进一步补充和明确什么样的项目不可以走这个通道；小微项目的预算执行进度是否符合预期，如果成效卓越，预算不足，是不是要追加预算。只要回顾的频率足够高，问题一定不会太严重。

另一方面，需要实时的事中管理。双手放开后应该在达成目标的过程中紧盯执行的现状。例如，能否随时看到这个快速通道里有哪些项目，哪些项目准备进来，哪些项目已经出去了，在必要的情况下是否有及时的拦截机制，有没有人在负责保持关注。

这是一个很有意思的话题，**越是授权，越要加强回顾。**

2．回顾与调整规划

第3章和第4章中提到，在复杂、多变的环境中战略需要有一定的模糊性。相应地，我们的规划也需要具备灵活调整的可能性，那么调整的依据是什么？答案同样是回顾。

周期性的回顾与调整在所有管理场景中都适用。所有的对齐甚至识别都应该是周期性的，绝不是"设定、执行、执行、执行……"一条道走到黑、不撞南墙不回头，甚至撞了南墙还不回头的模式，而是"计划、执行、检查、处理"（PDCA循环）或者"观察、定位、决策、行动"（OODA循环）的模式，如图5-4所示。

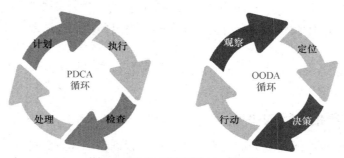

图5-4　PDCA循环和OODA循环

回顾与调整的频率取决于做的是什么事，越是变化快的行业，越是不确定的业务，越是紧急的事，对齐的频率就应该越高；越是接近一线，对齐频率也应该越高，有的场景甚至会按天对齐。

很多在执行KPI的组织经常会开月度经营分析会，或者叫作月例会。但是，如果会议内容是做了什么工作的汇报，就不是围绕目标管理的有效对齐。有效对齐的内容应该是：目标在哪里，到了哪里，差距是什么，接下来需要做哪些事情，还需要哪些支持。

　　在一些特殊情况下，目标本身或者关键成功因素也应该进行对齐和调整。例如，目标已经变得完全不切实际，可能需要调整目标；目标没变但关键成功因素变了，或者与前期识别有偏差，需要修正。

　　但在特别灵活的情况下该怎么规划呢？在复杂系统下，识别影响目标的关键成功因素存在很大困难，尤其在新业务和创新场景中，很容易出现偏差、遗漏。即使顺利识别出关键成功因素，在高度不确定性的影响下，也可能产生变化。在实践中，我们还常常发现一些关键成功因素对目标的影响方式不仅是非线性的，甚至是非固定模式的。很多时候，我们只能描述相关性，而无法准确描述因果性。所以我们能做的是，根据战略的模糊性制定一个相对清晰但不绝对准确的目标，根据目标梳理一个大致的路线与方向，并且通过回顾获取新的信息，不断调整规划。这和天气预报及出行规划有异曲同工之处。越是面对复杂、多变的情况，越需要不断收集新的信息，根据新情况频繁地进行预测，并对规划进行适当调整。

5.5.5　基于OKR制定产品路线图

　　若组织规模较为庞大，且以数字化产品（如App、小程序、PC端系统等）为最终交付成果，则可以将OKR的关键结果落地到具体产品规划中，再从具体的季度/月度里程碑向下拆分、迭代需求。例如，某券商基于OKR的产品路线图如图5-5所示。

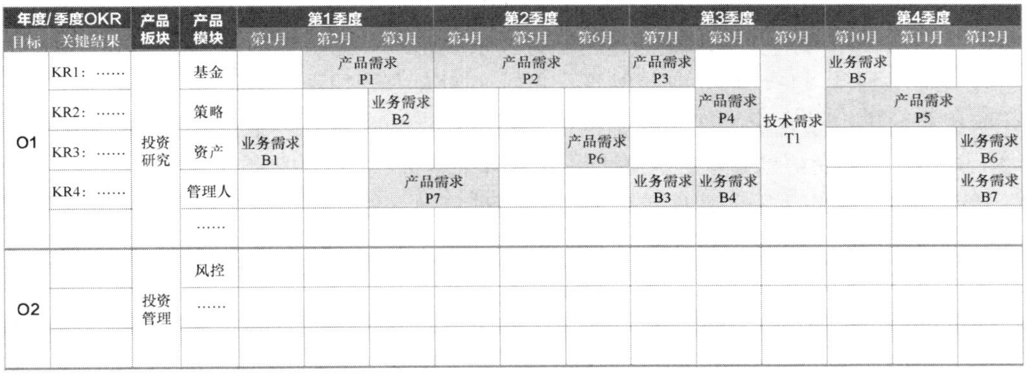

年度/季度OKR		产品板块	产品模块	第1季度			第2季度			第3季度			第4季度		
目标	关键结果			第1月	第2月	第3月	第4月	第5月	第6月	第7月	第8月	第9月	第10月	第11月	第12月
O1	KR1: ……	投资研究	基金		产品需求P1			产品需求P2		产品需求P3			业务需求B5		
	KR2: ……		策略			业务需求B2					产品需求P4	技术需求T1		产品需求P5	
	KR3: ……		资产	业务需求B1					产品需求P6						业务需求B6
	KR4: ……		管理人			产品需求P7				业务需求B3	业务需求B4				业务需求B7
			……												
O2		投资管理	风控												
			……												

图5-5　某券商基于OKR的产品路线图

　　基于OKR制定产品路线图需要注意以下事项。

　　（1）对于产品路线图与OKR，产品路线图的产品板块与OKR最好能一一对应，以衡量研发团队的绩效，但也不排除它们存在交叉对应的关系，建议产品路线图能够清晰地展现两者的关系。

　　（2）对于产品路线图与团队，要有清晰的产品板块和产品模块划分，产品板块可包含若干产品模块；研发团队可以对应产品板块，在不同的周期（季度）内，研发团队针对不同产品模块有比较明确的重点。

　　（3）对于产品路线图与需求，产品路线图的需求通常分为以下3类。

　　● **产品需求**：是指产品总监主导建设并内化到产品能力中的相对持久性的功能。

- **业务需求**：是指业务（团队）负责人发起的，用以满足特定业务指标需要的相对临时性的内容。
- **技术需求**：是指部落长、小队长等发起的类似代码重构、技术债偿还等内容的需求。

（4）对于产品路线图与迭代，需要将产品路线图的3类需求在相应阶段进行合理拆分，形成可以在一个迭代周期内交付的更细颗粒度的需求（如用户故事等）。

5.5.6　数据驱动和管理数据驱动

在制定目标和目标落地的过程中，我们当然应该重视个体和团队的价值，充分促进各方观察与反馈。但有时候确实难以从复杂的非结构化信息中准确抽象、提炼出关键信息。所以数据的价值不容小觑。过去已经有很多企业在经营数据驱动改进层面取得了良好的应用，这里不赘述。近年来，随着管理信息化、数字化程度的提升，管理数据也开始发挥越来越重要的价值，但管理数据如何驱动管理改进，在企业的实际应用中还面临以下挑战。

（1）**从没数据到有数据**。这里说的"没数据"有两种可能，一种是，虽然有了系统，但是没有注意收集、保存管理数据，或者保存的数据完全没有经过治理，缺少数据价值；另一种是，管理数据散落在若干系统中，并且有不同的指标统计口径和数据标准，难以进行分析。为了有数据，需要先沉淀数据。这其实并不容易，因为想要搞清楚什么团队的什么人、投在什么事情上、事情的进展如何，这里至少涉及人员和组织架构、任务管理、流程管理，在大部分企业中，这些数据散落在不同的系统中，甚至有些没有被系统记录。要汇集这些数据，我们建议的做法是构建统一协作平台，并且从专业化的管理系统（如人力管理系统、外包管理系统、审批系统等）获取相关数据，结合员工在实际工作中通过协作产生和记录的数据统一统计和展示。

（2）**从有数据到有好数据**。一旦逐步沉淀了基础数据，数据的校准就会变成一个新的问题。首先，要建立一个新的认知，管理数据不需要绝对精确，只需要相对准确。拉开距离看问题更容易获得宏观的感受，管理数据不是财务数据，一方面，管理数据不像财务数据那样有非常清晰的标准和边界，很难生成绝对精确的数据；另一方面，和相对准确的管理数据相比，绝对精确的管理数据提供的额外价值有限，例如现在常用于衡量科技部门产能的时效数据，当它的统计值是10天和12天时，业务团队的直观感受差不多，只有发生量级改变时，直观感受才有可能发生更大的变化。然后，还需要认识到，数据的校准必须依靠问题驱动、逐个击破。没有人看的数据，永远也不会准确。没有哪个企业会同时看所有能提供的数据，所以关注一个，校准一个。持续地累积就可以拥有越来越完善的数据体系。

（3）**从有好数据到用数据**。有了相对准确的数据，我们就要把数据用起来。管理数据，在OKR执行的过程回顾中，有非常好的效果。以研发为例，时效、需求吞吐量等效能数据就可以在日常工作中帮助团队建立自己的改进基线，促进持续提升。在团队管理方面，通过管理数据可以分析不同类型工作的投入比例、投产效果等，帮助团队识别出需要改进的高投入低产出区，把更多时间和精力投在更有成效、更符合公司战略和规划的方向上，让管理数据真正驱动管理改进。随着人工智能的快速发展，如何将管理数据与人工智能结合也是非常值得探讨的话题。

5.5.7 KPI与OKR双轨

KPI与OKR双轨制是一种组织管理策略，它将两种不同的目标设定和绩效评估方法结合使用，以适应不同团队的需求和特点。具体来说，KPI与OKR双轨制指的是，在稳定的传统团队中采用KPI，帮助这些对结果有明确预期的团队追求稳定发展；在创新的团队或需要响应快速变化的团队中采用OKR，鼓励团队成员进行主动思考和积极探索，以取得突破性的成果。

实施KPI与OKR双轨制对公司管理层提出了很高的要求。首先，公司需要建立和维护两套不同的目标设定和跟踪系统，这不仅涉及技术层面的实施，还包括对团队文化和管理流程的适应和调整。其次，公司必须设计出能够与这两套系统相匹配的绩效评估体系，确保绩效评估的公正性和有效性。最后，管理层还需要在不同团队的绩效评估结果之间进行平衡，避免因为过分侧重某一套系统而导致资源分配不均或团队动力失衡。

这种双轨制的实施，虽然在初期可能会面临诸多挑战，但长远来看，它能够帮助公司在保持业务稳定性的同时，激发团队的创新潜力，从而在复杂、多变的市场环境中保持竞争力。通过精心设计和有效执行，KPI与OKR双轨制可以成为推动公司持续成长和进步的强大动力。

5.6 目标管理案例

某金融科技企业在一个内外部面临双重复杂度的业务领域，通过OKR促进约700人的复合职能团队聚焦目标，共同高效推进目标达成。

在导入OKR之前，该领域的业务团队收到公司下一年销售几十亿的KPI要求，差不多是当年实际销售额的两倍。团队感到压力很大，并且对于如何达成目标没有清晰的想法，甚至很多人觉得该指标不切实际、不可能达成。

我们通过梳理OKR，在该业务领域帮助高层管理者达成目标共识。非常有趣的是，高层管理者在制定了目标以后，自己提出了更高的销售指标（关键结果）；围绕销售指标，也明确了一整套度量体系，包括利润、用户数等。通过这个过程，整个高层管理者团队不仅就使命达成了共识，对使命的大致方向也有了更细化的探讨和分解。

各子领域和业务团队的负责人和骨干对总目标和关键结果进行了分解和横向对齐，以及自下而上的反馈，最终形成了各自的OKR。

各个业务领域公开发布的OKR如图5-6所示。

新一年结束时，团队实际达成的结果远超公司最初下达的销售指标。尽管没有达到自己提出的目标，但这本来就是OKR所提倡的——勇于挑战。

当然，整个过程也并非完美无缺，至少有以下几点需要进一步改善。

（1）总的目标提得比较远大，实际上很难在一年内完成，更像是一个使命或者愿景。当然，这样提目标的好处是帮助团队加强了使命感和凝聚力。在执行过程中，如果大家觉得距离目标太过遥远，也可以对目标进行适当的调整，形成适用于年度的目标。

（2）制定了OKR以后，就可以推动团队进一步制订关键行动计划，帮助团队进一步明确实施路径，避免出现有团队不清楚如何执行落地的情况。

（3）过程中的回顾做得不够及时，回顾的频率比较低。

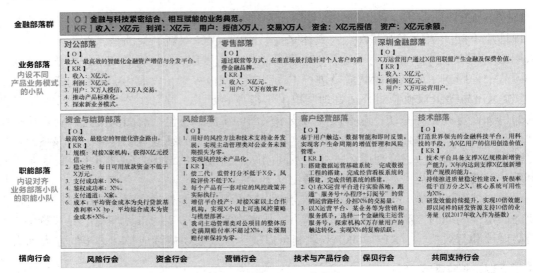

图5-6　各个业务领域公开发布的OKR

5.7　小结

目标管理之所以重要，一方面，符合企业管理者和员工的共同诉求；另一方面，也是组织管理中承上启下的一环，向上与战略关系紧密，向下与具体的业务规划、产品规划产生关联。想要做好目标管理并不容易，明确、清晰的目标，以及让团队就目标达成共识，是不可跳过的第一道门槛。

很多目标管理的实践者对KPI和OKR都不陌生，两者都是经典的目标管理工具，从方法论上都强调响应战略、纵横对齐、定期反馈，做好了这几点，就能发挥其应有的力量。但KPI与OKR确实有不同的适用场景，环境、业务的不确定性越高，OKR越能发挥价值。

在指导客户落地OKR的实践过程中，我们帮助客户获得了一些实际的收益，例如，帮助团队达成了共识、明确了路径、激发了潜能，用OKR引领了产品年度规划等；但我们也发现组织会面临一些实际的困惑，例如，如何从KPI向OKR过渡，OKR与绩效管理如何结合，如何平衡灵活性和严格执行。我们也在实践中进行了相应的思考和尝试，总结出来供读者参考。

第三篇

研发过程篇

在软件研发管理中，研发过程宛如组织的脉络，贯穿着整个软件研发管理的生命周期。对组织而言，拥有统一的研发过程会具有诸多优势：信息流动更高效，角色协同成本更低，进而提升研发效率与质量，大幅降低研发过程的风险。因此，我们认为在软件研发管理领域，构建统一的研发过程不可或缺。

本篇包括3章，深入探讨组织在建立统一研发过程的过程中所面临的问题，并阐述我们对这些问题的观点。

第6章中探讨组织为何需要构建统一的需求层级体系，介绍常用的需求层级体系，以及在业务中常见的需求层级体系问题。我们将深入探讨如何有效构建需求层级体系，确保需求在组织内能够做到准确传达与理解，统一组织内术语，降低团队沟通成本，提升组织协同效率。

第7章中探讨为何采用价值流进行研发过程管理，基于需求层级体系如何应用价值流构建高效的团队运行流程，以及如何通过指标反馈动态演进运行流程。我们将以Adapt框架的产品需求-系统功能两层需求层级体系为例，详细描述在产品部落机制模式下小队应该如何高效运作，并分享一个在企业中帮助组织构建团队运行指南的实际案例供读者参考。

第8章中探讨为何要建立团队的研发节奏，如何帮助团队建立高效的集体"心流"状态，并分享一些常见的稳定节奏的小妙招。这一章将阐述节奏对团队工作效率和成果的积极影响，以及在适应变化的同时保持稳定的节奏的方法。

第**6**章

需求层级体系

在谈论需求时，我们通常会讲到需求管理。那么为什么需求管理这么重要呢？需求管理又该如何进行呢？《华为能，你也能：IPD产品管理实践》一书中提及的产品需求管理主要围绕图6-1所示的产品需求管理框架进行讲解。这些内容主要介绍了华为公司如何进行产品需求管理，以及需求管理给企业带来的好处和重要性，并在围绕需求的全生命周期管理进行阐述的过程中，重点阐释了需求管理在需求的收集、分析、分配、执行和验证等环节的重要性以及相应的实践落地。

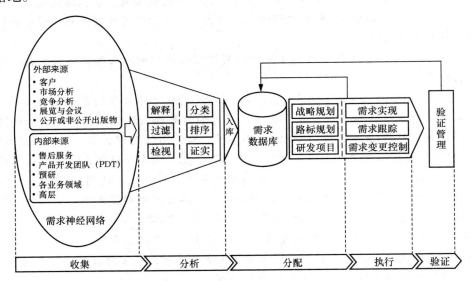

图6-1　产品需求管理框架（来源：《华为能，你也能：IPD产品管理实践》）

本章介绍的需求层级体系更多的是讨论在组织级上如何建立更加行之有效的需求层级体系建设方法，以及介绍笔者所在团队在建设需求层级体系过程中的一些管理实践。

6.1　需求层级体系的构建和实践

在介绍需求层级体系的构建和实践之前，需要明确为什么需要需求层级体系。需求层级体系对企业的需求管理意义重大，主要体现在：有效地对需求进行分层管理可以统一认识、降低沟通成本，提高协同效率和交付质量；需求层级体系可以帮助企业对需求进行有序的分层管理，确保每个层级的需求都能被有效处理；统一的术语和表达方式有助于跨部门的沟通，减少由于术语不统一带来的误解和沟通成本；通过分层管理和统一术语，需求层级体系可以提高各团队之间的协同效率，确保项目能够按时高质量地交付。

在谈论需求层级体系时，通常会听到产品、项目、专题、史诗、特性、业务需求、产品需求、功能、用户故事、任务、事项这些术语，这些都是大家在构建需求层级体系时常用到的表达不同管理层级的术语，其中有些术语在不同组织中的叫法不同，但实际承载和表达的含义相同，在不同组织团队管理文化和使用习惯下，术语表达通常也会有些许差异。以我们在客户实践过程中的案例为例，不同组织根据自身管理需要和业务复杂性会从一个或多个维度进行需求层级体系构建。需求层级体系从管理维度来看大抵可以从以下3个方向进行构建。

（1）**注重业务表达**。从业务表达视角出发，将业务按照产品功能逐级划分，例如业务需求、产品需求、系统功能，其作用更多在于将业务需求逐层拆解对应到企业现有产品、系统上，将业务需求更好地落地到产品/系统层面，更利于业务团队、产品团队和研发团队间的协同合作。

（2）**注重产品能力表达**。从拆解产品能力的视角出发，能将企业当前产品的产品能力分层管理，例如产品、特性、功能，其作用更多的是描述当前组织的产品所具备的产品特性、能力。

（3）**注重需求流动规划**。从规划需求的视角出发，将企业需求或战略逐层拆解后再逐级进行规划，如产品、专题、需求等内容，从流动视角设置需求层级体系能够便于业务的落地规划。

我们将会根据过往实践分享需求层级体系为什么重要以及如何构建。在我们服务过的大多数组织中，需求层级体系的管理其实处于存在但不美好的阶段，而不成熟的需求层级体系常会导致以下问题。

（1）**需求没有分层管理**。需求在组织内的管理是单层级的，缺乏层级联动。

（2）**内部术语不统一**。同一事项在不同部门中使用的术语不统一，造成部门间沟通不顺畅、效率低。

（3）**跨部门协作差、交付慢**。部门间协作缺乏统一节奏和规范，部门墙现象严重，协同效率低，整体交付差。

想要避免或解决上述问题，需求层级体系的存在就显得十分必要。需求层级体系的构建和实践从以下几个方面详细阐述：**有效对需求进行分层管理，统一认识、降低沟通成本，提高协同效率和交付质量**。

6.1.1　有效对需求进行分层管理

需求是数字化研发的价值载体。对需求的分层管理本质就是为了尽可能地提升对需求的管理水平，提高需求的商业化价值转化。只有对需求进行分层管理，才能更高效地推动需求流动，更快速地交付需求。

需求分层管理是指对需求进行合理评估和优选，对有价值的需求进行合理拆分后，针对不同协同角色，使用不同层级的管理协作方式，实现资源的合理分配和利用，确保数字化研发的投入产出比，创造最大的商业价值。需求分层管理其实就是将原本的单一需求层级，根据团队的管理复杂性以及协同习惯，按照一定的分层原则将一个需求拆分成多个。例如，将一个产品需求拆分成多个系统功能，产品需求主要是给业务人员和产品经理使用，方便业务人员和产品经理更好地进行需求跟进和规划。而系统功能则更多的是研发人员在使用，以便研发人员更好地将需求和对应系统统一管理起来。研发人员针对系统功能进行开发，一方面将需求拆得更细，复杂性也就降低了，另一方面将拆分后的需求落实到具体系统，对应研发团队也能够更好地把控需求交付的范围，在进行研发时能够更加快速地达成目标，减少因需求颗粒度大而带来的复杂性及反复沟通成本，能够有效提升研发的产能和时效。

将需求进行分层管理后，在组织内也能够较好地对需求进行管理，无论是对前期的需求分析，还是对研发过程中的进度管控，需求分层都可以带来一定的好处。例如，需求分层本质就是对需求充分分析后才能进行的一个拆细操作，所以分层能够使组织成员对需求有更深的理解，同时需求颗粒度更小也就意味着对需求的分析更深入。因为在研发过程中能够将需求拆分成系统功能，而系统功能又能够对应具体人员，所以对需求对应的进度和风险的把控能够更加精准。这就可以避免大家都围绕一个需求开展工作，需求大而杂、进展不清晰、风险不能及时暴露的情况出现。

需求层级体系的构建不仅能够进一步完善组织的需求管理方法，也能够为组织成员提供更好的需求管理指导，让事情能够更好地细化、派发，让团队成员知道自己更应该关注哪些事，给组织的管理带来更好的体验。

6.1.2　统一认识、降低沟通成本

需求是数字化研发的桥梁，只有有效地沟通和协调需求，才能实现客户、业务、技术等各方的共识和协作，满足客户的需求和期望，增强客户信任度和忠诚度。通过构建需求层级体系，能够在组织全局明确各类术语含义、规则、标准；对组织协同成员而言，可以免去大量的术语对齐沟通环节，基于一个已经达成共识的事项进行协同，能够极大提高事项的流转和交付效率。从而使产品或项目最终能够符合客户的需求和期望。

在一个企业中，需求从提出到落地是需要多个部门协同和经历较多环节的，某一个环节没有把控或理解到位则容易导致后续的流程被带偏，而如何确保在每个环节大家对需求的理解和目标能达到的认知一致，是一件极富挑战和智慧的事情。

根据我们在各个项目中的实施经验，在一些组织中，尤其是在大型组织中，企业本身的组织架构复杂，需求协同的上下游部门较多，一个研发团队通常对接多个业务团队，在与业务团队沟通对齐的过程中，往往因没有统一的需求层级体系，各个业务团队在与其对接的研发团队的需求沟通中都会形成一套自身的使用习惯，造成组织内需求管理混乱、术语难对齐、颗粒度不统一等现象。例如，不同部门对需求的要求和定义不一样，有些部门只要是业务提出的都算是需求，然后直接由研发团队介入开发，有些部门则是需要经过需求分析师进一步分析，拆解到各个系统功能后研发团队再介入开发。当两个团队进行协同时就非常容易造成双方的需求术语不一致、颗粒度不一致，导致团队间的沟通对齐极其费时费力，开发节奏也难以同频，从而使业务团队提出的需求在组织交付过程中极容易阻塞，又因为需求颗粒度通常较大等原因使对

应的交付时间也拖得很长，而越大的需求通常意味着越大的复杂性，造成需求研发时间长、交付质量差等现象，这就是大部分业务团队对研发团队的观感是又慢又差的原因。

而通过规范统一的需求层级体系，建立对需求的统一认识，能有效连通上下游，减少信息传递过程中带来的信息偏差以及沟通摩擦。首先，从需求的概念理解上，需求层级体系可以帮助大家对需求的理解从概念上达成共识，使内部术语统一，书同文，车同轨；其次，在相应的交付过程中，通过对需求的逐一拆解并分配到对应的交付部门，能够有效地加快需求对齐和价值交付；最后，完整的需求层级体系经过沉淀后可以在组织内形成相应的管理规范，固化成对应的管理制度及相应文化。所以，统一的需求层级体系对组织的管理和交付是有很大帮助的，它能够有效确保产品或项目的最终交付能够符合客户的需求和期望。

6.1.3　提高质量和交付效率

需求是数字化研发的驱动力，只有需求清晰、准确、完整、可行，才能保证数字化研发的目标达成和方向正确，避免需求变更和返工，提高研发效率和质量。通过规范的需求层级体系进行过程管理，可以提高产品或项目的质量和交付效率，避免出现需求不清晰或变更频繁导致开发延期和成本增加等问题。

我们发现，在一个组织中，当其需求层级体系相对规范时，其产品或项目的质量和交付效率通常都较为不错。规范的需求层级体系在组织需求管理的运作中，能够将复杂的需求事项和人员协同有效地在同一个认知维度上对齐，对上游部门而言可以实时知晓下游进展和阻塞，方便其快速响应、调整；对下游而言可以尽早知悉上游规划和大概内容，提前介入，识别技术风险，既可以提升需求的质量又可以减少后续的需求反复调整；对产品或项目而言，减少了需求等事项的反复沟通，降低了需求开发的复杂度，加快了人员对需求的理解，从而达到提高质量和交付效率的目的。

6.2　业界现状

在讲完为何要构建需求层级体系后，本节介绍一下目前业界的需求管理通常会有哪些"坑"。在术语使用上，各个企业组织对需求的叫法、定义都不尽相同。在需求分层管理实践过程中，如果需求的相关术语定义不清晰或者不一致，会导致不同团队成员对需求的理解存在偏差，导致沟通和协作出现问题，最终影响产品的开发进度和质量。因此，在对需求进行管理时，需要明确每个术语的定义和使用方法，并严格遵守，确保不同团队成员对需求的理解保持一致；同时，也需要加强需求评审和跟踪，及时发现并解决需求定义不清晰或者不一致的问题。这样才能确保需求管理的系统化和高效化。

6.2.1　业务需求与软件需求界定不清晰

很多企业存在业务需求与软件需求界定不清晰的常见需求乱象，导致企业内术语不一致、业务团队和研发团队的沟通很难同频、事项跟进与实施进展缓慢等。

究其根本在于业务需求和软件需求是两个不同的概念，业务需求通常由业务团队提出，而软件需求则通常是指流转到开发环节的需求。为了方便开发能够更好地理解需求和技术方案，在业务需求转变为软件需求的过程中往往需要人员对业务需求进行细化或转译，这个工作以往由系统需求分析师或者技术负责人牵头负责。除业务需求本身诉求外，需求通常也会涵盖技术实现上的一些技术方案和架构设计等内容。随着企业的快速发展，在企业内部，业务需求和软件需求在用法上很容易混淆，经常出现研发人员向业务人员要数据表字段、实现逻辑等情况，而业务人员又压根不懂这些，导致沟通根本不在一个频道上，最终影响需求的交付。业务需求和软件需求的差异其实还是比较大的，尤其是以下4点差异。

（1）**定义范围不同**：业务需求是指业务团队的需求，包括企业战略、市场需求、用户需求等；而软件需求是指对软件系统的功能和性能要求，包括系统功能、性能、安全、可靠性等。

（2）**描述方式不同**：业务需求通常以自然语言的形式进行描述，以用户和业务为中心，以体现业务流程和业务目标等；而软件需求通常以规范化的形式进行描述，以软件系统为中心，以体现软件系统的功能和性能要求等。

（3）**目标不同**：业务需求的目标是满足业务的需求，满足用户的期望，提高企业的业务价值；而软件需求的目标是满足软件系统的需求，实现软件系统的功能和性能要求，提供高质量的软件产品。

（4）**涉及领域不同**：业务需求通常涉及企业的业务团队、市场、用户等方面；而软件需求通常涉及软件的研发团队、测试团队、运维团队等方面。

因此，在需求管理过程中，需要明确业务需求和软件需求的差异，并结合实际情况制定相应的需求管理策略和流程，确保需求的准确性、完整性和可追溯性。在需求流转和接手的不同部门中，要及时将需求拆解成相应部门易于接手处理的需求形式。

在了解了业务需求和软件需求的差异的情况下，团队更多的是需要将这两者的术语定义在组织内对齐，避免跨部门沟通的时候出现"鸡同鸭讲"的情况。如果团队对业务需求和软件需求不区分，在需求管理上可能会出现以下4个问题。

（1）**需求不准确**：由于业务需求和软件需求的定义范围和目标不同，如果不进行区分，可能会导致需求描述不准确，无法满足业务人员和用户的需求，影响产品的质量和用户满意度。

（2）**目标不清晰**：业务需求和软件需求的目标不同，如果不进行区分，可能会导致团队无法明确产品开发的目标和方向，影响产品开发的进度和质量。

（3）**需求重复或者冲突**：由于业务需求和软件需求涉及不同的领域和方面，如果不进行区分，可能会导致需求重复或者冲突，增加开发成本和沟通成本，影响产品开发进度。

（4）**需求变更频繁**：由于业务需求和软件需求的定义范围不同，如果不进行区分，可能会导致需求变更频繁，增加产品开发的不确定性和风险。

因此，团队在需求管理过程中需要明确业务需求和软件需求的区别，确保对不同类型的需求进行正确的管理和跟踪，从而提高产品开发的效率和质量。

6.2.2　用户故事使用混乱

另一个典型的需求乱象是用户故事使用混乱，主要体现为两个极端。一个极端是严格遵循用户故事三段式说明定义，认为用户故事的使用和说明就应该严格按照格式来进行。典型的用户故事格式通常是：作为一名"角色"，我想实现"功能"，以便我达成"商业价值/益处"。这3个要素是构成用户故事的核心要点，所以通常大家在使用的时候就会严格遵循，但是在实践过程中我们发现用户故事很多时候很难承载业务团队的需求，因为其精简的结构很多时候并不能较好地表述需求，而引入用户故事术语，大家又容易约束业务团队在提用户故事的时候严格按照格式进行书写，导致业务团队实际表达用户需求的时候捉襟见肘，使需求表述不够清晰明了。另一个极端是用户故事泛用或滥用。业务团队喜欢不管什么事项，只要提到研发团队都将其称为用户故事，直接导致的问题就是用户故事的颗粒度不统一、范围难界定、排期难排准、验收标准难拟定。例如，因为缺乏需求分层管理，一些颗粒度比较大的业务需求被业务团队提出后直接分配到了研发团队，在缺少对事项管理的方法论依据的情况下，研发团队很容易就套用需求管理中的用户故事概念，导致无论什么类型的事项，只要流转到了研发团队，都被研发团队统一当成用户故事进行跟进处理。

这个时候我们就发现在相应的用户故事待办清单里，混杂着各式各样的内容，例如业务需求、问题反馈、技术重构、运营数据获取要求等，造成研发团队在进行事项排期时陷入各种"坑"，常见的就是排期难排准，导致过度承诺、需求延期等问题。出现这些问题的核心原因在于对用户故事的使用缺少一个合理的尺度和标准。除此之外，用户故事本身也有可能在团队中被错误使用，导致一些问题和困难。下面是一些常见的错误使用用户故事的例子。

（1）**用户故事过于细节化或过于抽象化。**过于细节化的用户故事会限制团队的创造力和灵活性，导致产品缺乏创新和变化。过于抽象化的用户故事会让团队难以理解和实现，导致产品缺乏清晰的交付目标和可用性。

（2）**用户故事没有考虑用户的真实场景和情境。**用户故事应该反映用户在使用产品时会遇到的问题和挑战，而不是基于假设或想象。用户故事应该考虑用户的背景、环境、行为、情感等因素，以便设计出符合用户需求和期望的产品。

（3）**用户故事没有考虑产品的整体目标和愿景。**用户故事应该与产品的战略和方向保持一致，而不是孤立的或与之冲突的。用户故事应该考虑产品的价值主张、竞争优势、市场定位等因素，以便打造出有竞争力和吸引力的产品。

（4）**用户故事没有经过充分的验证和评估。**用户故事应该基于真实的用户数据和反馈，而不是基于个人的观点或偏好进行验证和评估。只有经过充分验证有效性和可行性的用户故事，才能达到预期的使用质量和效果。

6.3 需求层级体系的决策点

在梳理需求层级体系的必要性和业界现状时，需要思考一个好的需求层级体系应该如何构建，构建需求层级体系的过程中应该注重哪些方面，着重思考的点应该是哪些。

6.3.1 如何确定需求层级体系分几个层级

作为组织或项目的所有需求及其相互关系的集合，需求层级体系反映了相关方的需求和约束,以及系统或产品的整体功能和性能。需求层级体系的分层管理是指根据不同的抽象层次和颗粒度将需求层级体系划分为多个层级,并在每个层级上进行规划、分析、验证和控制,以提高需求层级体系的运转效率和质量。

如何确定需求层级体系分几个层级呢?一般来说,可以采用以下步骤。

(1)确定需求层级体系的范围和目标,明确需求分层管理的主要相关方和利益诉求,以及系统或产品的整体功能和性能。

(2)根据不同的抽象层次和颗粒度将需求层级体系划分为多个层级,例如业务需求层、产品功能层、系统功能层、个人任务层等。每个层级都有自己的目标、范围、角色和职责。

(3)在每个层级上采用合适的方法和工具对对应层级主体内容进行识别、分析、规范化、优先化、分配和跟踪等活动,形成清晰、一致、可验证和可追溯的需求文档。

(4)在每个层级上验证和控制对应层级主体,确保其内容符合相关方的期望和目标,以及上下层级之间的一致性;同时,对内容变更进行管理,评估变更的影响和风险,并及时沟通和协调。

(5)在整个需求层级体系上进行评估和改进,监控管理的过程和结果,收集反馈和建议,并根据实际情况进行调整和优化。

在实践过程中,需求层级体系到底要分成几个层级并没有一个固定、统一的要求,要根据企业自身管理需要以及发展情况来设定适应自身管理的层级数量。通常来说可以从简单到复杂,即先从产品需求-系统功能开始进行管理,如果遇到很多无法解决的问题,则可以根据具体情况,增加对应的层级来满足不同的管理诉求。需求层级设置的核心原则是保持层级的简单、统一,能够适应自身管理需要。

6.3.2　分多层还是平级拆分

在进行需求分层时,通常会遇到的一个决策点是,到底是分多层还是平级拆分。在整个组织范围里,就需求层级体系的整体性而言,是优先进行分多层的。因为分多层能有效建立层级间的联系,结构更清晰,例如业务需求-产品需求-系统功能三层需求层级体系。但是,因为层级越多,需求管理复杂性和协同复杂性也就越高,所以在实际实践中我们往往会根据组织实际情况在某个环节进行相应的平级拆分,例如需求拆分为子需求,但在管理层级上两者属于一个层级。根据部门实际的管理和协同需求,部分需求的颗粒度确实较大,无法单独上线,需要分多次上线,这时候就可以适当地将部分需求拆分为多个子需求,在减小需求颗粒度的同时,让需求分批上线,方便团队内对需求进行更好的协同、更精细化的管理,减少层级增加带来的管理复杂性和协同复杂性。

6.3.3　需求变形

除了上述决策点,我们会遇到的另一种管理决策点是需求变形。需求变形就是在产品需求价值流的不同阶段,针对不同的承接人群和重点,在价值交付过程中的不同阶段需求转化为不同类型的需求。尽管在术语上用的还是需求,但是它实际承载的内容、目标、范围,以及相应的承接角色及职责标准都不尽相同，例如在产品需求价值流的不同阶段，业务需求在产品设计阶段被称为产品需求，在研发阶段被转化为研发需求，在测试阶段被称为测试需求。这也是一种需求管理的方式，其本质也是为了用需求分层来满足不同类型、不同阶段人群对需求的管理需求，进一步加强需求的管理，加快需求的价值交付。而如何管理及决策取决于团队能够适应哪种管理习惯，以及团队是否拥有良好的管理工具对需求分层管理进行支持落地。在缺乏对应管理工具支持时，团队的需求管理通常都较为艰难，在上下游协同管理中容易导致信息的不及时和不透明，而要达到预期效果需要付出更多的人力支持成本。

6.4　需求层级体系举例

本节将以需求层级体系的一些实际案例为例来介绍不同的层级划分有哪些优劣势。

6.4.1　业务需求-产品需求-系统功能三层需求层级体系

业务需求-产品需求-系统功能这种三层需求层级体系是较为典型和常见的。从名称上能清晰识别出，这种需求层级体系通常是业务团队为了进一步管理业务侧事项而设定的，业务需求通常是业务团队在日常工作中对软件系统提出的创意想法、问题反馈等，这类业务需求的颗粒度通常较大，涉及的产品/系统可能有多个。这时候就需要对业务需求进行进一步的拆分，将其按产品进行第一步拆分，拆分为各个对应的产品领域下的产品需求，这个工作通常由产品经理/需求分析师完成。在得到产品需求后，研发团队可以进一步针对产品需求进行进一步的分析和细化，拆分成研发间协同的主体事项——系统功能，后续完成系统功能的迭代排期和研发上线后，再逐一向上管理对应的需求上线、业务意向上线等事项。

我们认为并没有最好的需求层级体系，只有最合适的需求层级体系。毕竟每个组织的文化和部门协同习惯不一样，内部管理职责划分也存在差异，通常需求层级体系的构建是遵循现有文化和体制进行的。在构建需求层级体系的同时，管理者应该梳理当前组织的协同脉络，若发现一些不利点、阻塞点，则应合理进行组织架构优化和调整，让组织间的管理和协调更加高效。

6.4.2　需求-子需求-系统功能三层需求层级体系

在一个某城商行的需求层级体系构建实践中，其研发团队应用的需求层级体系是需求-子需求-系统功能三层需求层级体系，从需求管理层级上来讲，它还是两层需求层级体系，但是在实际操作应用中又能起到三层需求层级体系的管理效果，管理得更精细。引入这种需求层级体系的主要背景有以下两个方面。

（1）有些需求的颗粒度会较大，往往在团队的交付过程中很难单次上线，例如团队按月度的节奏发版，大颗粒度的需求就无法单次上线，这时候就可以将需求拆分成多个子需求进行分批上线。

（2）团队在需求管理和人员职责分配上存在差异，通常由于需求分析师从属于不同团队，无法围绕一个需求较好地开展工作，因此需要进一步对需求进行拆分、分配，而其拆分、分配又达不到系统功能的级别（颗粒度和范围比系统功能要大），同时在组织管理上又不希望对上下游增加管理概念，增加管理复杂度。这个时候为了方便需求分析师的协同和管理，可以将一个复杂需求拆成多个简单需求，将拆分后的需求按需分配给不同的团队进行协同。因为拆分后的简单需求对下游部门而言同样是需求，所以这样做既能在相应环节增加管理的灵活性，又能在整体上减少管理的复杂性，保持管理和共识的一致性。

6.4.3 产品需求–系统功能两层需求层级体系

在研发侧的需求管理过程中，产品需求–系统功能两层需求层级体系是一个非常合适且有效的需求层级体系。

一般会认为研发侧的需求为产品需求，其主要目的是阐述业务为达成某一业务目标所需的系统/软件支持。这种需求通常颗粒度较大，内容也不够清晰，往往需要需求分析师或产品经理对需求进行进一步的分析、调研和解决方案的细化。在完成相应需求的解决方案编写后，需求达到一定的标准规格，进入待排期状态，这时候一个非常重要的活动或操作就是需求的拆分，也就是将需求拆分成颗粒度更小、与产品对应更紧密的系统功能。系统功能是研发人员后续协同的主体事项，一来系统功能在从对应的需求拆分出来后，其内容和颗粒度也都相应简化，二来系统功能通常都根据对应的从属系统来拆分，从实现和设计角度能够更好地把握其关联系统范围，更便于研发内部的排期等活动的开展。

对研发侧而言，使用产品需求–系统功能两层需求层级体系不仅能有效地将混乱的需求管理统一进行分层管理，在组织成员协同上建立统一认知，在组织成员协同时有效减少沟通摩擦，而且因其层级的精简，不会给组织应用和管理上带来较多的复杂性。因此，这种需求层级体系是一种非常简单、便捷且落地见效快的需求层级体系。

产品需求–系统功能两层需求层级体系在一个电子看板上又是如何建立和管理的呢？图6-2展示了一个相关示例。

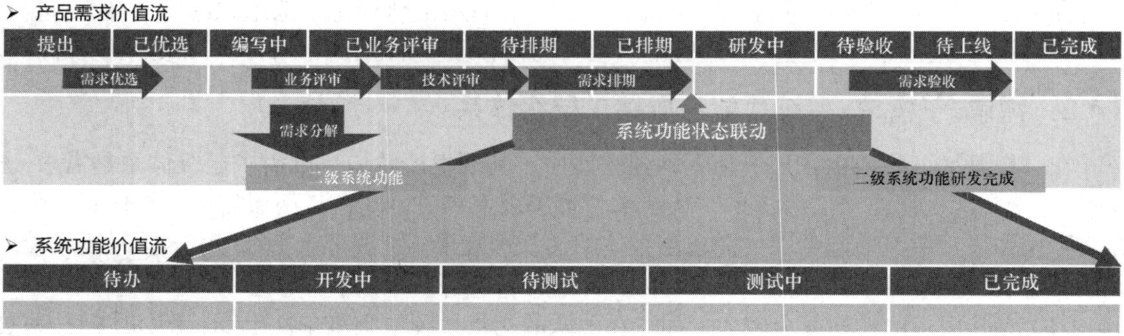

图6-2　产品需求–系统功能两层需求层级体系的双层电子看板示例

这种两层需求层级体系将价值交付与工作规模的变异性及交付价值所需的工作量进行了解耦。

● 处于高层次的大颗粒度"产品需求"让我们可以直观了解产品需求在价值交付各个阶段

的状态和数量。

- 颗粒度更小、更精细化的"系统功能"更易于流动，交付速度和前置时间的可预测性更好。

6.5 需求颗粒度

当组织的各类事项/需求较好地按照一定层级划分之后，接下来的问题就是每个层级的内容应该具备怎样的颗粒度（或规模）。我们根据过往实践总结出需求颗粒度的界定与评估方法、颗粒度大小与流动速率的关系等，供大家参考。

6.5.1 需求颗粒度的界定与评估

在需求交付过程中，一个需求的颗粒度定义为多大才算是合理，通常需要根据具体情况进行界定与评估。一般来说，需求的颗粒度应该尽量小，以便更好地理解用户需求和期望，并更好地设计和实现功能。颗粒度过大的需求可能会导致开发效率低，需求难以评估和管理，以致需求的交付时长过长，不能及时响应业务和市场需要。颗粒度过小的需求可能无法交付具体业务价值，承载不了业务本身的诉求，达不到业务价值交付的要求。因此，需要平衡细化程度和开发效率、评估和管理，具体可以从以下几个方面进行界定与评估。

（1）**需求描述是否完整和清晰**。需求描述需要尽可能完整和清晰，以便研发人员理解和实现。如果需求描述不完整或者不清晰，可能会导致开发效率低、交付的产品质量不高等问题。

（2）**用户需求和期望的复杂程度**。如果用户需求和期望较为简单、明确，可以适当简化需求，使其简明扼要，便于后续沟通；如果用户需求和期望较为复杂，需要适当细化需求，以便更好地满足用户需求和期望，同时避免后续开发流程中因为需求不清晰导致反复沟通甚至返工。

（3）**需求的评估和管理**。需求的颗粒度大小也需要考虑评估和管理。如果需求过大，可能会导致评估和管理困难，最终导致需求评估不准确，无法如期高质量地交付。

6.5.2 需求颗粒度与流动

在讨论需求颗粒度与流动时，流动一般会涉及几个核心指标：流动速率（需求吞吐量）、前置时间和流动效率。

大部分情况下，需求颗粒度和流动速率存在一定的线性关系，也就是当需求颗粒度大时，其流动速率小，需求颗粒度小时，其流动速率大。这也是为什么在团队实践时，我们强调要做好需求拆分，通过拆分能够合理地控制需求颗粒度，使其能够较快地进行价值交付。

需求颗粒度与前置时间的关系则往往存在一个假象，大家通常认为需求颗粒度越大的需求发布前置时间就会越长。实际上，在我们的实践过程中，在做好需求优选和拆分的情况下，需求颗粒度和前置时间并不存在线性关系。通常我们在计算需求发布前置时间时会使用85分位法。在一个稳定交付的团队中，往往需求发布前置时间趋于一个相对稳定的值，这个值在我们对需求进行评估预期上线时间的时候能够起到较好的参考作用。

需求颗粒度与流动效率的关系同样不存在明显的函数关系。流动效率通常指需求在端到端交付过程中处于工作中的价值流状态停留时间除以端到端时间的值。尽管需求颗粒度和流动效率的关系不明显，但是流动效率其实是一个很好的度量指标，可用于有效地分析我们对需求的投入产出比。

而在需求颗粒度和流动之间做好平衡，则需要根据团队习惯和业务需要做好相关度量和回顾，不断改进。需求的颗粒度大小需要根据具体情况进行界定和评估，以平衡细化程度和开发效率、评估和管理的关系。研发团队需要根据用户需求和期望、技术能力和工作效率、评估和管理等多方面因素进行综合考虑。

在过往实践中以及在Adapt框架中，对于需求的颗粒度，建议每个需求在一个版本周期内完成。例如，对于一个月度版本，单个需求的颗粒度尽量保持在20～30人天，这样的好处在于单个需求的价值交付不会拖延太久，能够保证每个版本交付一定的业务价值，并持续进行价值交付，同时也可以及时获取业务/市场的反馈，及时做出调整。

对于系统功能的颗粒度，建议每个系统功能在10人天左右，也就是通常一个双周迭代的周期。这样的好处在于能够让研发团队在每个迭代内尽量交付单个系统功能，减少跨迭代和延期造成的管理负担，同时每个迭代的持续交付也有利于保持团队的整体节奏。

对于个人任务的颗粒度，则建议在1～2人天，尽量保证开发能够每日透明化具体的事项进展情况，便于整体事项的进度透明和风险把控。例如，站会就可以以个人任务的颗粒度使对应的进度和风险透明化，让管理更轻松、更透明。

在具体实施过程中，可以持续重点观测需求时效、需求吞吐量（或交付速度）、人均需求交付数等指标，便于基于数据结果调整团队的需求颗粒度，从而获得团队协同交付的相对最优解。

6.6   小结

本章介绍了业界需求管理的一些现状，阐述了构建需求层级体系的必要性和重要性，同时根据过往实践对常见的需求层级体系进行介绍。我们认为在组织内构建需求层级体系是非常重要且迫切的，不仅要有需求分层管理的意识，更应该根据自身情况逐步找到适应自身组织的需求层级体系，让组织内的需求管理能够更加高效、精细。而需求作为价值的载体，其流动过程其实就是价值流动，在有了需求层级体系后，不同层级的主体内容如何更好地进行价值流动则是我们关注的另一个重点。

第 7 章

产品研发过程

传统的研发过程通常划分为需求、开发、测试、上线阶段，并且严格按阶段划分的顺序来开展工作。随着软件行业的不断发展，大家都在追寻如何更好地优化研发过程以提升研发效率，价值流是用于组织进行产品研发过程优化的重要方法之一。它赋予组织深入洞察和辨识问题的能力，引导改进和实施具体措施。通过不断地优化研发过程，组织能够实现持续的进步，在竞争激烈的市场中获得更大的竞争优势。

本章将探讨当前常见的研发过程与我们推荐的用价值流管理研发过程的区别，介绍价值流管理如何从精益生产领域引入软件研发领域，并介绍在制定价值流过程时需要关注的重要内容。

本章的重点将放在Adapt框架的需求层级体系及其价值流过程实践活动上，详细介绍如何以产品需求-系统功能这样的两层需求层级体系来管理整个研发过程。Adapt框架的需求层级体系提供了一种有效的方法，能够将组织的需求管理与研发过程紧密结合起来。通过明确的需求层级和相应的价值流过程实践，组织能够更好地组织和管理研发工作，确保研发活动与最终产品的价值实现相一致。

7.1　什么是价值流

价值流是软件研发过程中的核心概念之一，它是指从用户角度来看，软件研发过程中所涉及的所有活动，从需求提出到最终交付产品的全过程。价值流最开始被描述为交付价值的流程，但现在越来越多地作为一种思考和管理的方式。它从价值交付的角度出发，认为企业管理的核心在于为客户创造价值，整个企业的资源和活动都应围绕这个目标来组织和运作。

7.1.1　精益生产价值流

在《精益思想》一书中，对价值流的定义可大致理解为：价值流就是完成一个产品（可以是实物商品、服务，或者两者的结合）所需的一系列活动。这些活动主要围绕以下3个核心任务。

- **产品开发**：从最初的构思，到设计，再到制造，解决产品从无到有的所有问题。
- **订单信息处理**：从客户下单，到安排生产，再到最终交付，管理整个过程中的信息流。
- **产品批量制造**：将各类原材料按预定工序加工成最终产品，并将其送到客户手中，管理整个过程的物料流和工序流。

价值流的概念最早由日本丰田汽车公司提出，主要应用于汽车制造业的生产线改进中。通过对生产过程的深入分析和优化，丰田汽车成功地实现了"一次性制造"和"零库存"等理念，并成为世界汽车制造业的领导者之一。进入21世纪以后，随着全球市场竞争的日益激烈，价值流开始被广泛应用于各个行业中，如制造业、服务业、医疗健康等。其主要作用是通过过程优化，提高产品和服务的质量和效率，降低成本和风险。

在很多有关精益生产的图书中都将精益生产价值流描述为交付产品或服务所需的所有增值和非增值的活动快照，大致包含信息流、物料流和工序流。图7-1展示了生产领域的精益生产现状价值流。对精益思想在生产领域的应用感兴趣的读者可以阅读《精益思想》一书加以了解。

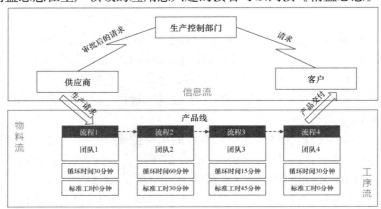

图7-1   生产领域的精益生产现状价值流

在精益生产中可通过绘制现状价值流图，可视化地展现生产过程，发现过程中存在的浪费，指导制订改进计划，一步步消除过程中的浪费，推动产品的流动，从而帮助企业提高效率和质量。

7.1.2   将价值流应用到软件研发领域

参照精益生产的价值流应用，在软件研发领域中，可通过绘制价值流图来展现整个产品需求价值的过程，展现过程中的增值和非增值的活动。图7-2以Adapt框架中描述的产品需求价值流为例，尝试将精益生产过程中的信息流、物料流、工序流映射到软件研发领域。

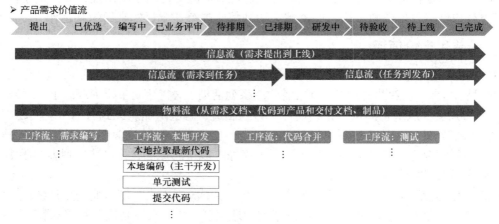

图7-2   产品需求价值流示例

结合实际应用可以发现，在软件研发领域中，日常看到的更多的是价值流中的信息流或"信息流+物料流"。例如，一个产品研发团队，从接收客户提出的需求，到内部需求分析、编码、测试、上线，再到最终交付给客户一个可用的产品或一个可用的解决方案包（如产品和交付文档、制品等）。

7.1.3　精益生产领域和软件研发领域的不同

通过可视化研发过程中的价值流，我们能够发现问题并指导组织制订改进计划，按照优先级逐步实施。这种持续不断的改进有助于提升交付时效和质量，这正是我们使用价值流管理研发过程的目的。在软件研发领域中，应用价值流的目的与精益生产过程的应用目的并没有太大差异。

然而，由于精益生产领域和软件研发领域存在一些不同之处，因此在具体的应用实践中，我们不能简单地将精益生产的实践方法机械地应用到软件研发领域。我们需要根据实际情况进行调整。

1. 价值对象

在精益生产中，价值对象更多是指具体可见的原材料、制品工艺过程中加工的物理产品。而在软件研发中，价值对象是指参与软件研发的人员的知识工作内容，是经过一系列紧密协同产生的不可见的知识成果。

由于软件研发过程的不可见性，使用价值流对其进行可视化展现，从而让研发过程可见、可被管理，是在软件研发领域中应用价值流管理的一大收获。

2. 价值流精细程度

在精益生产中，由于加工产品具有明确性，从购买原材料到制成最终产品的过程工序都可以精细地描绘出来。另外，因为前后活动有顺序依赖性，一般只能在前面的工序完成后再进行后面的工序，且在产品生产过程中会追求工序标准化，力求消除可能存在的差异，保证产品的合格率。

而在软件研发中，由于知识工作的特点，人成为最关键的因素之一，通过一系列的方式挖掘人的潜力、提升人的能力、在一定范围内规范工作方式等手段，促进产出高质量的知识成果。人员管理在软件研发中无法过于细致地管理工序操作层面，因为过度精细化的管理方式无法发挥人的主观能动性。因此，我们更多地采用抽象的过程管理和跟踪方法来管理软件研发过程。

3. 反馈的频繁程度

在精益生产中，过程工序的标准化保证了过程中各工件的成品情况。若在某一工序发现上一工序的成品出问题，更多的是废弃该成品，因为物理加工的大部分成品具备不可逆性，即无法恢复原状。加工过程中更多是对最终成品进行质量检测，过程中很少对各组件成品的质量进行反馈。

而在软件研发中，软件代码复用、组件复用，乃至产品的复用是软件研发产品的一大特点，软件研发过程追求更早、更频繁的反馈，包括单元测试、集成测试、系统测试等诸多环节，都是在成品之前就进行质量检测，以便尽早发现并解决问题。

4．关联性

在精益生产中，每个工件的加工过程都是独立的，且相同的工件都具有相同用途、相同性质。而在软件研发中，每个需求都是不一样的，且需求与需求之间、需求与别的团队需求之间可能存在关联，会相互影响，可能有先后顺序要求。

精益生产和软件研发毕竟是两个不同的领域，虽然精益生产中的价值流具有很高的通用性，但是在实际应用过程中，还需要结合软件研发领域的特点，结合实际情况，合理地运用价值流，以达到应用价值流进行管理的目的。

综上所述，可以发现，研发价值流的本质是：为了满足持续优化、管理研发过程的需求，描述研发过程中研发对象的一组高度抽象、持续演进、不断改善的状态组合。

7.2　为什么要引入价值流

研发过程是指在产品研发中，研发开始到研发完成的各个环节之间相互作用、相互制约，最终完成研发工作的全过程。研发过程的优化和改进能够提高组织的研发效率，降低研发成本，增强组织在市场竞争中的优势。而使用价值流可以有效地帮助组织了解和优化研发过程。本节将详细阐述为什么要引入价值流。

7.2.1　研发过程现状

目前，工作流在研发领域的应用非常广泛，在研发过程的某些特定场景下，通过对流程的定义和执行，可以确保研发过程的标准化和规范化，从而提高工作质量。工作流是一种常见的流程管理方式，用于协调不同的活动和任务。但是，工作流的推动模式容易在研发过程中造成拥堵。

工作流的推动模式主要是基于任务的推动。基于任务的推动是指在任务完成后，立即将任务传递给下一个执行者，即便下一个执行者尚未准备好执行任务，这样就意味着会导致任务堆积和拥堵。在研发过程中，常常需要依赖多个团队协同完成任务。推动模式可能会导致任务等待队列中任务的增加和过程拖延。例如，在一个推动模式的任务执行流程中，有多个任务需要按顺序执行。当某个任务出现问题时，可能会导致之后的所有任务都需要等待，直到这个任务的问题被修正才能继续执行。这就会造成任务等待队列中任务的增加，从而拖延整个研发过程。

为了制定有效的流程，并让整个团队熟悉并执行这些流程，需要花费大量的时间和精力。流程的制定和执行需要高度的标准化和规范化，但这种标准化和规范化可能会让流程变得过于僵化，无法适应变化和创新。若在软件研发过程中有过于严格的代码审查流程，可能会限制研发人员的创新性和想象力，从而影响软件的开发效率和质量。研发的流程设计稍有不合理就可能会导致工作任务拖延和研发效率的降低。

7.2.2　价值流的引入及其优势

　　精益思想是一种管理哲学和方法,起源于丰田生产方式,旨在通过消除浪费和持续改进来提高效率和质量,其核心思想如图7-3所示。精益思想与价值流之间存在着紧密的联系,价值流是精益思想的实现工具之一。在研发领域,价值流采用拉动模式,实现高效率、高质量、低成本的研发过程。与传统的工作流推动模式相比,拉动模式在研发过程中具有许多优势。它能够更好地满足用户需求,提高生产效率,改善团队协作,并持续提高产品质量和研发过程的效率。在研发领域,价值流的拉动模式是一种非常有效的管理方法,可以帮助企业实现更高效率和更高质量的产品研发。

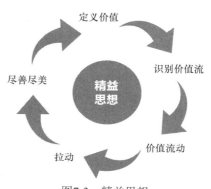

图7-3　精益思想

　　价值流拉动模式的核心思想是基于用户业务需求拉动价值流,而不是由生产方推动流程。这使产品研发过程更加精准,能够满足用户的具体需求。通过价值流的流程设计,将价值流细分为各个环节,以确保每个环节都有充足的资源,并在确保质量的前提下提高生产效率。拉动模式使研发过程变得更灵活和高效。因为在研发过程中有很多不确定因素,所以研发过程不再是按照固定的计划推进,而是可以根据实际需求进行调整。这样不仅可以更好地满足用户需求,也能够避免因为生产计划的不确定性带来的资源浪费。拉动模式的实施需要实现高度透明的流程,以便于团队内部协调和与用户沟通。这样,每个人都能够理解流程,了解每个环节的目标和价值。这种透明还能改善团队协作,使不同部门之间更加协调。拉动模式能够持续提高产品的质量和研发过程的效率。通过流程的持续改进,能够发现问题所在,并快速地加以解决,从而不断提升产品的质量和研发过程的效率。

7.2.3　价值流的应用和影响

　　在研发领域,价值流的应用对提升研发过程的效率和质量起到了关键作用。通过将研发过程细分为不同的价值流环节,可以实现对整个流程的深入分析和优化。价值流的细分可以帮助团队识别出研发过程中的瓶颈和浪费,并提供改进的机会。例如,通过价值流分析,团队可以确定哪些环节需要更多的资源支持,以确保研发任务能够按时完成。此外,价值流的细分还有助于团队更好地理解每个环节的目标和价值,从而提高团队成员对于整个流程的认同程度和合作程度。价值流的应用可以提高研发过程的透明度,促进团队间的协作。通过明确定义每个环节的输入、输出和角色职责,团队成员可以更好地了解彼此之间的依赖关系和工作要求。这种透明有助于减少沟通和协调方面的问题,提高团队成员之间的配合效率。团队成员可以更清楚地了解每个环节对于整个研发过程的重要性,从而增强责任感和提高参与度。此外,这种透明还可以促进知识共享和经验传承,使团队能够更好地利用集体智慧和经验来改进流程,并不断提升研发能力。

　　持续改进是价值流在研发领域的核心目标之一。通过不断地分析和评估研发过程中的问题和挑战，团队可以及时发现并实施潜在的改进。持续改进的目标是通过优化流程、减少浪费和提高效率，实现研发过程的不断优化和进化。通过价值流的应用，团队可以建立起一种持续改进的文化氛围，激励团队成员主动寻求改进的机会并共同推动流程的优化。持续改进不仅关注流程层面的优化，还注重团队能力的提升。团队成员被鼓励不断反思和学习，分享经验和最佳实践，以推动整个团队的学习和成长。这种学习型的团队文化有助于创造创新的环境，提高团队的创造力和解决问题的能力。通过持续改进，团队可以逐步提高研发过程的效率和质量，并不断适应和应对变化的需求和挑战。

　　总结一下，价值流的应用和影响在研发领域中是显著的。通过价值流的细分和优化，研发过程能够更加高效地运作，减少浪费和瓶颈。价值流的透明度促进了团队间的协作，提高了整个团队的效率和合作效果。持续改进则帮助团队不断优化研发过程，提高团队能力，以应对变化和挑战。通过这些措施的综合应用，研发团队可以交付更好的工作结果，并不断提升研发能力和竞争力。

7.3　价值流与工作流的融合

　　在软件研发领域兴起价值流思潮之前，工作流是描述软件研发管理的主要方式。当时，软件研发面临周期长、效率低、项目失败率高等问题，采用规范制定的研发过程推动流程标准化、自动化，能够提升软件研发的效率，在一定程度上解决软件研发效率低等问题。不过随着软件技术的发展、市场变化的加剧，为客户创造价值的思潮得以兴起。只有能够持续为客户提供价值的企业，才能在竞争激烈的环境下生存，故而价值交付变得尤为重要。

7.3.1　融合价值流和工作流的动机

　　价值流的交付过程通常是慢速的，其重点是确保价值流的完整性和质量。价值流是一种以用户需求为导向的业务流程管理方法，研发团队需注重识别价值流的各个环节和关键步骤，并优化它们以实现高效和高质量的价值交付。慢速的价值流强调对每个环节进行深入分析和优化，以确保用户需求得到满足，并最大程度地减少浪费和低效。

　　然而，有些价值交付节点的实际操作更贴近于工作流，在这种情况下，可以通过快速审批工作流来加速决策和审批过程。快速审批工作流是一种基于工作流管理系统的自动化审批流程，它可以加快决策流程、减少等待时间，并确保审批高效进行。通过将快速审批工作流与价值流结合，组织可以在保持高质量价值交付的同时，加速决策和审批过程，提高整体的响应速度和效率。

　　总结一下，慢速的价值流与快速审批工作流结合可以在保持价值流的主导性和高质量交付的基础上，加速决策和审批过程。这种结合的主干是价值流，通过深入分析和优化每个环节，确保用户需求得到满足；部分价值流环节通过叠加快速审批工作流，可以利用自动化审批流程来加速决策和审批过程，提高响应速度和效率。这种方法在需要兼顾速度和质量的情况下，可以帮助组织实现快速且高质量的价值交付。

7.3.2　"双流模型"提升研发效能

"双流模型"是指结合工作流和价值流两种流动方式,基于工作流和价值流构建软件研发管理流程来优化整个研发过程,提升研发效能。工作流以任务为单位进行管理,**关注任务的自动化执行**,以流程推动为主导;而价值流则以价值为导向进行流程管理,采用拉动式生产,使价值最大化。本节将分别阐述工作流和价值流的特点、区别,以及如何将两者融合起来提升研发效能及融合的好处。

工作流是一种基于任务的流程管理方式。在工作流中,每个任务都有明确的负责人和时间节点,并通过人工或自动方式实现任务的传递和审批。工作流适用于任务之间有明确依赖关系且任务量大、流程复杂的情况。工作流的优点是可以明确任务流程和任务责任人,减少任务的遗漏和重复,提高任务执行效率。但工作流也容易导致任务拥堵,后续任务需要等待前置任务完成才能执行,进而导致整个流程的停滞。图7-4展示了一个工作流应用示例。

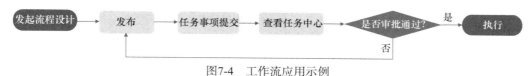

图7-4　工作流应用示例

相比之下,价值流是一种以价值为导向的流程管理方式,采用拉动式生产。在价值流中,每个流程都以用户价值为中心,以用户需求为导向进行流程设计,避免生产过剩和产生无用的流程。价值流适用于流程复杂、价值不易量化、流程不稳定的场景。价值流的优点是可以减少流程浪费、提高产品质量和快速响应市场变化,达到最大化的价值输出。图7-5展示了一个价值流应用示例。

价值流设置	研发		Q								
研发过程											
想法	选择	需求编写	待设计	设计	开发就绪	优先	已澄清	故事研发	待部署	测试部署	验收

图7-5　价值流应用示例

尽管工作流和价值流在管理方式和优点上存在很大区别,但两者也有联系和互补之处。在实际应用中,可以将价值流和工作流融合,充分发挥两者的优点。一种实现方式是,将工作流嵌入价值流的流程中,使任务在完成的同时,能够将价值向下传递。另一种实现方式是,将价值流的标准作为基础,然后将工作流中的流程和任务整合到价值流的流程中,以确保价值流的价值最大化,同时减少浪费和提高研发效率。

将工作流嵌入价值流的流程中可以让研发团队更好地控制和优化整个研发过程。通过工作流的定义和实施,可以确保每个任务都按照一定的顺序完成,保证研发过程的可追溯性和可控性,提高任务的透明度,使每个团队成员都能清楚地了解任务的状态。工作流还可以通过强制执行标准和规范,确保研发团队按照既定的标准和规范进行开发,保证研发质量和可维护性,同时让价值流发挥更大作用。

将工作流和价值流融合起来可以有效提升研发效能。工作流和价值流融合有以下4个好处。

（1）**减少等待**。在价值流中，研发人员将按需开始工作，而不是在队列中被动等待任务进入下一阶段。这样做的目的是最小化无效的等待时间。而在工作流中，人员可能会等待某个任务完成，才能开始自己的工作。通过融合价值流和工作流，可以更好地管理研发过程，确保人员不必等待其他任务完成才能开始工作。

（2）**加快流动**。在价值流中，重点是确保价值流在整个流程中持续流动，以尽快满足客户需求。在工作流中，任务的流动是由固定的流程决定的，这可能会导致资源的浪费和低效率。通过融合价值流和工作流，可以优化流程，确保任务快速流动，同时确保高质量的工作。

（3）**缓解拥堵**。在工作流中，固定的流程限制可能会导致拥堵。但是，在价值流中，研发人员只会根据需求进行开发，避免了不必要的并行工作和浪费资源。通过融合价值流和工作流，可以确保团队专注于最重要的任务，并根据需要进行工作，以缓解拥堵。

（4）**现状透明化**。在工作流中，由于任务的流动是由固定的流程决定的，人员可能难以了解整个流程的状态。但是，在价值流中，研发人员只会在需要进行开发时才会开始工作，以确保价值流在整个流程中持续流动。通过融合价值流和工作流，可以提供更透明的现状，让整个团队更好地了解整个流程的状态。

7.3.3   "双流模型"落地

价值流和工作流融合建立的研发过程如图7-6所示。

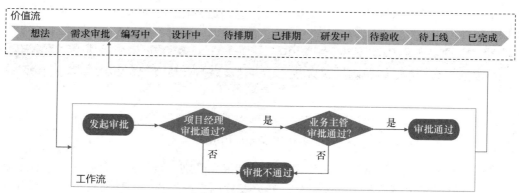

图7-6   价值流和工作流融合建立的研发过程

这种研发过程由**推动模式转变为拉动模式**，主干流程使用价值流，部分价值流阶段嵌入审批工作流，引入由需求优选的版本火车机制实现拉动研发。通过精益看板实现全流程透明化，每个研发环节都能够清晰地了解整个研发过程的状态，及时调整计划，从而提升研发效率，同时使研发团队能更好地理解整个研发过程，提升研发效能，缓解拥堵，减少等待，加快流动，从而更好地实现研发目标。

7.3.4 挑战与未来展望

价值流和工作流的融合使用在研发领域中可以带来许多优势，也面临一些挑战，但这种融合带来的巨大潜力是显而易见的。将价值流和工作流融合使用可以充分发挥两者的优势。价值流注重于价值交付和满足客户需求，而工作流则强调任务的执行和流程的推动。通过结合两者，可以在保持流程标准化和规范化的同时，实现更加高效和贴近用户需求的研发过程。价值流和工作流的融合使用还可以通过工作流的推动模式提供更好的流程控制和任务分配，同时通过价值流的拉动模式实现任务优先级的灵活调整，从而提高整体的研发效率和质量。

价值流和工作流的融合使用也面临一些挑战。将两种流程管理方法融合在一起需要对组织的研发过程进行深入理解和分析，并进行适当的定制和调整。价值流和工作流的融合使用需要组织内部的协调和沟通，以确保各个环节的衔接和协同工作，还需要培养团队成员对融合使用的理解和应用能力，以便能够有效地应用和执行。

未来展望显示出价值流和工作流融合使用的巨大潜力。随着技术的不断发展和数字化转型的加速，研发领域将面临更多的机遇和挑战。通过将价值流和工作流与数字化技术结合，可以实现更高级别的流程自动化和数据驱动的决策。随着研发领域的变革和创新加速，价值流和工作流的融合使用也可以促进更灵活、敏捷的研发方式的实现。敏捷开发和价值驱动的方法与价值流和工作流的融合使用具有很强的互补性，可以使研发团队更好地适应快速变化的需求和激烈的市场竞争。通过灵活的任务分配和优先级调整，研发团队可以更加快速地响应变化，并在持续交付高价值的产品和解决方案方面取得成功。

价值流和工作流的融合使用在研发领域中具有巨大的潜力和广阔的发展空间。虽然面临挑战，但通过深入理解和分析组织的需求，并结合数字化技术和敏捷方法的支持，可以实现更高效、质量更高的研发过程，从而提升企业的竞争力和创新能力。未来，随着技术的进步和实践经验的积累，价值流和工作流的融合使用将在研发领域中得到更广泛的应用和推广。

7.4 价值流制定原则

价值流的重要性在于，它可以帮助团队全面了解软件研发过程，识别出潜在的问题和机遇，从而制定有效的改进措施，**通过拉动模式提高流程效率和产品质量**。在软件研发过程中，价值流的制定是非常重要的一步。价值流包括所有的价值创造活动和非价值创造活动。

通过价值流的定义，团队可以更好地理解软件研发过程的本质和目标，以此为基础制定价值流制定原则。通过制定价值流，团队可以更好地识别和去除非价值创造活动，提高价值创造效率，从而提高软件研发过程的质量和效率。

7.4.1 识别和分类价值创造活动和非价值创造活动

价值流是以**客户需求**为导向的，因此在制定价值流时，需要识别和分类所有的价值创造活动和非价值创造活动。价值创造活动是指直接满足客户需求的活动，例如编写代码、测试代码、设计界面等；非价值创造活动是指不直接满足客户需求的活动，例如等待、依赖阻塞等。只有明确哪些活动是价值创造活动，哪些活动是非价值创造活动，才能更好地分析和优化价值流。

为了识别和分类价值创造活动和非价值创造活动，团队可以采用多种方法，例如价值流映射、价值链分析等。在识别活动时，需要以客户需求为出发点，思考每个活动对于**客户需求的价值贡献**。在分类活动时，需要根据活动对客户需求的直接贡献程度进行划分。只有准确识别和分类价值创造活动和非价值创造活动，才能深入分析价值流中每个环节的优化潜力，并制订有针对性的改进计划。

7.4.2　分析和优化非价值创造活动

非价值创造活动会浪费时间和资源，影响软件研发的效率和质量。因此，分析和优化非价值创造活动是价值流制定的重要任务。优化非价值创造活动的方法有很多，例如简化流程、减少重复工作、流程自动化等。团队可以根据具体情况采用不同的方法，但都应该以提高研发效率和质量为目标。

分析出现非价值创造活动的原因非常重要。只有了解原因，才能有针对性地优化流程。有些非价值创造活动是因为流程不合理导致的，例如等待审批、等待资源等。这些活动可以通过简化流程、提高流程自动化程度来减少或消除。有些非价值创造活动是因为团队成员能力不足或工作质量不好导致的，这些可以通过培训和提高工作质量来减少或消除。对于那些无法减少或消除的非价值创造活动，可以考虑将它们集中在某个时间段处理，以降低对整个流程的影响。

根据价值流的度量指标，对非价值创造活动进行持续监控和改进非常重要。度量指标可以帮助团队更好地理解流程的效率和质量，及时发现非价值创造活动，以便针对性地优化流程。例如，可以通过时间线、工作量等度量指标来评估流程效率，并根据数据进行改进。通过不断监控和改进非价值创造活动，团队可以不断提高软件研发效率和质量，为客户提供更优质的产品和服务。

优化非价值创造活动需要团队成员的共同努力。每个人都需要意识到非价值创造活动的影响，并积极参与到流程优化中来。在优化流程时，需要全员参与、集思广益、共同协作，这样才能最大程度地减少或消除非价值创造活动，提高软件研发效率和质量。

7.4.3　持续改进价值流

持续改进是软件研发中非常重要的一个环节，也是价值流制定的重要目标之一。持续改进价值流需要团队成员的共同努力，需要持续关注价值流的度量指标（如前置时间、流动效率等），并及时对发现的问题进行改进。通过持续改进，可以不断提高软件研发效率和质量，满足客户需求。

持续改进价值流需要团队成员不断地反思和探索，寻找改进的机会和方法。一种常用的方法是采用PDCA循环，不断优化价值流。另一种常用的方法是通过六西格玛模型来深入分析问题，持续改进。六西格玛模型如图7-7所示。

在持续改进价值流的过程中，需要充分考虑客户需求和团队成员的反馈。同时，持续改进也可以提高团队成员的工作满意度,增强团队的凝聚力和创造力。

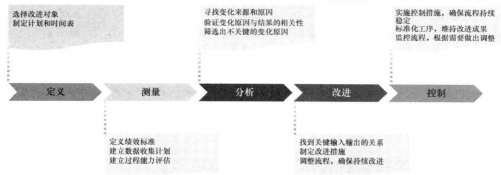

图7-7　六西格玛模型

7.4.4　价值流的度量指标

价值流的度量指标是用于评估价值流效率和质量的关键性能指标。通过度量价值流的度量指标,团队可以深入了解价值流的运作情况,并发现存在的问题。根据实际情况对指标进行调整和优化,可提高软件研发效率和质量。度量价值流的主要指标包括前置时间(包括需求编写时长、需求设计时长、需求上线时长)和流动效率,如图7-8所示。

图7-8　价值流度量指标示例

价值流前置时间是指从客户提出需求到交付给客户所需的时间,包括价值创造活动和非价值创造活动,也可以称为总交付时间。价值流前置时间是一个非常重要的度量指标,能够帮助团队了解整个软件研发过程的效率和质量,并提供改进价值流的方向。价值流前置时间能够反映出软件研发过程中的瓶颈和阻塞点,可以帮助团队找到流程中的优化点并做出改进。团队可以通过不断地优化非价值创造活动,例如减少等待和阻塞、简化流程和流程自动化等,来缩短价值流前置时间。同时,团队还可以通过对价值创造活动的优化,例如提高编码和测试效率,来进一步缩短价值流前置时间。价值流前置时间的缩短对软件研发的成功至关重要,因为它能够帮助团队更快地满足客户需求,提高软件产品的质量和可靠性。团队需要持续关注价值流前置时间,并采取措施不断优化流程,以确保软件研发过程的高效和优质。

在价值流的度量指标中，流动效率是一个非常重要的杠杆指标。实现自主流动是精益思想的核心，通过将任务和信息顺畅地传递下去，以达到尽快交付价值的目的。在这个过程中，每次成功的精益变革都得益于通过大幅提升流动效率来大幅提升交付时效。限制在制品（work in progress，WIP），即限制并行的任务数量，是提升流动效率的关键。小批量快速交付可以加快流动，提高交付的速度。流动效率是衡量价值流的效率的重要指标。流动效率的高低直接影响交付的速度和质量，进而影响客户满意度。因此，在制定和优化价值流的过程中，需要关注流动效率，并采取相应的措施来提高它。这包括限制在制品、小批量快速交付、减少等待时间等。通过不断地提高流动效率，团队可以更好地满足客户需求，提高研发过程的效率和质量。

7.5   Adapt框架的需求层级体系及其价值流概览

在Adapt框架中，采用的是产品需求-系统功能两层需求层级体系，并配备相应的价值流活动。这一框架通过清晰的角色定位、活动规范和过程管理，构建了一套高效实用、协同运作的团队运行指南。

Adapt框架注重将产品需求与系统功能进行有效结合与管理。通过建立明确的需求层级，确保需求与功能之间的一致性和可追踪性。与需求层级体系相配套的价值流活动在整个研发过程中起着重要作用。这些活动通过规范和指导团队的研发过程，确保团队成员能够有序协作、高效完成任务。这套团队运行指南的实施，不仅使团队的研发过程更加规范化和可控，还提高了团队的协作效率和工作质量。

总之，Adapt框架所倡导的产品需求-系统功能两层需求层级体系以及配套的价值流活动，为团队提供了一套可行的、高效运作的团队运行指南。它不仅帮助团队实现需求与功能的有效管理，还促进了团队协作和工作质量的提升，为组织的研发工作带来了显著的价值和优势。图7-9以全景图的形式展示了整个团队运行指南概貌。

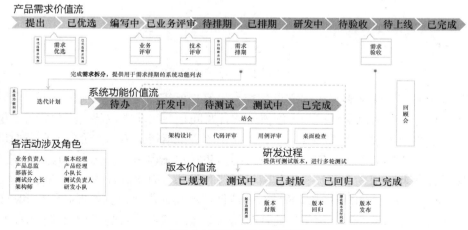

图7-9   团队运行指南概貌

Adapt框架价值流的活动细节将在接下来的7.6节至7.8节中具体介绍。

7.6 产品需求价值流活动

在Adapt框架中，产品需求是业务团队、产品经理、小队协同价值交付的需求管理单元。根据多年的实践经验，我们梳理出了一套产品需求的通用价值流，并设计了一系列与该价值流相配套的需求活动。这些活动明确了业务团队、产品经理和小队在整个价值交付过程中所承担的角色和职责。其中，有两个需要特别关注的关键节点：业务团队决定做什么（需求优选）、小队决定什么时候做（需求排期）。

流程和实践相结合的方式可使交付过程的协同更加顺畅、高效。图7-10展示了产品需求价值流的全貌。

图7-10 产品需求价值流全貌

接下来，将详细介绍产品需求从想法产生到上线的全生命周期，了解产品需求的状态流转过程，以及设计价值流的关键思考点。

当业务团队或产品经理有一个想法或者收到客户的某个诉求时，就可以在"提出"状态创建需求。"提出"状态作为需求池没有严苛的准入规则，其中的需求需要经过"需求优选"才能进入后续的研发过程。为了避免在"提出"状态积压过多的需求导致"需求优选"成本增加，建议团队定期对"提出"状态的需求进行清理，移除没有价值的需求。

需求从"提出"状态进入下一阶段，必须进行"需求优选"活动。这一活动的目的是挑选出对用户更有价值或与产品规划方向更符合的需求。在软件研发中，研发团队通常需要面对大量的待研发需求与有限的研发资源之间的矛盾。如何利用有限的资源，交付更具有价值的内容，就成为软件产品生存的关键。研发团队通过使研发容量透明化，可以推动业务团队在"需求优选"活动中对需求的优先级进行更谨慎的评估，帮助团队进一步聚焦关键价值的交付。经过"需求优选"活动优选出的需求将进入"已优选"状态的需求缓冲池。

当产品经理有工作容量时，将从"已优选"状态中拉动需求至"编写中"，并进行需求细化工作。一般情况下，在迭代N开始的前一周截止迭代N的需求优选，以确保留有足够的时间进行需求编写与评审等工作。在产品经理初步编写完需求后，需在业务团队内部进行"业务评审"活动。该活动的目的是让业务团队内部对需求背景、目标和价值达成共识。通过业务评审的产品需求将进入"已业务评审"缓冲池。

接着，进行"技术评审"活动，小队成员评审需求的技术可行性，并进行初步工作量估算。产品经理和业务团队参考小队成员的估算评估需求的成本，有助于对需求排期的考量。通过了技术评审的需求将处于"待排期"状态。

小队定期进行"需求排期"活动，根据小队的可用容量、能力情况选择优先级较高的需求进入迭代研发过程。一旦需求排期明确，需求将进入"已排期"状态。针对已排期的需求，小队将安排研发工作，在迭代过程中进行研发。此时，产品需求的状态将变为"研发中"。

当产品需求研发完成后，需求将进入"待验收"状态。产品经理需要对"待验收"的产品需求进行"需求验收"活动。通过验收的产品需求将进入"待上线"状态，等待小队发布。小队进行版本发布后，相应的需求将进入"已完成"状态。

下文就产品需求价值流所涉及的5个活动进行详细介绍。

7.6.1   需求优选

在传统研发过程中，需求分析是最早的一个阶段，产品经理按照需求列表中的需求顺序逐一进行分析和细化。在这个阶段，并不需要过于关注需求的优先级，因为能够明确地知道所有的需求都是需要完成的。然而，在市场竞争日益激烈、外部环境变化迅速的领域中，如何更快地交付更具有价值的内容，成为产品生存的关键。因此，"需求优选"就变得尤为重要了。

产品需求的来源有很多，包括客户需求、市场需求、竞争对手需求、内部需求等。如果不对这些需求进行收口和统一规划，并定期优选，就会造成**资源浪费**，即时间和资源被浪费在开发不必要或无效的功能上；**用户满意度低**，因为没有考虑用户变化的需求和市场趋势，产品可能无法满足用户的需求，从而导致用户满意度降低；**时间和成本超出预期**，因为未能将成本集中在用于满足用户真正的价值需求上，导致时间和成本超出预期。

因此，为了更好地应对市场变化，提高交付效率和产品的竞争力，进行需求优选活动时，价值优选至关重要。这样可以确保资源的合理利用，满足用户的真正需求，并将项目的时间和成本控制在合理的范围内。

确定需求的优先级是一个复杂的过程，通常需要综合考虑多种因素。虽然没有绝对科学的方法，但可以通过以下方面进行较为科学的判断。

- 业务价值：考虑需求对用户和业务的贡献，以及是否能够为企业带来收益。
- 业务等级：金融行业常使用的需求业务等级有P1（战略与安全监管）、P2（业绩考核）、P3（创新优化）、P4（其他），明确的需求业务等级表明了需求的业务用途，故而优先级可以为P1>P2>P3>P4。
- 影响地图：考虑多个需求的聚集效应，即多个需求同步上线产出的共同价值可最大化。
- 延迟成本（cost of delay，CoD）：要上线的产品不一定能产生巨大的业务价值，但能最快止损。
- 产品目标：为了实现产品目标而规划的需求。

需要注意的是，不同的产品和项目可能有不同的需求优先级判断标准，所以在实际应用中需要根据具体情况进行权衡和判断。此外，需求的优先级也应该根据项目进展和业务变化进行动态调整。

需求优选主要参与人员有产品经理、产品总监、业务负责人，活动时长建议控制在2小时内。

1. 活动前

进行需求优选前，业务团队（通常由产品经理、产品总监、业务负责人组成）内部需要明确需求优选的业务等级标准及定义，统一口径，便于产品经理初步准备好意向需求清单，并形成优选初稿中的待优选需求列表。针对该需求列表，产品经理可以预先进行需求分类，如分为功能性需求、优化性需求、紧急需求等，预先分析需求的业务价值、风险、影响范围等因素。一切准备就绪后，产品经理会提前将优选初稿发给与会人员。

2．活动中

在需求优选期间，各方人员需要就以下内容达成共识。

- 需求类型和价值。对优选初稿中的需求的分类、业务价值、风险、影响范围等达成初步共识。
- 需求的优先级。决策出需求的优先级，哪些需求在下一个迭代周期要优先着手实施，哪些需求调整到某某规划月份。
- 输出下一个迭代产品规划重点需求列表。最终输出优选完成后的需求列表。
- 全程做好纪要。会议过程中，就相关决策点、剩余待确认项、需求期望上线时间节点、涉及利益相关方等进行记录，以便形成过程决策材料。

3．活动后

需求优选后，产品经理及时将需求优先级确认信息（已优选需求列表）同步给相关人员，持续跟踪待确认项并与相关人员同步进度，根据明确的优选后的需求优先级开始需求的编写工作，输出需求对应的需求文档。

7.6.2　业务评审

产品经理编写的需求初步具备功能概要列表、原型、交互设计稿、流程图等细节内容。产品经理可以与产品总监和业务负责人一同参与需求的业务评审活动，可以集中对优选的需求进行评审，也可以逐个需求进行评审，具体方式根据实际情况而定。

在集中评审方式中，如果需求量过大，可能导致会议时间过长、会议效果不佳。因此，建议将评审拆分成多次进行，以确保评审的效果和效率。这样可以更好地保证每个需求得到充分的讨论和审查，同时也为评审参与者提供更充裕的时间来仔细审视和提出宝贵的意见和建议。

1．活动前

产品经理明确评审的内容和参会人员，并提前将相关内容发送给相关参会人员。

2．活动中

活动开始时，产品经理逐个对需求进行讲解，介绍需求背景、用户与需求概述、优先级、流程、原型与交互、功能模块等，业务负责人可补充需求与组织目标的关系。

在产品经理初步讲解完成后，参会的产品经理、产品总监、业务负责人从多个角度出发，评审需求是否解决了用户的痛点/诉求、需求的解决方案的可行性、方案内容是否考虑全面、是否有相关指标可以衡量评价效果等。在对需求目标与价值、需求范围达成共识后，需要明确需求的期望上线日期，在有些情况下可能就是硬性要求的上线日期。

3．活动后

评审完成后，产品经理需要整理会议过程中的相关要点，输出一份经过评审的需求列表，一些待跟进的事项列表，一份可能还需要继续完善的、未通过的需求列表。经过评审的需求可以进入下一阶段，对于待完善、待跟进内容，需要继续完善并跟进。

7.6.3 技术评审

对于已完成业务评审的需求，小队成员需要积极参与技术评审，这是需求进入开发阶段的关键环节。由于产品经理和小队成员在角色和关注点上存在差异，如果不进行技术评审，仅凭需求文档进行开发，就可能导致各自理解的差异，同一份需求文档可能会被不同的人解读出不同的结果，最终开发出的产品可能无法符合预期。

对产品经理而言，技术评审是与小队成员共同澄清需求的重要环节，确保双方理解一致，从而确保小队开发出符合预期的产品。然而，一次评审就能完全对齐双方理解是非常困难的，因此频繁的沟通和多次的评审是确保双方理解一致的有效方式。

对小队而言，正确理解需求是开展研发活动的首要条件。然而，需要注意的是，产品经理提出的需求并不一定是完全正确的，小队需要以批判的眼光来审视需求，并从整体系统和成本等多个角度来思考需求的合理性。

如何做好技术评审

技术评审活动通常有两种开展方式，一种是按需开展，另一种是集中开展。不管采用哪种方式，参与人员至少要有产品经理、小队长和测试负责人，架构师和负责该需求功能的核心开发人员可以根据需要参与。

技术评审活动的目的主要是确认与需求相关的技术可行性，不对需求的细节深入讨论。如果评估过程中对需求细节有疑问，则由产品经理进行澄清。需求的技术评审可从下面几个维度考虑。

- **需求可行性**：判断需求是否超过当前系统本身的能力，判断技术的实施难度，判断需求是否合规，评估需求预期版本上线时间是否合理等。
- **需求合理性**：判断需求是否与系统已有的功能有冲突，是否符合安全要求，是否符合风控要求等。
- **需求颗粒度**：判断需求是否糅合太多独立功能点，是否可以单独上线交付。如果需求颗粒度过大，可以进行平级拆分。
- **是否需要简单设计**：根据需求的复杂性来决定是否在进入开发前进行简单设计。
- **是否需要非功能测试**：判断是否需要非功能测试，如性能压力测试、兼容性测试、安全测试、可用性测试等。
- **成本**：判断需求的解决方案用于当前系统的变更成本，是否有适合当前系统的可取舍方案以降低开发成本。
- **初步估算**：通过上述几个维度的考量，核心开发人员或小队长给出该需求的预估人天工时，包括开发、测试，这个工时可以结合拆分后的系统功能进行汇总，此阶段估算的工时不是最终工时（预估上下浮动50%）。在需求排期中，需要进一步确认工时的合理性。

小队最后给出的初步估算是非常关键的内容。估算信息能够让产品经理了解需求的研发成本，能够在一定程度上影响需求的优先级，且能够帮助后续需求排期。例如，对于一个10人天的优先级高的需求和一个5人天的优先级低的需求，小队剩余容量只有6人天，那这时候安排5人天的优先级低的需求是更合适的一个选择。

对需求的估算并不是一件容易的事情，只有对需求有所了解，才能清楚地知道可能需要做的改动，才有可能大致评估出预估人天，所以能够给出初步的估算也是参会人员对需求理解的一种体现。当然，有时候需求过大，无法给出估算，提前进行需求拆分是一种好的方法，将需求按系统拆分成系统功能，再估算并汇总系统功能，能够帮助参与技术评审的人员进一步了解需求的估算情况。

7.6.4　需求排期

技术评审完成后，需求处于"待排期"状态，而非"已排期"状态。在技术评审过程中，小队只需提供估算信息，而无须提供具体排期信息。在复杂的协同组织中，一个小队面临的需求通常来自多个方面，而需要开发的需求数量往往超过小队的研发容量。在小队成员相对固定、容量相对有限的情况下，如果每个需求在技术评审后直接安排排期，那将导致先提出的需求被优先安排，这种方式不符合提供更高价值的交付理念，也不利于产品经理和小队之间的协同工作，还容易导致基于个人关系提前预订小队人力的情况发生。

如图7-11所示，"待排期"的需求对小队来说是一个需求池，只是这个池子里装的是评审过的需求，需求有一定的质量保障。小队需要根据自身的迭代节奏来定期做需求排期，从"待排期"需求池中选择优先级高的需求进入研发，通常在迭代N开始做迭代计划前需要完成"需求排期"活动。

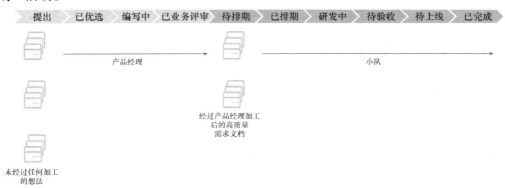

图7-11　"待排期"需求池

对于业务领域比较独立、不存在依赖第三方情况的小队，因为不存在排期冲突等情况，所以"需求排期"活动较为简单，其通常流程如下。

（1）产品经理以小队长、测试负责人提供的小队容量信息为参考，从"待排期"需求池中选择优先级更高的需求作为排期需求，并明确需求的验收测试时间、期望上线时间。

（2）小队长、测试负责人根据需求期望上线时间，制订各需求各里程碑（开发/测试）初步计划。

（3）产品经理和小队对齐排期需求计划，及时提出过程中可能预见的风险并商讨解决方案。

（4）明确待排期需求列表和待跟进依赖事项、风险。

"需求排期"活动的主要参与人员有产品经理、小队长和测试负责人。

业务团队需求排期不建议排超过小队两个迭代周期的内容，不建议对更远期的需求进行排期安排，因为随着时间的推移、市场的变化，可能在下一个迭代周期会有更优先的需求出现，过早的排远期需求就可能是一种浪费。当然也存在一些特殊情况，例如监管需求、安全需求之类，有着明确的截止时间窗口。

针对业务领域比较复杂，存在需要多小队、多系统、多业务团队一起联动来做排期的场景，Adapt框架推荐使用"版本火车"作为主要解决方案，更多内容参见第13章。

7.6.5　需求验收

当需求下的所有系统功能的开发和测试都完成后，需求将进入"待验收"状态。这时，产品经理应及时介入进行"需求验收"活动，根据需求验收标准，从多个角度（如功能价值、交互等）验证需求交付内容是否符合预期。对于未通过验收的内容，产品经理应提供相关的验收意见和信息，以便小队进行改进。

与集中式验收方式相比，更推荐流式验收，即在满足单个需求的验收条件时进行验收，这样可以尽早提供反馈信息。然而，流式验收也对产品经理提出了更高的要求，需要产品经理更紧密地和小队协同开展计划的验收事宜。

需要明确的是，需求验收并非测试。由于角色背景及其所了解的信息不同，产品经理无法涵盖详细的测试工作。因此，需求验收标准是一个很好的参考依据。同时，明确的验收标准可以规范验收流程，减少遗漏或忽略的情况，避免验收过程过于主观。

7.7　系统功能价值流活动

在系统功能层次，系统功能价值流设计之初被定义为开发和测试协同工作的流程，该流程包含5个步骤，即待办、开发中、待测试、测试中、已完成，如图7-12所示。

需要注意的是，系统功能价值流在传统的任务状态流程外，额外增加了"待测试"状态作为缓冲池。在开发和测试的协作过程中，会存在开发完成但由于某些原因导致测试无法及时开展的情况，这时就会在"待测试"步骤中出现任务堆积的现象。使用缓冲池促进团队使用"拉动"的方式进行工作，并及时暴露测试资源瓶颈，是"待测试"步骤设计的初衷。实际研发过程中可能会存在多轮次测试的情况，例如需要进行系统集成测试和用户验收测试两轮测试，读者可根据自身小队情况适当地调整系统功能价值流步骤。

著名的质量管理大师菲利普·克罗斯比（Philip Crosby）说过，质量不是一个事后的控制，而是一个持续的过程。

敏捷常被事后诟病的一个点是：敏捷就是快，忽视了质量。在诸多敏捷转型案例中团队往往都只导入了一些管理类（如迭代计划会、站会、回顾会）的实践。不可否认的是，这些管理实践是有效的，且在短时间内较容易看到敏捷导入的成效，但是仅仅导入这些管理实践是不够的，忽视了对质量的投入，敏捷开发是无法长久运行下去的。

图7-12　系统功能层面概览

　　而现实情况是，研发团队常常会因业务紧迫的上线时间，在系统架构、用户体验以及实现成本之间做选择和折中，在这个过程中，牺牲了一些技术质量和未来发展，而选择了交付时间，因而产生了技术债。从表面上看，短时间内可以做到更快、更高效地交付，但是从长远来看，后果可能很严重。一时的短视还来得及补救，但是持续的短视，就会让系统架构和代码陷入熵增的状态，维护成本越来越高，团队负担越来越重。只要业务还在持续，产品还在不断迭代更新，就会一直产生新的技术债，技术债是无法彻底消除的，重点在于将技术债控制在一定的规模内。

　　在Adapt框架中，我们推荐在迭代中采取4个质量活动，持续地构建团队质量内建能力，让敏捷开发具有稳固的质量基石。这4个质量活动分别是架构设计、代码评审、用例评审、桌面检查，如图7-13所示。接下来就对Adapt框架中小队的迭代活动——展开介绍。

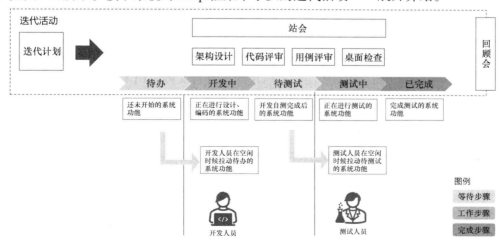

图7-13　迭代活动图

7.7.1   迭代计划

迭代计划活动是为明确小队迭代工作内容而开展的，整个小队（包括产品经理）都需要参与。下面是开展迭代计划活动的一般顺序。

（1）**提前准备待排期的系统功能列表**。需求经过评审排期之后，会形成初具规模的版本计划内容，小队长根据版本计划内容，确定需要优先开发的需求，并确保其拆分好系统功能。系统功能为单个系统的任务级别，建议单个系统功能工作量不超过一个迭代周期的工作量，即采用两个迭代周期的系统功能工作量不超过10人天。

（2）**系统功能澄清并估算，迭代容量的初步填充**。产品经理按系统功能的优先级顺序，依次向小队成员澄清系统功能内容，并由小队成员给出对每个系统功能的初步估算。产品经理可以依据小队容量或历史交付速度情况，当澄清的系统功能估算超过小队迭代容量时不再进行系统功能澄清，并将对应的系统功能纳入本次迭代范围。每个系统功能都应该有一个牵头负责人，牵头负责人负责跟踪系统功能从开发到测试完成完整的交付链路，避免出现一个系统功能由多位开发人员、测试人员负责，但又各自只负责各自的内容而忽略系统功能整体交付的进展和风险的情况。

（3）**系统功能的风险评估**。在系统功能澄清过程中，小队成员对系统功能存在的问题和风险进行反馈，例如系统功能细节不清楚无法确定内容、第三方排期不明确、技术方案需要调研等，及时暴露风险和可能存在影响迭代完成的问题。

（4）**迭代剩余容量的填充**。若在初步填充完迭代的工作内容后，小队迭代容量仍有剩余且大于20%，产品经理需要和小队长一起商讨，依次挑选中、低优先级的系统功能进行澄清并估算，然后纳入迭代，但要确保迭代填充总比例不超过迭代容量的80%，为迭代容量预留空间。在迭代过程中，通常小队都会不可避免地受到外界的打扰，例如突然来了个紧急需求，突然来了个生产问题需要调查，突然来了个紧急会议需要参与。在迭代过程中，还需要留一定的时间来做下一次迭代的系统功能估算等，这些都需要占用小队成员的时间，所以建议迭代的容量填充按80%来计划，预留空间以应付临时紧急事项。当然如果小队迭代过程控制得很好，没有这些事情，那按100%的计划来安排也没问题。

迭代计划活动通常在迭代开始前进行，最晚在迭代开始前一天进行，以确保进入迭代的第一天，小队成员就可以开始工作。（注意，迭代计划有会议形式和非会议形式，目标是完成迭代内的工作计划，当特指会议时，本书中使用迭代计划会。）

7.7.2   架构设计

在软件研发过程中，架构设计是一个非常重要的环节，不良的架构设计是软件技术债中最主要的一种债务。软件的架构设计关系着系统的可维护性、可扩展性、可靠性等诸多方面，如果架构设计不合理，可能会导致系统出现各种问题，严重影响软件质量和用户体验，给后续的系统开发和维护带来极大的困难。

1. 架构设计是一个持续改进的过程

在敏捷研发过程中，架构设计是一个持续改进的过程，相较于瀑布模式的专门的设计阶段一次性把所有内容都设计完成，敏捷研发过程中的架构设计更倾向于聚焦对迭代内新需求进行架构设计，以边设计边开发的方式进行。

敏捷研发过程并不是轻架构设计，而是依然注重架构设计，只不过是把架构设计过程分散到了每个迭代过程中进行，面对需求的变化，通过不断验证架构，以重构的方式持续地演进架构，避免一次性的架构设计导致的因需求变化带来的架构更改而造成的浪费和成本消耗。

2. 架构设计服务于用户需求

架构设计的目标是为了系统能够更好地满足用户的需求，所以架构设计本身不能脱离实际的用户需求。但是，通常用户的需求可能隐含在其问题表述之下，开发人员需要通过细致地分析需求，洞察用户真正的价值意图。

3. 非功能性需求也很重要

非功能性需求是用户需求中隐含的，且是系统架构设计中重要的组成部分。功能性需求决定了产品提供什么样的服务给用户，非功能性需求不仅影响产品功能，还影响用户体验，产品的安全性，产品能否稳定地提供服务，新的功能能否快速交付等。

在需求分析过程中，需要充分考虑需求的应用场景，识别并明确非功能性需求与设计约束，从性能效率、易用性、可靠性、信息安全性、可维护性、兼容性等角度进行系统性思考。

4. 使用领域模型来辅助架构设计

领域模型提供一种通用语言来描述业务逻辑和系统之间的关系，以及系统及其内部组件之间的关系。清晰、可视化的领域模型可以帮助产品经理更好地了解系统的架构设计；帮助团队更好地处理用户需求到系统的映射；帮助开发人员更好地厘清系统内各组件的职责及其边界范围，指导开发人员根据需求不断演进现有系统的架构设计，提高系统的可维护性、可扩展性、可靠性；帮助测试人员更好地理解系统业务流程执行过程、数据流向，设计更充分的测试方案。

架构设计通常是由开发人员主导并参与的一项活动，小队中的开发人员根据各自负责的系统功能进行架构设计，但并不是所有迭代内的系统功能都需要进行架构设计，有些功能只是在原有功能基础上做优化、调整的就不需要，有些功能可能需要新增一个服务来处理就有必要进行架构设计，有些功能在编码过程中被发现现有架构极不合理，就可以作为一个技术优化需求纳入小队需求列表中。架构设计的产出建议以领域模型可视化图形展现，便于团队或专门的架构师做架构评审。

架构设计是一个不断迭代的演进过程，小队的开发人员有必要对此达成共识，在研发过程中有发现相关架构不合理的，都需要明确提出来，小队长有责任及时收集相关信息，对大家达成共识且容易调整的架构应及时调整以验证架构的合理性，若涉及重大架构调整，可以定期开展架构设计意见梳理会议，群策群力，并及时告知相关利益方，在合适的时候进行重大架构调整。

7.7.3　代码评审

代码评审是一个可以提高代码质量，尽早发现代码缺陷的实践活动。因为会开展代码评审活动，开发人员在编写代码的时候会有意识地注意代码质量，避免提交低质量代码。通过代码评审的方式，评审人员可以发现提交者可能忽略的问题，从而更早地发现缺陷，有助于减少缺陷修复所需的时间和精力。

代码评审是一个可以促进研发团队协作、提升团队凝聚力的实践活动。通过代码评审活动，团队成员可以更好地互相了解彼此的工作，理解他人的工作风格和方法，从而能够更好地进行协作，促进团队成员凝聚力的提升。

代码评审是一个可以促进团队知识共享，持续提升团队代码能力，促进技术创新的实践活动。代码评审活动可以帮助团队成员更好地理解系统架构、组件、代码，加深对系统的理解和认知。在代码评审过程中，通过团队成员之间的沟通交流，团队可以沉淀出良好的代码规范、设计规范，发现并采用更有效的技术和方法，从而提升团队整体的技术水平和创新能力。

1．开展方式

代码评审活动有多种开展方式，团队需要根据自身团队情况来挑选并逐步形成适合自己团队的活动规范。常见的代码评审活动开展方式有以下4种。

- **瞬时的代码评审**：一般在结对编程过程中进行，两位开发人员在同一台计算机上共同工作，一个人输入代码，另一个人根据需求和设计意图来审查代码。这种方式一般比较适合两个有相似经验、水平的开发人员进行。
- **同步代码评审**：代码提交者独立完成编码工作后，发起邀约，评审人员立即进行代码评审。对于缺乏经验或者新加入团队的成员，评审效果可能较好。这种方式的缺点是可能会打断评审人员的工作节奏。
- **异步代码评审**：开发人员完成编码、提交评审后，开始下一个编码任务，评审人员按自己的节奏开展评审任务。若使用这种方式，两种角色都可以按各自的时间节奏开展各自的任务，缺点就是评审反馈可能会持续好几天，评审周期较长。
- **团队会议评审**：定期或不定期的团队成员集体开展代码评审活动，团队成员逐个介绍自己的代码，团队成员集体评审。这种方式可能需要花费较多的时间，因为团队成员都要参与，评审的代码可能较多。

不管采用哪种方式，代码评审活动都是一个正式的活动，代码提交者都需要在评审前做好准备，例如准备好待评审的代码，或在工具上发起评审的请求，甚至需要在本地准备好代码可执行、演示的环境，评审人员需要在活动中给出相应的反馈，不论代码是否有问题。

2．评审关注点

在代码评审过程中，评审人员需要关注以下内容。

- **设计**：代码本身是否经过了精心设计，是否符合现有系统的设计规范。
- **功能**：代码是否符合开发人员意图，是否正确实现了需求描述的功能。
- **复杂性**：代码是否可以更简洁，以及未来其他开发人员接手时，代码是否易于理解和使用。

- **测试**：代码是否有配套的自动化测试，并且经过了测试验证。
- **命名**：开发人员是否为变量、类、方法等选择了明确的名称。
- **注释**：注释是否清晰、有效。
- **文档**：开发人员是否同步更新了相关文档。

3. 评审礼节

给评审人员以下几个建议。

- 评审过程中保持友好的态度。
- 向代码提交者解释给出建议的原因，这有助于促进团队达成共识。
- 在给出建议时是针对所指出的问题给出明确方向还是由开发人员自己做决定，需寻求两者之间的平衡。
- 鼓励代码提交者保持代码的简洁性、易读性，增加必要的解释性注释。

给代码提交者以下几个建议。

- 尽量保持提交小规模变更，一次提交100～200行代码是比较合适的规模。
- 养成良好的编写提交信息的习惯。
- 针对评审人员给出的建议，开发人员要将其视为帮助自己编写更好的代码，要思考是否真的对代码有帮助，如果有，则应该采纳。

代码评审不仅仅是研发过程质量的实践，也是一个可以促进团队成员个人成长和技能提高的人才培养实践活动，是一项非常有价值的活动。团队管理者应该鼓励并支持团队去探索适合团队自身的评审方式和节奏，持续地优化和改进评审实践。

7.7.4 用例评审

用例评审是由测试人员主导开展的一个活动，旨在帮助产品经理、测试、开发三方对齐需求的一致理解，对齐测试的设计思路、测试范围，减少测试环节中的缺陷逃逸的隐患，避免测试的遗漏、返工和测试阶段人力的浪费，从而保障产品的质量。

下面从3个角度来看怎样才能高效地开展有用的用例评审会。

1. 用例评审需要聚焦到恰当的靶子上

测试用例是为执行软件系统测试而设计和编写的一组文档，其主要内容包括用例标题、前置条件、测试步骤、预期结果等。设计测试用例的初衷是用于指导测试人员执行测试，因此包含很多系统层面的操作细节，一个复杂需求的测试用例规模在某些情况下可达数十甚至上百个。针对这些测试用例的细节去做用例评审，一方面会造成评审陷于系统操作层面的细枝末节，容易忽略对需求的业务场景关注，另一方面如果测试人员主持不好评审过程，评审人员需要耗费精力从一堆测试用例细节中猜想测试人员的测试设计意图，这样往往就把评审人员拒之门外了。

图7-14展示的是一个针对客户投诉流程需求以思维导图形式编写的测试用例片段。从图中不难看出，第一种形式的测试用例是以可执行的测试用例级别组织的，包含各种执行步骤内容，评审人员从这些信息中了解测试人员的测试设计意图较为困难。何况在有些情况下，评审人员对一些系统的操作流程并不熟悉，很容易看不懂。第二种形式的测试用例是以用户场景为切入

点组织的。用户场景通常都使用业务语言，开发人员、产品经理等评审人员都很熟悉。通过用户场景将测试人员的测试设计意图展现给评审人员，这样的方式要比第一种形式更为直观，用例评审活动也能够开展得更为高效。

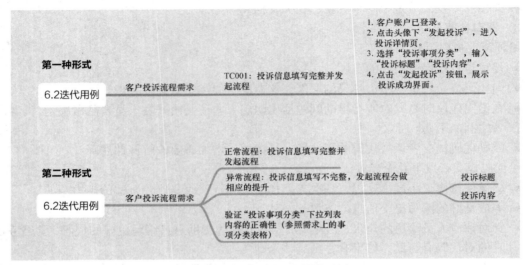

图7-14   测试用例思维导图示例

但是测试人员可能认为按图7-14中第二种形式写测试用例会增加工作量，其实不然，作为测试人员，在工作过程中，本来就会先进行需求分析，从需求描述的相关业务场景出发提取相关的测试要点，再将其进一步细化为测试用例，只是有时候并没有把这个业务场景、测试要点明确记录下来，而是记在脑海里。但是，从分析需求业务场景到提取测试要点是非常关键的，需要记录下来，以防止测试人员遗漏重要的测试要点。在时间不充裕的情况下，测试用例的实施细节反而是次要的。

当然，测试用例还是需要的，特别是在大型组织中，测试用例可以帮助测试负责人更好地评估测试的工作，沉淀测试用例资产用于回归测试，预见测试执行进度，避免人员变动情况下测试工作无法衔接等问题。

测试用例设计思路的表现形式并不只有上述这一种方式，流程图、判定表等都是可取的。使用这些方式是为了便于评审人员理解测试人员的测试设计思路，促进团队中不同角色成员对需求的一致理解，从而提高研发的质量。

2．用例评审的合适时间点

如果经常遇到在用例评审会上开发人员基本没有什么反馈，但是在需求测试阶段又发现开发人员移交的需求有很多和测试人员的理解不一致，那么测试人员就需要思考一下，为什么用例评审会没有起作用？除了上面提到的评审对象外，用例评审会开展的时间点可能也是一个重要因素。

迭代中一个开发人员可能负责多个系统功能的开发任务，开发人员会优先开始处理高优先级的任务，着手进行需求分析，阅读现有代码，进行设计、编码等事项，随着需求开发的推进，对系统功能的实现也越明确，对需求及代码改动可能影响的范围理解也更深刻。这显然需要时间。

如果在开发人员开始进行设计、编码之前进行用例评审会怎么样？开发人员对需求的印象可能只是前几天需求评审时候的样子，甚至可能都记不清需求的内容，那么在评审用例的时候怎么能给出有用的反馈？

如果在开发人员已经完成编码，完成自测并移交需求给测试人员之后，进行用例评审会怎么样？这时候开发人员可能已经开始下一个系统功能的开发任务了，虽然还记得上一个系统功能的需求，但是编码工作已经完成，如果此时评审发现之前对需求的理解可能存在偏差，那就得返工了。虽然这时评审也起到了对齐需求的作用，但是有点太晚了，开发编码、返工的成本就可能比较大。

所以对一个需求来说，用例评审的最佳合适时间是在开发已经着手开始工作，到系统功能移交测试前这段时间，最晚在需求移交测试之前就要完成需求的用例评审。

在实际操作过程中，常见的是一个迭代中只做一次集中的用例评审，用例评审的合适时间如图7-15所示。要对每个需求都单独做一次用例评审很难做到，因为成本很高，例如不好约时间、不好约会议地点等。所以较为可行的方式就是分批次进行用例评审。因为迭代过程中开发人员也是分批次移交需求给测试的，所以可以顺势对这批需求做需求评审。一个迭代内通常也就2～3个批次，是一个比较可接受的频次。

图7-15 用例评审的合适时间

3．用例评审的合适人员和开展方式

用例评审活动建议只需要与需求相关的产品经理和开发人员参与评审，一方面人数少便于组织和高效沟通，另一方面在短周期迭代中开发人员的任务安排其实相对紧凑，要是全员参与，

与需求不相关的开发人员其实对需求并不关心，在没了解需求的背景下，参与度很低，也起不到了解业务和系统的作用，更大程度上只会浪费时间，影响团队整体效率。

用例评审建议以线下面对面的形式开展，面对面是最高效的沟通方式。当然不排除因为客观因素可能会采用"线下+线上"或线上的形式，为了保证评审的高效开展，线上人员通过视频，保证专注地投入是非常有必要的。

用例评审活动的高效开展离不开参与人员的准备和投入，测试人员应该探索怎样的开展方式能够让沟通更顺畅和高效。例如，提前把评审内容发给参与人员，参与人员提前阅读是一个不错的方式；又如拆分评审用例，合理把控评审时长，尽量控制在1小时以内，避免太长时间使参与人员评审疲劳，专注力下降而导致评审效果不佳。开发人员和产品经理应该认真参与评审活动，积极提供反馈，开发人员亦可以使用评审通过的关键用例作为冒烟用例，以保证需求在移交给测试人员的时候有基本的质量保证。

7.7.5   桌面检查

在传统的研发过程中，开发人员通常在提交代码后要等待较长时间才能收到反馈。测试开始后，测试人员才会提供他们的反馈；验收开始后，产品经理才会提供他们的反馈。传统阶段式反馈链路如图7-16所示。

众所周知，缺陷发现得越晚，修复的成本越高，特别是在生产环境中发现的缺陷，严重的缺陷甚至可能会影响用户是否购买软件产品。

开发人员提高代码质量，测试人员提高测试设计和执行等手段，测试人员和产品经理就能够尽早给开发提供反馈，也能够尽早发现缺陷。桌面检查活动提供了这样的契机。

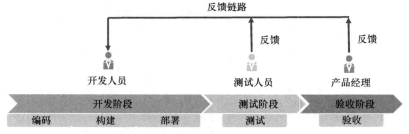

图7-16   传统阶段式反馈链路

桌面检查，可称为面向产品经理和测试人员的功能演示，也可称为开发自冒烟，指的是开发人员在完成了某个系统功能研发，并通过自测后，由开发人员向产品经理和测试人员演示需求功能的主要流程是否能走通，验收条件是否能满足，一些异常处理是否有实现等。如图7-17所示，桌面检查的时间点是在系统功能完成之后，提交测试之前进行的。相较于传统的方式，桌面检查提供反馈的时间点有了较大的提前。对于测试人员，桌面检查可使测试左移，提高代码移交测试质量。对于产品经理，桌面检查可使验收左移，快速验证需求是否得到满足。

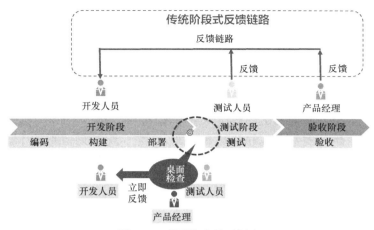

图7-17　桌面检查的时间点

1. 作用：促进质量内建，提升产品质量

在传统的阶段式的研发过程中，开发人员仅专注于自身的需求开发。一旦完成一个需求的开发并移交测试后，他们便立即开始下一个需求的开发。测试人员按照自己的节奏在某个时间开始测试。然而，等测试人员反馈缺陷之时，开发人员可能已经转移到处理另一个需求了。这时，开发人员需要重拾之前的代码，重拾需求上下文才能着手进行缺陷修复。而开展桌面检查活动可以**降低开发人员修复缺陷时切换上下文的成本**，因为开发人员需要在移交测试之前进行桌面检查活动，如果此时发现有任何问题，开发人员即可着手进行修复，无须花费时间进行上下文切换。

开发移交的需求质量直接影响测试人员的工作顺畅程度，特别是在涉及复杂业务流程场景时。假设有一个包含5个页面的信息登记流程，如果前4个页面中的问题导致无法顺利进入第5个页面，测试人员就需要反复与开发人员沟通，直到修复完这4个页面的缺陷，才能开始测试第5个页面。如果开展桌面检查活动，那么在进行桌面检查的时候开发人员就需要演示包含5个页面的主要流程，确保移交的需求质量，减少了测试反复沟通的成本，提升了测试流畅度。

在研发过程中，信息传递往往存在衰减和缺失的问题。特别是需求通常需要经过多次反复澄清，即使及时将相关信息记录下来，开发人员进行开发的过程也可能存在"翻译"问题。而在传统研发过程中，产品经理要等到验收环节才介入验收，通常都临近上线时间。常常会看到研发团队在临上线时还在修复产品经理提出的一些用户界面以及与交互相关的缺陷。开展桌面检查活动，对产品经理来说可以更早看到需求实现的效果和预期的是否一致，亦可以更早地提出修改意见，因为此时的修改成本相比后期会更小，也更容易让研发团队接受。对研发团队来说，桌面检查是一个更早把产品经理拉进反馈环节的活动，可以更早地收集产品经理的反馈，避免临上线时的匆忙，提升了交付的质量和产品经理的满意度。对各方角色来说，桌面检查都是一个共赢的活动。

2. 桌面检查怎么做好

桌面检查发生在系统功能完成之后、提交测试之前。活动的高效开展离不开参会人员的准备和投入，活动前的充分准备可以让活动开展得更为顺畅。

开发人员的准备事项具体如下。

- 准备好主要的演示场景和检查点，在活动前至少需要自测一遍，以保证活动开展顺畅。演示场景和检查点来自需求的验收条件、用例评审输出的关键冒烟用例，亦可以抽取部分异常用例来作为补充内容。
- 建议把测试人员使用的测试环境作为桌面检查的环境，一方面可以排除代码因为环境导致的问题，例如经常出现的开发本地演示正常，但是到了测试环境就无法正常演示的问题，另一方面亦可以保证代码经过了集成和部署，能正确无误地交付给测试人员进行测试。
- 要提前告知产品经理和测试人员，避免临时参会而准备不足。

测试人员、产品经理的准备事项具体如下。

- 在参会前阅读与需求相关的内容，带着观察目标来进行桌面检查。
- 活动开展过程中，开发人员根据准备好的演示场景和检查点，逐项进行演示。
- 测试人员从测试角度评估系统功能是否可以进行测试。
- 产品经理从产品角度评估演示的功能和交互是否符合预期。
- 在演示过程中，还可以对有疑问的场景进行深入探讨，例如异常场景的处理等。

总体上要尽量将活动时间控制在半小时内，不可太长，以保证效率，除非遇到特殊情况。

活动过程中如果发现有系统功能未实现、有缺陷阻碍测试等问题，开发人员需要修复完问题，然后重新进行桌面检查。当然，再次桌面检查不需要演示全部内容，只需要演示上一次的问题场景（即修正涉及的相关功能）即可。如果演示过程没有问题，系统功能就可以正式移交给测试人员进行测试了。

对于实施桌面检查，开发人员和测试人员通常都会遇到一些问题，这里列举一些常见的问题及解决方法供读者参考。

（1）开发人员不懂业务，无法准备数据怎么办？测试人员有必要帮助开发人员去了解业务和系统，并协助开发人员进行测试数据的准备，甚至有时候免不了由测试人员来准备测试数据。

（2）是不是所有的需求都应该做桌面检查？不是，需求很简单、明确、无歧义的，例如修改用户界面样式、文案等，不需要进行桌面检查。

（3）在桌面检查过程中产品经理提出需求变更怎么办？需协商而定，开发人员和测试人员需要合理评估需求变更造成的影响，如人天估算、风险情况等，如果不影响原计划，风险可控，则应"拥抱"变化；如果影响原计划，则需要和小队长、产品经理一起协商而定。

以上就是关于桌面检查活动准备事项的相关内容，在实际应用过程中，团队应根据自身情况，从解决问题角度出发，思考是否需要采用桌面检查活动来进一步提高团队的质量内建能力。

7.7.6 站会

在短周期的迭代过程中，站会是一个行之有效且非常有必要的实践活动。通过站会，小队成员可以检视迭代目标的进展情况，同步进展和计划信息，暴露风险和阻碍，对齐工作优先级，恰当地调整每日的工作计划，从而更好地完成迭代目标。

站会是一个轻量且普适的一个实践活动，不管小队是否采用敏捷方式进行研发过程管理，开好站会都不是一件容易的事情。在引入站会实践之前，让小队成员充分了解站会开展的目的以及如何正确地开好站会，有助于小队成员在实际的站会开展过程中积极且充分地参与，开好站会。

1. 开站会的目的

开站会有以下几个目的。

- **全员知悉进展**。小队成员通过发言将自身的进展情况同步给小队全员，也通过小队其他成员的发言了解小队整体的进展情况，全部成员都能共享信息，了解迭代目标的整体进展情况，知晓其自身负责内容属于迭代目标中的哪个部分，并能够为了达成共同的迭代目标而努力奋斗。明确的迭代目标进展情况能够让小队了解自身所处的状态，指引小队努力的方向。

- **风险管理**。在研发过程中，一个重要内容就是管理风险和阻碍。小队成员通过发言将可能存在风险和影响计划执行的阻碍暴露出来，小队其他成员可以了解相应的情况，并能够在自身力所能及的范围内给予帮助。只有在风险得到有效管控，并且阻碍得到有效排除后，小队才能够顺畅地按计划交付迭代目标。

- **发现协同点、对齐工作计划**。小队成员通过发言了解彼此的工作计划情况，对齐各自的工作优先级，针对风险和阻碍以及彼此之间的协同点，恰当地调整自己的工作计划，保证小队能够顺畅、高效地朝着共同的迭代目标前进。

2. 如何开好站会

在了解了开站会的目的之后，通过以下与站会相关的关键内容，可以帮助小队知晓如何开好站会。

- **固定时间、固定地点、固定时长**。在一个固定的地点、固定的时间开站会有助于小队成员形成固定的习惯，而不用在每天召集相关人员、找开会的地方上浪费时间。最好在每天的早上尽早开始站会，因为有时候可能在站会上发现自己的计划事项并不是最优先需要做的事情，早开展有助于小队成员及时调整计划，而不是等到很晚甚至下午才发现，那么一天的时间就可能浪费了。站会的时长通常建议控制在15分钟以内，对一个小团队（人数在10人左右）来说，15分钟的会议时间足够每个人发言了，当然实际情况中小队成员规模可能存在较大差异，如果这样也可以根据实际情况来增加时长，如20分钟。不过，要确保站会开展得高效、聚焦，就有必要控制站会的时长以保证小队成员都聚焦关键内容。

- **固定发言格式**。站会上小队成员轮流发言。发言可使用以下格式。

  昨天完成了什么？

  今天将完成什么？

  完成目标是否存在什么障碍？（哪些问题和障碍阻止了我的工作或拖慢了我的工作？）

  区别于常用的发言——我要做什么，这里强调了"完成"。小队成员应该聚焦于完成事项，而不只是做了什么，如果一个任务一直在做，那么相关人员可能既不知道做的进度，也不知道计划完成的情况是否符合预先的计划，无法知晓是否有风险。对迭代目标来说，做完1个事项远比正在做10个事项更有意义。

站会的发言格式被设计用于引导小队成员集中注意力，在有限的时间内同步信息并提出潜在风险。以上所展示的三段式发言格式对初次参与站会的小队成员具有重要的参考价值。随着团队的磨合度和成熟度的提升，发言格式也可以相应进行调整。如果存在能够承载工作进展信息并在站会前保持实时更新的工具，小队成员可以通过该工具实时查看最新信息，那么站会中的前两段发言可以适当减少。因此，团队的效能教练或小队长需要观察团队的成熟度情况，并适时调整站会的发言格式，以高效地进行站会。站会的具体要求如下。

- **发言者发言需言之有物**。在站会过程中，小队成员的发言内容要和当前迭代的具体系统功能有关联，即做的事项是当前迭代某个系统功能的事项，不能脱离小队迭代目标，也不能过于具体到实现的细节，因为前者偏离了小队的工作重心，对迭代目标的完成没有起到任何作用，后者会让不了解实现细节的小队其他成员不明白说了什么内容，不利于同步进展、发现协同点。
- **参会人员不讨论细节**。为了保持站会上成员聚焦，在站会上小队成员不应该过度讨论问题细节内容，如果对小队成员发言有疑问可以简要确认，想要更进一步了解，可以在站会后进行。过度讨论问题细节内容可能会导致会议时间被拉长，影响会议效果，浪费小队其他成员的时间。
- **站会需要一个会议主持人**。在Adapt框架中，小队长是首个合适的人选。在小队站会运作较为成熟的情况下，也可以由小队成员轮值主持。下面是站会主持人需要关注的主要内容。
  - 在站会开始前几分钟需要确认会议地点的可用性、物理看板已就绪，如果有电子看板，就需要准备好电子看板投屏。
  - 及时通知并确保站会开始前小队成员就位，以及站会的准时召开。
  - 在会议开展过程中，引导小队成员关注系统功能的进展，识别小队成员提出的问题和阻碍，并做简单记录，最好记录在小队公共的wiki中，便于查找。
  - 留意小队成员发言是否陷于细节并及时打断，并记录作为站会会后讨论。
  - 小队成员发言过程中，留意小队其余成员状态，保证过程中全员专注倾听，有私下闲谈等情况应该及时制止。
  - 检视迭代当前状态，是否有进行中的工作无人处理、小队成员是否处理不重要工作的情况。
  - 确保系统功能进展状态线上、线下的一致性，提醒小队成员会前及时更新线上系统卡片状态。
- **会议主持人需总结进展，跟进阻碍项**。小队成员轮流发言完毕后，主持人有必要总结和同步当前迭代的整体进展状态，并将从在小队成员发言过程中收集的风险和阻碍项拿出来进行集体讨论，但要避免陷入细节讨论，要明确相关阻碍项的跟进责任人和最晚反馈时间，并确保这些事项得到了及时跟进和解决。

- **善用工具**。一个好的看板工具能够帮助小队了解迭代当前进展状态，可视化地展现长期停留的工作事项、质量情况、团队的价值流瓶颈。一个好的燃尽图可以帮助小队直观了解当前进展状态是否可以按预期的计划在迭代截止日期完成迭代目标。所以，利用好工具可以很好地帮助小队进行研发过程的管理，市场上有很多这样的工具，同时企业内部也不乏自建的DevOps软件研发管理平台，小队应该根据自身情况合理并善用这些工具。
- **持续改进**。开好站会包含很多细节内容，即使再优秀的团队也很难做到一步到位，所以持续改进是最好的做法。在小队迭代回顾过程中，把对站会的改进作为一个内容是比较推荐的方式，小队成员集体讨论有哪些好的点可以继续保持，有哪些可以改进的点可以在下一轮迭代中实际应用并观察改进情况，可以及时调整方向，使小队朝着越来越好的方向前进。

3．站会的反模式

开好站会不容易，但是开得不好却很容易。下面列举一些站会上的反模式供大家参考，便于大家观察实际站会过程中是否存在可以改进的地方。

- 小队成员发言只说做了某个任务内容，跟小队迭代内容脱钩。
- 站会主持人点名小队成员发言，小队成员向主持人汇报工作进展，主持人点评。
- 小队成员站会迟到，小队其余成员等待迟到成员。
- 小队成员发言过程中，部分小队其余成员在进行私下讨论。
- 小队成员发言提出问题后，小队成员集体讨论技术实践细节内容。
- 站会上产品经理介绍新加入的需求细节。
- 看板上卡片的状态等到站会上才更新。

7.7.7　回顾会

软件研发是一场马拉松，中途的休息不是跑不动了迫不得已停下来，而是为了让身体肌肉充分恢复，抵御可能出现的伤痛，并重建、强化肌肉组织，使下一阶段能够跑得更持久。回顾会就是软件研发马拉松中的中途休息，小队需要驻足去检视、回顾过去，总结得与失，找到改善与提高的办法，让下一个迭代更顺畅。

回顾会不是团建活动，不是只为了增进小队成员之间的感情、拉近小队成员之间的关系，也不是项目汇报会议，向管理者汇报项目整体表现，而是让小队在一个安全、信任的环境下，对事不对人地讨论小队在上一个迭代中的表现，寻找问题，并想办法改进，让小队在迭代过程中构建可持续改进闭环，使小队从优秀到卓越。

1．最高指导原则

开好一个回顾会离不开其最高指导原则：无论发现了什么，考虑到当时的已知情况、个人的技术水平和能力、可用的资源，要理解并坚信每个人对自己的工作都已全力以赴。

这不是说在回顾会上大家都是"好好先生"，对问题视而不见，而是说需要构建一个安全、信任的环境，让小队成员可以互相信任、坦然面对、敢于暴露问题，并愿意共同寻求改进的方法。回顾会的目的是让小队能够持续改进，并不是为了审判和追责。如果在开回顾会的时候没有声明并强调这个原则，容易让小队成员之间产生隔阂和误解，不愿发言，不愿暴露问题，不愿参与讨论，这就脱离了开回顾会的初衷。

2. 回顾会会前准备

好的会议都是有准备的。会前需要落实会议的参与人员、会议时间，需要准备各类工具和材料，以及小队迭代过程的度量数据。如果有明确的会议主题，提前告知参与人员，有助于参与人员提前思考，让会议开展得更有深度。

- **参与人员**。回顾会的主要参与人员是小队全员，包括产品经理、小队长、开发人员、测试人员。小队成员需要共同讨论、决策下一步的改进计划。在小队引入回顾会实践初期，可能还会有效能教练这个角色参与，来帮助小队开展回顾会，等小队全员熟悉，小队长掌握了回顾会开展的方式，效能教练就可以不用参与了。如果还有其他人员（如管理者、其他利益相关方）想要参与怎么办？核心原则就是是否会降低小队全员的安全感，如果会，那么小队长应该尽力说服其他人员不参与，实在无法说服，可以考虑使用约定和引导的方式将影响降到最低。
- **会议时间**。回顾会通常在迭代的最后一天或者下一个迭代计划开启前开展，因为这个时间点通常小队成员相对会有空余时间。对于两周迭代的回顾会时长建议控制在2小时以内，以保证回顾会开展的效果。小队在引入回顾会实践的初期建议每个迭代都开展回顾会以便尽早识别问题并调整小队行动，随着小队成熟度的提高，后期可以相应地降低频率。
- **各类工具和材料**。回顾会可能会用到白板、便利贴、笔、大屏幕（用于展示数据）等，根据设想的会议可能用到的内容准备相应的物料。
- **度量数据**。随着DevOps软件研发管理平台的流行，越来越多的企业会建设内部的研发过程管理平台来帮助组织管理研发过程。相应地，通过这类平台，各类度量数据也可以很方便获得。研发进度数据如燃尽图、累计流图，质量数据如缺陷个数、分布、密度、代码扫描问题等都是一些可以用来辅助开展回顾会的度量数据，定量的度量数据可以让小队成员基于数据进行讨论，更有利于聚焦具体的问题。当然这些度量数据并不能作为唯一的数据内容，在回顾会过程中收集小队成员主观的、非结构化的数据也是很有必要的。

3. 回顾会流程

回顾会流程有常用的"套路"。《敏捷回顾：团队从优秀到卓越之道》一书中将回顾会流程的常见形式描述为预设基调、收集数据、激发灵感、确定举措和结束回顾5个阶段。下面就详细介绍活动过程中这5个阶段的关键点。

（1）**预设基调**。主持人宣读回顾会最高指导原则，并重申会议目标。对于第一次开展回顾会的小队，有必要花几分钟让小队成员共同制定回顾会约定，例如人人参与、坦诚交流、非指责和批判、营造和谐氛围等，只要是有利于会议的开展，小队成员共同决定的内容都应该采纳，而且小队成员共同决定的内容也更容易被认同，更有利于营造一种平等、开诚布公的文化氛围。

（2）**收集数据**。除了会议前预先收集好的度量数据，在回顾会开展过程中通常也会收集小队成员的反馈。对小队来说，任何重要的事项都在收集范围内，包括但不限于重要会议内容、里程碑、新技术决策、上个迭代计划待改进项的执行情况等。收集的相关信息最好能够"沉淀"在wiki中，作为回顾会纪要内容的一部分。本着公开、透明的原则，除了涉及个人考核、绩效等的敏感数据，小队成员之间应该能够共享研发过程中的信息并使其透明化，这有利于小队成员共享背景知识，避免因缺乏了解背景知识的个人观点而引发争执，能够站在小队整体角度去思考问题。

（3）**激发灵感**。主持人向参与人员说明如何使用便利贴，通常一张贴纸只记录一件事，并派发相应的便利贴。主持人引导小队全员复盘上一个迭代的整体情况，采取类似做得好的和可以更好的回顾形式（实践过程中也可以采用别的回顾形式）逐一进行，并宣读如何执行，小队成员集体头脑风暴后整理观点分类。

- **做得好的**。每个小队成员就此项内容思考上一个迭代的小队成员做得好的方面，每项内容记录在一张贴纸上，时间控制在3～5分钟。写完后，把贴纸集中贴在白板上展示，主持人依次大声朗读贴纸内容，并组织大家进行简短讨论，看看大家是否持有同样的看法。最后主持人将全员认同的观点分类汇总，作为此项内容的最后结果。
- **可以更好的**。每个小队成员就此项内容思考上一个迭代的小队成员可以做得更好的方面，每项内容记录在一张贴纸上，时间控制在3～5分钟。写完后，把贴纸集中贴在白板上展示，主持人依次大声朗读贴纸内容，并组织大家进行细致讨论，看看大家是否持有同样的看法。最后主持人将全员认同的观点分类汇总，此处汇总的信息需要包括上个迭代中改进未完成的事项，需全员投票选出票数最高的前三个待改进项。每个小队成员拥有3票。

（4）**确定举措**。在确定举措阶段对"可以更好的"环节中共同决定的前三个待改进项，小队全员头脑风暴并写出有针对性的改进建议，然后全员投票选出针对每个待改进项的票数最高的改进建议，每个小队成员拥有3票，并明确改进行动的负责人、期望完成时间。

有时候在这个阶段会发现，改进的目标太大了，或者需要花费很大的精力去做，建议把目标拆小。例如，改进行动是要做接口自动化以保证质量，这个目标很大，而且自动化是需要一个持续建设的过程，不利于每个迭代观测改进的效果，这里可以将其拆分成多个小目标，例如下一个迭代周期先调研接口自动化框架，初步确定技术方案选项，然后下一个迭代周期梳理现有接口，明确优先重点覆盖的接口范围等。把一个大目标拆分成多个小目标，有利于看到阶段效果，使小队成员更有成就感地继续改进。

警惕"旁观者效应"。由于改进行动是群策群力的结果，可能会涉及每个人，这样往往会导致没有人负责。所以要明确改进行动的负责人，负责人并不就是执行者，他可能只是推动此行动的推动者或者监督者。如果这个负责人发现改进行动存在阻碍或问题，有必要及时通知相关人员，以便促进改进行动的执行。

待改进项不宜过多，并且要纳入迭代计划范畴内执行，3个待改进项是一个比较合理的数量，小队也可以根据自身情况来决定数量。过多的待改进项一方面会占用小队的迭代交付时间，另一方面可能无法完成，容易造成小队挫败感。

（5）**结束回顾**。会议进行到尾声，主持人需要重申会议达成的共识：做得好的、可以更好的、待改进项（负责人、期望完成时间），并在会后将会议内容整理、记录。

以上是一个完整的回顾会流程。当然也有其他形式的会议流程，根据回顾会侧重点的不同，使用不同的回顾形式和会议流程，是为了更好地开回顾会，而且千篇一律的回顾会形式也容易产生疲劳效应。作为主持人的小队长或效能教练也需要持续关注回顾会的开展效果，关注回顾会是否产生了价值。

7.8　版本价值流活动

版本是产品的功能集合、价值交付的关键单元。保障版本交付质量是走好产品高质量上线的"最后一公里"。通过设计版本价值流可以明确版本上线的关键节点，而通过设计版本价值流关键状态的准入/准出标准及与之匹配的版本活动则可以进一步保障版本质量，显著减少生产问题。图7-18所示为一个常规的版本价值流的示例。

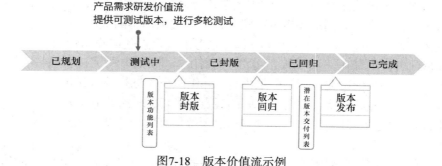

图7-18　版本价值流示例

由图7-18可见，版本价值流通常包含已规划、测试中、已封版、已回归和已完成。

- **已规划**：从产品规划视角来看，有时候在进行产品规划时，会将半年甚至一年的产品规划出来，且会根据业务开展的需要添加关键的版本节点。规划好的版本应该放在"已规划"状态进行明确的记录。
- **测试中**：当版本内的需求在进行开发、测试时，版本即处于"测试中"状态。
- **已封版**：当版本需求都测试完成，满足条件为接下来的回归测试、版本发布做准备时，版本就进入了"已封版"状态。这时候需要针对代码进行一系列的封版相关操作，为下一步做准备。
- **已回归**：测试人员对当前版本进行回归测试后，版本即处于"已回归"状态。
- **已完成**：当前版本发布完成后，版本即处于"已完成"状态。

本节主要介绍Adapt框架的基础版本价值流，以及与之匹配的版本活动。

7.8.1　版本封版

为提供可供回归测试的单一版本，版本经理需要评估版本回归工作量，在版本发布日前的1～2周进行版本封版，保障回归测试时间充足。在临近封版时间点时，版本经理需整理当前版本的功能清单，对于期望在当前版本上线，但仍处于开发阶段、存在较多测试缺陷的需求进行风险标记，向研发团队展示这部分需求的上线风险，密切跟踪需求进度。

封版后版本经理需要完成以下工作。

- **版本的需求范围确定**。封版后仍处于开发阶段、存在较多测试缺陷的需求通常需要从当前版本的需求范围中移除，添加到下一个版本的需求范围内。版本经理需同产品经理、小队长同步需求范围调整情况，并整理出最终的版本功能清单。
- **版本分支管理**。版本经理可以采用分支锁定的方式，控制版本分支的代码合入。版本经理需检查并确定需求范围内所有的资源文件（包括环境配置文件、基础设置配置文件、程序配置文件等）都已合入版本分支。此阶段研发团队不再具备向版本分支合入代码的权限。若做完回归测试后发现缺陷需向版本分支提交修复代码，研发团队需向版本经理提交合入申请，由版本经理进行风险评估，并组织代码评审会对合入的代码进行走读。
- **代码扫描**。封版后的版本分支代码需进行代码质量扫描和安全扫描，版本经理参考历史数据基线对版本的代码质量和安全性进行评估，对不符合质量和安全扫描要求的代码提出整改意见。
- **报告整理**。版本经理需整理版本的需求范围内的系统测试报告和业务验收报告，评估上线风险。

通过上述版本封版相关工作，研发团队可提供相对稳定、单一来源的产品制品，保障后续的版本回归活动有序进行。

7.8.2 版本回归

对封版后的产品，由测试分会长牵头进行回归测试（含自动化测试），推动研发团队修复和验证回归测试发现的缺陷。测试负责人需把控回归进度、跟踪回归测试发现的缺陷的修复和验证情况。

版本回归开始前，测试分会长需根据版本的需求范围及潜在风险确定版本回归策略。

- **针对当前版本开发的新需求确定版本回归策略**。考虑到新需求已经过系统集成测试、用户验收测试多轮测试验证，版本回归建议采用手动冒烟回归，保证上线功能正常。
- **针对产品已有的旧功能确定版本回归策略**。旧功能的回归测试通常工作量较大，建议使用自动化测试进行功能守护和全量回归。手动回归测试应该依据风险评估划分范围，对版本的改动可能影响的旧功能进行重点回归。

基于版本回归策略，测试团队从产品全量测试用例集中挑选用例作为本次版本回归的用例集，充分发挥回归测试的守护作用。

在回归过程中发现的缺陷需要及时纳入缺陷管理系统，在使回归缺陷修复进度透明化的同时，让回归缺陷数能作为一个质量指标牵引研发团队做好质量内建、推动研发团队提升交付质量。如果回归发现的缺陷存在重大上线风险，则需要召开评审会决策风险处理方式，如带缺陷上线、关闭特性开关以向用户屏蔽该新特性、版本分支回滚代码等。

产品完成版本回归后，版本经理需要输出回归测试报告和可供上线的产品制品，形成待发布的潜在版本交付列表。

7.8.3　版本发布

在版本发布日，版本经理应根据各系统的依赖关系和潜在版本交付列表来协调版本的发布。版本经理可根据业务特点和团队成熟度选择以下版本部署方式。

- **停机部署**。版本经理需确定部署的时间点和持续时间，对外发布停机的时间点和预计恢复时间点。在停机时间窗口内一次性更新软件到最新版本，若计划时间窗口内部署失败则需及时回退版本。
- **蓝绿部署**。在蓝绿部署方式下，同时存在承载新、旧两个版本软件的生产环境（包含应用和数据），两个环境相互独立，且一般只有一套环境（如绿环境）提供真正的生产服务。在新版本更新时，会先将其部署至不直接对外提供生产服务的环境（如蓝环境），并在该环境中进行相应测试以对新版本软件进行验证。在新版本软件测试验证通过后，将负载均衡器的流量从旧环境（如绿环境）切换至新环境（如蓝环境），以完成新版本的发布。
- **滚动部署**。滚动部署又称滚动更新、滚动发布，通过逐个或逐批替换的方式将旧版本的软件实例更新为新版本，一直持续到所有的软件实例全部更新。在实现实例优雅停止和数据向下兼容的前提下，该过程能够实现业务应用的零停机发布。
- **金丝雀部署**。金丝雀部署又称灰度发布。在应用发布过程中让一部分用户请求使用新版本应用、另一部分用户请求则转发至旧版本应用，以此通过真实的用户请求来测试新版本应用是否可工作。在确认新版本应用符合预期之后，逐步将所有旧版本应用更新为新版本。灰度发布听起来和滚动更新很相似，但它们的区别也很明显——灰度发布可以控制请求转发的逻辑，如一般使用权重的方式，按照百分比来转发用户请求至新旧应用，而且可以使生产环境长期处于灰度状态。以上两点是滚动更新做不到的，滚动更新只会按照一定的配置一直向前更新，直到所有软件更新完成或被终止。
- **影子部署**。影子部署可以看作蓝绿部署的进一步延伸，主要用于在用户无感知的情况下，通过真实的生产用户请求来测试新的功能。其核心技术就是流量复制，即将生产中真实的用户请求复制一份转发至影子环境，而影子环境的任何响应都不会反馈给生产用户。在确保影子环境在功能和性能层面符合预期后，即可将影子环境切换为生产环境。

在完成部署后，版本经理需安排相关人员进行生产环境的冒烟测试，并对外公布此次部署新增的产品特性。小队长需安排人员持续关注运维指标，保障投产后的生产环境稳定运行。

7.9　研发活动实践案例

数字化转型已成为推动企业创新、变革发展的重要驱动力。某企业为深入贯彻《“十四五”数字经济发展规划》，制定了企业的“十四五”数字化规划战略。在企业的数字化规划战略中，研发过程数字化是一个关键战略目标。为了给数字化转型建立起坚实的底座，该企业通过构建DevOps软件研发管理平台，打通了业务团队、研发团队、运维团队间的工具链孤岛及协作壁垒，制定了统一的软件研发管理制度，并通过组织级数字化度量体系可视化研发的过程数据，为企业数字化转型提供了坚实的保障。

7.9.1　面临的问题

虽然构建了一站式的DevOps软件研发管理平台，也进行了组织内部的推广使用，但是该企业各研发团队只是把DevOps软件研发管理平台作为记录工具，而不是管理工具。DevOps软件研发管理平台的使用过程中暴露出线上化不及时、更新不及时、信息不准确等问题。虽然有了研发过程数据，但这些数据严重失真、难以分析、无法支持组织做出正确决策。

经过深入调研发现，研发过程价值流存在关键职能角色的价值环节缺失，缺乏对在制品的可视化管理，跨职能的协同点不清晰等问题。

7.9.2　价值流调整

图7-19所示为企业在优化前的需求层级体系及其价值流，其中关键的有产品需求及其价值流，用户故事及其价值流。通过对研发过程的实际调研、人员访谈，结合7.4节介绍的价值流制定原则，外部顾问对原有价值流进行了优化设计。

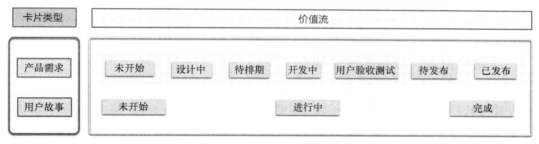

图7-19　企业在优化前的需求层级体系及其价值流

1. 产品需求价值流

产品需求是产品经理和小队协同的重要单元。基于价值交付的理念，应该根据产品规划、业务重点优选出高优先级的需求来进行进一步加工。图7-19中产品需求从"未开始"状态直接进入"设计中"状态，缺少"需求优选"活动，这既不符合实际的研发过程，也不符合价值交付的理念。因此，企业应该在"未开始"和"设计中"两个状态间加入"已初选"状态，用来存放经过优选的需求，并进一步推动研发团队实施"需求优选"活动。

经过初步分析、细化的产品需求在业务团队内部会进行业务评审，业务评审后的产品需求状态在优化前的产品需求价值流上没有体现。因此，在"设计中"和"待排期"两个状态间加入"待需求评审"状态，用来存放已经过业务评审的需求，以体现"业务评审"活动的成果。同时，为了进一步明确产品需求价值流状态的活动内容和责任归属，将原有的"设计中"改名为"需求分析"，以体现需求分析的主要活动是以产品经理为主导的需求分析和需求细化。同时，将原来隐含在"设计中"的UI设计活动剥离出来。因为在大多数金融组织中，UI设计并不会阻碍需求的流转，且UI原型图就足以满足需求"技术评审"活动的要求，所以UI设计在需求进行排期前交付即可。

技术评审完成后的需求将进入"待排期"状态，下一步应该进行小队的队内需求排期，以确定小队下一阶段的重点工作内容。为了体现"需求排期"活动的成果，企业需要在"待排期"状态后增加一个"已排期"状态，用来存放经过小队优选和排期的需求。

2．用户故事价值流

用户故事是小队内部开发人员和测试人员进行协同的重要单元，但在优化前的用户故事价值流上只有一个"进行中"状态，并不能体现测试人员的增值，且没有体现开发和测试协同过程可能存在的等待情况。因此，用户故事价值流调整成了"未开始""开发中""待测试""测试中""已完成"。调整后的价值流如图7-20所示。

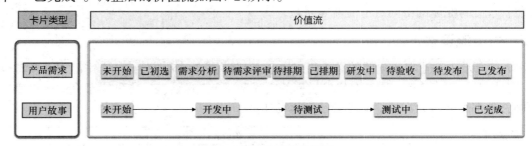

图7-20　调整后的价值流

7.9.3　明确价值流对应的实践活动

在优化完价值流之后，企业需要进一步明确和规范需求交付过程中各角色协同的关键实践活动，并辅导研发团队正确利用平台和工具开展活动，让研发过程数据产生于实际的协同过程，让数据更加及时、准确，以进一步支持团队决策、驱动团队改善。

以研发团队内部管理为例，图7-21展示的是基于优化后的价值流的实践活动。

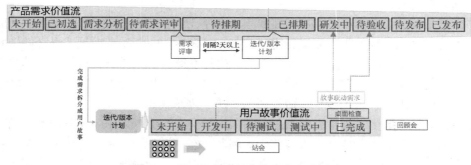

图7-21　基于优化后的价值流的实践活动

1．站会

站会是最轻量的一种活动，也是适合所有业务形态的小队开展的一个活动。大多数小队都有定期沟通的机制，但通常都没有明确的活动规范。通过图7-22展示的站会一页纸指南，可以让小队成员更方便地学习如何规范地开站会。

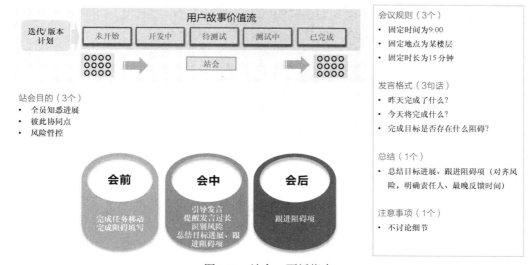

图7-22　站会一页纸指南

2．需求评审

需求评审是小队把控好需求质量的第一道关口，需求质量差往往会导致研发过程的反复确认、返工浪费，进而影响需求的验收和上线。需求评审的活动规范，让小队开展活动时有法可依，并能正确使用工具实现需求的线上化，保证需求线上、线下的一致性。图7-23所示为需求评审一页纸指南，用于指导小队如何依靠工具正确地开展"需求评审"活动。

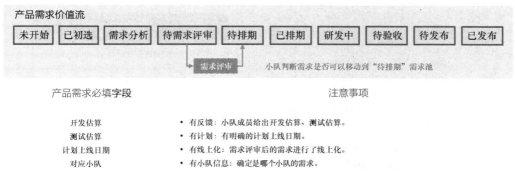

图7-23　需求评审一页纸指南

3．迭代/版本计划

长期的排期黑盒模式让业务团队、产品经理不了解研发的容量，为了能赶上研发的版本火车，业务团队和产品经理只能拼命地往版本火车上加塞需求，虚假调高需求优先级，这往往加剧了研发过程的系统性拥堵和资源浪费，反而降低了研发团队的交付效率。透明的迭代/版本计划，让业务团队、产品经理有更清晰的预期，减少了错过某个上线时间的焦虑。通过DevOps软件研发管理平台使需求的估算透明化，DevOps软件研发管理平台可以利用估算值合理地进行迭代、版本排期,降低需求不能如期上线的风险。图7-24所示为迭代/版本计划一页纸指南,用于指导小队如何依靠工具正确地开展迭代/版本计划活动。

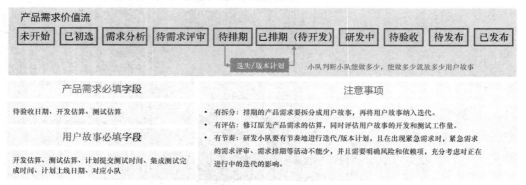

图7-24 迭代/版本计划一页纸指南

4. 回顾会

回顾会是小队自我检视、提升协作效率的好时机,是一个构建可持续改进闭环的关键环节。图7-25所示为回顾会一页纸指南,它以简单的方式汇集了回顾会的目标、最高指导原则、会议议题、会议基本要素和注意事项,便于小队使用,快速上手回顾会的开展。回顾会的形式多种多样,本书中介绍的只是其中一种做得好的、可以更好的、确定行动项形式的,小队长在开展回顾会的时候通过一些方法营造轻松快乐的回顾环境,以便回顾会能够达到良好的效果。图7-25以一页纸形式,指导小队如何开展回顾会活动。

目标	最高指导原则	会议议题
构建可持续改进闭环	无论发现了什么,考虑到当时的已知情况、个人的技术水平和能力、可用的资源,理解并坚信每个人对自己的工作都已全力以赴。	• 检视上一个迭代待改进项的执行情况 • 团队思考并记录上一个迭代中做得比较好的方面 • 团队思考并记录上一个迭代中可以做得更好的方面 • 形成待改进项

回顾会

会议基本要素	注意事项
1. 会议时间:建议以每次迭代完成后进行,会议时间控制在90分钟左右。 2. 会议地点:远离办公地点为佳。 3. 参会人员:团队全员。	1. 回顾会必须以输出待改进项并且落实到负责人为关键结果之一。 2. 回顾会需要确保大家处于一个安全、平等的沟通状态。 3. 产生一万个改进点,不如落实一个待改进项。 4. 待改进项最好相对具体,并且是团队控制范围内的改进。

图7-25 回顾会一页纸指南

5. 桌面检查

桌面检查是测试左移的一项优秀实践,能尽早提供质量反馈、促进质量内建,是提升产品质量的有效手段之一。对那些需要进行质量改进的小队来说,如果有测试人员抱怨开发人员开发质量较差、产品经理参与度过低、临近上线才反馈问题等情形，团队可以考虑采用桌面检查活动来提升团队的研发产品质量。图7-26所示为桌面检查一页纸指南，用于指导小队如何开展桌面检查活动。

时间点		需求开发完成之后，提交测试之前。
活动前		1. 开发人员需要通过**代码自测**。 2. 开发人员提前**在测试环境上准备好测试数据和测试用例**。

桌面检查

活动中

1. 演示主流程
开发人员给产品经理和测试人员演示主流程是否能走通。

2. 验证验收条件
开发人员对照验收条件，给产品经理和测试人员展示完成的功能。

3. 演示异常处理
开发人员给产品经理和测试人员演示部分异常情况是否有处理（建议按需从测试用例中抽取）。

4. 评估功能是否符合预期
产品经理在演示过程中，提出功能和交互相关的问题和意见，并评估演示的功能和交互是否符合预期。

5. 评估功能是否可提交测试
测试人员在演示过程中，提出存在的缺陷和问题，并评估演示的功能是否可提交测试。

活动后 开发人员修复演示过程中发现的缺陷和问题，并完成自测后提交代码到测试环境，移交给测试人员进行测试。

图7-26　桌面检查一页纸指南

通过统一的价值流管理，组织能够确保研发过程的一致性。关键是实践活动得到规范和标准化，使团队成员能够有序进行工作，避免重复劳动和资源浪费。同时，将软件研发管理思想融入平台功能中，为团队提供了便捷的工具和支持，使他们能够更加顺畅地执行研发任务。

7.10　小结

在当今快速变化的商业环境中，价值流管理思想变得愈发重要，因为它能够为组织提供实质性的优化和改进。希望读者能通过本章内容深入理解研发价值流管理的重要性，并借助Adapt框架这套团队运行指南，切实地帮助组织不断改善自身的研发过程管理，为组织的发展和竞争力提供持久的动力。

第**8**章

研发节奏

解决"人事错配"是研发效能提升的必然选择，因此明确角色职责、构建需求层级体系之后，核心任务就是让"事"在研发价值流中真正地"流动"起来，这也是看板方法的重点。那么Scrum框架的重点又是什么呢？这里可以说是"节奏"，也可以说是研发团队的"心跳"。"心律不齐"是一个健康人需要避免的，对研发团队来说也是如此。

8.1 研发节奏是团队试金石

当下工作环境具有不确定性，"半成品"任务的堆积不可避免，人们还要面对多任务并行，在外界的催促下频繁更换任务优先级，这些都会导致研发效能低下。此时研发节奏为团队指明了提高研发效能的方向。

研发团队忽视研发节奏会导致外部客户、业务团队以及管理者无法预测团队到底何时能够完成任务，无法确认过程完成情况，无法预测结果，这会引来更多的外部干预。而对于团队内部，研发团队忽视研发节奏会导致自乱阵脚，使完成任务成为遥不可及的目标，对外交付业务价值以及提升团队能力更是无暇顾及，因为可以用来思考和学习的空间已经被压缩到了极致，最终研发团队会为了完成眼前任务而失去未来更多的可能性。

研发节奏可能无法定义一个团队是不是高效能的，但一个高效能团队往往具备掌控自己的研发节奏的能力。所以，研发节奏更像高效能团队的试金石，帮团队自己"照镜子"进行改进。

8.1.1 数字化转型往往从"熵增"开始

熵（entropy）是热力学第二定律中的物理学概念。德国物理学家鲁道夫·克劳修斯（Rudolf Clausius）借用古希腊语中一个意为"转换"的古语来命名这个极为重要的规律，即一个物体的热量只能从高流向低，而要让热量从低流向高在自然情况下是不可能的，除非有大量额外的能量逆向做功。熵是衡量系统无序程度的一个物理量，越无序做功效率越低，熵值就越高，这个系统越来越无序的过程便是熵增；系统内部越有规律，做功效率就越高，熵值也就越低，这个系统越来越有序的过程便是熵减；系统内部极为简洁、有序的状态便是负熵——一种做功过程中几乎没有能量损耗、如晶体般稳定的状态。

数字化转型在某种意义上是一场推动熵减的变革，它可以帮助企业降低价值交付过程中的无序程度，提高效率和生产力，实现可持续发展。但同样也是这场变革大大加剧了IT团队的熵增。熵与数字化转型如图8-1所示。

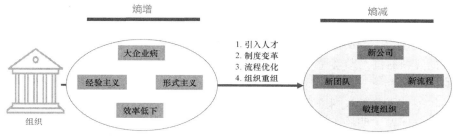

图8-1 熵与数字化转型

从外部看，IT团队在"时间紧、任务重、人还不够用"三重压力下，往往只能疲于应付，然后不得不陷入"脚踩西瓜皮，滑到哪里算哪里"的模式，团队效能大幅下降的同时加剧了恶性循环，结果是要么延期，要么通过投入更多资源才能完成交付。

从内部看，因为外部压力导致团队步履蹒跚，失去稳定状态的团队往往更难应对变化、及时识别风险和解决问题。而团队内和团队间的沟通与协作也缺乏节奏感，相互干扰大于相互支持，最终影响工作效率和工作质量。更高层面的内部提效和持续改进也无法落实，这种情况下能完成最小可用集合就是成功。

如何应对数字化转型这场旷日持久的变革呢？萨提亚变革模型给了我们应对重大、意外变化的方法。从图8-2中可以发现，只要是变革，都会引发一个混乱期。既然这是一种必然，那么研发团队如何缩减混乱持续时间与波动范围尽早进入新常态呢？可能"一千个人眼中有一千个哈姆雷特"，每个管理者对如何带领团队度过混乱期都有自己的理解，不改变现状直接"硬扛"有可能熬过去，拥抱变化"死磕"挑战也是一种选择。研发团队往往只有"死磕"这一个选择，而"稳定的节奏"是团队最好的死磕"抓手"，所以效能教练经常会在抗拒期导入最佳实践，以帮助团队尽早度过混乱期，建立新常态。当团队改变想法、整合最佳实践形成团队能力时，提升团队效能进入新常态也就水到渠成了。

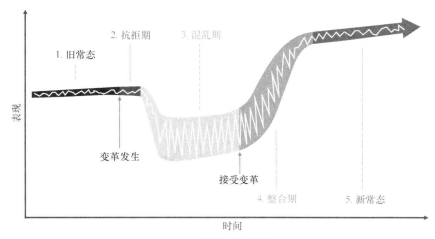

图8-2 萨提亚变革模型

8.1.2 "节奏感"帮助团队回归有序

二十四节气作为中国历法中的智慧结晶，指导着农耕。正如农民依据节气安排农事，研发团队也应遵循其特有的"节奏感"以期获得最佳成果。春季，农民播种，研发团队则着手规划项目；夏季，作物生长，研发团队则不断调整和完善计划，确保项目顺利开展；秋季是收获的季节，农民收割，研发团队则进行测试和交付成果；冬季，农民休息并准备来年农耕，研发团队则通过总结和回顾，明确下一步的行动方向，为新周期的开始做好准备。

大多数研发团队会发现保持节奏感需要一群人的努力，而破坏节奏感只需要一个人的"延期"就够了，结果成了"计划只是用来被突破的"。这里有"质"的问题，例如各种不达标与频繁返工；也有"量"的问题，不停加任务、不停要求推进故而难以保持节奏。虽然步履蹒跚，但团队仍要坚定前行才能尽早走出低谷，而节奏感就是行动时喊的号子，越乱越要有清晰的号子，让整个团队的步伐统一，重回有序。

8.1.3 掌控"节奏"，实现高绩效

积极心理学创始人米哈里·契克森米哈赖（Mihaly Csikszentmihalyi）在其著作《心流：最优体验心理学》一书中概述了心流理论：**心流是一种专注或完全沉浸在当下活动和事情的状态**。沉浸在心流状态让人的内在动机达到最佳，完全沉浸在自己正在做的事情中。每个人都有过心流体验，会在感到全神贯注、充满成就感的同时，忽略世俗的需求（如食物等）。当然，在这里我们不是要探讨通过"不吃不喝"来提高工作效率，而是要探讨创造什么样的环境可以让团队进入心流状态，从而达到"事半功倍"的效果。

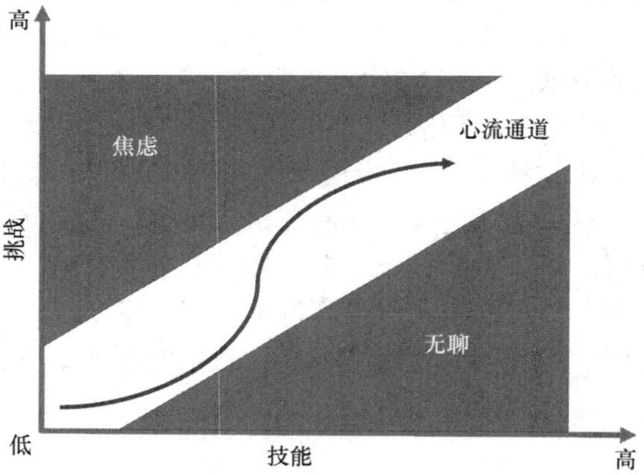

图8-3 心流通道

心流通道如图8-3所示，想要进入心流通道需要具备以下3个基本条件。

（1）**一个明确的目标**：缺乏明确的目标往往不能带来心流体验。

（2）**在技能和挑战中建立平衡**：需要设定一个能够吸引自己的注意力并对目前状态赋予信心的、具有挑战的目标。

（3）**绩效的实时反馈**：当看到自己表现良好时，会增加在心流体验中的自信和渴望。

集体心流状态是一种高度专注和投入的心理状态，可以提高团队成员的生产力和效率。在研发团队中可以通过一些仪式搭建心流通道，通过版本计划和迭代计划为团队成员提供清晰的目标，在这个过程中不断地进行协作和沟通，在平衡好技能与挑战的同时主动承诺，并周期性给予实时的反馈。这样就"短平快"地给团队建立了一个通往高绩效团队的基础环境，而"时

间盒"就是团队能力成长的阶梯。这个阶梯如果需要定义一个长度,那么建议为两周(迭代周期),使团队可以在两周的时间里不断地检视和校准自己的行为与结果之间的差异。

8.2　研发团队如何找回节奏感

很多事情都是"知易行难",例如Scrum框架(见图8-4),即便是声称自己已经"敏捷"并成功应用Scrum框架的团队也不一定能完全"照猫画虎"按照框架上要求的角色与活动落地实施。不是能不能导入某个实践,而是往往即便应用某些实践取得了较好的收益,也可能会因为种种原因无法长期坚持下去,更别说在"规定时间、规定地点"举行某种仪式了。

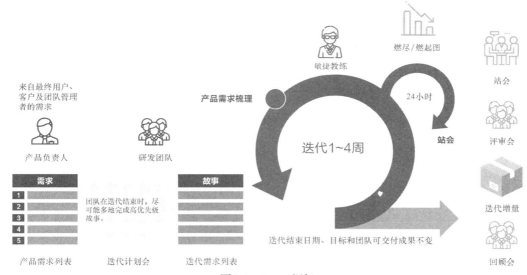

图8-4　Scrum框架

很多效能教练在导入某个敏捷实践时使用的是"先僵化,再优化,最后固化"的思路,可往往是团队刚刚僵化还没来得及优化,就不堪重负慢慢回到团队本来的样子。从整体来看,软件研发管理包罗万象,从需求管理、版本管理、迭代管理、测试管理以及质量管理都可以展开探讨,本节仅从研发节奏这个点切入,帮助团队找到节奏、稳定节奏并保持节奏,使其从偶然性中寻找秩序的必然。

研发团队最显而易见的节奏就是版本和迭代,版本是产品维度对外的发布节奏,包括但不限于功能增强、性能优化等。而迭代则是固定周期的开发节奏,主要是需求分析、开发以及测试等研发活动的集合。版本倾向对外,核心是需求实现,而迭代倾向对内,核心是准时完成。所以一个版本的需求可能由多个迭代来交付,也可能由一个迭代就完成交付。接下来,我们从需求演进、迭代交付和缺陷修复的角度来探讨如何找到节奏。

8.2.1   稳定需求演进节奏，做正确的事

很多人刚开始会认为敏捷开发的计划性比传统项目管理弱，甚至认为没有计划，有"敏捷就是快"的错觉。其实，相对计划而言，敏捷开发更重视规划。如图8-5所示，敏捷规划实际上是洋葱状的，产品愿景（年度）、产品路线图（季度）、版本计划（月）、迭代计划（周）、每日计划（日）是从年到天的一个"精细化"管理。感觉计划性偏弱是因为部分团队初期侧重于强化迭代计划和每日计划，也就是研发自身可控的计划，而弱化了版本计划和产品路线图这些偏向业务和产品层面不可控的计划，更别说组织层面的产品愿景了。

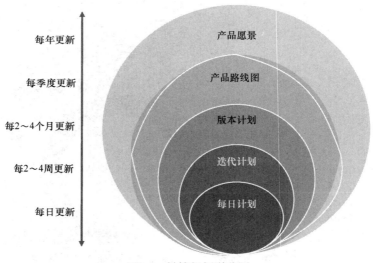

图8-5   敏捷规划洋葱图

可往往最大的不确定性就来自业务和产品层面，有很多因素导致研发团队一切工作的源头——产品需求阻塞。在"巧妇难为无米之炊"的压力下，研发团队只能把"需求半成品"加工成"产品半成品"，在"总不能让团队闲着吧"的思想下，让刚刚起步的团队就欠下了不菲的技术债，而一般先开发的东西往往又是功能简单的基础配置类"创建-读取-更新-删除"（create-read-update-delete，CRUD）需求，从此走上一条不归路。那么如何帮助团队走出这种困境呢？

（1）明确产品目标和形成产品规划。为了提升业务需求或者产品规划的确定性，产品经理要基于组织战略以及年度规划为每个版本明确愿景或者目标，进而形成清晰的产品路线图（见图8-6）。研发团队基于愿景或者目标开展工作，而不是能做什么就做什么。很多产品经理会问："无法保证正确的产品规划怎么办？"答案是："经常与业务团队、最终用户、高层管理者进行研讨，定期更新规划！"重点不是结果，而是经常性地达成共识、检视和调整产品规划。

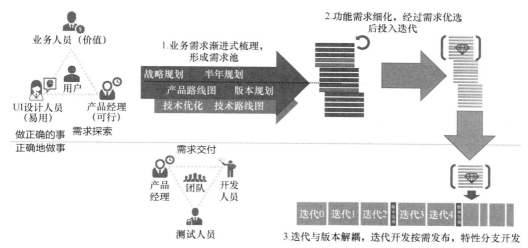

图8-6 明确产品目标和形成产品规划

（2）**版本滚动计划**。当我们确定了产品愿景或者目标，就可以持续滚动地对产品当前、下一个以及未来迭代进行版本计划（见图8-7）。我们可以采用用户故事地图，让整个产品的演进路线清晰起来，让团队可以基于整体规划提前开展风险和依赖识别、方案设计、技术预研以及资源协调等准备工作。

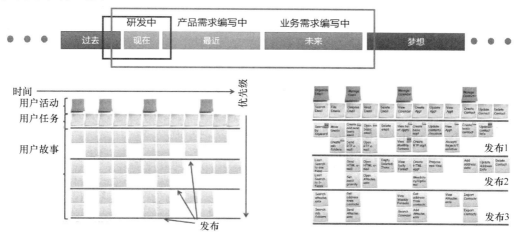

图8-7 版本滚动计划

（3）**统一产品待办清单**。产品经理和研发团队一起维护一个包括产品的所有未完成工作的待办清单，形成一个稳定的需求池，既保证团队能持续工作，又尽量不要让大量工作长时间处于等待状态。

（4）**需求分层管理**。为了便于拉通和对齐，对不同角色需要关注的需求层级体系进行定义。不同团队基于不同的团队协作模式与业务复杂程度有不同的需求分层管理方式。图8-8所示为四层需求层级体系。

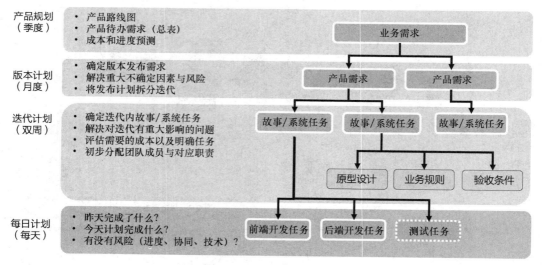

图8-8   四层需求层级体系

在Adapt框架的版本迭代双维管理中，也有"产品需求-系统功能-个人任务"三层需求层级体系（见图8-9），一般会根据具体的使用场景去定义。

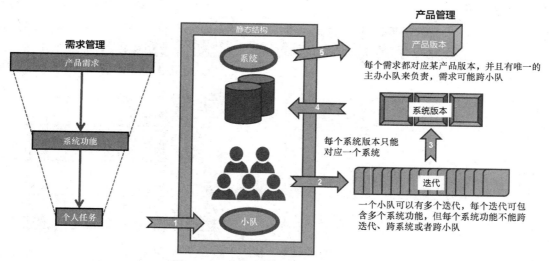

图8-9   Adapt框架的版本迭代双维管理

无论需求分几层，最终目的都是要把大事化小，虚事变实，让不同的角色可以聚焦自身最关注的内容。例如，研发人员关注个人任务层，研发团队层面则关注系统功能，业务团队与产品经理则更关注需求的整体进展。至于如何拆分需求则是另一个话题，这里不进行展开。

（5）**按优先级交付**。基于以上几步，团队应该得到了正确方向上的需求，为了确定交付次序，还需要给所有迭代需求定义优先级，以便团队交付不仅有正确的方向，还有正确的顺序，保证高优先级需求优先交付。

MoSCoW（must or should, could or would not的缩写）排序法是一种优先级分类方法，它把需求（功能）分为以下4类，帮助团队明确需求的优先级。

（1）**必须有**。如果不包含这些功能，交付可能失败。必须有的功能通常就是最小可行产品（minimum viable product，MVP）的功能。

（2）**应该有**。这些功能很重要，但不是必须有的。虽然应该有的功能与必须有的功能一样重要，但它们通常是为了更好而存在的。需要具体问题具体分析，然后最终决策。

（3）**可以有**。这些功能是客户期望的，但不是必须有的。可以有的功能可以提高用户体验或用户满意度。如果时间充足、资源允许，通常会包括这些功能；但是，如果交付时间紧张，现阶段就不会做，会挪到下一阶段或者下一个版本做。

（4）**这次不会有**。最不重要、最低回报的功能或者在当下不适合、不清晰的功能，不会被排到当前迭代计划中。

有时候，为了更直观地判断需求的优先级，也可以基于MoSCoW排序法定义需求分类，如图8-10所示。

图8-10 基于MoSCoW排序法定义需求分类

经过以上5个步骤，明确了产品目标并形成了产品规划，然后滚动地进行了版本计划，统一了产品待办清单，并进行了需求分层管理，通过需求优先级确定了交付次序，在源头上降低了不确定性，稳定了需求演进的节奏。

8.2.2 锁定迭代交付节奏，正确地做事

稳定需求演进节奏之后，很多刚开始接触敏捷的团队接下来的问题往往是为何迭代周期是两周，而不是三周、四周。从本质上来说，几周并不重要，稳定在某个时间长度上形成周期性迭代，让团队形成习惯更重要。默认两周是一个经验值，无论从业务团队的感受还是研发团队的实施上来看可能都是个平衡点，单周迭代是个"死亡迭代"，无法长期保持，是一种用"百米冲刺"的速度跑马拉松的节奏。而三周或者四周给业务团队的直观感受就是等下个

月，从心理上接受起来困难。所以，两周的迭代周期是一个供需双方容易达成一致的经验值。

对于迭代交付节奏，固定两周迭代周期只是万里长征第一步。排除外部干扰，从攘外先安内的角度，研发团队如果想保持住这个节奏，就需要有一个细化到天的两周计划。图8-11、图8-12和图8-13展示了不同团队设计的迭代日历。

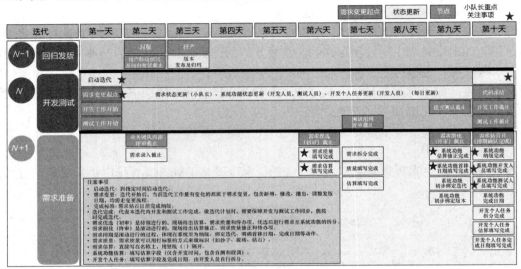

图8-11　迭代日历示例1（来源：Adapt社区）

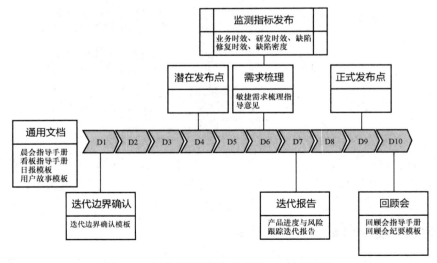

图8-12　迭代日历示例2（来源：ACT社区）

图8-13　迭代日历示例3（来源：某团队的Excel版迭代日历）

迭代日历能为稳定迭代交付节奏做出以下贡献。

- 共识工作内容与完成标准：迭代日历是研发团队达成共识的产出物。
- 明确工作计划与截止时间：便于各角色工作协同以及使延期风险透明化。
- 强化工作纪律：要么遵守规则，要么优化规则。

迭代日历设计关键点有以下几个。

- 迭代第一周第一天：开发人员直接开始编码（需求澄清已完成）。
- 迭代第一周第三天：测试人员完成测试用例。
- 迭代第二周第二天：代码移交测试截止。
- 迭代第二周第五天：需求澄清完毕（下一个迭代计划锁定）。

对于上述关键点，在实际操作中才会凸显出其"知易行难"。效能教练辅导团队在制定迭代日历时往往要"拧巴"一下才能把大家从原来的惯性思维里带出来，但在逻辑层面团队还是可以达成共识的。可执行时到了行为层面就不一定这么容易达成共识。

首先，需求澄清是否能够如期完成就是第一个挑战，它受限于研发团队与业务团队的协同方式和响应时效，有可能UI/UE设计频繁变更，也有可能技术实现方案有问题，还有可能当前迭代需求变更或者测试出的bug太多导致研发人员没有时间去澄清。

很多研发团队在第一步就进"坑"了，没有澄清需求就开始开发，边开发边澄清，测试时也在澄清，改bug时还在澄清，那么上线了还在继续澄清就毫不奇怪了。为了脱离这个困境，要么产品"深挖洞、广积粮"，形成可以进行需求优选的需求池，有问题的需求暂缓进入迭代；要么研发团队"偿还技术债"，从自身角度用优化需求来填补需求容量。否则需求质量无法保证，到该澄清需求时还有一堆bug需要修复，导致研发团队更没有时间澄清下一个迭代的需求，从此走上"债台越堆越高"的恶性循环。

其次，代码移交测试截止是否能满足要求，很多研发团队刚开始是在移交测试截止日统一进行移交测试，这会导致局部工作堆积。研发团队期待的情况是完成一个用户故事就测试一个用户故事，分批次完成测试工作，移交测试截止日移交测试最后一批用户故事，测试完成后整体再进行回归测试。

有的研发团队中测试人员地位略低，开发人员完成什么就测试什么，完全没有计划。其实测试人员完全可以作为"产品经理+项目经理"的备用角色来支持研发团队，因为测试人员一方面要理解需求并基于产品需求文档（product requirement document，PRD）确定结果正确，另一方面要跟进开发人员的移交测试计划并以此安排测试计划。这个过程可能会发生延期，这时测试人员就可以在站会时检视团队进展，及时发现延期风险，从而在过程执行与结果反馈方面发挥更大作用。

最后，开发人员能否在迭代周期的第一天就开始编码，是衡量需求澄清活动成效的关键标志。为了确保开发人员深刻理解需求，一些研发团队采取了"需求反讲"的实践，即安排在上周五或本周一由开发人员向产品经理讲述他们对需求的理解和计划的实现方案。这一过程有助于验证开发人员对需求的准确把握。此外，一些研发团队还会在开发阶段结束后，要求开发人员向测试团队进行"现场演示"，这不仅确保了开发成果的质量符合移交测试的标准，也促进了团队间的沟通和协作。

当研发团队严格按照迭代日历运作，就能建立稳定的迭代交付节奏和能力，即每两周能够按照团队容量稳定交付成果。这种一致性和可预测性将显著提升团队对外的信誉度，给业务团队"言出必行"的可靠印象，即一旦需求被排入迭代计划，就能够确保按时完成。

8.2.3 平衡缺陷修复节奏，得正确的果

正常情况下，管理好需求就等同于对齐了目标、明确了范围、降低了期待；研发团队只需对完成标准达成共识，强化纪律，消除风险、按时完成需求交付，需求就可以上线了。但在大型项目中，需求上线前还需要跨系统端到端拉通测试，有时候为了确保万无一失还要增加用户黑盒测试和子场景测试，或者拆分端到端测试，进行更细致的段到段测试。一般在测试过程中开发人员已经开始进行下一个迭代的开发，只能并行修复缺陷，而从某种角度来说，缺陷也是一类"跑丢"的需求，甚至很多还是必须有的需求，因此，并行期的缺陷管理对于研发团队而言等同于临时需求的管控，那么如何控制缺陷修复节奏才能既提升产品质量又不延期上线呢？

首先，要明确各阶段测试的核心工作目标，避免问题逃逸到下一阶段。

- 功能测试：迭代内完成，对齐产品需求文档，验证功能正确性，拉通上下游系统，确保功能和接口正常工作。
- 集成测试：迭代外完成，通过端到端的数据，拉通具体场景上下游功能，确保不发生阻断性问题。
- 用户验收测试：迭代外完成，通过正常流、逆向流以及异常流验证全链路功能，确保产品功能符合业务需求。
- 黑盒测试：迭代外完成，通过随机测试，确保系统非正常操作的处理逻辑和防呆设计可以帮助用户避免误操作。

其次，要明确bug等级，根据等级来明确bug响应优先级与响应时效。

- P0：表示阻塞，主流程无法跑通，系统无法运行，系统崩溃或严重报错，应用模块无法启动或异常退出，主要功能模块无法使用。
- P1：表示严重，影响系统功能或操作，主要功能存在严重缺陷，但不会影响系统稳定性。

- P2：表示一般，界面、性能缺陷，次要功能存在缺陷，但不会影响系统稳定性。
- P3：表示轻微，易用性及建议性问题。

一般情况，P0和P1级别的bug要求$T+1$时间内解决，P2和P3则可以排入后续迭代。有时候，测试人员或者用户对bug级别有不同的理解，为了避免紧急问题插队过多导致研发团队迭代节奏混乱，需要每日对bug级别，特别是P0和P1，达成充分共识以保证真正的问题能够快速得到解决。

再次，要明确出现bug的原因。出现bug的原因及发生阶段如表8-1所示。测试阶段通过观察、分析质量数据能帮我们发现过程盲区。有些时候并不是bug改得快就能赢，还要通过复盘和反思明确这个"结果"的"根因"，及时"亡羊补牢"才是正途。

表8-1　出现bug的原因及发生阶段

原因	发生阶段					数据统计
	需求调研	方案设计	详细设计	程序开发	其他	
需求变更					√	×
设计错误	√	√	√			√
功能缺失	√	√	√	√		√
接口错误	√					√
接口错误（业务内）		√	√			√
接口错误（业务间）		√	√			√
接口错误（外部）		√				√
分支逻辑错误				√		√
计算逻辑错误				√		√
违反编码规范				√		√
数据定义错误		√				√
性能问题				√		√
交互优化				√		√
配置错误					√	×
数据错误					√	×
操作错误					√	×
既存问题					√	×
无法再现					√	×

最后，通过明确测试核心工作目标、bug等级和出现bug的原因，我们已经知道在什么阶段出了哪个阶段引入的问题，如果问题呈收敛趋势还好，如果是层出不穷，呈发散趋势，则会打乱好不容易保持住的迭代节奏。这是因为大家都去改bug，下一个迭代的需求又草草澄清了事，然后下一个迭代又出了更多的bug，往往就这么走上了"利滚利"的不归路。

此时，团队可以采取以下策略从泥潭中逃脱。

- **短期缓解策略1**：只解决P0和P1级别的bug，对于其他bug，与业务团队协商将其作为未来的迭代优化需求进行排期，分期偿还。
- **短期缓解策略2**：如果bug特别多，可以选择推迟下一个迭代部分非必须有的需求（需求分级带来的弹性）的交付，全力解决全部bug。
- **长效措施**：解决bug后，基于质量数据进行根因分析与复盘，找出迭代过程中的改善点，并采取质量强化措施。一般会从交付过程改进和工程能力提升两个方面入手。

交付过程改进的具体举措有很多，常见的措施有以下几个。

- **明确阶段DoD（Definition of Done，完成的定义）**：如产品需求文档开发准入要求、开发移交测试、开发准出要求、测试完成准出要求等。
- **增加需求反讲环节**：作为需求澄清的必要环节，由开发人员向产品经理讲解自己对需求的理解。
- **增加现场演示环节**：开发人员自测完成之后，向测试人员进行核心功能演示，通过后进行移交测试。
- **推动测试左移**：测试人员更早参与需求讨论，在开发之前完成对测试场景的分析并尽早与产品经理和开发人员两方达成共识。
- **频繁小批量代码评审**：针对部分交付质量不达标人员的代码进行一对一评审或集体评审。

工程能力提升常见的举措有以下几个。

- **代码静态分析**：使用代码扫描工具，及时发现代码问题。
- **自动化API（application program interface，应用程序接口）测试**：通过自动化脚本对接口进行自动测试和自动回归。
- **分层流水线**：建立开发自测、集成联调、测试、发布流水线并频繁构建，快速获得反馈。

通过稳定需求演进节奏管控住入口，以及平衡缺陷修复节奏管控住出口，就能给团队一个相对安全的外部环境来磨炼"内功"，从而达成更快地"消化"需求、更好地"交付"质量的目标，回到敏捷的初衷——"稳定而持续地交付高价值需求，团队也能不断成长"。

8.3 常见稳定节奏小妙招

在实际工作中，研发团队还会遇到一些干扰节奏的"非正常"因素，下面就列举一些常见的共性问题和应对方式。

（1）遇到节假日，迭代时间是顺延还是不变？

建议维持按双周迭代的节奏不变。如果因为小长假这种特殊情况导致迭代实际工作日出现1～2天的增减，可以用工作量增减来匹配工作日的变化，从而维持周期不变。如果遇到黄金周这种超长假日，则可以增加一周，虽然实际工作日可能也是1～2天的增减，但从整体上可以帮助我们从周的维度维持稳定节奏。

（2）迭代开始日期和结束日期如何设置？

建议维持迭代开始日期和结束日期不变，一般第一周的周一为默认开始日期，第二周的周五为结束日期。遇到工作延期、需求插队或者人员请假等情况，也要按时结束。要么加班搞定，要么减少工作量，以保证大节奏不变。

（3）一个迭代要投产两次如何处理？

一个迭代投产两次要解决两个问题，一个是迭代内发布点如何设计，另一个是紧急发布如何处理。

首先，一个迭代是可以存在两个固定发布点的。例如第二周周四为发布点的情况，理论上第一周周四可以做临时发布点进行发布，以应对突发情况。但不建议形成常态化发布节奏，团队应具备随时发布的能力，但不代表随时要发布。从周到天到秒的随时发布也是工程能力提升的体现。

其次，紧急发布就无法规划发布点了，因为往往计划没有变化快，为了能够立马解决生产问题，往往会尽快发布完成。但这里要注意的是，研发团队应该检视迭代过程是否有可优化的空间，避免未来频繁紧急发布。

（4）产品需求没有澄清、确认完成，导致迭代无法启动怎么办？

需求数量或者质量无法满足要求，导致迭代无法开展，是最常见的情况。

首先，要在项目启动后做好产品规划；其次，在首次迭代开始前可以快速启动，加速需求澄清，对齐速度，拿到可以满足迭代最低启动容量的需求；再次，研发要积累技术需求池，以便在产品需求不足时可以填补迭代需求池。这也意味着技术优化、预研、低优先级bug以及技术债等是产品需求有益的缓冲。

（5）迭代运转起来之后，感觉越来越"卷"，完全没有缓冲空间怎么办？

没有节奏很可怕，节奏太快，团队疲于奔命也不健康，毕竟我们无法以百米冲刺的速度跑完马拉松。所以，团队管理者要在节奏不变的情况下，让团队有缓冲的空间。例如，迭代中的回顾会是一个停下来思考如何做得更好的时机（有的团队忙得没有时间开会）；又如，连续几个产品需求比较多的迭代之后，可以排一个以技术需求为主的迭代，让产品经理和研发团队都缓冲一下。当然，也可以在个人工作量上做些不均衡分布，让大家轮番冲锋。

8.4 小结

研发节奏在数字化转型的过程里是个不起眼的点，但它又难保持。透过这个点去管中窥豹，对研发团队的健康度会有一定的感知。就好比健康这个事，临时抱佛脚偶尔健身不一定能有帮助，它需要长期保持健康的生活习惯。希望本章能引起读者对研发节奏的重视，理解节奏感和高效能团队之间的关系，帮助读者找到抓手，从需求演进、迭代交付以及缺陷修复的角度，为团队建立稳定的节奏，为打造高绩效团队奠定基础。

第四篇

人才体系篇

　　得人才者得天下。无可辩驳，组织的人才战略是组织战略中最重要的板块之一。在明确了组织的战略方向、管理目标、组织阵型设计和研发过程之后，我们需要考虑组织中"人才"这部分。这涉及组织需要什么类型的人才，为什么需要这类人才，这类人才所需的能力域参考模型是什么，这类人才的培养路线是什么，这类人才的应用场景是什么，这类人才的行会组织阵型和运作机制是怎样的，各类人才行会与其他人才行会之间的协同机制是怎样的，如何搭建组织数字化人才梯队的架构，以及该架构如何建设和运作等。

　　研发团队中涉及的角色有产品经理、开发人员、测试人员、运维人员和效能教练这5类。我们发现大部分研发组织在产品经理、开发人员和运维人员这3类角色上都有相对较好的培养和管理方式，而在测试人员和效能教练这2类角色的培养和管理上都还有较大的改善空间。因此，本篇着重介绍测试行会和效能行会中这2类人才的培养和管理。

　　第9章介绍在数字化转型过程中，相对比较传统的测试角色在面临新的挑战时，如何构建组织阵型，如何持续赋能测试使其保持活力，为提升组织的交付能力贡献力量。

　　第10章介绍相对较新的组织——效能行会。效能行会包含一个相对较新的效能教练角色，介绍效能教练如何随着软件研发数字化管理转型过程进化而来，如何为组织构建可持续发展能力，如何构建效能教练的能力域和职责体系，如何针对人才实施"选育用留换"的机制。

　　本篇各章比较偏重顶层架构设计，同时有大量真实案例供读者参考。

第**9**章

测试行会

第3章中介绍过，行会是由一群具备特定技能、知识、经验的人员以虚拟或虚实结合的形式构成的组织。在本章中，我们将深入探讨研发团队中测试这一群体，在组织进行数字化转型这一时代背景下，为什么需要建立测试行会，需要建立怎样的测试行会，以及如何运作测试行会以保证目标的达成等。本章的末尾会以一个实际的案例，来说明组织如何通过构建并运作测试行会，以解决组织中开发和测试的协同问题。

本章的目标是帮助读者了解构建测试行会这一组织阵型的目的和运作方式，并通过一个具体案例进行说明。

9.1 为什么需要测试行会

在传统金融组织里，测试人员以及测试相关事宜通常由一个测试部门进行统筹管理。但近些年，随着研发团队人员规模增大和管理复杂度增加，我们看到在不少组织中测试部门进行了拆分，不同测试人员服务于不同开发部门，也有公司取消了测试部门，而由开发部门直接对测试进行管理。这些举措对不同职能的融合起到了一定的作用，但从长期看对测试专项能力的统筹建设有一定影响，想要更好地实现组织的测试管理，是需要其他手段进行辅助的。

在组织中，测试人员相比开发人员少，属于"少数群体"，通常工作在不同领域的研发团队中。对身处各团队的测试个人来说，想要自主进行一些长期的专项规划建设，提升战斗力，难度甚大，例如进行测试能力提升或工具体系建设，需要集众力与资源支持，共同规划执行。而组织中的各部门间往往又有部门墙，哪怕设有独立的测试部门，也是以各测试部门为营，很难站在组织视角考虑统筹测试专项规划建设。如何凝聚测试这个重要兵种，使其保持活力、持续交付与成长，便成了一个难题。

这些年，我们在金融行业中对不同组织测试专项规划建设的观察与辅导中，发现以下几个共性问题。

- **资源统筹难**。例如，常态化抢占测试人员和测试环境来应对准时交付，不同团队互相争夺测试资源，通常是谁越强势谁就能获得越多的资源。在这种情况下，测试经理一直在到处救火，处理纠纷，不仅吃力不讨好，还无法保证人员稳定性，长期缺人、缺资源，却说不清人和资源到底用在了哪里。
- **工具建设难**。例如，测试工具建设难度大，而测试资源都在研发团队，组织抽不出人力来建设工具，或者抽调各部门人员组成的工具研发团队又闭门造车，在不了解实际诉求的情况下开发，导致研发团队不愿用工具，即使强行推动使用，也只能收到不好用的实际反馈，加大研发团队的心理抗拒，从而形成恶性循环。

- **流程优化难**。例如，测试流程规范过时，没有测试专家维护与优化；现有规范既起不到提升测试质量的作用，又限制了测试效率，而研发团队为了合规，做一些无意义的测试和代码修改，甚至为此延迟上线，名义上的流程管理者却对此毫不知情。
- **能力培养难**。例如，测试人员每天看起来忙忙碌碌，却未见测试能力提升。对前沿技术、提升工作效率的工具都不甚了解，甚至失去了学习欲望，沦为重复执行测试的工具，长此以往，组织也将丢失自己的技术竞争力。

这些问题都非常复杂，想要解决则需要站在组织角度，对测试专项规划建设进行长期统筹规划。在我们看来，测试行会便是最好的解决方案。

测试行会构建横向的跨部门、跨部落的组织阵型，以汇聚组织中"少数群体"（测试人员）的力量，解决组织发展过程中测试的共性问题，为提升组织的交付能力贡献力量。不同于单一测试部门的集中管理方式，测试行会不是为了集中而集中，而是基于共同目标进行合作，其目标在于实现测试资源的共建与共享，为各部门提供协同合作的机会。测试行会与单一测试部门的大联合不同，其更侧重于实现组织目标，在测试行会长的统一牵头下，减少了受某个特定测试部门的制约，增加了跨部门协同的沟通渠道。并且，测试行会拥有一定的绩效考核与专业评级权力，对于贡献多和积极投入的人员，可以给予一定的正向反馈与激励，以此激发大家突破部门墙，更多地向着组织目标努力。

举个例子，我们看到一些大型银行组织内部存在多个测试部门，这些部门之间交流较少，部门之间存在壁垒。其中，一些部门需要频繁进行重复性测试，迫切需要具备自动化技能的人才，然而，自主培养这样的人才成本高且困难重重，而组织层面的自动化团队又无法及时满足众多部门的需求。因此，通过联合银行内专家团队以及志同道合、有相似职责或诉求的人员，共同组建自动化测试行会成为解决之道。这种行会机制打破了部门之间的壁垒，使各部门能够携手同行，共同打造组织的自动化测试人才梯队，让测试人员不断学习，解决各个部门所面临的困境，并逐步完善自动化流程和制度建设。而这些付出与成果，都会被测试行会所记录，最终以各种形式（包括荣誉表彰、绩效、专业评级晋升等）反馈给所有相关人员。

9.2 测试行会概述

鉴于不同组织的复杂性，不是所有组织都以一个统一的组织级测试部门为主。为解决跨部门困境，我们提出测试行会的概念：它是一个由具备特定技能、知识和经验的人员（主要是测试人员）聚合而成的虚拟或虚实结合的组织。

测试行会的工作以提升专业能力和交付能力为中心。

- **提升专业能力**。通过持续的学习和技能提升，测试人员可不断增强自身的专业素养，掌握并应用最新的测试技术和工具。测试行会提供培训和知识共享的机会，促进跨团队、跨部门的协作与合作、共享经验，以提升整体专业水平。测试行会打破了组织中的信息孤岛，促进了知识的流动和团队之间的互动。测试行会鼓励测试人员主动探索和引入新的测试方法、工具和技术，以提高测试效能和创造力。它提供了一个创新的平台，鼓励测试人员分享他们的经验和想法，推动组织的持续改进和发展。

- **提升交付能力**。测试行会通过制定和推广标准化的测试流程和方法，优化测试资源的分配和利用，提高测试效率和质量。同时，测试行会积极引入自动化测试技术，提升测试的自动化水平，从而加快交付速度并降低错误率。

测试行会的运作是以目标管理为导向的。

在现在快节奏的研发过程中，投资自动化能力建设已经成为组织提质增效的必要手段之一，对大型银行组织而言尤为突出。然而，大型银行组织往往面临以下多重痛点。

- **技术难点**。由于系统众多，技术栈繁杂，适用的自动化测试技术也各不相同，例如使用不同编程语言的测试框架、编程式或低代码式的解决方案、集中式或分布式的测试调度策略等，应用和融合这些技术需要专业研发人员的支持，并需要不断更新和升级，以满足团队持续迭代演进的需求。
- **组织难点**。大型软件研发团队通常规模庞大，团队之间、部门之间甚至中心之间的协作都需要协调。为构建和维护自动化测试平台，需要有统一的标准和流程来支撑。这些问题需要聚集组织内众多专业的自动化人才来解决。
- **资源投入难点**。构建统一的自动化测试平台需要投入大量的人力、物力和财力，包括研发人才的招聘与培养、硬件和软件设备的采购和维护等。这需要软件研发团队的高层管理者和各中心部门的管理者对自动化测试的重视和支持。

在大规模研发组织的职能"竖井"的结构下，构建统一的组织级测试平台是一个艰巨的任务。管理者可以构建虚拟的测试行会来解决组织中与测试相关的以下问题。

- **针对技术难点**，测试行会通过分析组织现有系统和技术栈情况，探索适用于不同系统和技术栈的自动化测试技术。通过招聘和培养专业研发人员来支持和持续更新、升级自动化测试平台，确保自动化测试技术的应用和融合能够满足团队持续迭代演进的需求。
- **针对组织难点**，测试行会推动统一标准和流程的制定和推广，以支持自动化测试平台的构建和维护。它通过聚集组织内众多专业的自动化人才，协助组织克服协作与合作中的困难和障碍。
- **针对资源投入难点**，测试行会能够全局分析规划，构建统一的自动化测试平台所需的人力、物力和财力投入，促进了软件研发团队的高层管理者和各中心部门管理者对自动化测试的重视和支持，以确保充分的资源投入，包括研发人才的招聘与培养、硬件和软件设备的采购与维护等。

通过解决自动化能力建设过程中的问题，赋能测试人员自动化测试能力，进而提升交付能力、提高组织的竞争优势。

测试行会的目标来源有两部分，一部分是自上而下的，即组织战略规划目标、年度/季度/月度战术执行策略等的拆分，测试行会的目标需要与组织目标保持方向一致，以获得上层管理者的支持；另一部分是自下而上的，即组织中各测试部门运作发现的问题和对发挥测试人员最大效益而希望采取的管理诉求等，这两部分的内容共同构成了测试行会的目标。

测试行会的目标可以从人、事、流、赋4个维度考虑（见图9-1），以确保测试行会在软件研发团队中的有效运作和价值发挥。

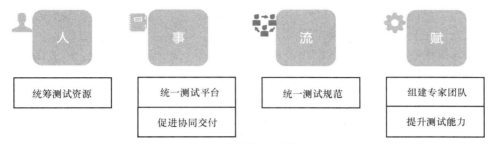

图9-1　测试行会的目标

管理"人"的维度应做到以下几点。

- 建立跨团队、跨部门、跨行会的沟通渠道，建立组织自上而下和自下而上的信息发布和反馈渠道。
- 优化测试资源的分配和利用，确保测试工作的高效进行。
- 促进开发和测试的融合、提升小队化运作能力。
- 提升测试人员的专业素养和技能水平，包括测试方法、工具和技术的应用能力，以及软技能如沟通、协作和问题解决能力等的提升。
- 激励和鼓励测试人员创新思维和持续学习，以适应不断变化的软件研发环境。

管理"事"的维度应做到以下几点。

- 建立组织级统一的测试平台，促进规范和流程的落地。
- 引入自动化测试技术和工具，提高测试的自动化水平，减少重复工作和人为错误，加快交付速度。
- 推动持续集成和持续交付实践，优化测试与开发、部署的协同工作流程。
- 配置和维护适当的测试环境和设备，以支持不同类型的测试活动。

管理"流"的维度应做到以下几点。

- 建立标准化的测试流程和方法，确保测试工作的规范性和一致性，提高测试效率和质量。
- 针对不同业务领域的测试需求，制定适合的测试规范，确保测试工作的有序开展。

管理"赋"的维度应做到以下几点。

- 提供必要的技术支持和培训，确保测试人员能掌握和应用合适的测试技术和工具。
- 通过构建专项能力测试行会（如自动化、性能、环境管理等行会），提升测试人员专项测试能力。
- 提供适当的测试资源和设施，包括硬件、软件、测试数据等，以支持测试工作的进行。
- 积极寻求和引入创新的测试方法、工具和技术，以提高测试效能和创造力。

- 构建学习型组织，定期进行测试技术分享、跨行会测试技术交流，提升组织整体测试能力。

测试行会全面关注测试人员的发展、测试流程的优化、资源的合理配置和测试能力的提升。它从人、事、流、赋4个维度的目标出发，致力于提升测试人员的专业能力，进而提升整个组织的交付能力。然而，作为非交付条线（部落），测试行会在某些方面存在天然劣势，那就是不涉及测试人员在交付条线的事务管理。

在产品部落机制中，交付条线的事务由小队长和部落长来管理。因此，可能存在部落和测试行会在测试角度上的目标不一致的情况出现。有时候，由于较高的交付压力，能力建设可能会被压缩甚至完全无法开展。从组织长远发展来说，能力建设与交付同等重要，能力建设是确保组织长期健康发展的基石。为了确保组织在长远发展中取得成功，必须平衡短期交付压力与长期能力建设。如果测试人员一直忙于交付，而无暇参与能力建设，将对组织的长远发展产生不利影响。为了确保能力建设能够持续、有效地运作，将测试行会的运作目标拆解纳入部落/小队的日常运行，并将其纳入统一的绩效考核中，是一种非常有效的实施方式。

通过将测试行会的运作目标纳入绩效考核中，可以有效地推动组织成员参与能力建设。这样一来，测试人员不仅会关注交付任务，还会投入精力和时间来提升自身的专业能力和技术水平。同时，这种绩效考核机制也可以确保能力建设在繁忙的工作中不被忽视，能够得到充分的重视和资源支持。

通过平衡交付压力和能力建设，组织能够更好地实现长期健康发展。同时，这种实施方式也能够促进部落和测试行会的协同合作，确保各方在达成各自目标的过程中保持一致。只有这样，组织才能够在竞争激烈的市场中持续创新、适应变化，并实现长远的成功。

9.3 测试行会阵型

在Adapt框架中，行会是一种通用的组织阵型结构。测试行会阵型涵盖了从由部落层次的成员构成的部落级测试分会，到由部门层级的成员构成的中心级测试行会。图9-2清晰地展示了测试行会的层级关系。

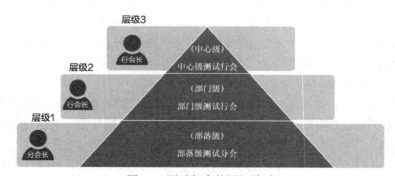

图9-2　测试行会的层级关系

首先是层级1，由跨小队（部落级）的测试人员组成的部落级测试分会，分会长负责统筹管理；其次是层级2，由跨部落（部门级）的各分会长组成的部门级测试行会，由部门级测试行会长全面协调管理；最后是层级3，由跨部门（中心级）的各部门级测试行会长组成的中心级测试行会，由中心级测试行会长负责统筹管理。通过构建这样的三层体系，我们在组织内建立了自上而下和自下而上的信息发布和反馈渠道。

测试行会是与纵向交付条线（部落）区别开来的横向组织，在实际组织中构建时也会因组织的现状差异而有所不同。然而，横向组织阵型的本质是在不改变原有组织阵型的基础上，通过建立测试行会组织来最大程度地统筹管理分散在各个部落中的测试人员，以解决与测试领域相关的问题。因此，在实际应用中，企业需要结合组织的实际情况，以实际问题为导向构建适合自身的测试行会阵型。尤其是在大规模研发组织中，由于测试人员属于稀缺资源，往往无法完全配置在小队级别上，因此可能直接在部门级上构建测试行会。

测试行会内设有行会长、专家成员和普通成员等角色，测试行会角色、职责与进出方式如表9-1所示。

表9-1 测试行会角色、职责与进出方式

角色	职责	进出方式
行会长	负责行会内主要事务开展，如例会、规范制定、统一流程、人员赋能、行会成员考核等	任命
专家成员	参与定期会议，制定规范，分享测试相关知识，反馈目标推进进展、遇到的问题，执行行会决议事项	各部落指定人员，进入需要部落长审批，退出需要做好工作交接
普通成员	参与定期会议，提供反馈与建议，反馈目标推进进展、遇到的问题，执行行会决议事项，分享测试相关知识	各部落指定人员或者兴趣爱好者，进入需要行会长审批，退出需要做好工作交接

9.4 测试行会的运作机制

测试行会的持续良好运作，需要一个行之有效的运作机制来保障。为此，我们构建了3个层次的测试行会运作机制，如图9-3所示。

首先，在基层的部门级，通过测试团队内部的测试行会例会机制，对齐测试人员的目标、计划和执行情况，并及时反馈过程中的问题。同时，通过开发部门的部门例会机制，对齐开发和测试协同过程中的相关信息和问题。在这个层次上，测试部门和开发部门本身能够解决80%～85%的问题，剩余不到20%的共性难点问题可能需要上升到中心级。

其次，在中间的中心级，测试行会涵盖各个领域专家级人才。通过这些专家级人才进行专题诊断，形成专项改进建议，并以项目化形式进行运作，定期检视运作效果，分析并不断调整策略，以最终解决问题为目标。

最后，中心级也无法解决的问题，例如人员不足、工具采购等，需要进一步上升到管理办公会议、议事会等高层决策会议上，向高层管理者汇报并最终决议。需要上升到这个层次的问题很少，可能不到总量的5%。这是整个机制的最上层。

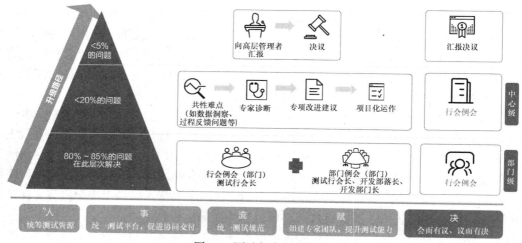

图9-3   测试行会运作机制

从上述运作机制可以看出，实际上其本质是一些日常的会议和汇报机制。然而，需要注意的是，如果每个会议都独立运作，对参与行会的人员和组织来说可能是个不小的负担。因此，我们建议不要单独设立新的会议，而是将测试行会要解决的问题纳入组织原有的运作机制中，将其作为原有部门日常管理的一部分进行运作。这样，在不额外增加会议的情况下，就能够解决测试行会实施过程中遇到的问题。

依托现有组织的管理会议流程，并建立问题上升的通道，我们构建了整个测试行会的运作机制，确保了在测试行会运作过程中各个层次的问题都能够得到有效解决。

9.5   测试行会案例

某组织由于历史发展原因，已形成三大开发部门和一个独立的测试部门的组织阵型。但是测试人员分布极其复杂，并不是只存在于测试部门之中。测试人员整体分布情况如图9-4所示。

- 开发一部：部门内部分小队招聘的测试人员，隶属于开发一部内部管理。部分小队无测试人员，由测试部门统一负责测试。
- 开发二部：部门内无测试人员。由测试部门统一负责测试。
- 开发三部：有部门招聘的测试人员，隶属于开发三部内部管理；有项目外包团队的测试人员，隶属于项目外包团队管理。部分小队无测试人员，由测试部门统一负责测试。

测试部门内的测试人员由部门内部统一管理，对外采用资源池模式，开发部门有需求要进行测试时，提交需求测试申请，由测试部门长协调安排测试人员来支持。

从调研中发现，整个组织中存在如下情况。

- 测试人员资源不透明，开发部门不清楚测试部门的测试人员情况，测试部门不知道开发部门的测试人员情况。
- 测试人员的管理不统一，难以统筹调配，测试人员的调配主要以测试阶段介入研发过程方式为主。

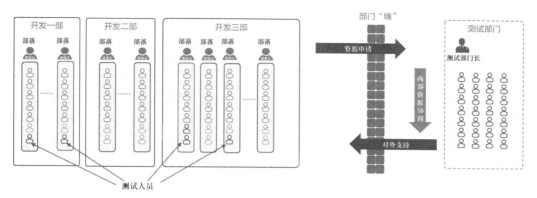

图9-4　组织测试人员整体分布情况

9.5.1　测试行会阵型演进方案

组织为了更快地响应市场的变化,加强研发过程中开发人员和测试人员的交付协作,开始实施产品部落机制,打造虚拟的纵向交付条线。这加剧了测试人员的分散情况,故如何做好测试人员的管理就是呈现在管理者面前的一个难题。

为了解决测试管理的问题,我们根据组织现有的情况,制定了短期、中长期的测试行会阵型演进方案,短期的测试行会阵型演进方案侧重于对测试人员进行统筹管理,促进开发、测试融合,提升小队的交付协作能力;中长期的测试行会阵型演进方案侧重于为组织构建长期的测试人员专业能力提升的管理。

1. 短期测试行会阵型演进方案

测试部门内的测试人员除负责专项事项的自动化测试人员、性能测试人员、环境运营测试人员以外,其他测试人员以开发部门为单位划分成3个小队,分别是开发一部测试小队、开发二部测试小队和开发三部测试小队。原先开发部门内的测试人员分别组成一个测试行会,分别是开发一部测试行会、开发二部测试行会和开发三部测试行会。

中心级构建跨各开发部门的中心级测试行会,由各开发部门测试行会长和中心级测试行会长构成。中心级测试行会长可以是部门测试职能负责人或部门级测试行会长,构建中心级测试行会可以进行跨部门的测试资源调配或实现组织级别的特定目标。

这种短期测试行会阵型演进方案如图9-5所示,其优缺点及适用建议如下。

- 优点:完全虚拟的组织,不影响原来的实体的层级管理和汇报链路,落地快,基本无"副作用"。
- 缺点:跨部门分组、跨部门测试支持较为困难。
- 适用建议:研发团队足够大时,测试分组也具备一定规模,部门内的管理复杂度比较低,不需要跨部门协调。

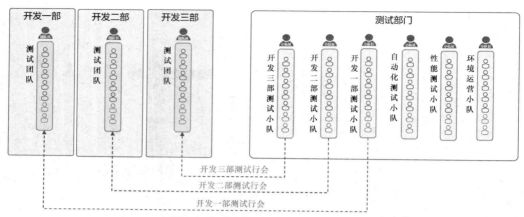

图9-5　短期测试行会阵型演进方案

2．中长期测试行会阵型演进方案

中长期测试行会阵型演进方案有两种。

第一种中长期测试行会阵型演进方案是：各开发部门内部建立独立的测试部落，内嵌到部门内各研发团队进行交付管理，中心级建立测试行会，统一人员招聘和培养，行会长拥有部分考核权以作为管理抓手。

这种中长期测试行会阵型演进方案如图9-6所示，其优缺点及适用建议如下。

- 优点：各部门自主管理测试部落，自给自足，内部把控质量问题，中心级可创建跨部门测试行会以达成组织级特定目标。
- 缺点：行会属于弱管理，存在推动构建企业级平台和公共能力困难的情况；在跨系统、跨部门的需求的理解和对齐上沟通协作成本高；跨部门测试资源支持十分困难。
- 适用建议：当团队担心变革带来影响时，稳步拉通各部门内的测试人员，让团队看到拉通后带来的益处。

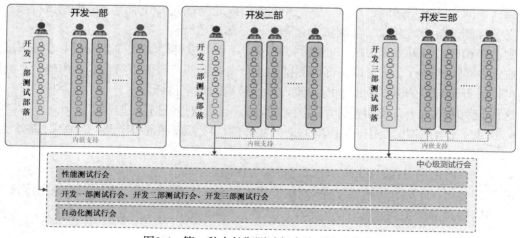

图9-6　第一种中长期测试行会阵型演进方案

第二种中长期测试行会阵型演进方案是：各开发部门无测试人员，组织建立独立的测试部门，统一测试人员管理、绩效管理，下设对应开发部门的独立测试部落，内嵌到部门内各研发团队进行交付管理。

这种中长期测试行会阵型演进方案如图9-7所示，其优缺点及适用建议如下。

- 优点：中心级统筹测试人力，聚焦重点，统一管理，有能力创建企业级平台和公共能力。
- 缺点：容易导致开发部门与测试部门协作割裂，开发部门与测试部门指标可能存在冲突。
- 适用建议：测试部门能够使各开发部门对应的具体人力透明化，保障人员基本不混用。需要调配时，需要征得开发部门的同意，测试部门长、测试经理有意愿放弃管理研发事务，专注做好人员赋能和能力建设。

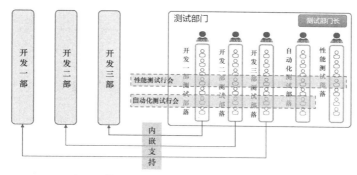

图9-7 第二种中长期测试行会阵型演进方案

3. 组织阵型演变应该从组织自身需求出发

组织阵型的演变是由组织规模、组织战略、管理者的管理风格以及外部环境等多种因素相互制约、相互影响而导致的。并不存在一种最佳的组织阵型，只有最适合组织自身发展的组织阵型。本节介绍的测试行会阵型是我们多年实践经验的总结，展现了具有较高的可行性的演进方案。在实际的组织阵型规划过程中，读者需要考虑自身组织的特点，以制定适合的组织阵型。

9.5.2 开发和测试协同问题

在明确了组织测试行会阵型之后，下一步就是实施运作。在实施运作初期，首先需要与各方人员对齐测试行会目标。通过与各层级管理者的沟通和与一线人员的访谈，综合考虑各方角色痛点问题，明确测试行会目标：促进开发和测试融合，解决开发和测试的协同问题。

开发人员和测试人员在研发过程中是需要密切协作的两个角色，然而通过一系列访谈和对现状的了解，我们发现实际运作中存在着一些问题，总结一下有测试资源不透明、开发测试协同差、需求移交测试质量差及测试效率不佳4个问题。针对这些具体问题，我们逐个进行充分沟通，并提出相应的解决措施，具体情况如图9-8所示。

接下来，我们就每个具体问题一一展开介绍。

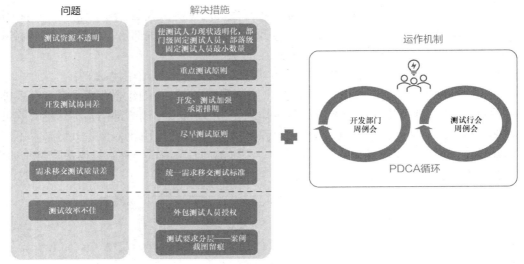

图9-8   开发和测试协同问题及其解决措施

1．测试资源不透明

测试人力不足是开发管理者最担心的问题之一。没有足够的测试人员，如何保障交付质量呢？因此，在测试行会的实施过程中，我们首要解决的是测试人力问题。

解决措施一：使测试人力现状透明化，部门级固定测试人员，部落级固定测试人员最小数量。

首先，测试部门进行测试人员盘点，明确对应各开发部门的测试人力。其次，测试行会长不能再跨开发部门随意调配测试人员，需和开发部门协商才能进行调配。通过这样的方式为开发、测试双方将测试人力现状透明化，确保开发部门能够获得足够的测试人力资源，消除开发部门管理者因为不知晓、无法掌控而产生的顾虑和担忧。

稳定的测试人员对开发和测试双方的协同合作非常重要，这使开发人员能够在需要时方便地找到测试人员。然而，在部门级上固定测试人员，范围可能有些宽泛，一个大部门可能有几百名开发人员和几十名测试人员。如果在部门内部任意调动测试人员，将不利于开发和测试之间的协同合作。因此，下一步就是在部落级上固定最小数量的测试人员（有读者可能会问为什么不进一步固定到小队级，这是因为该组织的测试人员数量较少，还无法按小队级进行分配。如果可以按小队进行分配，那将是非常理想的，但需要根据实际情况来确定）。

由于不同部落的需求连续性和稳定性不同，有时需求多，有时需求少，因此只需要在部落级上固定最小数量的测试人员，以满足日常的研发需求。当部落需求量较大时，需要增加测试人员进行测试，测试行会长可以在开发部门的测试人员中进行调配，当然，这也需要与开发部门管理者进行沟通和确认。

解决措施二：重点测试原则。

通过盘点测试人员发现，开发部门对应的测试人员还是偏少，无法覆盖开发部门的所有系统需求，如何保障质量就成为一个问题。通过测试行会运作机制中的开发部门周例会，在开发部门周例会上开发部门和测试行会长对齐了测试人员现状、开发部门负责的系统、各系统重要性等信息，共同明确了重点测试原则。这一原则的核心思想是质量是整个团队共同的责任，有限的测试人力应当优先保障核心和重要系统的质量，而覆盖不到的系统则由开发人员来负责保障。在开发部门内部，还需要有意识地加强质量建设。

为了实现这一原则，我们需要确保测试人员的投入能够最大程度地覆盖到核心和重要系统。这需要开发部门与测试行会长在开发部门周例会上进行充分沟通和协商，以明确每个系统乃至每个需求的重要性和测试的优先级。通过共同努力，可以合理分配有限的测试资源，确保核心和重要系统的质量得到充分保障。

2．开发测试协同差

开发部门还应当加强质量建设的意识。这意味着开发人员需要注重编写高质量的代码，进行充分的单元测试和集成测试，以及积极参与系统质量的改进和优化。只有通过全员参与协同，我们才能够在有限的测试资源下实现质量保障的最大化。

解决措施一：开发、测试加强承诺排期。

在以前的测试部门资源池模式下，开发和测试在需求排期方面存在割裂现象。在需求排期时，只有开发的排期而没有测试的排期，这导致产品经理无法得知需求何时可以进行测试和上线，开发和测试之间的衔接存在很多等待、浪费的情况。在引入使测试人力现状透明化、部门级固定测试人员和部落级固定测试人员最小数量的解决措施后，对测试人员提出了更高的要求。

现在，测试人员需要在需求澄清时提供测试估算，在需求排期时提供相应的排期信息。同时，开发人员也需要提供计划提交测试日期，以便测试人员能够合理安排工作，实现需求的端到端管理。这样的改进使得整个研发团队在需求排期方面的承诺性提升，同时也让产品经理对需求的规划信息更加明确，如图9-9所示。

解决措施二：尽早测试原则。

对于一些上线紧急、上线时间明确且不可变的需求，过去的测试方式通常是习惯性地将这些需求整体进行测试。然而，这种做法经常导致出现移交测试时间偏晚使测试时间不足的情况，从而引发测试人员对研发团队没有尽早提交测试的抱怨。

针对这类特殊而重要的需求，在测试行会周例会上，开发和测试双方进行了充分沟通并达成一致。我们明确了针对这类需求，研发团队应尽量将其拆分为多个批次进行移交测试，同时测试人员也应尽早介入测试工作，以确保需求按时上线，将时间作为交换的筹码。

这样的沟通和协商机制使得双方更加明确地理解了这类需求的特殊性和紧迫性。研发团队意识到将需求分批移交测试的重要性，方便测试人员能够更早地介入测试工作，提前发现和解决潜在的问题。同时，测试人员也明白在这种情况下，他们需要更加灵活和高效地组织测试活动，以确保按时上线的目标能够得以实现。

图9-9   开发、测试加强承诺排期

3．需求移交测试质量差

需求移交测试质量差是一个测试人员经常诟病开发人员的问题，但是实际情况往往是开发人员和测试人员都从各自视角看问题，采用的标准不一致。

解决措施：统一需求移交测试标准。

"开发自测不充分，需求移交测试质量差"，这个论断实际上是一个伪命题。在过去，如何评判开发自测的充分程度以及移交测试质量的标准一直都是一个模糊的领域，这也导致了开发和测试之间的相互推诿和抱怨。为了解决这个问题，我们需要做的是明确需求移交测试的标准，并统一定义，以消除任何二义性，从而消除开发测试协同中的摩擦。

通过测试行会的例会机制，双方进行了充分沟通，并明确了开发自测和移交测试的标准。我们以测试团队提供的核心/P0级别的测试用例开发自测通过为标准，要求开发人员加强自测工作，以提升移交测试质量。同时，测试人员会调整工作安排，确保在需求移交测试之前准备好核心/P0级别的测试用例。

这样的明确标准和协作机制有助于提高开发自测的质量，并确保需求移交的可靠性。研发团队会意识到自测的重要性，加强自测的深度和广度，从而提高移交测试质量。而测试团队也会根据标准和时间安排，合理规划工作，确保核心/P0级别的测试用例得到充分测试。

4．测试效率不佳

看起来很简单的一个事项，测试人员却需要耗费不少时间。在不了解具体情况的时候，不管是开发人员还是测试负责人都会认为是测试效率问题，但实际原因需要更深入分析才能发现。

解决措施一：外包测试人员授权。

在大型银行组织中，外包测试人员众多是一个显著的特点。然而，管理外包测试人员的方式常常备受诟病。

"测试人员经常没空参加需求评审会"，这是测试行会例会上开发人员提出的一个问题。自从有了例会沟通渠道，双方经常就研发过程的一些问题进行探讨、商讨解决方案。然而，就前面说的这个问题，测试行会长深入了解后发现，其实并不是测试人员没空，而是自有测试人员没空。

在部门内，既有自有测试人员，也有外包测试人员。然而，自有测试人员数量相对较少，与外包测试人员的比例约为1:9。根据测试过程管理要求，需求评审时要自有测试人员在，但由于自有测试人员有限，导致他们无法及时参加需求评审。

基于这样的情况，测试团队内部经过沟通和约定，明确需求评审时不一定都需要自有测试人员参与，自有测试人员可以指定外包测试人员参与，但自有测试人员对最终结果负责。这种约定可以缓解自有测试人员一定的时间压力，且仍确保了对测试质量的控制。

解决措施二：测试要求分层——案例截图留痕。

在银行组织的软件研发中，确保研发过程的安全合规是一个基本要求。然而，对安全合规的过度解读可能给测试过程带来一定的限制。

一个例子就是要求在测试过程中进行截图留痕。具有不同重要性等级的系统对测试过程管理的要求各不相同，但是在实际管理中却被一概而论，这导致测试人员在执行测试时可能存在一些浪费。为了提高测试人员的效率，测试团队内部经过沟通和约定，针对重要系统仍要保持截图留痕的要求，而对非重要系统则不再进行截图留痕。

这样的内部约定旨在平衡安全合规要求与工作效率之间的关系。对于重要系统，保留截图留痕的做法可以提供更全面的审计和追踪能力，确保安全合规的达成。而对于非重要系统，不再要求截图留痕可以减少不必要的工作量，使测试人员能够更专注地执行其他更有价值的测试活动。

9.5.3 案例总结

以上内容是一个组织在进行数字化转型过程中，使用测试行会的例子。通过构建定期的测试行会运作机制，构建起开发和测试之间的沟通渠道和问题上升渠道，让研发过程中的问题有会可议，议而有决，并能够将针对问题采取的措施落到实处，改善开发和测试的融合问题，切实改进部落/部门的交付情况。

9.6 小结

组织为了更快地响应业务变化，提升研发过程中各角色的协作效率已成为一种常见的手段。作为大规模研发组织中测试人员的管理者，在组织变化的过程中，如何更好地管理并提升测试人员的能力是需要首先考虑的问题。测试行会是经过实践并被验证的一种有效解决方案。读者可以根据自身组织的情况，逐步构建适合自身组织的测试行会运作机制，稳步提升组织的测试人员管理，为测试人员持续赋能。

第**10**章

效能行会

效能行会是帮助组织提升效能的组织，它包含在组织中扮演重要角色——效能教练，效能教练的主要作用是帮助组织与个人实现潜能的最大化。然而，如何选择、培育、运用和留住优秀的效能教练是组织需要认真思考和重视的问题。本章将从多个方面探讨这个问题。首先，我们将从多个层次探讨组织对效能教练的期望和需求，并明确他们的职责和所需能力。然后，我们将探讨如何培育出优秀的效能教练，包括培养组织凝聚力、构建组织心流，并对他们的能力进行认证。接下来，我们将通过两个案例，详细解析效能教练团队在组织中的运作和管理机制。最后，我们将讨论如何构建可持续发展的效能教练组织、如何留住优秀的效能教练，以及效能教练的绩效评估体系等。通过以上内容，我们将为组织提供可操作的指导和建议，以帮助组织实现效能教练的"选育用留换"机制的理想效果。

10.1　构建组织的可持续发展能力

目前，我们已经进入了比"VUCA时代"更不确定的"BANI时代"。"BANI时代"有以下几个特点。

（1）"BANI时代"的商业环境非常不稳定。由于技术和市场的变化，客户需求也经常发生变化。这对软件研发过程产生了巨大的影响。软件研发人员需要不断跟进市场变化和客户需求、不断进行调整和优化，才能确保软件在商业环境中的竞争力。

（2）技术创新是"BANI时代"的一个重要特征。新技术的不断涌现，给软件研发带来了很大的不确定性。例如，新技术的出现可能会改变软件研发的基本思想和方法，这需要软件研发人员及时学习和适应。同时，新技术也可能会影响软件研发的成本和时间，这需要软件研发人员调整研发计划和策略。

（3）"BANI时代"的竞争非常激烈。在这样激烈的竞争环境下，软件研发人员必须不断创新，提高和改善软件的品质和功能，才能保持竞争力。然而，这也会导致软件研发过程中的不确定性。例如，软件研发人员需要不断试错和试验，才能找到最优的研发方法和技术。

总之，软件研发人员需要不断适应和调整，才能在这样的商业环境中保持竞争力。同时，软件研发人员也需要不断学习和尝试新技术，以应对技术创新带来的不确定性。

在过往的咨询案例中，客户的一个咨询项目的周期往往是几个月到一年。客户对软件研发数字化管理转型的基本要求就是精、准、快，希望在短时间内能够快速呈现成效、看到结果，然后希望这种成效的模式能够快速复制，接下来就等着这个组织自行进化了。

　　然而，在持续回访的过程中不难发现，很多组织在咨询顾问离场后，是不太容易长期保持很多转型效果的。有些兼职的效能教练感觉组织已经不需要他了，就去忙其他事了；也有些兼职的效能教练因为执着于软件研发数字化管理转型活动实践的僵化执行，未适应团队的变化与成长。一段时间后，组织认为"敏捷的方法"不适用于团队，于是舍弃一些内容，回退到过去的管理方式。整体看上去，转型的效果是进3退1，有些组织甚至是进3退2。敏捷交付过程行为变形或终止，直接回到传统瀑布式的集中大批量交付，产生大量返工，致使组织交付效率低下。没有效能教练和有效能教练的差别如图10-1所示。

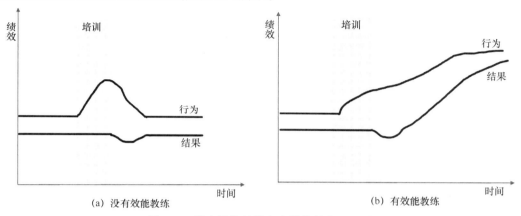

图10-1　没有效能教练和有效能教练的差别

　　为什么会变成这样？根本原因是缺乏一套可持续发展的软件研发数字化管理运行的机制。要形成可持续发展的机制，关键在于提高人和组织的软件研发数字化管理的运营能力，也就是说打下江山之后，还要有人来守江山，守江山一点都不比打江山容易。所以，需要有一套助力组织可持续发展的机制和体系来支撑组织持续运作和优化。那么，我们这套软件研发数字化管理的参谋体系——效能教练体系——可助企业的可持续发展一臂之力。

　　要形成效能教练体系需要先厘清组织对效能教练的需求。我们在跟客户交流的时候经常会听到一些高管的诉求，基本上所有的客户或多或少都会搭建一套研发效能管理平台或工具（如度量大屏），以度量、分析研发效能数据。但是，研发效能度量大屏本身只能展示数据，还做不到智能地说明数据背后的根因，需要进一步解读和分析数据背后的根因，才能展现数据所代表的团队现状。与此同时，整个组织需要推进持续改进闭环工作。所以，需要效能教练这样的角色深入一线，了解数据的具体情况，分析数据背后的根因，帮助管理层解读数据，以便管理层能够有效使用这些数据进行决策。其实，既懂研发效能又懂软件研发数字化管理运营的人，也就是效能教练，扮演的是一种"参谋"或者"军师"的角色。那么，所有的参谋和军师形成的或实体或虚拟的组织级的效能教练团队，就是CXO们的"智囊团"。

　　参谋指"参与谋略"。如图10-2所示，站在组织的角度，我们设计和构建效能教练体系的核心价值是让组织可持续发展。这套体系的设计原则与人力资源体系所遵从的"招培管评，选育用留"的用人原则是一致的，以"选育用留换"机制来构建效能教练六大能力域和六大职责。

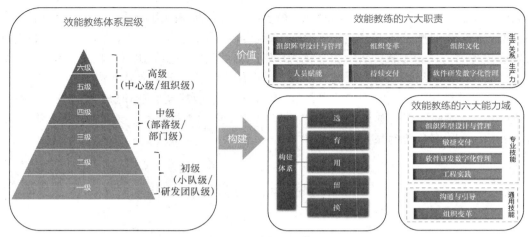

图10-2　效能教练体系

10.2　选择效能教练

当组织意识到提升员工能力和发展团队的重要性时，对效能教练的需求也随之而来。本节将从4个层次剖析组织对效能教练的诉求，以确定他们的六大职责和六大能力域。在此基础上，我们将引入判断一个人是不是适合作为效能教练的三大要素，帮助组织选择最合适的人才作为效能教练。

10.2.1　组织对效能教练的诉求

组织对效能教练的诉求可以落实到岗位诉求与岗位职责，如图10-3所示。我们可以从以下4个层次进行分析。

（1）表象诉求是推动研发团队采用敏捷交付的方式运作，即效能教练需要关注的是推动运作执行。他们需要确保团队成员按照流程、规范进行工作，达成预期目标。对于那些在执行过程中遇到问题的团队成员，效能教练需要给予指导和支持，协助他们克服困难，确保研发团队能够按照计划完成工作。

（2）直接诉求是引导研发团队用数据和敏捷的思维分析、解决交付管理的具体问题，提升研发团队效能，即效能教练需要关注的是保障交付、提升效率和稳定运作。他们需要确保项目能够按时交付，并保证质量符合要求。为此，效能教练需要利用软件研发数字化能力对项目的进度、质量和风险进行管理，及时发现和解决问题，协调和支持各个职能部门之间的协作和沟通，确保整个研发团队能够高效协同工作。

（3）中间诉求是作为研发团队效能负责人，带领研发团队避开或解决一切交付过程中可能产生的障碍，即效能教练需要关注的是明确标准、促进协作和降低耦合。他们需要及时发现和解决研发团队中出现的问题，并制定有效的解决方案。为此，效能教练需要与团队成员保持密切的联系，了解他们的需求和意见，并及时做出相应的调整。同时，效能教练还需要积极收集和分析数据，以便更好地了解研发团队的工作情况和进展，确保组织级改进战略落地。

（4）根本诉求是建立规模化的可持续发展的组织敏捷力，设计并推动组织改进变革，即效能教练需要关注的是如何提升组织效能，推广形成效能文化，培养优秀人才，建设流程与工具。他们需要与团队成员一起学习和探索最佳实践，不断优化流程和工具，提高研发团队的效率和质量。同时，效能教练还需要培养和激励团队成员的个人能力和团队合作精神，推广效能文化，为组织的长期发展奠定坚实的基础。

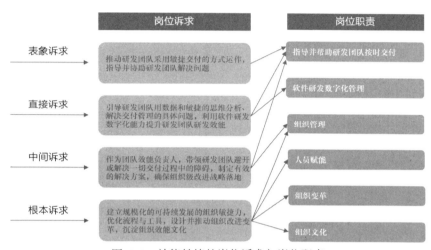

图10-3　效能教练的岗位诉求与岗位职责

10.2.2　效能教练的职责和层级

对于效能教练，理解组织对他们的期望，并确立清晰的职责是至关重要的。接下来，我们将基于组织对效能教练的诉求探讨效能教练的职责和层级。

1. 效能教练的职责

不同类型的企业、不同企业的不同发展阶段，对效能教练的要求也不尽相同。但是总体来说，效能教练是组织软件研发数字化管理转型过程中不可或缺的一个角色，其主要职责可以从生产关系和生产力两个方面来探讨。如图10-4所示，一方面，研发是第一生产力，所以研发效能的提升已成为一个经久不衰的话题，这包括人员赋能、持续交付和软件研发数字化管理；另一方面，也是往往会被忽视的，就是生产关系方面的职责，包括组织阵型设计与管理、组织变革和组织文化。

2. 效能教练体系层级

图10-5所示的多层的效能教练体系层级模型会给组织指引一个方向，指引有志于担任效能教练这个角色的学员自我提升。

从图10-5中可以看出：

- 小队级/研发团队级偏执行，效能教练需要有意愿、爱学习、爱实践，能够解决小队内交付过程的问题，保障小队业务高效交付；

- 部落级/部门级偏教练，效能教练需要具有引导、敏捷能力，能够有效地解决部落长期问题，对数据具备敏感性，擅长跨团队协作；
- 中心级/组织级偏规划，效能教练需要具有设计、创新能力，对组织级软件研发数字化管理转型进行策略设计，排兵布阵。

图10-4   效能教练的职责

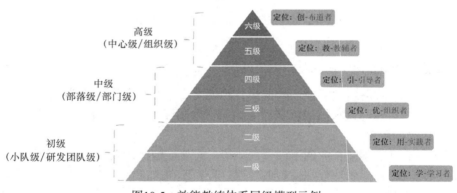

图10-5   效能教练体系层级模型示例

这套体系形成了打通从基层（小队/研发团队）到组织层面（中心/组织），向上进化、向下兼容的一套体系。

10.2.3   效能教练能力域

对应效能教练的职责，效能教练需要有什么样的能力呢？同样地，不同组织以及组织的不同阶段，对人才的要求也不尽相同。我们在宏观层面构建了一套"专业技能+通用技能"的效能教练的六大能力域，如图10-6所示，作为效能教练能力域的参考模型。

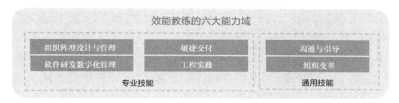

图10-6　效能教练的六大能力域

1．组织阵型设计与管理

组织阵型设计与管理是效能教练的一个重要能力域，可以帮助组织优化流程和进行角色分工，以提高工作效率。组织阵型设计与管理能力域对效能教练的能力要求如表10-1所示。

表10-1　组织阵型设计与管理能力

能力要求	能力描述
理解组织的运作方式	效能教练需要理解组织的运作方式，包括组织阵型设计、流程和角色分工等方面。只有理解组织的运作方式，才能帮助组织进行优化
优化组织阵型设计	效能教练需要帮助组织优化组织阵型设计，确保组织阵型清晰、简单、高效。这包括优化研发团队交付角色设计、职责分工、协作关系等方面
降低协作耦合	协作耦合是组织协作中的一个重要问题。效能教练需要帮助组织降低各角色、各研发团队之间的协作耦合，以提高工作效率
提高组织效能	效能教练需要帮助组织提高效能，包括提高工作效率、提高工作质量、降低成本等方面。他们需要帮助研发团队制定管理策略，包括如何对研发团队和个人进行管理，如何有效地评估研发团队及个人的效能绩效，激励研发团队与个人的持续学习与改进等

达到上述能力要求，效能教练就能帮助组织优化组织阵型、降低协作耦合、提高组织效能，从而实现组织的高效运作。

2．敏捷交付

敏捷交付是效能教练核心的专业技能之一，能帮助研发团队实现快速反馈和高效响应，包含看板方法应用、迭代管理、需求管理等多个方面。敏捷交付能力域对效能教练的能力要求如表10-2所示。

表10-2　敏捷交付能力

能力要求	能力描述
看板方法应用	效能教练需要应用看板方法帮助研发团队交付，管理可视化、控制流程、限制在途工作的数量等，从而实现快速反馈和高效响应，也就是通过限制在途工作的数量，确保研发团队每次只关注少量的工作，从而更好地控制工作的进度和质量
迭代管理	效能教练通过迭代管理方法将项目拆分成多个迭代，每个迭代都包含一些功能的实现和测试，这样可以让研发团队更快地交付可用的软件，并且在每个迭代结束时对现状进行评估和反馈。迭代管理的实施需要依靠研发团队成员之间的密切协作和沟通，以便团队成员之间更好地理解团队的需求和目标，从而在每个迭代结束时进行反馈和改进
需求管理	效能教练需要对需求进行管理，通常包括敏捷需求分析、需求澄清、需求优先级管理、需求变更管理等方面。通过需求管理，团队可以更好地理解用户需求、保证对需求理解的一致性，优先处理高价值需求、实现MVP的需求、及时进行需求变更等，从而提高团队交付效率、降低项目风险

　　敏捷交付是一个复杂的过程，需要研发团队在不断地实践和改进中逐步掌握。效能教练需要具备与敏捷交付相关的知识和技能，帮助研发团队实现快速反馈和高效响应，从而提高软件交付的质量和效率。在实际组织中，研发团队需要与多个角色或团队进行密切协作和沟通，运用看板方法、迭代管理、需求管理等工具和技术，不断改进和提高研发团队自身的敏捷能力，以适应快速变化的商业环境、提高竞争力。

3．软件研发数字化管理

　　软件研发数字化管理就是利用数字化技术提高组织绩效和效率的能力。软件研发数字化管理能力域对效能教练的能力要求如表10-3所示。

表10-3　软件研发数字化管理能力

能力要求	能力描述
研发效能度量体系设计	效能教练需要掌握研发效能度量体系的设计方法和技巧，能够设计出符合组织特点和目标的研发效能度量体系，同时考虑研发效能度量体系的可操作性和可衡量性
软件研发数字化管理运营	效能教练能够对各级组织进行软件研发数字化管理运营，实现清晰的效能数据度量、将数据分解到业务团队，通过数据驱动效能改进并将数据责任压到研发团队
效能分析和改进	效能教练需要具备数据分析的能力，能够对组织的数据进行整理、分析、解读和治理，了解效能管理流程的各个环节，根据反馈的数据，对流程进行优化和改进，以提高效能管理的效率和质量
软件研发数字化管理工具应用	效能教练需要掌握各种软件研发数字化管理工具的使用方法，例如项目管理工具、团队协作工具、数据分析工具等，以便更好地管理和协调研发团队的工作

　　软件研发数字化管理是现代组织管理中不可或缺的一部分，效能教练需要掌握这个能力域，才能更好地帮助组织提高绩效和效率。

4．工程实践

　　工程实践是指能够在软件研发和IT运维中应用DevOps的理念和方法，实现快速迭代和高质量交付的能力。工程实践能力域对效能教练的能力要求如表10-4所示。

表10-4　工程实践能力

能力要求	能力描述
DevOps理念和方法的掌握	效能教练需要掌握DevOps的理念和方法，包括持续集成、持续交付、自动化测试、敏捷开发等，能够将其应用到软件研发和IT运维中
DevOps工具和平台的使用	效能教练需要掌握各种DevOps工具和平台的使用方法，包括代码管理工具、自动化构建工具、自动化测试工具、容器化工具、云计算平台等，以提高软件研发和IT运维效率
DevOps文化的建设	效能教练需要帮助组织建设DevOps文化，包括促进研发团队合作、推广敏捷开发等，以提高组织的创新能力和响应速度
DevOps流程的优化	效能教练需要了解DevOps的流程和方法，能够对软件研发和IT运维流程进行优化和改进，以提高交付的质量和速度
DevOps性能监控和故障排除	效能教练需要掌握DevOps性能监控和故障排除的方法和技巧，能够及时发现和解决软件研发和IT运维中的问题，以保证系统的稳定性和可靠性

DevOps工程实践能力是现代软件研发和IT运维中不可或缺的一部分。在组织实际运作中，掌握工程实践的教练常常被称为技术教练，是一个单独的教练角色。总之，组织的效能教练需要掌握这个能力域，才能更好地帮助组织实现快速迭代和高质量交付。

5. 沟通与引导

通过沟通与引导，效能教练可以帮助研发团队成员提高沟通和协作的能力，促进研发团队成员之间的合作与共同成长。沟通与引导能力域对效能教练的能力要求如表10-5所示。

表10-5 沟通与引导能力

能力要求	能力描述
有效聆听与表达	效能教练需要能够仔细聆听研发团队成员的意见和想法，并能够清晰、准确地表达自己的想法和建议。这需要效能教练具备良好的口头和书面沟通能力，掌握聆听、沟通方法，能够理解和尊重不同的诉求和观点
引导与赋能	效能教练需要帮助研发团队找到问题根源并找到有效解决方案的关键。这需要效能教练能够主动提出问题，并通过提问、分析和评估等方法引导研发团队找到最佳的解决方案。同时，效能教练还需要能够赋能研发团队，帮助他们充分发挥自己的潜力和能力，从而实现研发团队和个人的成长和发展
共创与激发	效能教练需要与研发团队共同协作、共同探讨问题并找到最佳解决方案的关键。这需要效能教练具备合作和协作的能力，并能够与研发团队建立信任和共同目标。同时，效能教练还需要能够激发研发团队的创造力和激情，帮助他们在工作中实现更高的效能和成就

6. 组织变革

组织变革能力主要是指根据组织内外环境的变化，及时对组织进行诊断、改进和革新的能力。组织变革能力域对效能教练的能力要求如表10-6所示。

表10-6 组织变革能力

能力要求	能力描述
研发效能诊断	效能教练需要通过数据分析、访谈等方式诊断出问题根源，为变革提供依据
变革目标与计划	效能教练需要在诊断的基础上，结合组织对效能变革的目标与期望，制定符合研发团队实际情况的实施策略与计划，以确保变革的可行性和有效性
变革团队组建	效能教练需要能够组建变革团队，包括确定变革团队成员、分配任务、协调沟通等。变革团队成员需要具备不同的技能和背景，以便从多个角度思考变革，制订更合理的变革计划
变革效果评估	效能教练需要能够评估变革效果，包括制定评估指标、收集数据、分析结果等。通过评估变革效果，及时发现问题，调整变革方向，以确保变革的可持续性和稳定性
系统化思考	效能教练需要从宏观角度思考研发效能变革的影响和意义，从而更好地指导研发团队进行变革。同时，效能教练也需要具备跨部门沟通和协调的能力，并与其他部门合作，为变革提供支持和资源

在组织变革过程中，通常要求效能教练既具备一定的沟通引导能力，又具备针对组织变革活动做出诊断、设计变革路径、评估以及系统化思考的能力。在专业技能方面，我们以金融科技研发行业为例，首先，效能教练需要具备组织阵型设计与管理的能力，这要求效能教练通过

合适的方法论来进行组织阵型的设计和管理工作,例如产品部落机制的划分、人员角色职责的设计、跨研发团队的协同机制的设计和运作机制的设计等;其次,效能教练需要具备软件研发数字化管理能力,这是进行软件研发数字化管理转型的必备能力,要求效能教练不仅要有数据可视化的能力,还要懂数据治理以及度量指标的设计和数据解读;最后,工程实践能力也是必不可少的,例如需求管理、版本迭代等的计划和落地的管理实践,以及持续交付、质量内建等工程管理实践,这些是效能教练的核心能力。

10.2.4   效能教练的合适人选

效能教练是一个重要的职位,需要具备一定的技术水平和领导力,以便引领研发团队实现更高的研发效能。为了让组织找到更适合作为效能教练的人,我们总结出从精神、精力和精通3个方面判断一个人是不是适合作为效能教练的方法。

具有以下3个特点的人更容易成为优秀的效能教练。

(1)对效能改进充满热情和好奇心,以保持对新技术和最佳实践的关注。只有对效能有着浓厚兴趣和热情的人,才能在繁忙的工作中保持动力,不断寻求创新和改进。

(2)有足够的时间和精力来进行研发效能管理和改进工作。在每天繁忙的工作中,效能教练需要分配时间来进行诊断、计划和评估研发效能。只有有足够的精力去处理这些工作的人,才能在整个研发团队中发挥重要作用。

(3)在专业领域中具有深厚的理论基础知识和丰富的实践经验,具有不可替代性,才能帮助研发团队解决问题和实现改进。效能教练熟练掌握研发过程、技术和工具,可以更好地了解和评估研发团队的工作。

10.3   培育效能教练

对效能教练的赋能体系设计会结合心理学、组织发展学及现代成人学习原理等领域的指导思想,基于组织效能的需求和目标,从终点出发,制定个性化的赋能方案,引导效能教练进入心流状态,即全身心投入、专注和享受的成长过程,再结合效能教练的能力域参考模型进行理论和实践的能力认证,快速获得成长反馈,持续优化赋能体系。

10.3.1   以终为始的赋能体系设计

面对不确定性环境,没有一套解决方案适用于所有场景。要打造高效能组织,实现组织效能的持续改进,关键在于提高人的能力,构建效能管理体系。组织对人员赋能的目的的本质是期望当组织成员能力提升时,人员在组织中能发挥更大的作用。所以,我们在进行对效能教练的赋能体系设计时,要以终为始,将提升组织效能管理效果作为目标。

1. 增强组织黏性,构建核心领导力

效能教练的一项核心职责是持续推进组织效能改进。如何构建高效能组织能力,我们可以参考用户运营的思路,从精细化运营变为精细化赋能。我们将整个对效能教练的赋能体系分为以下3个圈层,如图10-7所示。

（1）最外层代表被影响圈层，既包含对效能教练感兴趣的人，也包含小队级效能教练。

（2）中间层代表高黏性圈层，包含部落级或部门级效能教练，他们是组织软件研发数字化管理及规模化转型的中坚力量，既有能力又有意愿，同时也有一定的影响力。

（3）核心层代表引导变革圈层，通常包含组织级效能教练，他们通常发挥引领变革的作用。

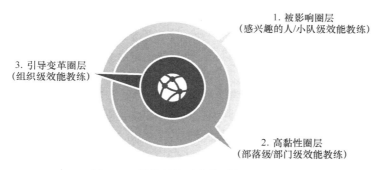

图10-7　效能教练赋能体系的3个圈层

通过人员分层，我们可以精细化地进行赋能体系设计，在赋能重点、赋能形式上进行调整。同时，在赋能过程中，效能组织在面向不同圈层的效能教练时建立的连接深度有所不同，这样更容易增强组织黏性，形成系统脉络，让合适的人获得合适的能力，发挥其价值。有人可能要问：我现在好像就在其中的一个圈层，我就在这个圈里不动了吗？如果想动，要怎么动？其实这是一个切面图，我们这套体系是可以动态调整的。我们可以想象一下，这是一座山，我们是在一条盘山公路上，从山脚走向山顶，上下皆可。

2．以构建组织心流为目标赋能效能教练

构建了组织效能的系统脉络，下一步就是让血液依照系统脉络流动起来，即构建组织心流。

心流在心理学中是指一种人在专注进行某行为时所表现的心理状态，如艺术家在创作时所表现的心理状态。通常在此状态时，人不愿被打扰，也称抗拒中断。心流是一种将个人精神、精力完全投注在某种活动上的感觉。心流产生的同时会有高度的兴奋及充实感。

《无限可能：快速唤醒你的学习脑》一书里提到，为进入心流，可以尝试以下5种方式。

（1）消除分心。

（2）给自己充足的时间。

（3）做自己喜欢的事情。

（4）有清晰的目标。

（5）给自己一点挑战。

我们可以对进入心流进行一个思考转换，总结为"知道、认可、想做、能做、有时间做"。这就为效能教练规模化赋能树立了目标：统一大家的认知，让所有效能教练知道当前做的事的目的，为组织带来的价值和意义是什么，什么是高效能组织，怎么打造高效能组织？我们只有知道是什么、为什么、怎么做，才能为做出正确的选择提供依据。

10.3.2　通过培训实现知道且认可

整个效能教练赋能体系的设计从角色职责到能力域参考模型，再到能力验证与评估，形成闭环。针对如何进行赋能体系设计，可以分为如下 3 个问题。

（1）为什么要做效能管理？面对不确定的环境，我们需要如何做好组织效能管理？答案是不断寻求快速交付正确价值的方式，加强组织"敏捷力"，降低延迟成本。

（2）如何做到敏捷？执行了"标准实践"是不是就等于敏捷？双周迭代是不是就等于敏捷？在精益生产中，有提到在生产过程中常见的 7 种浪费，这些浪费如果在生产过程中没有得到有效管理，带来的是生产成本的增加、生产质量的不可靠、生产交付的延迟，最终使生产价值降低。为了有效管理这 7 种浪费，可以在培训中引入看板方法、精益生产管理 6 个管理维度，即看见、整流、细粒、润滑、小批、降本，并通过这 6 个管理维度精讲用户故事、Scrum 五会实践、迭代研发、质量内建等各项具体实践背后的意义。

（3）作为效能教练的我们可以做什么？效能教练的核心职责是提升组织效能，促进研发团队协同，平衡价值、质量、约束三者之间的关系。效能教练既是一名管理者也是一名服务者，更是一名变革推进者。效能教练在研发团队敏捷能力建设过程中，必备的技能就是有效沟通、有力推进。

10.3.3　通过实践实现想做、能做且有时间做

如果说培训课程能对齐大家的认知，使大家认可所做之事的价值，那么想真正激发大家想做的热情，还需坚定大家"能做"的信念。

顺着这个思路，制定"教练结对"的策略：通过组织级效能教练与部落级效能教练结对，从部落各角色协作、部落效能分析、部落价值达成等多个角度，以传帮带的方式一起识别部落重点问题、应用精益生产管理 6 个管理维度分析问题，制定改进策略，调整实践方式，做到学以致用。例如，有一次和某小队长沟通时他表示，起初做小队长时他对小队长这个角色的职责并没有很清晰的认识，只是出于好奇。做了一段时间后，他甚至觉得小队长就是一个"打杂的"，整天推着大家进行需求拆分、桌面检查等。但随着赋能的深入，他理解了这些实践的意义，知道该以什么样的方式和研发团队沟通。在不断推进研发团队效能改进的过程中，他能看到研发团队的变化与进步，收获研发团队的认可。他开始意识到小队长这个角色真正的职责与使命，坚定了从相信到做到，推进研发团队持续改进的信念。这次结对也加强了效能教练团队与研发团队之间的连接，大家的沟通变得更多了，再也不是"孤军奋战"，有效提升了组织黏性。

效能教练的赋能也遵循"721 法则"，即 70% 的能力来自工作中的实践，通过对实践中遇到的问题和挑战进行自我反思和总结，不断提升自己的能力和技能；20% 的能力来自向他人学习，通过和研发团队或其他同事的交流互动，吸收他人的经验和知识，有效地避免了自己重复犯错的情况；10% 的能力来自培训，一些正式的学习机会是必不可少的。贝尼斯定理告诉我们：员工培训是使企业风险最小、收益最大的战略性投资。有效地利用"721 法则"，能合理地在工作、学习和培训之间建立更好的平衡。通过持续观察组织效能反馈并快速调整赋能体系设计，从而

推动组织级效能教练能力的快速发展。

10.3.4 认证体系

效能教练的能力认证是研发效能提升的必要手段，有利于找到人员能力上的差异，建立更专业的效能教练团队，提高组织研发效能能力。如图10-8所示，效能教练能力认证筛选方案可以分为3步，分别是理论测评、实践总结和认证答辩。

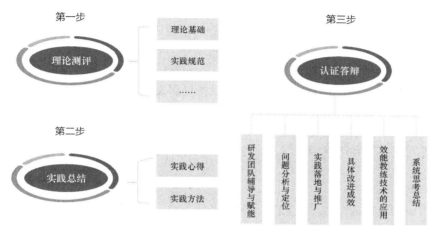

图10-8 效能教练能力认证筛选方案

1. 理论测评

理论测评包含理论基础，如精益思想、敏捷开发、DevOps基础、引导与变革、团队角色职责等，以及组织内效能实践规范等的测评。理论测评具有以下几个意义。

- **检验效能教练的理论水平和知识储备**。效能教练需要具备丰富的理论知识，从而为组织效能问题诊断与解决方案的形成提供思考和设计基础。理论测评可以对效能教练的理论水平进行综合考核，以确保效能教练拥有足够的理论知识。
- **提高效能教练的能力和素质，为个人能力复制做准备**。理论测评可以帮助效能教练深入了解敏捷交付相关知识和理论，提高效能教练的能力和素质；同时，为效能教练的实践总结和体系化思考提供理论支撑，有助于效能教练更好地总结实践经验，从而更好地指导研发团队，实现能力上的复制。
- **促进组织标准化和规范化，提高研发效能的稳健性和可持续性**。理论测评可以借鉴行业与组织标准和最佳实践，将行业及组织标准与自身的效能教练赋能体系相结合，建立标准化和规范化的效能教练实践机制，从而促进组织稳定发展和提高研发效能的稳健性和可持续性。

2. 实践总结

实践总结是指效能教练在实践工作中的实践心得与实践方法的总结。实践心得包含实践过程、所发现的问题、解决方案等经验。实践方法主要是对实践过程的方法总结和思考。通过写作形式进行总结并进行评审。实践总结在效能教练能力认证中具有以下几个重要意义。

- **验证效能教练实践能力的有效方式**。在实际工作中，效能教练需要不断地总结实践经验、分析问题、寻求改进的方法，这些都可以用实践文章的形式记录下来。而通过对实践文章的评审，可以深入了解效能教练在工作中的实际表现和能力，从而证明效能教练的实践能力。
- **促进知识共享和效能教练之间互相学习的重要方式**。在效能教练的工作中，每个研发团队都会面临不同的问题，在解决问题的过程中，效能教练会积累许多不同的经验和方法，这些经验和方法可以通过实践文章进行分享，促进效能教练之间的交流和学习。同时，研发团队中的其他成员也可以从实践文章中学习新的技能和知识。
- **可以帮助企业和研发团队找到最佳实践**。在实践中，效能教练总结的方法和流程等都可以转化为企业和研发团队的最佳实践，以指导研发团队的实际操作。通过效能教练的实践总结，研发团队可以更好地实践最佳实践，从而提高研发效率和质量。

综上所述，实践总结在效能教练能力认证中具有重大意义。它既能验证效能教练的实践能力，又能促进知识共享和研发团队学习，还可以帮助企业和研发团队找到最佳实践，实现效益的最大化。

3．认证答辩

答辩作为一种认证效能教练实践能力和水平的方式，在评估效能教练的能力、提高工作的质量、促进效能教练的成长、增强信任的建立和体现公司价值观上有重要意义。一般建议二级及以上的效能教练认证进行答辩评审，根据不同的级别和要求进行评审。以下是不同评审维度上的认证答辩建议。

- **研发团队辅导与赋能**。评估效能教练的研发团队管理能力，能否引导研发团队向目标迈进，能否激发研发团队的成长和自我实现。
- **问题分析与定位**。评估效能教练能否精准识别与定义研发团队问题，是否具备清晰的分析逻辑，并提供可行的解决方案。
- **实践落地与推广**。评估效能教练的实践能力，能否将自己提出的解决方案应用到研发团队工作中，并推广落地。
- **具体改进成效**。评估效能教练的具体改进效果，是否能够有效提高研发团队的研发效能，促进研发团队成长。
- **效能教练技术的应用**。评估效能教练在实践过程中是否有意识地使用一些"套路与方法"，是否具备优化、复制能力。
- **系统思考总结**。评估效能教练的系统思考能力，是否在解决局部问题？还是从更高维度思考研发团队与组织后续的发展规划。

效能教练通过系统性答辩的评估，能够更好地了解自己的能力和不足之处。同时，这也是一种自我学习和成长的过程，可以帮助效能教练更好地掌握教练技巧，更好地管理和指导研发团队。

总之，组织通过效能教练能力认证筛选方案对效能教练进行评估和认证，识别效能教练的能力与潜力，建立起一支高效的效能教练团队，能够推动组织内部管理的不断升级和文化的沉淀，加速组织的软件研发数字化管理变革，推进组织的可持续发展。

10.4 效能行会管理运营

养兵千日，用兵一时，效能行会需要在实战中产生价值，为组织效能结果负责。那么问题来了，效能教练怎么用？用来做什么？用的结果是什么？

10.4.1 数据驱动研发效能运营

运营是对运营过程的计划、组织、实施和控制，是与产品生产和服务创造密切相关的各项管理工作的总称。如果我们从0到1建立了效能教练梯队，接下来要做的是效能行会管理运营，也就是从1到100的过程。研发效能的运营是由效能行会牵头，对研发效能进行评价与监控、管理与改进等的一系列工作。在这个过程中最重要的就是，效能教练要有能力做到基于数据驱动的度量和管理。如图10-9所示，我们用数据来评价与监控，也用数据来管理与改进。

图10-9　数据驱动研发效能运营

10.4.2 数据驱动组织提升和改善：Adapt框架的度量体系

"度量是改善的起点，但不是终点"。基于数据驱动的度量与管理，第一步需要建立一个有效的效能评价体系——度量体系。度量体系是指组织在实施数据驱动改进过程中所使用的衡量指标、测量方法和数据收集方式的组合。它对组织至关重要，因为它提供了一种结构化和系统化的方法来收集、分析和解释数据，以便管理者更好地了解组织的研发效能、问题和改进方向。

构建一套完善的度量体系并非易事，需要综合考虑多个方面。首先，要关注评估能力的结果指标，这些指标反映了研发团队的绩效和成果，包括项目交付的质量、时间和成本等方面；其次，要关注用于分析、改进的过程指标，这些指标可以揭示研发活动中的瓶颈、风险和改进方向。

在设计和使用指标时，我们还需要考虑许多因素。例如，指标是否具备自动采集数据的条件，以确保指标数据的准确性和可靠性；指标是否能够引导研发团队进行改进，而不会产生负面影响；指标的作用是否与组织或部门的目标一致，以确保整体协同。

所有这些考虑因素都需要效能教练投入精力去深思熟虑，因为这也是效能教练能力的一部分。他们需要综合各种因素，权衡利弊，确保度量体系的科学性和实用性。这样，我们才能构建出能够有效指导研发团队发展和改进的度量体系。

庆幸的是，研发效能度量在行业上已经有很深入的研究，其中之一就是Adapt框架的度量体系，示例如图10-10所示。Adapt框架的度量体系从"多""快""好""赞"这4个维度出发，精心构建了研发效能的度量体系，助力管理者从多维度衡量组织的交付产能、研发响应能力、交付质量和用户满意度。同时，Adapt框架的度量体系在选择指标时需要明确与实际需求相结合，在不同的阶段设定不同的关注点，以确保指标的针对性和实用性。只有这样，才能根据组织当前的实际情况，为组织指引改进的方向，确保改进措施的有效性和可行性。如果想要了解更多有关度量体系的内容参见第11章。

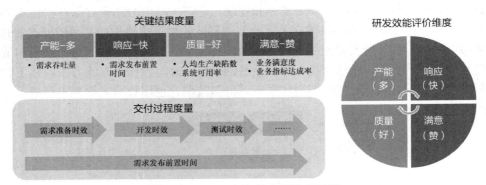

图10-10   Adapt框架的度量体系示例

10.4.3   效能教练对组织效能结果负责

基于数据驱动的度量与管理，第二步需要建立能够产生可信数据的研发过程管理规范。研发过程中所产生的数据对组织效能结果分析和决策至关重要，如果没有良好的管理规范来约束研发过程，往往会导致数据不完整、数据质量不高以及工具流程与实际情况不匹配而造成数据无法使用等一系列问题。因此，建立符合实际情况并能够有效落地的研发过程管理规范变得至关重要。通过建立实际可行的研发过程管理规范，我们能够规范和统一研发活动，确保数据的准确性和可靠性；能够避免数据缺失、数据质量问题以及工具流程与实际情况不匹配等困扰，进而有效地利用数据进行组织效能结果的分析和决策。

然而，仅有研发过程管理规范还不够，还需要有效能教练这样的角色，以帮助组织落地并有效地实施规范制度，协助研发团队进行关键的实践活动，从而确保研发过程的高效且不变形。在这个过程中，效能教练发挥着至关重要的作用，他们需要帮助研发团队准确理解规范要求和组织度量体系，并与研发团队共同制订适合研发团队自身的改进计划。通过对实际研发过程的辅导，效能教练能够帮助研发团队发现并改进问题，提升研发过程的规范性，并促进研发团队的学习与成长，进而提高研发过程数据的准确性。

当我们拥有完整、高质量的研发过程数据时，基于数据驱动的度量与管理的第三步便是运用这些数据进行管理和改进。运用数据进行管理和改进的关键在于通过对研发过程数据的分析和解读，识别问题、发现机遇，并制定相应的改进措施，以实现持续的优化和提升。在这个过程中，效能教练的协助至关重要，他们的任务是帮助研发团队理解指标的含义，并通过数据分析发现潜在的问题，与研发团队共同制定改进措施。

通常，这些改进措施通过回顾会提出，随着迭代的进行，在研发团队内不断收集反馈并进行调整，以实现持续的优化效果。效能教练会在这个过程中发挥关键作用，他们会引导研发团队对数据进行深入分析，挖掘出潜在的改进机会，并与研发团队紧密合作，制订可行的改进计划，并推动持续改进的实施。通过这种方式，我们能够不断提升研发过程的质量和效率，为组织的发展提供坚实的基础。

这3个步骤并非线性顺序，而是相辅相成、循环交错的。组织通过不断进行研发过程的实践逐渐形成研发过程管理的规范，并基于宝贵的研发过程数据不断总结度量指标、完善度量体系；通过对数据的深入分析识别出潜在的问题和改进机会，并逐步优化研发过程。随着不断地实践和改进，研发团队能够逐渐形成更加完善和高效的研发过程，实现持续的优化和提升。因此，这3个步骤的循环和交错使得研发过程的管理和改进成为一个不断演化的过程。在这样的过程中，效能教练一直扮演着重要的角色，驱动并促进这样的过程不断地完善。

接下来将介绍两个实际案例，展示某些公司在推动企业软件研发数字化管理转型过程中运用效能教练，推进组织软件研发数字化管理进程的成功实践。让我们一起探索这些案例，深入了解效能教练在实际应用中的具体示范。

10.4.4 案例1：效能教练实战路径

建立一套可持续发展的效能教练运作机制是推动组织持续进行规模化效能改进的必要举措。为此，我们需要培养更多的效能教练并扩大效能教练人才规模，这是持续实现组织效能改进的基础前提。

下面是某公司在推动组织进行软件研发数字化管理转型路上，通过构建组织内效能教练运作机制，以边培养、边实践的方式为组织培养了一批效能教练人才，通过效能教练在组织内发光、发热，帮助组织规范了研发过程，完善了一站式软件研发管理平台能力，实现了研发过程数据线上化、规范化，并建立了组织效能数据基线的过程案例。

1. 背景

彼时某公司构建了统一的DevOps软件研发管理平台，进行了组织内部的推广使用，但只有专门的效能行会在负责推广，因为推广人力不足，无法辐射到整个组织层面；又因为推广人员没有精力参与到具体小队中，各研发团队更多是把DevOps作为记录工具，而不是管理工具，导致线上、线下"两张皮"，线上与实际情况脱钩，研发过程数据失真等问题。

2. 构建效能行会

该公司整个组织设有多个部门，其中研发部门又分为多个虚拟部落，各部落再划分为多个小队，组织规模庞大且复杂，故构建一套可持续发展的效能教练运作机制是推进组织持续进行规模化效能改进的必要措施。效能教练需要推进组织各层级效能改进的目标，乃至深入小队帮助小队通过规范的实践活动来保障日常交付。

由于组织之中只有组织级的专职效能行会人员，在各部门都缺乏效能教练，因此在效能教练体系实施之初是以虚拟角色、兼职角色来运作的。在选拔效能教练时从精神、精力和精通3个方面出发，要求候选人具备良好的学习能力、投入额外时间、有意愿、具备成长性思维4方面要素。

通过在组织的效能部门、各大研发部门、重点辅导小队中自主报名等多个渠道，共同选取并构建起四层效能行会体系，构成有组织级/中心级、部门级、部落级、兴趣成员。兴趣成员来自自主报名渠道，不像其他层级的效能教练需要肩负组织的软件研发数字化管理进程推进，可以根据培训的要求，自主选择需要的实践对自身所在的小队加以影响。兴趣成员的加入不仅可以增加组织效能教练的后备力量，还可以帮助组织更加深入一线收集、反馈并优化、改进现有规范流程。各层级效能教练的要求及职责如表10-7所示。

表10-7　各层级效能教练的要求及职责

层级	要求	职责
组织级/中心级	全职	组织并参与学习，规模化赋能机制建设，研发过程标准化、流程规范化制定，小队辅导，软件研发管理平台能力宣导、使用辅导
部门级	投入时间为30%	参与学习，部门内成员指导，部门级软件研发数字化管理进程推进，数据分析、诊断问题、推进问题改进、提供反馈
部落级	投入时间为50%	参与学习，部落内成员指导，部落级软件研发数字化管理进程推进，数据分析、诊断问题、推进问题改进、提供反馈
兴趣成员	投入时间为10%	完成培训的实践要求，有选择地对小队实施具体的管理、技术实践，收集、反馈小队的问题，帮助组织改进现有规范流程

3. 培训和实践辅导

人员就绪之后，由外部顾问开始开展对人员的培育，结合软件研发数字化管理转型目标、研发过程管理规范等因素，制订了效能教练的培训计划，主要包含以下九大课程：

- 需求层级体系及用户故事拆分；
- 站会、迭代版本双维管理；
- 看板及可视化管理；
- 回顾会工作坊；
- 代码库管理；
- 构建流水线策略；
- 代码评审与桌面检查；
- 制品、可信构建；
- 环境和部署实践。

培训内容涵盖管理和技术两个维度，包含从需求受理、研发到部署上线整个过程所涉及的诸多活动。为了保证培训的效果，培训活动并不是一次性连续几天完成，而是以一周一次的频率开展，且培训过后会有实践要求，参与者需要在小队中付诸对应的实践并反馈相应的信息，经过任课老师的检视和认可，才可以证明通过了该课程的学习。

4．效能行会运营

通过效能行会进行组织研发效能运营，不仅具有规模效应，并且能够兼具多方反馈渠道，上接管理层组织目标，下达一线研发团队，构建起组织多层次的执行、反馈闭环。如图10-11所示，通过定期的效能行会周例会，明确各层级成员的阶段目标和执行计划，通过软件研发管理平台落实研发过程数据，并提供多维度（小队级/部落级/部门级/组织级）的度量数据来评价与监控计划的执行效果，为进一步的管理和改进提供数据支撑。

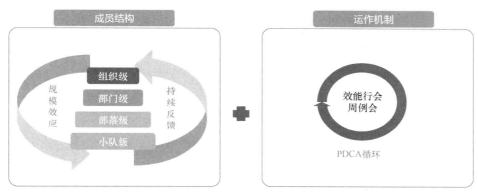

图10-11　效能行会运营示例

通过效能行会的持续运作，组织先后推动、落实了小队化的管理制度，并改造研发管理平台功能支持组织阵型设计线上化；组织了50多场的部门级/部落级的交流答疑会议，推动各小队进行研发过程线上化管理，并收集反馈问题300多个，帮助组织识别研发过程和软件研发管理平台能力相关问题；以每月一主题的形式开展主题月活动，推动各小队开展实践应用，效能教练深入一线辅导小队，并反馈过程问题，推动了研发过程管理规范化进程；利用软件研发管理平台的度量数据，开展数据治理活动，通过数据分析发现小队研发过程中存在的问题，推动小队学会看数据、分析数据、用数据来驱动自身的管理与改进，并最终建立起组织乃至部落层面可用的效能数据基线。

5．效能教练认证

通过效能行会的持续运作，组织稳步推进了其软件研发数字化管理进程，同时培养了一批兼具理论知识和实际应用经验的效能教练，组织收获了人才，个人收获了成长。依照组织现有情况，在原先6级（见图10-5）的基础上进行裁剪，制定了符合组织现状的三层效能教练体系（见图10-12），该体系兼具理论和实践考核，通过组织的考核、认证，给予效能教练人才应有的肯定与奖励。

这是一个如何搭建效能行会这个组织以及这个组织如何运作的案例。下面我们展示通过效能教练来支撑实现组织战略变革的案例。

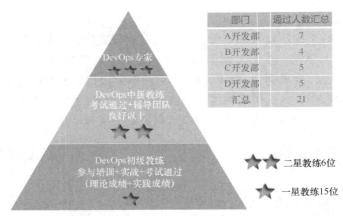

图10-12　效能教练体系示例

10.4.5　案例2：效能教练支撑实现组织战略变革

　　某大型金融组织在软件研发数字化管理与敏捷转型的战略方案制定阶段，就将效能教练人才培养与使用作为核心重点。组织想要持久高效运作，体系化培养效能教练人才十分重要，他们就像是组织的眼睛与触手一样，引领组织前进的方向，发现并推动问题解决。

　　有别于一般的培养计划，效能教练1.0计划基于日常工作实践设计开展，因为我们相信"纸上得来终觉浅，绝知此事要躬行"的道理，理论知识需要在实战中不断磨炼、精进。运用费曼学习法，我们设计了"一学二用三辅导"的培训思路，即效能教练先通过外部顾问的培训，学习实践活动的基本思想和执行要点，再由外部顾问陪同在工作中进行具体实践，最后独立辅导研发团队进行日常实践，推动3000多人的研发团队全面做到软件研发数字化管理。整体培训内容涉及数字化站会、线上需求拆分、需求优选、需求排期、回顾会、度量体系设计与解读等。

　　项目初期，我们将组织成员（3000多人）按业务价值交付单元进行了划分，形成了30多个交付单元（部落），每个部落都选出了一名有管理经验、有意愿不断学习的储备人才。这些人才更了解组织背景，贴近组织运作。于是，这些人就组成了我们的效能教练1.0团队。

　　在效能教练1.0启动阶段，我们引入了OKR，对目标与关键成果进行充分讨论并达成共识，基于组织的三大战略目标，即推动软件研发数字化管理、辅导组织/部落/小队敏捷运作和学习知识与工作认知分享，制定效能教练个人目标，并进行关键成果拆解，融入日常工作，以定期会议形式保持目标进展与难点问题的同步沟通，最终由管理层决策。在近半年的集体努力下，成效显著，如图10-13所示（部分数据进行了脱敏处理），OKR达成率约85%。为组织形成了稳定、可观测、可分析的数据基线，敏捷实践实现自运作，形成了一定的学习交流文化，不过学习分享这部分更多来自外部顾问的推动与输出。

　　随着阶段目标的达成，组织开启了一个新的篇章，从全面推广转向了持续深化，从外部支持到内部自组织，这也使得效能教练人才梯队的建设，显得至关重要，需由外部顾问引导效能教练推动组织改变的模式，转化成内部核心效能教练发现问题，触发讨论继而带动组织实施优化的模式。由此，我们开启了效能教练2.0计划，对1.0计划中能力强、表现优异且对组织效能提升有持续热情的效能教练，进行进阶培养。这时，外部顾问更多是作为支持者的角色，引导组织的这些核心效能教练通过数据观测，发现问题，驱动管理优化，改进流程，并由这些核心教练带领其他效能教练进行流程的落地实施。在这个过程中，外部顾问也提供一些数据分析的理论知识培训与业界案例支持，旨在帮助效能教练更好地看数用数，升级管理方法。图10-14为效能行会演进路线。

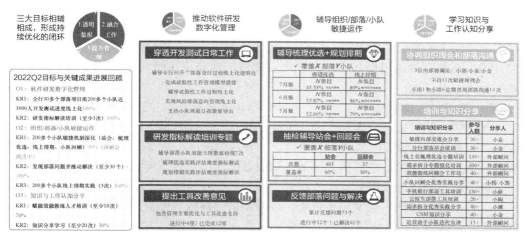

图10-13　客户案例——OKR

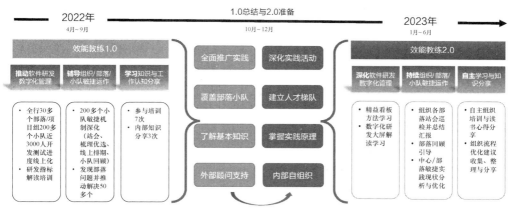

图10-14　客户案例——效能行会演进路线

其实，在效能教练2.0的实施过程中，与其说我们支持他们，不如说我们在不断被这些效能教练推动，从引入他们自身所拥有的一些对组织经验的理解和研发团队影响力，到主动触发问题讨论与尝试用数据帮助组织做回顾分析，使我们更坚定地相信，效能教练必将给组织带来变化与力量，也只有这些更了解组织，又能不断前行的人，才能使组织永葆活力。

讲完组织变革演进的时间线，我们再从另一个角度来看一下组织内不同层级的效能教练是如何协同，以达到上通下达，全面转型的。为了在组织中与不同层级建立联系，并促进信息共享和知识传递，效能行会也需要梯队建设、职责划分，我们把效能教练分为3个圈层（见图10-7）：一是引导变革圈层，主要负责制定战略，包括制定改进目标与范围、确定度量体系等，人员组成在全面推广期为外部顾问和少数组织管理层，在持续深化期为组织级效能教练（晋升的原优秀部落级效能教练）；二是高黏性圈层，主要负责目标落地推进，人员为部落级效能教练以及晋升的原小队级效能教练；三是被影响圈层，主要负责改进的实施与执行，人员主要是小队级效能教练。通过组织级效能教练制定目标，引导部落级效能教练理解目标并共同制定或优化实施方案，最终帮助与推动小队级效能教练完成方案落地，与组织目标达成一致。

在实施机制上，我们采取了"一例会一专题一培训"的方式开展，并根据不同时期调整具体实现方式。在制定战略目标与实施过程中，通过定期会议（每周/双周）更新进度、把握方向；同时加入专题讨论，针对问题，深入细节；通过体系化设计的专项培训课程，提升能力。3种形式皆由组织级效能教练牵头，按需邀请部落级效能教练和小队级效能教练参与。在推广期需要与部落级效能教练进行大量互动，既需要与他们一起把握推进方向又需要他们对推动进展的输入，便邀请部落级效能教练参与例会，对齐目标进展，并根据部落级效能教练反馈的痛点、难点，形成专题讨论，邀请相关部落级效能教练与小队级效能教练参与，推进问题解决，培训则是组织级效能教练根据目标统筹规划，要求全员参与的。在深化期则由组织级效能教练参与例会，设立阶段目标，定期同步进展，按需邀请部落级效能教练、小队级效能教练参与，收集部落级效能教练、小队级效能教练的意见与反馈，对现有软件研发数字化管理方案或组织流程进行调整和优化，或形成新的专题，按需增加专项培训，以提升效能教练专业能力。

举个具体的效能教练梯队合作，成功推进组织目标达成的例子。在持续深化过程中，组织级效能教练在设立阶段目标时，一致认为版本达成率偏低，该指标有助于提升用户满意度，对研发团队建立节奏、提升排期合理性也有帮助，便将其作为核心观察指标纳入组织战略提升目标。组织级效能教练再将目标与原因等信息同步给部落级效能教练，以协助各部落制定部落目标；再由部落级效能教练分析部落现状与目标差距，制定实施方案，推进小队级效能教练实施，必要时给予支持与辅导。通过层级帮助与推进，实现上通下达。

若小队级效能教练遇到执行困难，无法解决的情况，则反馈给部落级效能教练，请求提供帮助与支持，而如若小队级效能教练与部落级效能教练均遇到困难，则可由组织级效能教练协助分析，提供建议。当然，在推进时也遇到过多人反馈的共性难题，那便由组织级效能教练牵头，开展专题讨论，邀请相关部落级效能教练、小队级效能教练参与，共同讨论问题细节，推动解决。当时，部落级效能教练、小队级效能教练普遍反馈，版本排期线上操作需多系统交互，用户操作复杂，由此还帮助组织管理者发现和推动优化了组织流程与工具实现，真正解决了大家工作中的痛点，得到了广泛认可。在具体分析版本达成率可提升点的时候，为帮助各层级效能教练提升观察和分析数据的能力，还邀请了外部顾问，提供数据分析专场培训。最终，经过3个多月，在三层梯队协同的共同努力下，达成了组织版本达成率提升15%的目标。

然而，前进路上免不了有阻碍，在这个组织中我们就遇到了一个棘手的问题，这些效能教练隶属于不同部门，虽然我们做了一定努力，但暂时来讲，无论岗位职责还是个人绩效，都与组织效能无直接关联，他们也背负着各自部门的交付压力。所以，在合作过程中，他们也不免吐槽，支撑他们的更多是责任心与个人能力的提升意愿，工作内容与岗位职责不一致、责任与权利不匹配、人员复用导致的超负荷工作，都是实际且持续面临的问题。这种权责与工作内容不对位的状态不可持续，想要长期有效保障效能教练的主观能动性，必须尽快改变现状。如何把培养好的人才用好并留住，效能教练的长期成长路线与岗位绩效制定是必不可少的，这个问题也是组织需要思考与解决的。

综上，我们其实多多少少都会发现，到了一个阶段，软件研发数字化管理转型推广工作就会呈现这种进3退1、进3退2，甚至退化到初始状态的现象。这个时候，如何通过组织的配套机制来留人、激励人、沉淀组织能力，稳定转型的成果，就成了当务之急。

10.5 构建组织持续稳定性和个人成长空间

在软件研发数字化管理大潮中，企业要保持持续稳定的发展，在构建所需人才体系的同时，还要考虑如何将合适的人才留下来。

当人们决定做一件事的时候，出发点大概率是组织的要求，但要持续做这些事，那一定是基于内驱的自主决策。应分别从组织和员工的角度分析构建组织持续发展的环境。

- 站在组织的角度，在资源有限的情况下，需要通过一套高效人才循环体系的运作机制，来保障高质量的人才获得高激励，并建立配套人员经营化的机制，才能为企业带来软件研发数字化管理转型人才的良性循环。
- 站在员工的角度，通常我们关心的基本诉求包含为什么以及做什么，能获得什么，怎么做事，和谁一起做事。

10.5.1 自主决策的基本逻辑

从组织和员工两个角度双重考虑，员工的职业发展目标与组织的环境及经营目标相匹配，可以达到双赢的效果。图10-15所示是自主决策的基本逻辑。

图10-15 自主决策的基本逻辑

10.5.2 留人的底层逻辑

构建组织持续稳定性和个人的成长空间是留人的底层逻辑。我们发现，这个逻辑实际上与马斯洛需求层次理论是可以做基本映射的，如图10-16所示。

拓展到形式，我们会发现以下4点。

- 目标要够清晰、有挑战、高价值。如果组织有明确的行业定位、战略目标、组织目标或者OKR机制，能够给员工足够宽广的视野、充足的授权体系，那么组织将足以让员工有长期主义的信念。这可以映射到马斯洛需求的"自我实现需求"。

- 利益是指将效能教练团队岗位职责标准化，满足个人成长，提供学习成长环境，明确且公开激励和晋升的标准，发展体系的通道通畅。这可以映射到马斯洛需求的"尊重需求"和"自我实现需求"。当下物质相对丰富的年轻员工除了对薪酬这个因素的关注，更多的是追求自我能力、精神层面的成长及价值感，需要给予关注。
- 文化就像空气、阳光和水一样，整个组织的学习氛围是否浓郁、发展的体系是否健全、信息是不是足够开放，评价标准与角色是否中立，都属于组织文化的大环境层面。在社区与行会里面也需要开放的氛围，可以被组织看见、被认可、有荣誉感，有持续学习和改进的文化。这可以映射到马斯洛需求的"社交需求"和"尊重需求"。
- 组织里的研发团队是如何构建的，研发团队由哪些人组成，这些人分别有哪些职责，组织的授权是不是足够清晰，部门之间的协同是不是足够敏捷和顺畅，有哪些流程和机制，组织对个人的绩效是如何评价的，定性和定量的指标分别是什么，这些也显得尤为重要。这可以映射到马斯洛需求的"安全需求"和"社交需求"。

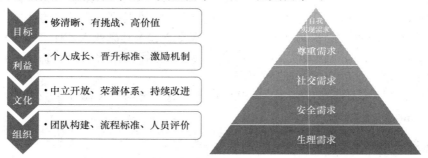

图10-16　留人的底层逻辑

接下来分析一下，员工没有积极性的主要原因以及应对策略，如表10-8所示。

表10-8　员工没有积极性的主要原因及应对策略

问题分类	主要原因	应对策略
目标资源类	<ul><li>缺乏目标，没有方向感，甚至没有考核标准</li><li>缺少必要的资源和支援，无相关的培训机会</li><li>员工的天分、技能被浪费，岗位配置不合理</li></ul>	明确目标和标准，提供资源支持，合理配置岗位
工作氛围类	<ul><li>"双输"的工作环境，每个人只考虑自己的得失</li><li>人际关系紧张，冲突、矛盾较多，研发团队氛围差</li><li>对个体需求不敏感，不考虑个体需求的差异</li></ul>	使用双赢思维，融洽关系，营造氛围，考虑个体需求
沟通反馈类	<ul><li>无信息沟通，日常工作中上下级没有交流</li><li>绩效反馈不明确，不知道上级如何评价自己</li><li>很少认可员工，员工的意见或建议不被重视</li></ul>	多沟通，勤反馈，及时给予认可，重视员工建议
管理方法类	<ul><li>管理缺乏一贯性，一事一议，没有公平可言</li><li>无跟进，布置完工作任务上级就不再过问</li><li>多个管理者、多个部门都在管，让员工感觉无所适从</li></ul>	指挥系统要统一，保持公平公正，坚持跟进检查

因此，当我们发现组织中存在问题的时候，可以分析是上述哪一类问题，并参考相应的对策来解决问题。

10.5.3　效能教练更换流程

除了留人，我们也考虑到人员的主动和被动更换的场景。不管是哪种情况，出于尊重，我们都建议先评估是能力还是意愿层面的问题，如果是能力问题，我们可以进入赋能环节，回炉学习再重新进入工作岗位；如果是意愿问题，我们也尊重效能教练的选择，做好后续的工作交接，做好新教练的替换和老教练的退出工作。效能教练更换流程如图10-17所示。

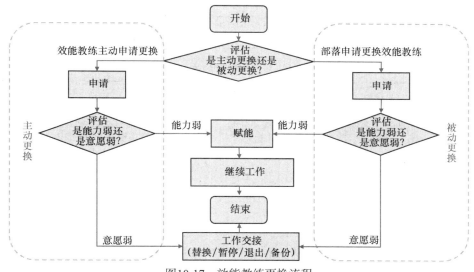

图10-17　效能教练更换流程

10.5.4　效能教练的考核方式

不同组织适用不同的效能教练考核方式。但是，整体上我们倾向于使用客观评价的考核方式，尽管完全客观评价是不太可能的。我们建议以"维度+指标"的方式进行评价，目的都是使评价与软件研发数字化管理转型结果挂钩，毕竟我们倾向于效能教练要为组织的软件研发数字化管理转型结果负责。

维度层面分为两类形式。一类是战略承接组织阶段性目标的达成。例如，为了提升部门或组织的某些目标（如某组织要在上半年形成研发度量基线），一般组织的年度目标是相对确定的，每个季度的阶段性目标可以分解，根据上一阶段达到的结果，机动、灵活地确定下一季度的目标，然后可以根据季度目标，制定每月、每周的目标，这样也能达到长、中、短期目标自上而下分解，自下而上落地、复盘、回顾的目的。另一类，保证对"多""快""好""赞"指标的理解和进化是作为效能教练的基本功，需要效能教练长期投入并保持持续学习和精进。

在指标层面，不同组织在不同阶段的状况有所不同，所需关注的指标也是不同的，但效能教练关注的指标基本是与Adapt框架的度量环节的"多""快""好""赞"的指标和组织的阶段性目标匹配的。在此,我们建议在组织确定效能指标和对应的目标后,由效能教练来关注和负责各个层级的指标,从而牵引和推动组织的效能改进和提升。

在有的组织中,效能教练是在某一职能组织(如效能管理部门、软件研发管理部门)中由分管管理者来考核,同时分管管理者会考虑其在部落/小队中的工作表现,当然也有"人随事动"的模式,就是按需把效能教练划分到部落/小队中,由部落来考核。这里举两个例子来说明不同组织的考核方式。

- 效能教练所在职能组织不变,由所在职能组织和部落同时考核,考核占比不同;或者兼职效能教练下发到部落,部落先考核,再回到职能组织考核,考核有先后顺序。
- 将效能教练直接划到部落单独考核,承担部落的软件研发数字化管理结果。

下面对比分析一下这两类组织形式下的应用场景,如表10-9所示。

表10-9   不同场景下的考核方式

方式	效能教练所在组织	考核权	考核顺序	考核占比	适用场景
方式一	职能组织	职能组织+部落	同时考核或存在先后顺序	按需分配(如5:5、3:7)	适合用于效能教练团队组建初期的组织,这种考核方式有利于效能教练理论能力和实战能力的双重培养 可以通过调整考核占比或调整考核的前后顺序来调整效能教练承担组织软件研发数字化管理转型结果的比例
方式二	部落	部落	—	100%	适合用于效能教练能力相对成熟的组织,这种考核方式有利于效能教练更加专注于所在部落的软件研发数字化管理转型结果

总之,在绩效评估时,主要考虑的是既可以"借事育人",也可以"用人成事",形成组织和个人双赢的局面。每个组织在应用过程中都会有更多的细节,这里提供了不同的思路和场景,组织在应用过程中可以采用适合自己的效能教练考核方式,并按需调整。

10.6   小结

对组织来说,尽早规划软件研发数字化管理转型可以建立起独特的优势和持续的商业竞争力,这时对软件研发数字化管理转型效能教练人才的识别、储备、培养和更新就成了组织人才战略的重要组成部分。所以,站在组织的角度,设计和构建"组织的可持续发展"是效能教练体系的核心价值。

本章借由效能教练的"选育用留换"这个机制,构建效能教练的六大能力域和六大职责,目的就是帮助组织构建软件研发数字化管理转型效能教练框架,也帮助有志成为效能教练的人才规划职业发展路径。

以上就是我们的整套效能教练体系,包括效能教练体系的生命周期的设计过程,希望能够给读者带来一些启发,帮助读者把组织规模化和软件研发数字化管理转型工作落地并持续有效地推进下去。

最后，参考一些专业文献中关于组织效能提升的教练式提问方法，我们可以提出以下问题来促进思考和应用。

- 当前组织面临的首要任务是什么？为了完成这些任务，我们需要寻找具备哪些核心能力的人才？（人才选拔）
- 如何在招聘过程中确保我们能够找到真正合适的人选？（人才选拔）
- 如果我们发现招聘决策有误，应如何迅速采取行动纠正这一错误？（人才选拔）
- 如何识别并吸引那些与组织价值观和目标高度一致的人才？（人才选拔）
- 目前组织内部的人才配置状况如何？这样配置的效果表现在哪些方面？建议管理层进行人才评估。（人才使用）
- 在接下来的1年、3年和5年内，组织分别需要哪些类型的人才？我们应如何提前做好准备？（人才规划）
- 如果我们最需要的人才出现，他们将具备哪些特征？他们的价值观是什么？我们如何在众多候选人中快速识别他们？（人才识别）
- 我们可以从哪些方面进行改进，以更好地利用现有人才的潜力？（人才使用）
- 在人才培养方面，我们有哪些做法可以改进？我们的行业对手是如何做的？他们有哪些值得学习的策略？（人才培养）
- 如果我们成功地找到并培养了关键人才，我们应如何留住他们，让他们与组织共同成长？（人才留存）
- 为了确保这些人才愿意与我们长期合作，从3年、5年到10年甚至更久，我们在政策上需要做出哪些调整，以及应提供哪些授权和激励措施来留住他们？（人才留存）

这些问题旨在引导组织进行深入的自我评估和战略规划，以确保人才的有效管理和组织效能的持续提升。

第五篇

度量体系篇

从组织到战略、从目标到需求、从产品到研发、从节奏到效能，随着软件研发数字化管理画卷的不断展开，组织需要同步看到它的预期成效，因此需要通过度量体系来对数字化落地进行深入解读、下钻和剖析：首先，数据是客观存在的，且是不容易被人直接感知和分析的，而度量的作用就是基于特定规则，从纷繁的表象和海量的数据中剥离出简明本质；其次，度量是呈现事务从量变到质变过程的基础手段，是展现事务发展脉络和趋势的重要途径；最后，不同的对象、不同的场景、不同的阶段需要一套严密的度量体系来支撑，因而在事务的发展过程中，度量为组织各个层级的角色提供不同维度、不同颗粒度、不同组合的信息作为参照或指引，以辅助决策和行动。近几年受大环境的影响，研发效能因其问题相对直观、投入成本相对较低、见效相对较快的特点，成为众多组织重点关注的课题。但研发效能的提升并不是简单的降本增效，而是涉及组织内部各个职能、层级的有机协同，甚至是生态级"软硬件结合"的系统工程。在不同的环境中，影响研发效能的因素有共通性，也有独特性，更关键的是，这些因素的权重或影响程度也不同，给研发效能体系的设计和落地带来了较大困难，这也是研发效能提升效果参差不齐的底层原因之一。本章将详细介绍研发效能的度量体系。

本篇深入探讨度量体系的搭建过程，同时分析组织在搭建度量体系的过程中所面临的问题，并阐述这些问题背后隐藏的观点。除了度量体系的概念、框架、原则和价值等基础内容，本篇还深入探讨具体指标或指标集的细节，并通过实践误区分析和案例加以印证。本篇最后是关于度量体系的相关思考。

第**11**章

度量体系

度量体系是对事物进行分析、评价和展现的系统工程。度量体系在不同情况下会对度量对象产生不同的效果。随着科技的发展，企业借助工具实现了管理的自动化、数字化、智能化。在数字化转型快速发展的背景下，组织对度量体系的原则、体系设计和工具提出了新的、更高的要求。下面将描述度量体系的概述、框架、案例、实践误区和与度量体系相关的思考。

11.1 度量体系概述

度量体系是一个系统工程。从内容维度来说，度量有以下要点。

- 度量结果要保证公正、公平，秉持公开且能达到按需消费的效果。
- 度量术语和口径上下统一，并实现度量体系和工具的融合。
- 度量数据客观、真实，尽量从数据源获取，避免数据失真。取数的类型、维度、范围等应尽量完整，保证能完整呈现事务的逻辑性。按需求提供不同颗粒度的数据或报告。具备对数据的深度挖掘和分析能力（如全局关联分析和智能预测等）。

从使用维度来说，度量有以下要点。

- 度量数据可视化要准确，可视化内容能为管理层的决策提供可靠的辅助，为执行者提供落地行动指南。
- 通过数据来呈现事务发展的态势，为绩效提供直接或间接依据，并为组织和个人的目标实现提供引导。

从结果维度来说，度量需要同时满足多个利益相关方的诉求，即组织和个人、内部和外部利益或目标的实现。

度量的本质或使命是基于数据的定性或定量分析，形成立体、穿透式洞察，客观地还原过去、高效地支撑现在、精准地预测未来，以保障对组织、团队及个人在决策和行动上的情报支援，并助力目标的制定、推演和落地实现。

综上，度量体系要以支撑者、助力者、启发者的角色围绕在组织周围，并充当组织的"神经系统"和"感知系统"，以便让管理者和团队及时、准确地掌握组织甚至行业生态的发展，在所需的节点做出及时、准确的决策，助力组织战略、战术目标的实现；同时，度量体系要为组织营造一个开放、正向、协同、融合的环境，激发思想，促进协同，并有效辅助组织达成既定目标。

下面对度量体系框架及其具体内容展开阐述。

11.2 度量体系框架

　　最大化研发效能已经是各行业组织的重要目标之一。在过去的十几年，很多组织大张旗鼓地进行研发效能改善，最终却归于沉寂，甚至为组织带来破坏。关注的内容会影响事物发展的结果，因此关注点至关重要，需要结合具体场景映射到度量体系中，通过指标集的选取对研发过程和结果进行考察。

　　研发效能度量是高效的管理指挥棒，有着极强的牵引作用，其主要内容包括：

- "四大法门"，指"多""快""好""赞"的核心指标库；
- "八大信号"，指流动、扰动、细粒、耦合、忙闲、配比、专注、纪律，覆盖流程、对象、组织3个方面。

　　指标的应用是系统性的，切忌紧盯一个或几个零散的指标，将指标数据作为最终的度量目标可能会出现数据与现实情况不符的情况。

　　例如，只追求自动化测试覆盖率，很容易导致很多测试脚本的可用度或质量偏低，这时候要综合去看缺陷数据、自动化执行成功率，如果缺陷数据暴涨，就要去分析是不是覆盖的案例本身的脚本有问题，如果自动化执行成功率一直是100%，就跟没有执行测试脚本是一样的。又如，如果只关心需求吞吐量，往往会导致为了拆而拆需求，这样的数据其实是没有任何意义的。

　　所以，要从多个维度去看指标，尤其是中高层管理者、一线管理者可以将多维数据作为决策辅助依据，这样的佐证机制是有意义的。指标不一定只是用来改进的，例如前置时间（即从采购方下单订购到供应商交货所间隔的时间）虽然长，但是业务团队可接受，足以满足市场需求，那么不一定要去改进。当然，有些指标，如平均修复时间（mean time to repair，MTTR），越短越好。图11-1展示的是指标关联性示意模型。

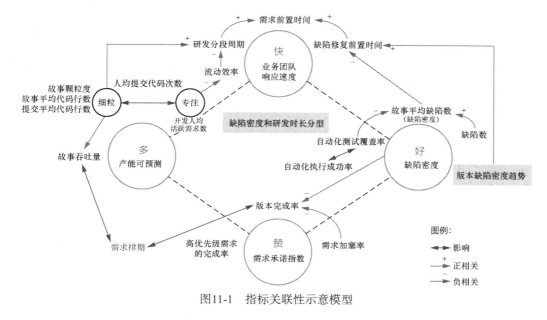

图11-1　指标关联性示意模型

11.2.1   研发团队绩效体系建设的原则

研发团队绩效体系是度量体系的一个实例,它是为了评估和衡量研发部门或团队的工作表现而建立的体系。它涵盖许多方面,包括项目完成情况、资源利用效率等。这个体系通常会根据组织的特定目标和价值观来设计,以确保研发部门的工作与整体战略方向相一致。通过建立研发团队绩效体系,企业能够更加全面地了解研发团队的表现,并及时采取措施改进工作流程和资源分配,从而推动研发工作的持续优化和提升整体业绩。同时,它也可以作为一个有效的沟通工具,帮助团队成员了解他们的工作如何与组织目标相关联,从而激发其积极性和动力。

依据在组织中进行研发团队绩效体系建设的丰富经验,我们总结出研发团队绩效体系建设的5条原则。

(1)**外部性原则**。在《21世纪的管理挑战》一书中,彼得·德鲁克指出,任何组织的绩效或评分一般由外部的可被直观感知或认知的元素反映出来。以某咖啡厅为例,客户等待时间、咖啡口感、价格、内部装修和外部环境等都是客户可感知的外部指标。研发团队应优先选取其客户可感知的外部指标作为研发团队绩效指标,这里说的客户包括但不限于业务人员、产品经理、最终用户等。因此,产品或服务需要以终为始、以客户为中心,注重产品的体验和价值。

(2)**无害性原则**。管理学有一个原则"你考核什么你就会得到什么",绩效指标对团队行为具有很大的牵引作用。设定一个指标后,需要首先考虑其负向牵引作用,即需要评估团队会采取哪些短期行为来试图迅速达成绩效指标,以及这些短期行为对组织的伤害有多大。举个例子,如果用开发代码行数来评估开发工作量,就会对开发人员产生一个明显的负向牵引作用,让开发人员失去进行优雅设计或重构代码从而让代码更精简的动力。因此,研发团队绩效体系应尽量选取一些难以伪造数据或者伪造行为对组织伤害比较小的绩效指标。

(3)**整体性原则**。研发团队是一个复杂系统,各岗位间界限很难完全明确。管理者要尽量避免将绩效指标分解到不同岗位,甚至分解到个人。这种无效的指标分解往往会导致局部优化,即各岗位仅仅为自己的绩效而优化工作方法,反而降低了组织的绩效。例如,将进度和质量两个互相牵制的指标,割裂开分配给开发和测试,这造成开发只关心进度,忽视移交质量,而只靠测试来保证质量。这种方式是不可能获得高质量软件的,也不可能达到快速交付的目的。

(4)**制衡性原则**。研发团队没法用单一指标来衡量团队的工作,而需要用一组指标来互相制约以求得平衡。例如,只追求交付速度是危险的,必须用质量指标来平衡。

(5)**演进性原则**。绩效指标应该随着组织的发展不断调整。需要基于团队的不同时期、不同成熟度采用不同的指标或指标集。同时要保持研发团队绩效体系精简,提高管理成效。

11.2.2   度量体系的指标

度量指标是度量体系的重要组成部分,在实际使用中需要通过一组或多组相互关联的度量指标来全面评估某一对象的状况。

度量指标的应用思路与演进有以下5个步骤。

（1）数字化指标选取。指标库中有上百个指标，一般不会一次性全部使用，需要先看结果，再看过程；先看宏观，再看微观，逐步向整个组织导入数字化管理能力。

（2）度量体系设计。有些度量指标可能涉及多个系统或流程的对接，需要多方共同讨论度量指标设计和系统实现。

（3）数据治理和校准。有些指标用以指导数据治理和校准，以保证数据准确性。

（4）各层级指标解读辅导。需要培训各层级管理者解读、应用指标的能力。

（5）回顾改进辅导。针对重点团队辅导精益数据分析和回顾改进机制。

度量体系的设计可以参考核心指标和关键信号配合的模型（见图11-2），其中核心指标为"一个基石+一个抓手+两个辅助"。

图11-2　核心指标和关键信号配合的模型

过程度量指标库可根据研发阶段对指标进行分门别类，如图11-3所示。根据组织和团队所关心的目标、要达到什么样的结果选择部分指标作为牵引。

前期在选指标的时候需要考虑组织关心什么，还有当前存在什么问题。例如，对于数据不可用的问题，应怎么看不可用、怎么治理到可用、有哪些指标可以观察。在数据可用后，组织要选定一些核心指标和可能导致核心指标被影响的过程指标、观察指标。如果想关心时效指标，时效指标涉及什么呢？

指标的设计是体系化、结构化的。除了重视结果，还要关注过程指标。Adapt框架主要还是延续之前的"多""快""好""赞"核心指标，并以"快"为抓手，以"好"为基石，以"赞"和"多"为基础多管齐下。在实践中，单独关注信号类指标或观察指标不仅没有实际意义，而且很容易影响度量的整体效果，因此需要特别留意。

下面将从"多""快""好""赞"4个维度来解读其中的重要指标。

图11-3   过程度量指标库

1. 多

关于"多"的主要指标有需求吞吐量、需求吞吐率、人均需求吞吐量、功能完成数、人均故事吞吐量、开发人均需求吞吐量、产品经理人均需求吞吐量、测试人均需求吞吐量、开发人均故事完成数、人均提交测试缺陷数、人均手动回归案例数、人均周期功能案例编写数、人均新增代码行等。接下来以需求吞吐量和需求吞吐率为例进行介绍。

需求吞吐量是最直观的研发产能度量指标,表示单位周期内上线的需求个数,是结果指标。

- 需求吞吐量的计算公式是:需求吞吐量=单位周期内完成上线的主办需求个数+辅办需求个数(需求移至"已完成",可理解为已上线)。
- 需求吞吐量主要用于各团队按时间线观察需求交付数量的变化,以便提升容量预测的能力,识别问题和风险。例如,上个季度完成30个需求,这个季度完成20个,可以分析一下原因,并通过这个指标引起团队对交付数量的关注,让团队对平均交付能力有一个判断和估计,便于未来需求排期时,建立团队的数字化认知。

需求吞吐率是在需求吞吐量基础上增加了平均计算,以衡量单位周期或版本完成的平均需求规模,其表述通常为"今年以来,每个版本平均完成······个需求",也是结果指标。除了按时间统计产能,也可以按版本进行需求吞吐量和需求吞吐率统计。

需求吞吐率可反映研发团队的产能。需求吞吐率就是单位周期内每个研发人员完成的需求规模,例如每人每月完成两个需求,或者每人每月完成5个功能点。

采用需求吞吐量和需求吞吐率作为产能指标时,往往涉及一个问题:如何衡量需求规模?

是使用需求个数还是使用需求估算点数来反映需求规模，主要取决于组织是否有一套成熟且有效运行的估算机制。如果没有，强烈建议使用需求个数而不是需求估算点数来反映需求规模，因为使用需求估算点数容易产生两种危害：一是研发人员产生加大需求规模的冲动，试图通过复杂化需求文档等方式来增加需求估算点数；二是催生产品经理和研发人员之间的不信任，进而产生讨价还价、合同谈判等现象，这违反了无害性原则。

由于存在上述危害，建议由产品经理和研发人员一起探讨需求及其规模，而且从长期观察来看，需求个数是趋于稳定的。如果组织内对需求的大小有一定的划分，也可以进行简单换算，例如2个小型需求等于1个中型需求。需求个数指标可能会促使研发人员去更细地拆分需求，但这个"副作用"对整个组织有利，更小的需求可以更快地交付业务价值。在国际上，用需求个数来替代需求估算点数的思潮被叫作"抛弃估算"运动。

除了度量产能，需求吞吐量/需求吞吐率还能够与需求发布前置时间形成制衡，二者结合使用可以避免只改善交付速度而降低交付数量，或者只考虑交付数量增加而忽视了交付速度的情况。除了这二者，研发团队还应关注交付质量和交付成效，助力业务指标的达成。

2．快

关于"快"的主要指标有需求发布前置时间、流动效率、功能发布前置时间、版本投产周期、版本回归周期、需求准备周期、需求分析周期、需求评审周期、需求排期周期、需求开发周期、需求验收周期、故事开发周期、故事测试周期、缺陷修复前置时间、缺陷开发修复周期、缺陷测试验证周期、自动化守护平均测试时长（冒烟）、自动化回归平均测试时长（全量）、生产缺陷修复时长、流水线执行平均时长、流水线等待触发平均时长、流水线部署平均时长、流水线修复平均时长等。接下来，以需求发布前置时间和流动效率为例进行介绍。

需求发布前置时间是指从指定时间点倒退一个时间周期（建议为90天，也可自定义），统计在这个区间内上线的需求，并计算出单个需求上线时长（从提出到已完成），并将所有需求的时长从小到大排列，取85%分位数。需求发布前置时间是结果指标。

- 需求发布前置时间的计算公式是：需求发布前置时间＝需求上线时间－需求提出时间。
- 需求发布前置时间对业务团队有预期管理的作用，了解需求从提出到最终上线的时长，可使需求交付周期透明化。结合分段时长分析时间分布，需求发布前置时间可用于衡量研发团队需求交付速度，反映研发的快速响应能力，并因此受到很多研发团队关注。例如，如果一个需求在11月5日提出，在11月20日上线，则该需求发布前置时间为15天。

基于过往经验，我们建议研发部门以85%分位数来衡量整体需求发布前置时间这个指标。以随机取10个需求为例，需求发布前置时间分别为15、25、40、45、45、45、48、52、65、80天，85%分位数约等于第9个数字（通常使用 Excel 中的 PERCENTILE 函数来进行计算），此场景中85%的需求在60.45天内交付。

为什么选用85%分位数而不是使用常用的均值？这样统计的意义在于以真实、有效的数据进行预测，从而支持更优决策，避免由于主观或经验判断布下的"雷区"，而均值和50%分位数不具备支持预测的作用。通常情况下，均值和85%分位数的统计结果会出现两倍的差距，85%分位数和99%分位数也往往是约两倍的关系。因此，85%分位数是一个很好的预测平衡点。

需求发布前置时间是一个非常重要的协作指标。研发部门在任何环节掉队，都会导致该指标发生变化，因此，所有在研发过程中与需求实施和发布相关的角色都应对该指标负责。基于以上考虑，在实践过程中可对需求发布前置时间进行分段计算。这样，不仅能实时展示需求端到端发布前置时间，也可以将需求发布前置时间分成需求的分析、设计、研发、测试、验收等各细分段分别展示，并以不同颜色的线条表现其变化趋势。举一个典型例子，研发人员经常为整体交付慢"背锅"，很多人认为需求交付慢的根源在于开发耗时太长。但通过知微研发团队累积的真实数据可以看到，开发环节耗时（研发前置时间，9天）远远少于需求分析耗时（需求设计前置时间，14天）和验收耗时（验收前置时间，14.05天）。由此可了解到，在产品研发过程中，需求的形成和分析往往比开发更耗费时间，因为在此过程中需要不同角色参与，需要头脑风暴和反复讨论，"想好"是"做好"的前提。

通过上述的分段展示，需求完成链条中不同阶段的具体耗时一目了然。团队可以快速发现影响整体交付速度的环节，找到真正的痛点，并采取针对性的改善措施，而不是仅凭主观做出判断。

现实中，不同组织、不同研发团队对需求发布前置时间的理解并不一致，主要差异在于该从哪个步骤开始计算，是需求提出时间，还是需求澄清时间，或者是需求确认选择时间？我们认为最好采用适合组织流程现状的计算方式，这并不会影响该指标蕴含的价值。因此，知微研发团队的所有统计指标和计算公式都能根据组织需要进行灵活定义和实时调整，人们可以自行编辑诸如需求发布前置时间一类的计算公式，只要该统计结果能在现实中引领改善，对组织就是有意义的。

需求发布前置时间分布k值可反映需求发布前置时间的分布特征。为了计算需求发布前置时间分布k值，需要先绘制需求发布前置时间分布图。分布图是一个柱状图，横轴上x位置柱形高度是需求发布前置时间为x天的需求的个数。

图11-4展示的是一个实际团队的需求发布前置时间，符合韦布尔分布，其一个重要特点就是有一个众数尖峰和一条长尾。众数代表大多数需求可以在一个时长区间内交付，是研发系统交付常态；而长尾代表研发系统交付的意外情况。从该图中可以看到由于长尾的存在，导致需求发布前置时间的均值大于中值，85%分位数比均值大20%，而98%分位数3倍于均值。

韦布尔分布是瑞典工程师韦布尔在1939年研究轴承寿命时发现的，他采用了"链式"模型来解释轴承寿命问题。这个模型假设一个结构由n个小元件串联而成，于是可以形象地将结构看成由n个环构成的一个链条，其寿命取决于该链条最薄弱环

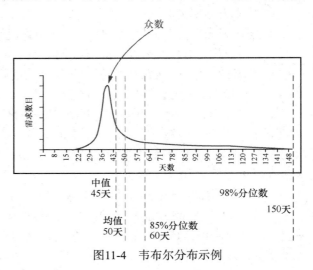

图11-4　韦布尔分布示例

节的寿命。软件研发可以看成一个由需求、设计、开发和测试等环节构成的链条，任何一个环节出问题，软件都无法按时交付，这就是需求发布前置时间也符合韦布尔分布的根本原因。

韦布尔分布有两个参数，一个是λ，另一个是k。λ决定了众数峰值的高度，k决定了曲线的形状。图11-5展示了4种k值的韦布尔分布曲线。

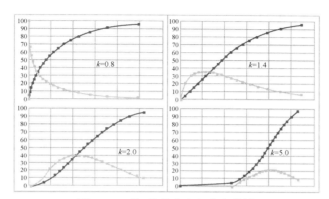

图11-5　4种k值的韦布尔分布曲线

需求发布前置时间分布k值是一个健康度指标，用来判断需求发布前置时间分布是否合理，是否符合可预测性要求。

如果k值小于1，那么这个研发交付的系统是非常脆弱的，不具备可预测性，需求可能很快交付，也可能会非常慢地交付。如果k值大于2，那么需求交付整体上都很慢，但可预测性比较强；软件研发组织的k值在1.0到2.0之间。

流动效率是需求实际投入的耗时占需求总耗时的比例，是过程指标。

- 流动效率的计算公式是：流动效率=(统计周期内需求处于价值流活跃状态中的时间/发布前置时间)×100%。
- 流动效率体现需求实际的投入时间比例，反映需求交付过程的效率。

流动效率的计算依赖于需求增值时长和需求发布前置时间，如何计算需求发布前置时间已经介绍过，下面介绍如何计算需求增值时长。在收集数据时，若无系统支持数据收集，可采用回忆法，即访谈参与需求交付的所有角色，请他们回忆交付过程中，他们实际花费了多少小时，最后将这些时间汇总。假设，需求A澄清环节3个人花了2小时讨论，研发花了4+6小时，测试花了4小时，改缺陷花了2小时，用户验收测试花了3小时，部署花了1小时，总共花了22小时，而需求A的发布前置时间为25天，那么需求A的流动效率就为22/(25×8)×100%=11%。

在上述统计过程中，有以下两点注意事项。

（1）计算单位的选取。如果用小时，系统收集一般基于工时。另外，基于天的流动效率也是有一定参考价值的。

（2）耗费时间的计算。例如，3个人花了2小时澄清需求，只是将2小时而不是6小时计入需求增值时长。

了解了如何计算一个需求的流动效率之后，来看如何计算多个需求的整体流动效率。例如，需求A增值时长为22小时，发布前置时间为25天，需求B增值时长为30小时，发布前置时间为28天，需求C增值时长为40小时，发布前置时间为30天，那么整体流动效率为(22+30+40)/((25+28+30)×8)×100%≈13.9%。因此，如果一个团队在一段时间内交付了多个需求，就可以据此计算出在这一段时间内团队交付需求的整体流动效率。

流动效率是一个非常重要的杠杆指标，体现了自主流动是精益思想的核心，而每次成功的精益变革都得益于通过大幅提升流动效率来大幅提升需求发布前置时间。

在软件研发过程中，流动效率一般较小（有研究表明，研发全流程流动效率只有1%～5%），这意味着，如果能够对软件研发过程进行精益化改造，就能够大幅缩短交付时长。软件研发过程的精益化改造虽然复杂程度更高，但收益巨大，因此已经成为许多大型组织的重点研究方向。

3．好

关于"好"的主要指标有缺陷密度、生产缺陷需求比、故事平均缺陷数、需求一次评审通过率、需求桌面检查一次通过率、单元测试覆盖率-系统、自动化测试代码行覆盖率-系统、自动化测试用例覆盖率、需求案例覆盖率、需求平均质量评价、缺陷逃逸率、系统可用率和技术债（如代码重复率评分、代码规范评分、代码非规范评分等）。接下来，以缺陷密度、生产缺陷需求比为例进行介绍。

缺陷密度是统计发现的缺陷数在测试用例数中的占比，是过程指标。

- 缺陷密度的计算公式是：缺陷密度= (单位周期内新增的缺陷数/测试用例数) ×100%。
- 缺陷密度可促使研发团队重视测试用例的编写，提升移交至测试的质量。

生产缺陷需求比用于反映研发团队的交付质量，是结果指标。

- 生产缺陷需求比的计算公式是：生产缺陷需求比=单位周期内生产缺陷个数/上线需求个数。例如，全年生产缺陷为200个，上线需求为2000个，那么生产缺陷需求比的数值为每需求0.1个缺陷。在实际使用的过程中，如果组织已经有一套生产缺陷分级机制，那么可以使用生产缺陷严重级别对生产缺陷个数进行加权计算。再假设在200个缺陷里有致命缺陷20个、严重缺陷50个、普通缺陷130个，致命缺陷权值为3，严重缺陷权值为1，普通缺陷权值为0.5，那么加权后的生产缺陷个数为20×3+50×1+130×0.5，共175个，加权生产缺陷需求比就是每需求0.0875个缺陷。
- 使用生产缺陷需求比的一个挑战是如何确定需求规模。这个首先要看组织是不是已经有一套可行的需求规模估算体系，如功能点、用例点等。如果有，就可以延续现有的需求规模估算方式。如果没有，则需要在需求上游对需求进行适当拆分，保证需求规模相对均匀，然后使用需求个数来反映需求规模。

生产缺陷需求比与需求发布前置时间形成了制衡，对组织来说，研发团队要又快又好才行。生产缺陷需求比应由所有和交付质量有关的人负责，包括产品经理、架构师、开发人员、测试工程师等。

4．赞

关于"赞"的主要指标有积压需求消化月数、需求排期交付准时率、系统可用率和业务满意度。接下来，以需求排期交付准时率、系统可用率和业务满意度为例进行介绍。

需求排期交付准时率是指实际上能按照排期中确定的计划上线时间上线的需求比例，是过程指标。

- 需求排期交付准时率的计算公式是：需求排期交付准时率=(统计周期内按时上线需求个数/已上线的需求个数)×100%。
- 需求排期交付准时率要求团队重视其完成率。如果该值比较低，需要团队一线管理者重视需求排期的有效性，进一步排查是否存在过度承诺、估算过于乐观等情况。

系统可用率是指系统可服务时间占总运行时间的比例，是结果指标。

- 系统可用率的计算公式是：系统可用率=1- (单位周期内系统故障时间/总运行时间)×100%。
- 系统可用率和具体应用服务协议有关。例如，如果服务协议定义系统的服务水平是7×11小时，那么全年总可用时间就是365×11小时，而假设不可用时间是50小时，那么系统可用率就约为98.75%。建议由架构师、开发人员、测试工程师和运维工程师共同负责改善这个指标，运维工程师主要保证软硬件系统正常，开发人员和测试工程师主要保证应用系统正常，架构师、开发人员和运维工程师共同实现DevOps，缩短部署耗时，甚至实现不停机部署。不建议按不可用原因（软硬件系统故障原因、应用故障原因、部署原因）来对这个指标进行细分，这样会增加团队间的摩擦，不利于团队协作。

系统可用率适用于自己运维软件、将软件作为服务载体的组织（如银行或保险公司），不适用于将软件作为产品交付的公司。这个指标和需求发布前置时间是一对制衡指标，发布的版本越多，需求等待越少，需求发布前置时间越短，但系统可用率可能越低。

业务满意度是业务团队对单个需求的评分的平均值，是过程指标。

- 业务满意度的计算公式是：业务满意度=业务团队对上线的需求评分总分/上线需求总分。
- 业务满意度需要结合需求的质量评价、缺陷问题的分析、产品侧对需求的完成情况进行打分，分数太低可能是存在需求文档中描述的业务逻辑不全、研发和产品的理解存在差距、代码实现等多方面问题，需要拉通团队各职能之间的协作和沟通。

与需求发布前置时间、需求吞吐量等指标相比，业务满意度是一个外部指标，它反映外部客户和业务团队对研发团队交付质量、时效、可用度、体验等的综合评价。业务满意度有时会带上主观因素，但仍应尽可能客观地度量它。

一个需求上线后，就可以得出需求发布前置时间、需求吞吐量、生产缺陷需求比等指标。需求上线后，对需求的度量已暂时脱离研发体系，转而由业务团队处理，业务团队通过合适的度量体系在客户处获得对该需求的满意度评价。

在目前流行的业务满意度指标中，常见的是客户满意度（customer satisfaction，CSAT）"非常满意"到"非常不满意"5种评价，净推荐值（net promoter score，NPS）的0分（完全不可能）到1分（完全可能）推荐倾向。对于服务型产品，常用的是客户费力度（customer efforts score，CES）的指标。这些指标无好坏之分，组织按需采用即可。

11.2.3　度量体系中的信号

在度量的实践过程中，我们通过分析常被问到的问题总结出八大信号，即流动、扰动、细粒、耦合、忙闲、配比、专注、纪律，其关注点如图11-6所示。

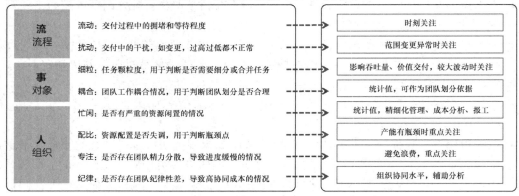

图11-6　八大信号的关注点

1．流动

流动表示交付过程中的拥堵和等待程度，其主要指标有需求漏斗、需求流动效率、故事流动效率、需求等待率、故事等待率、需求平均阻塞时间、故事平均阻塞时间、需求平均阻塞次数、故事平均阻塞次数、需求阻塞率、故事阻塞率等。接下来，以需求漏斗和需求平均阻塞时间为例进行介绍。

需求漏斗用于描述在各价值流状态下的需求个数，是过程指标。

- 需求漏斗体现需求在各价值流状态下的个数分布情况。
- 需求漏斗整体体现需求分布情况和规划，避免需求过载或需求断流。

需求平均阻塞时间用于描述单位统计时间内需求平均受阻的时长，是过程指标。

- 需求平均阻塞时间的计算公式是：需求平均阻塞时间=统计周期内总的需求阻塞时间/需求个数。
- 需求平均阻塞时间可以暴露团队平均阻塞时长，用于分析阻塞原因。

2．扰动

扰动表示交付中的干扰，如变更，过高过低都不正常，其主要指标有需求变更率、需求加塞率、单元测试成功率、自动化冒烟测试执行成功率、自动化回归测试执行成功率等。接下来，以需求变更率和单元测试成功率为例进行介绍。

需求变更率是指上线的需求中发生过需求变更的需求的比例，是结果指标。

- 需求变更率的计算公式是：需求变更率= (单位周期内发生变更的需求个数/需求上线总数) ×100%。
- 需求变更率体现研发过程中需求变更的占比，合理的变更是允许的，但是太多会影响研发效能，需要牵引、把控需求质量和规划，做好需求评审。

单元测试成功率是指单元测试执行的成功率，是过程指标。

- 单元测试成功率的计算公式是：单元测试成功率= (单元测试执行成功次数/单次执行次数) ×100%。
- 单元测试成功率体现代码的质量内建活动的效果,若成功率一直高则需警惕单元测试的有效性,太低则需警惕其可信度。

3．细粒

细粒表示任务颗粒度,用于判断是否需要细分或合并任务,其主要指标有需求颗粒度、故事颗粒度、人均代码提交次数、需求平均故事数、需求平均代码行、故事平均代码行、代码提交规模、人均合并请求数、需求平均代码提交次数、故事平均代码提交次数、单位周期制品晋级次数、需求平均功能案例数、构建次数等。接下来,以需求颗粒度、需求平均故事数、人均合并请求数、单位周期制品晋级次数为例进行介绍。

需求颗粒度是指需求的平均人均估算人天,是过程指标。

- 需求颗粒度的计算公式是：需求颗粒度=统计周期内单个功能的人天估算的均值。
- 需求颗粒度可以牵引功能颗粒度拆分。

需求平均故事数是指平均每个需求有多少个故事,是过程指标。

- 需求平均故事数的计算公式是：需求平均故事数=统计周期内故事总数/需求总数。
- 需求平均故事数可以牵引独立可测的故事拆分。

人均合并请求数是指单位周期内平均每个人发起合并请求的次数,是过程指标。

- 人均合并请求数的计算公式是：人均合并请求数=统计周期内合并请求数/开发人数。
- 人均合并请求数展示合并请求频率,合并请求频率越高意味着集成频率越高,它可以牵引团队尽早对代码进行集成。

单位周期制品晋级次数是指单位周期内有多少次制品库晋级,是过程指标。

- 单位周期制品晋级次数即统计周期内制品库晋级次数。
- 单位周期制品晋级次数体现研发团队的按需发布能力。

4．耦合

耦合表示团队工作耦合情况,用于判断团队划分是否合理,其主要指标有需求平均涉及研发团队数、需求平均涉及系统数、需求平均涉及团队数等。

以需求平均涉及研发团队数为例,需求平均涉及研发团队数用于描述平均每个需求需要涉及多少个研发团队合作,是结果指标。

- 需求平均涉及研发团队数即单位周期内已上线需求涉及研发团队个数。
- 需求平均涉及研发团队数主要用于展示研发团队需求的耦合程度,也从侧面反映了研发团队划分的有效性。

5．忙闲

忙闲表示是否有严重的资源闲置的情况,其主要指标有人均加班提交代码行数、人均加班测试用例执行量等。

以人均加班提交代码行数为例,人均加班提交代码行数是指在单位周期内平均每个开发人员加班提交的代码有多少行，是过程指标。

- 人均加班提交代码行数的计算公式是：人均加班提交代码行数=单位周期内上班时间外提交代码行数/研发人数。
- 人均加班提交代码行数表示结合人均提交代码行数（即单位周期内提交代码行数/研发人数），看加班提交代码行数和上班时间提交代码行数（即单位周期内上班时间提交代码行数/研发人数）的比例，可用于判断加班程度以及合理性。

6. 配比

配比表示资源配置是否失调，用于判断瓶颈点，其主要指标有团队产品开发比、团队研发测试比等。

以团队产品开发比为例，团队产品开发比是指产品经理人数和研发人数的比例，是结果指标。

- 团队产品开发比的计算公式是：团队产品开发比=产品经理人数/研发人数。
- 团队产品开发比表明团队人员配比现状。

7. 专注

专注表示是否存在团队精力分散，导致进度缓慢的情况，其主要指标有人均活跃需求数、产品人均活跃需求数、开发人均活跃需求数、开发人均活跃故事数、测试人均活跃故事数等。

以人均活跃需求数为例，人均活跃需求数是指团队内每个人平均同时处理多少个需求，是过程指标。

- 人均活跃需求数的计算公式是：人均活跃需求数=单位周期内处于价值流活跃状态（如"研发中"）中的需求数/团队人数。
- 人均活跃需求数可以暴露人均负载，值太高说明人均需求并行度高，需要进一步结合产品经理活跃需求数、开发活跃需求数分析各职能角色。

8. 纪律

纪律表示是否存在团队纪律性差，导致高协同成本的情况，其主要指标有故事排期按时完成率、开发移测延期率、封版延期率（1 – 封版准时率）、无需求编号提交按人分布、迭代完成率、时长分布等。接下来，以故事排期按时完成率和时长分布为例进行介绍。

故事排期按时完成率是指统计实际上能按照排期中确定的完成时间完成故事的比例，是结果指标。

- 故事排期按时完成率的计算公式是：故事排期按时完成率=单位周期内按时完成的故事数/总故事数。
- 故事排期按时完成率可以为分析需求排期交付率、迭代完成率提供参考，值过低则需要考虑是不是故事预估比较乐观或风险没有及时暴露。

时长分布是指一段时间内所有已上线需求的研发周期分布，是过程指标。

- 时长分布即统计周期内所有需求的时长分布情况。
- 时长分布可参考数据治理要求制定。

11.3　度量体系案例

本节用某银行软件研发数字化管理中的度量体系建设作为案例进行介绍。

先介绍一下案例背景。

在"数字时代"，传统研发团队很难高效响应市场快速发展的态势，业务部门和研发部门经常产生冲突，研发交付过程普遍存在以下痛点：

- 部门沟通全靠流程和文档，部门效率低下；
- 需求交付进展不透明，临近交付日集中推进，忽视研发质量，事倍功半；
- 跨系统、跨团队协作困难，协作沟通低效；
- 习惯性加塞需求，严重拖累研发进度。

数字化转型成为组织战略性工作，被列为2021—2023年战略发展的关键路径。组织的战略目标是以全面数字化转型促进全行业高质量发展。为保障战略顺畅落地，研发团队如何快速响应业务团队的诉求、支撑数字经营是必须应对的挑战。针对快速响应这个挑战，该银行自2014年起在直销业务领域开始探索产品管理实践，在外联方较多的前台业务领域提升了一定的敏捷响应能力，但中后台业务领域的数字化转型思维和对业务的支撑能力还有欠缺。针对提升中后台业务领域的研发团队的响应力这个挑战，2021年，该银行启动了敏捷转型与软件研发数字化管理工程，打造数字化管理流水线，推广端到端规模化敏捷交付实践，逐步形成了支撑业务快速实现的数据驱动管理模式。

实施数据驱动管理模式的重点是度量体系的建设，度量体系的建设过程主要经历以下3个阶段。

（1）收集软件研发管理数据，观测有效数据。

（2）建立多层级大屏，满足管理多视角诉求。

（3）迭代数据治理，实现持续优化。

下面详细介绍一下这3个阶段。

11.3.1　收集软件研发管理数据，观测有效数据

软件研发管理数据常常散落在软件研发生命周期的不同阶段、不同工作流程、不同管理工具中，难以留存、汇聚并转化为有效的管理抓手，往往也没有形成有效的管理指标，仅停留在一些数字展示上，难以为软件研发管理创造价值。

通过导入精益看板方法，该银行看板系统嵌入了需求研发全过程，形成了该银行专属的精益化需求软件研发管理流水线。此举措保证了软件研发管理的要求真正在开发和测试活动的"最后一公里"落地。

结合上文所述的度量体系，历时一年多，咨询团队为客户量身打造的研发效能度量体系已初现雏形。看板系统作为研发数据管理底座，可提供丰富的数据查询服务，可输出各层级、各维度的研发效能数据。例如，从组织级到研发团队级的需求吞吐量统计，包含人力资源角色分布透视、供应商管理、人力容量需求比等研发人力资源分析，需求分段时效，以及工时、代码

行的实时自动统计和分类分析等数据。上述系统的基础数据能力，为后续进一步完善度量体系，更有效地通过数据驱动高质量的软件研发管理工作打下基础。

11.3.2　建立多层级大屏，满足管理多视角诉求

在已有的研发效能度量体系基础上，从不同的管理视角，咨询团队依据不同层级的关注度原则（见图11-7），设计满足多层管理诉求的大屏。依据不同层级的关注度原则，会有不同的大屏设计。

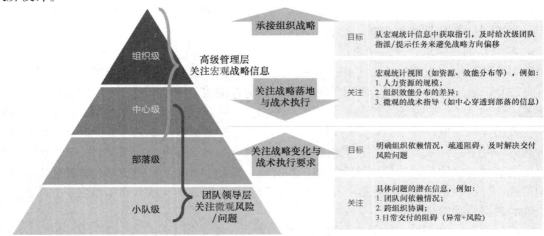

图11-7　不同层级的关注度原则

组织搭建了4个层级的大屏，分别为组织级、中心级、部落级、小队级。4层大屏可辅助管理者了解从宏观的战略信息到微观的风险/问题等各种信息，如图11-8所示。

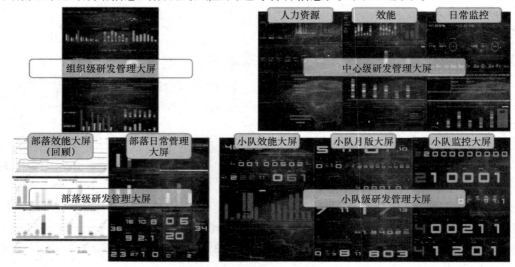

图11-8　各层级的大屏展示

在将各项研发活动线上化之后，结合多层级产品需求价值流可端到端地反映研发的现场活动（如编写代码等）。不同管理层级关注的焦点不同，如图11-9所示。

图11-9 不同管理层级关注的焦点

11.3.3 迭代数据治理，实现持续优化

当组织的软件研发管理数据积累到一定程度后，流程限制或线上线下不一致的现象就会凸显，在搭建组织的度量体系后需要对数据的一致性、准确性和完善性进行持续优化。同时，要避免出现数据不精确就不用数据或者觉得数据样本还不能完全覆盖研发活动就不开始分析数据的误区。

在针对线上线下不一致的场景中，咨询团队会分析团队中飞卡的情况。飞卡是指在看板中，一张卡片跳过中间一个或若干阶段的情况，这反映了过程管理的缺失。例如，研发测试阶段飞卡，就是指卡片从等待开发直接拖到了等待发布，这表明研发测试阶段的过程管理信息缺失了。在团队中，较低比例的飞卡是可接受的，但如果占比太高就会影响数据准确度，并且在金融组织中还可能涉及合规问题，需要管理者特别关注。如果是流程限制导致度量数据失真则需要及时优化流程，在此案例中，优化流程后，经过两次迭代（1个月后），飞卡比例从31%下降到16%。

度量体系的建立可以帮助组织构建数字化的软件研发管理现场，达到及时发现风险、资源调优、决策支撑等目的。

11.4 度量体系实践误区

在度量体系实践时存在一些误区。下面以比较典型的估算和故事点使用的误区为例进行介绍。

11.4.1 估算

估算也是一种度量，是信息系统度量的基础前序动作之一。估算的"三不"原则如下：
- 不存在绝对准确的估算方法；

- 不要将估算结果变成承诺;
- 不要用估算结果做研发详细计划。

目前,公认有效的软件研发规模估算方法是专家估算法。这种估算方法中的估算不是随意评估,其准确度主要依赖于专家对具体事物的认知、经验以及逻辑推理。即便如此,也无法保证估算结果绝对准确,但这已经是最可行、最准确的估算方法了。其他所谓科学的估算方法,如功能点估算,只是换一种形式,其本质还是依赖于人的认知和判断。

因为估算结果并不绝对准确,所以该结果不能变成软件交付的承诺。但用估算来做初步计划是可以的。可是,如果要求团队根据不精确的估算结果,承诺开发完成时间(上线时间),并且不留下任何调整的余地,长此以往,可能会对实际工作造成以下3种损害。

(1)**可能会让估算者过于保守**。当团队认为估算结果将被当成承诺时,人们往往倾向于自我保护,放大估算值。软件研发过程中充满不确定性,因此这种做法的出发点很容易被理解。软件工程大师伊瓦尔·雅各布森(Ivar Jacobson)曾半开玩笑地说过,他会把他的初步估算值乘以π,然后给出一个承诺。

(2)**可能会伤害信任**。由于估算结果(承诺)较为保守,容易引起一些了解开发的业务人员的质疑甚至挑战。遇到这种情况时,开发往往抛出若干技术原因进行解释,但不信任的种子已经埋下。有些业务部门甚至逐渐派生出专门和研发部门讨价还价的组织,这就是常说的"合同游戏"。

(3)**可能会损害质量**。并非所有的软件研发管理者都愿意遵从保守主义,估算结果有时也可能较为乐观。在这种情况下,如果坚持让研发人员遵守承诺,而研发团队的实际能力并不成熟,也许会为了能够按时交付而放弃质量,甚至最终损害商誉。

这里不建议用估算来做研发详细计划,因为软件研发是一个复杂的信息发现过程,很多问题在初始阶段无法得到正确答案,或者部分问题根本就发现不了,例如用户需求是否得到充分挖掘,如何能够实现,实现的质量怎样……需求实现的过程是高度动态的,其中会不断有新信息被发现,利用估算结果做详细的研发计划,很容易得到费力不讨好的结果。

另外,也不建议管理者过分关注"计划达成率"等进度控制指标,这与把估算结果当成承诺有类似之处,也会产生前面谈到的负面作用。估算本身并无好坏之分,关键在于使用的方法是否正确,在实施过程中是否把握了收获与代价的动态平衡。

11.4.2　故事点

故事点不仅是"坑",而且潜藏着危险陷阱。我们发现很多成熟团队已经陆续放弃故事点数估算法。我们建议使用需求个数而非估算点数来衡量需求规模。下面围绕一个案例展开介绍,并对估算和估计进行概念厘清,阐述不建议采用点数估算的理由。

某研发团队最初使用故事点数进行估算。他们两周迭代一次交付需求。每次开迭代计划会,故事点估算要花很长时间。为期半天的迭代计划会,至少有2小时花在估算上。完成估算后,再用故事点数决定进入迭代的需求是否符合工作量预期。但是,经过一段时间的统计,他们发现不管迭代计划会形成怎样的估算结果,最终进入迭代的故事个数都是差不多的。

基于这种情况，他们从估算点数改为故事个数。于是，需求人员在梳理需求时统计好故事个数，在迭代计划会上直接进行需求澄清，迭代计划会时间立刻从半天缩短到了1.5小时。

放弃点数估算，不仅有上面案例中提到的原因。类似量子力学中的观察者效应，组织对估算的观察会影响估算者的行为。这是定义估算体系时必须充分考虑的因素，也是我们反对用点数来进行估算的主要原因。

某大型国有银行的软件研发中心曾对软件需求进行功能点估算，并以此为基础对研发团队进行产能评估。很快，研发团队为了显示自己干活多，把需求文档写得越来越复杂。于是，大量时间被花费在写文档上，直接影响了交付速度和项目进度。最后，功能点估算法在全行被废弃。

另一家股份制银行的研发中心，鉴于上述估算过程所暴露的问题，让测试团队介入功能点计算。结果，测试团队不时跑去向研发团队询问信息，给研发团队增加了更多的干扰和浪费。

点数估算很容易引起研发团队的"规模冲动"。我们常发现，同一个团队在引入故事点估算的几个月后，团队完成的需求个数基本没变，但交付的故事点数可能翻了一倍甚至几倍之多。另外，点数估算会加剧业务团队和研发团队之间的不透明。对业务人员来说，点数估算难以理解且不可控，与故事点相比，功能点估算法问题更加严重。还是前面提到的国有银行，业务团队每年按一个比例和研发团队估算产能，这也体现了业务团队和研发团队之间由功能点估算引发的不信任。

那么，个数到底比点数好在哪里？业务团队提出一个大需求，被研发拆分成若干个小需求，分步上线交付，这些小需求加起来还是最初的那个大需求。这就是需求个数比点数好的地方，直观且容易被业务人员理解，有利于业务团队与研发团队之间的互信的建立。估计需求个数，可能让开发产生拆细需求以增加个数的冲动。但是，这种"副作用/冲动"对组织甚至是有益的。需求拆分到细小的颗粒度，会让团队更快速地完成交付，减少进度和质量风险，从而尽早实现业务价值。

需求颗粒度拆分还受需求可测试、潜在可发布的制约。虽然研发团队想把需求尽可能拆细，但因为会增加测试和产品的管理成本，会受到来自测试团队和业务团队的阻力。于是，研发团队、测试团队、业务团队三方之间形成制衡，有效避免了需求无节制细分的可能性。

因此，建议将需求拆分成颗粒度相对均匀的条目，再使用经过平整化的需求个数作为规模基数进行估计。这里需要厘清两个概念：估计与估算。估计和估算这两个概念虽然均被译为Estimate，但这两个概念的含义并不相同，需要特别注意并加以区分。

- 估计是对未来的预测。对个人而言，估计可能是预测某个任务完成的时间。
- 估算是被组织刻意观察的估计。如果组织对估计结果与实际结果进行统计分析，那么，估计行为就变成了估算行为。

估计是人类应对不确定环境的必要手段。马丁·福勒（Martin Fowler）指出，估计的价值在于为管理者做出相关决策提供支持，如帮助分配资源、协调进度、提升沟通效率等。本节的"放弃点数估算"强调的是估算行为，而非估计行为。

我们也发现随着团队的逐渐磨合和成熟，需求规模会自然地趋于一致。对个数估算常见的质疑之一是：需求规模有大有小，很多组织不知道该如何拆，或者拆不好，估算也就无从谈起了。

　　回到上文中的访谈，研发团队认为能进行这种改变有一个基本前提：即使不刻意进行需求拆分，需求颗粒度也是比较一致的。也就是说，每个组织都有一种"平整化"的能力，能让需求规模（颗粒度）自然地趋于一致。

　　上面访谈的组织不是个例，很多组织都有类似的"平整化"能力，这是组织内部长期运作而形成的习惯之一。组织经过一段时间的磨合，某些合适的做法被沉淀下来，这些做法会对组织成员（包括新成员）持续产生影响。即使不施以人为控制和提醒，组织成员的习惯、偏好也会彼此"传染"。久而久之，不同角色会在"平整化"能力的影响下，逐渐达成这种"不可见"的一致。

　　另外，有江河流域生活经历的读者可能知道，一定区域内的鹅卵石不会在大小上出现明显差异，因为持续的水流冲刷会导致鹅卵石之间互相摩擦，造成该现象的产生——这也是一种"平整化"的能力。

　　总结一下，估算是被观察的估计，会对组织起反作用；点数估算让研发团队产生规模冲动，容易造成浪费，损害业务团队和研发团队之间的信任关系；个数估计会推动需求拆分，对组织的利大于弊；每个组织都有一种"平整化"的能力，让需求规模自然地趋于一致。

11.5　度量体系相关思考

　　对于度量体系，除了前文介绍的框架、案例和实践误区，还有对于度量体系的应用场景和基础的相关思考。

11.5.1　度量体系的应用场景

　　11.2.1节中提到了研发团队绩效体系建设的5条原则，即外部性、无害性、整体性、制衡性和演进性原则。基于此，还可以延伸出适应性指标、健康度指标和杠杆指标3类绩效指标。

　　（1）适应性指标反映组织是否适合生存。适应性指标因组织的特点不同而不同。例如，对一个餐饮外卖商家而言，送餐时长、送餐准时率和餐饮价格就是它的适应性指标，餐饮的口感并不那么重要，但是对一家精品餐厅而言，餐饮口感就变得非常重要，而菜品等候时间就变得相对不那么重要了。因为研发比较同质化，研发团队适应性指标相对统一。

　　（2）健康度指标反映组织的健康程度。就如同一个人的心率、血压、血脂指标等可反映人的健康程度一样，健康度指标可反映组织的健康程度。健康度指标往往是内部指标，非客户可见，因此需要非常注意衡量指标的无害性和整体性。健康度指标也需要不断调整，一旦一个指标经常保持正常，就可以将它从度量体系中剔除。举个例子，代码冗余度（有多少代码是重复的）就是一个有用的代码健康度指标。

　　（3）杠杆指标反映组织的重点改进方向。很多时候，需要进行某项改进，可通过杠杆指标来推动适应性指标改进。例如，今年要推行接口测试自动化，就可以将接口测试代码覆盖率作为一个杠杆指标，这一指标的提升有利于保证生产质量。杠杆指标一般是内部指标，所以同样要保证它的无害性和整体性。一旦改进活动告一段落，杠杆指标可能会变成健康度指标，也可能直接被剔除。

　　亨里克·克尼贝里提出过一个数据的验证模型DIBB，即DATA-INSIGHT-BELIEF-BET。也就是从客观数据出发，激发洞见，设定假设，运营验证。从度量的方式来说，就是通过数据治理的方式来进行组织的研发数据运营，帮助组织实现数据驱动的持续改进。

在日益复杂、难测的组织环境中，管理者逐渐认识到，传统的流程化命令控制型管理方式已显现出局限性，源自军事领域的任务式指挥体系更能适应不确定性较高的现代组织管理需求。

可以从不同的团队数据中得到不同的团队数据特征，并不要求所有团队展现出来的都是一样的数据行为模式。当然，影响度量体系具体落地的因素可能有：

- 组织中的员工能力；
- 组织的目标是防范错误还是创新；
- 组织中的决策模式是中央集权还是高度分散；
- 团队的价值观是否一致，是否易达成共识。

组织的研发效能度量可能会经历4个不同阶段的流畅度，流畅度是指某个组织在实践过程中研发效能度量数据可视化呈现的形态或方式。对于研发效能度量，应该重点关注团队流畅度，而非个人流畅度，团队流畅度以数据的形式呈现，团队流畅度（见表11-1）取决于团队中每个成员的能力、管理结构、关系、组织文化等方面。这并不是说团队的流畅度低要归咎于个人，也不是说一个高水平团队成员的存在就能够保证整个团队的流畅度。

表11-1　团队流畅度

阶段	收益	成本	学习资源	所需时间	指标可能的表现形式
基本使用	团队可做数据化、线上化管理	团队引入线上化工具，以及工作流程设计	需求层级体系	1个月左右	- 故事吞吐量有数据 - 故事时效有数据 - 用户行为：团队中有部分人开始使用看板 - 协同：有协同关系
透明	团队工作更加透明	团队按照流程实时更新流程中的各类数据	看板方法	另外的3～4个月	- 需求项、故事、工作项吞吐量有模式 - 需求项、故事、工作项整体和分段时效有模式 - 用户行为：团队中大部分人都开始使用看板 - 协同：协同关系可见
改进	团队工作可预测，更好的交付决策，团队战斗力提升	将交付决策权交给团队，团队成员稳定	迭代计划、站会和回顾会等实践	另外的3～6个月	- 吞吐量有规律且趋于稳定 - 整体和分段时效有规律且趋于稳定 - 用户行为：团队中大部分人每天都在高频使用看板 - 协同：协同关系可见且符合组织要求 - 迭代相关的指标都可见且有规范
延伸	学习型组织涌现更好的团队决策	创建新的团队管理方法需要投入的时间和承担的风险	团队设计和复杂性理论	未知	- 组织关注的指标都可见

11.5.2　度量体系的基础

在数字时代，时间和空间被科学技术不断压缩（计算机的算力缩短了人力计算的时间，互联网拉近了人与人的空间距离），组织需要做出更快的反应和更精准的决策，其重要依据就是作为关键生产资料的数据，因此度量体系的设计及落地就自然而然成为必不可少的一环。要让组织更好地发展，度量体系的"根系"需要伸得足够广、扎得足够深，以便其连接到组织的各个环节，必要时还需要延伸到外部的其他行业或领域，以获取全域数据并聚合成有价值的信息或情报，从而掌握组织内外部运行的脉搏。在现实中，这个过程是艰辛的，势必会遇到各种难题、险阻和挑战。下面仅从组织内部就度量体系的基础展开讨论。

1．有形基础：关联信息系统

一般来讲，产品或服务不能按组织的需要解决问题，本质上还是用户需求、框架模型、数据或信息化等方面出现了问题。需要把这些元素都统一考虑，才能达到"道器合一"的效果。例如，将Adapt框架、FLEET框架、DEF框架和DEER框架有机融合，呈现为"知微"系统，再将其与组织内的其他信息系统整合，最终形成数字孪生（digital twin），完成数据对现实的映射和整合。

只有将组织的战略、组织阵型、资源分布、目标执行进展等数据线上化，形成"数字孪生"，数据治理的功效才能得到发挥；同时，数据越真实、越精细，其治理效果越好、效率越高。

组织应充分重视"数据"这一新的生产资料，以数据驱动进行组织管理治理。利用数据系统的实时性、准确性，为各层级管理者提供高效的治理抓手，同时管理者应深入现场，结合度量数据进行根因分析，谨慎地结合组织的管理要素进行绩效评估。

2．无形基础：协作机制

围绕组织的使命、愿景、价值观及文化，对组织的协作机制做出相应的调整和优化，形成立体的、灵活的柔性协作网络。传统组织的数字化转型是一项艰难的工作，因为这些组织多采用部门或多层级的组织阵型，其协作机制和效率往往受制于部门墙和信息孤岛，导致流程僵化、信息流动缓慢甚至直接阻塞，因而很难跟上外部的快速节奏。组织需要以外部环境为向导、内部业务形态为指引来调整人力组织形式及协作机制，而协作机制需要合理的组织阵型作为依托，也需要在特定深度和广度上做好"责""权""利"这3个核心方面的内容，从底层出发，把转型工作作为一个系统工程来推进。

度量是整个组织治理体系中的一个环节，其运作依赖于关联系统的协同运转。度量作为一个整体，主要有以下内容。

- "软件"部分，包括组织阵型、管理制度、管理流程、绩效考核、晋升机制等。
- "硬件"部分，包括信息系统、办公场地、物料等。
- 组织架构的底层，即人（以及人的底层，即思维框架、认知等）。

度量的牵引作用有正向的也有负向的，组织的管理机制应该在规范员工行为的同时，避免限制他们的想象力、能力的发挥。在日常工作过程中，组织的管理者应该自顶向下践行，以身作则，保障度量可以发扬人的特长，挖掘人的潜能，引导其正向、积极、健康地发展，并激发其正能量由内而外流淌、散发。

11.6　小结

　　本章通过介绍度量体系的基本功能及组成，以及对"多""快""好""赞"维度及有代表性的指标集的深入剖析，系统性地对度量体系的建设、运作逻辑、意义及目标进行了阐述；通过结合不同场景、案例及典型误区，分析了度量体系建设的独特性和注意事项。

　　随着社会的发展，度量体系也有独特的历史使命：以客观事实为依据，以人为本，以组织战略目标为指引，为组织、个人提供可感知、可参考、可决策和可行动的能力和依据，以便更精准、更快速地应对发展过程中的已知和未知问题，为组织的生存和发展提供有力保障。

第六篇

整合管理篇

前面各篇中已经详细介绍了组织阵型、角色体系、目标管理、产品研发过程、需求层级体系、研发节奏等关键内容，这些内容的紧密协作通常能够为企业的软件研发管理带来更为显著的效益。本篇将主要介绍两个当前我们重点研究的整合管理领域：敏捷项目管理和版本火车。本篇将深入探讨这两个领域的核心概念、方法和最佳实践，以及如何将它们与之前讨论的各关键内容结合起来，从而为企业的软件研发管理提供切实可行的整合方案。通过这种综合性的方法与实践，期望能帮助读者更好地应对日益复杂的软件研发管理挑战。

在敏捷项目管理领域中，一个完整的项目管理框架需要将各关键内容有机地结合起来，确保项目在各个方面都保持平衡和协调。敏捷项目管理始于明确的目标，以确保项目的目标清晰、明确，帮助团队和利益相关方理解项目的意义和价值，以及工作的方向。目标管理有助于确保项目在整个过程中保持一致性，防止偏离轨道。项目型组织阵型与角色分配直接影响项目的执行和管理。不同的组织阵型会对沟通、决策和资源分配产生不同的影响。恰当的研发节奏和交付周期，有助于项目团队合理安排工作，确保交付按时进行。此外，前面提到的其他关键内容对项目管理领域有着至关重要的作用，这里不再展开叙述，后续章节将详细为大家讲述。

在复杂产品的跨团队协作场景中，协调排期往往成为一项重要且充满挑战的任务。这是出于组织架构、系统定位等多方面的原因，为同一产品提供服务的人员常常分散在各个团队和项目之间，导致目标和节奏难以统一。在这样的背景下，确保不同团队的工作能够协调、整合，以在特定的发布周期内交付一个整体可用的产品或功能，显得尤为重要。Adapt框架中提倡的版本火车是一个加强业务与科技融合、提升组织整体交付效率的协作机制。不同业务领域可以根据因各自不同的业务属性和系统架构属性而形成的发布独立性来制定自己的版本火车。

第 **12** 章

敏捷项目管理

敏捷项目管理是一种以客户价值为中心、跨职能合作、快速反馈和持续改进的项目管理模式，已经在当今快节奏和不断变化的商业环境中得到广泛应用。本章将从瀑布项目管理与敏捷项目管理的差异出发，介绍这两种项目管理模式的区别，并提出一种适应性的敏捷项目管理框架。

12.1　瀑布项目管理与敏捷项目管理

在谈到项目管理领域时，我们总会习惯性地给项目打上特定的标签，例如前面提到的"敏捷项目"，当然也有与之对应的"瀑布项目"。然而，需要明确的是，实际上没有所谓的单一"瀑布项目"或"敏捷项目"存在。项目本身并不具备瀑布性或敏捷性，通常根据项目的目标、性质、风险和项目利益相关方的需求来选择和应用合适的项目管理模式。上述所指，实际上是我们在工作中常接触到的两种项目管理模式：瀑布项目管理与敏捷项目管理。

12.1.1　瀑布项目管理与敏捷项目管理概述

当下主流的项目管理模式有瀑布项目管理（waterfall project management）、敏捷项目管理（agile project management）和混合项目管理（hybrid project management）等。我们常会在客户现场看见新项目启动时，项目管理办公室会与项目经理确认接下来项目的推进选择哪一种项目管理模式，通常项目管理办公室会提供瀑布项目管理与敏捷项目管理两种管理模式以供选择，且业内也常将这两种管理模式进行比较。下面将会总结对比这两种项目管理模式的主要差异和适用性。

瀑布项目管理是一种线性顺序的项目管理模式，按照项目阶段，依次进行需求分析、设计、开发、测试和交付等活动。瀑布项目管理三角如图12-1所示。项目的范围在项目前期经过详细调研和规划并最终确定的情况下，很难再做大的调整，只能通过对时间和成本的调整来完成既定的任务。所以，在实际过程中，项目时间与成本的限制也成了让众多项目经理普遍头疼的两个约束因素。该模式注重详尽的计划和文档，强调阶段之间的顺序性和清晰的阶段交付物。这种线性的项目管理模式适用于范围确定、需求稳定、可预测性强的项目。

在敏捷项目管理模式下，项目的范围由固定不变转变为具有灵活性，以及时响应市场的快速变化。在敏捷项目管理中，项目的目标聚焦于客户价值，而不仅仅是完成预设的任务，以满足多样化的用户需求。同时，提高质量的权重以提升用户的体验，以价值驱动而非计划驱动的管理方式，确保项目的成功交付和客户满意度。此外，实施敏捷项目管理并非一路畅通，也存在各种约束因素，如图12-2所示，项目的范围、时间和成本依旧是影响项目实施的重要约束因素。敏捷项目管理为团队提供了一种创新、协作和高效的工作方式，旨在为用户提供卓越的产品和体验。

图12-1　瀑布项目管理三角

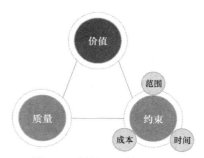

图12-2　敏捷项目管理三角

12.1.2　瀑布项目管理与敏捷项目管理的差异

前文介绍了瀑布项目管理和敏捷项目管理两种项目管理模式，实际上这两种模式并无优劣之分，各有其优缺点，如表12-1所示。

表12-1　两种项目管理模式的优缺点

对比项	敏捷项目管理	瀑布项目管理
优点	● 以客户价值为导向，注重满足客户需求 ● 具有灵活性和适应性，能够快速响应变化 ● 可快速交付客户价值（持续可工作的增量） ● 具备高度合作和沟通的特点，能够促进团队协作和知识共享 ● 进行风险管理，通过快速发现和解决问题降低风险	● 具有明确、翔实的计划和阶段，易于跟踪和控制 ● 具有简化的管理过程，易于理解和实施 ● 强调文档化和可追溯性，方便审核和追溯
缺点	● 具有需求不稳定性，可能需要频繁调整项目方向和计划 ● 过度强调快速交付客户价值可能导致技术债累积 ● 可能会增加一部分成本（人力成本、需求变更成本、团队培训成本、工具技术支持成本等）	● 缺乏灵活性，难以应对需求变化和市场变化 ● 客户参与较少，可能导致不能充分满足客户需求 ● 风险控制介入较晚，可能较晚发现问题

在实际进行项目管理模式选择时可以参照表12-2进行两种项目管理模式的对比。

表12-2　两种项目管理模式的对比

对比项	敏捷项目管理	瀑布项目管理
管理方式	增量式管理	阶段式、线性管理
变更处理	拥抱变化，接受需求的灵活性和变动	变更较困难，需求稳定
项目计划	灵活，根据迭代周期进行计划和优先级调整	事先制订详细计划和阶段性交付物

续表

对比项	敏捷项目管理	瀑布项目管理
风险管理	高度关注风险，在过程中快速发现和解决问题	侧重于在项目开始之前尽可能识别和规避风险
文档化	注重有效的沟通和工作成果，减少烦琐的文档要求	强调详尽的计划和文档，记录每个阶段的交付物
客户参与	参与程度相对较高，根据客户反馈调整项目方向	参与程度相对较低，客户主要在项目初期和交付阶段参与
交付物	每个迭代产生可工作的增量，逐步交付客户价值	阶段性交付，最终在项目结束时交付完整的产品
项目成功	交付高客户价值产品，强调客户满意度和持续改进	按计划完成产品，强调按时交付和预算控制

从表12-1和表12-2中不难看出，敏捷项目管理更适用于需求范围不确定或可能频繁变化的项目，如创新型项目类；需要快速交付可应用的产品或增量的项目，以获取快速反馈并满足客户需求。在这种模式下，项目团队具有高度的合作性和自组织能力，能够在变化的环境中灵活地做出决策和调整。瀑布项目管理适用于需求相对稳定且不太可能变化的项目，如基础设施建设、传统的工程项目等需求明晰、进度要求较紧的研发项目；需求相对固定，能提前进行详细规划和预测，并能够进行严格的控制与监督的项目，如有明确产品规格和交付要求的制造业产品开发项目等。

需要注意的是，不同的项目往往都具有复杂性和特殊性，极有可能不完全符合敏捷项目管理或瀑布项目管理的所有特点。因此，在实施项目管理时，我们的重点应放在对项目的分析、规划与评估上，根据项目的具体情况，灵活地选择和应用合适的项目管理模式，以确保项目的成功交付和客户满意度，而不应简单地将项目本身划分为某个固定类型。项目管理模式应该为项目成功交付提供所需的工具和指南，而不是约束和限定项目实施的框架。

12.2　为什么选择敏捷项目管理

尽管两种项目管理模式并无优劣之分，但在当前快速变化的环境中，敏捷项目管理明显更具优势。首先，市场和技术的快速变化要求企业能够快速响应和适应变化。敏捷项目管理的迭代和增量方式允许团队在项目的不同阶段进行调整和优化，及时适应变化的需求和市场动态。其次，敏捷项目管理注重客户价值和用户需求，强调快速交付具有高价值的功能和产品，从而增加企业的竞争力。此外，敏捷项目管理鼓励团队协作和跨职能交流，激发创新和高效工作，使企业能够更好地应对复杂的挑战和问题。最重要的是，敏捷项目管理的实践方法和工具，如Scrum和看板等，提供了可视化和透明的项目管理方式，能帮助企业实时监控项目进展和风险，并及时做出调整和决策。本章后续将介绍如何实施敏捷项目管理。

12.3　敏捷项目管理模型

在实施敏捷项目管理时，我们常常看到企业内部直接采用Scrum开始工作。然而，Scrum或其他敏捷项目管理模型就是实施敏捷项目管理的直接参考吗？读者对于这个问题可能有不同的答案。在软件研发管理过程中，这些敏捷项目管理模型当然是值得借鉴的，但是团队在日常研发过程和项目实施过程中使用的方式是否完全一样？另外，业界是否已经有成熟的敏捷项目管理模型可供参考？本节就具体讨论一下这两个问题。

12.3.1　敏捷项目管理模型概述

在实施敏捷项目管理时，我们需要综合考虑项目的实际情况、敏捷方法论、管理实践和团队本身的实际情况，灵活地选择和调整管理方式，以确保项目顺利交付并提高团队的绩效和业务满意度。对于组织来说，敏捷项目管理的流程需要是稳定的、可复用的、有组织的且兼具灵活易适应的特点。2010年，吉姆·海史密斯（Jim Highsmith）提出了"构想-推演-探索-适应-收尾"的敏捷项目管理模型，如图12-3所示。

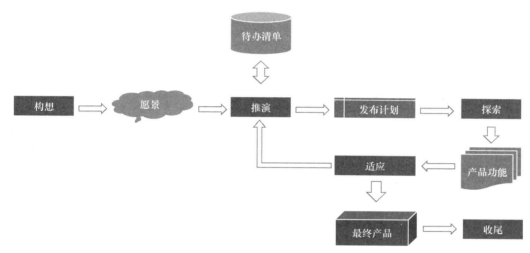

图12-3　敏捷项目管理模型

敏捷项目管理模型与项目管理专业人员（Project Management Professional，PMP）资质认证的五大过程组（启动-规划-执行-监控-收尾）有着显著差异，项目管理专业人员资质认证中提到的项目管理模型是一种基于计划驱动的模型，强调严格的计划与过程控制，而敏捷项目管理模型更强调灵活性与适应性。敏捷项目管理模型包含以下5个阶段。

（1）构想（envision）阶段，项目团队创建愿景，包括构想项目的愿景、目标和范围，项目关联的利益相关方及未来如何进行协作工作等。

（2）推演（speculate）阶段，项目团队需要先收集初始的、广泛的产品需求，初步评估其工作量，并将其作为产品特性的待办清单；然后，制订基于能力或特性的发布计划，确保愿景能持续被达成；最后，对项目成本进行估算，生成其他必要的行政管理和财务信息。

（3）探索（explore）阶段，项目团队开始迭代开发，并通过持续的迭代周期来交付产品功能，并致力于减少项目风险与不确定性。同时，项目负责人需要推动跨职能的、自组织的项目社区建设，并促进项目团队与客户和其他利益相关方之间的相互交流。

（4）适应（adapt）阶段，项目团队根据市场反馈和客户需求的变化，灵活地调整项目计划和需求优先级。团队与利益相关方密切合作，及时响应变化，并通过快速迭代和适应性规划来调整项目的方向。

（5）收尾（close）阶段，在完成最终产品交付后，项目团队进行总结和评估，收集反馈意见，确保项目的顺利关闭并进行庆祝。团队还会进行知识分享和经验总结，为未来的项目提供借鉴和改进建议。

2015年，为了帮助更多人通过PMI-ACP的考试，迈克·格里菲思（Mike Griffiths）基于敏捷项目管理模型在*PMI-ACP Exam Prep*一书中提出了集成度更高的敏捷项目管理通用过程，来说明敏捷项目管理的过程、活动、人员和产出等关键要素之间的关联关系，并将敏捷项目管理分成了可行性研究（feasibility study）、启动（initiation）、发布计划（release planning）、内部迭代（inside iteration）、收尾（close）5个阶段。此后，许秀影博士从项目参与人员、阶段、工作事项和产出4个方面提出了敏捷项目管理框架（Agile Project Management Framework，APMF），其中细化了敏捷项目管理从启动到收尾各个阶段的过程，谁在什么时候、做什么事情、有什么产出成果。这些理论为我们提供了不少可参考借鉴的方式和实施路径。

12.3.2　适应性敏捷项目管理框架

在实际实施敏捷项目管理时，并非所有项目都一定按照迭代方式推进。现实中，我们经常看到团队根据项目的特点和需求选择其他敏捷方法进行项目管理。这种灵活性是敏捷方法论的核心理念之一。敏捷方法论不是僵化的模板，而是一套原则和价值观，它提供了多样化的工具和方法供团队选择和灵活应用。一些团队可能会选择流式开发，强调持续流动的工作进程，而不是按固定迭代进行规划和交付，更注重持续交付和快速反馈。一些团队可能采用增量交付的方法，将项目分解为多个可交付的增量，每个增量都包含可使用或可部署的功能，然后通过不断交付可用功能的增量来逐步构建产品，金融组织的研发团队中盛行的月版与批次便是偏向于增量交付方法。当然，更为熟悉的是，一些团队会采用偏向于Scrum的周期性迭代的方法进行交付，在每个周期结束时进行回顾和规划。

这种灵活性使得敏捷项目管理模型适用于各种不同类型的项目和团队。团队可以根据项目的复杂性、团队的能力和利益相关方的需求，选择最适合的敏捷方法，并根据实践中的经验进行调整和优化。无论最终选择了哪种方法，敏捷项目管理的目标都是通过持续交付价值，并通过适应性的、透明的沟通和协作方式实现项目的目标。本节参考前面几位实践者的理论，结合Agilean公司与客户合作的部分经验，提出适应性敏捷项目管理框架，如图12-4所示。该框架使项目团队在实施敏捷项目管理过程中更容易迈出第一步，且更易坚持运行敏捷项目管理模型，助力项目的成功交付。

下面详细介绍适应性敏捷项目管理的各个阶段。

1. 立项阶段

立项阶段的工作内容具体如下。

● **明确项目目标与预期结果**：尽可能定义明确的、可度量的目标，并设定预期能够达到的结果。

- **确定项目核心需求与范围**：与利益相关方一起定义项目的核心需求和范围及关键的成功指标，确保所有人对项目的期望是一致的，并能够在项目进展过程中根据项目目标对核心需求和范围进行调整。
- **进行可行性研究**：对项目进行可行性研究，包括市场、技术、财务、法律等方面的考虑。这有助于评估项目的可行性和风险，并为项目决策提供依据。
- **确定项目团队**：确定项目需要的团队成员并确定团队的组成和角色分配，明确每个团队成员的职责和角色（可参考Adapt框架中的角色体系），有助于确保团队的协作和高效运作。
- **制订项目计划和预算**：尽管实施敏捷项目管理时并没有强调严格的计划，但在项目立项时依旧需要制订初步的项目计划或未做明确交付定义的阶段性里程碑计划，并形成初步的项目发布计划；此外，根据项目的计划时间表，统计包括人力、物力、财务等方面的资源预算。
- **进行风险评估**：对项目进行风险评估和管理，识别潜在风险并制定应对策略，以减少风险对项目的影响。
- **建立敏捷项目管理框架**：根据项目的复杂性、团队的能力和利益相关方的需求，选择最合适的敏捷方法建立敏捷项目管理框架，包括项目的交付方式、决策流程、沟通流程和问题解决流程。
- **审批和决策**：根据项目立项方案，上级管理者或决策者进行审批和决策，确定是否批准项目立项并为项目提供必要的资源和支持。

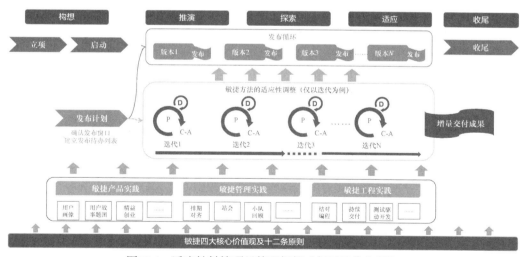

图12-4　适应性敏捷项目管理框架（仅以迭代为例）

2．启动阶段

启动阶段的工作内容具体如下。

- **对项目愿景和目标达成共识**：将确定的项目目标和预期结果与利益相关方（特别是项目

团队）进行说明，并达成共识。

- **对项目核心需求与范围达成共识**：与利益相关方特别是项目团队一起明确项目的核心需求与范围。
- **确定团队内部角色与职责并达成共识**：确定项目的团队成员和各自的角色和职责，如小队长、产品经理、版本经理和研发小队等，并与各方达成共识。
- **确定敏捷开发方法和流程**：如Adapt框架、看板、Scrum框架等，并根据项目的复杂性、团队的能力和利益相关方的需求，进行敏捷开发方法的调整与适配，并鼓励团队在项目实际运行中进行其他敏捷实践的尝试，最终形成适合项目的最佳敏捷开发实践与流程。此外，团队须得到必要的培训和支持。
- **对项目发布计划达成共识**：与项目利益相关方对项目的常规发布计划达成共识，并进行交付安排，如采用流式研发模式、迭代周期制定、批次交付安排等。
- **同步项目沟通计划**：与项目利益相关方同步项目的沟通计划，包括向上汇报、与利益相关方的沟通、团队成员之间的沟通等，以及使用的协作工具与平台。
- **对风险管理计划达成共识**：对制订的风险管理计划达成共识，明确风险识别、评估、应对等流程，并指定相应的责任人。敏捷项目管理鼓励快速反馈和及时修正。如果出现风险，团队应该及时采取措施来减轻其影响，并通过持续的监控和评估来调整风险管理策略。
- **确定度量和报告机制**：确定项目的度量和报告机制，包括用于跟踪项目进度、质量、成本等的指标和工具。

3. 发布计划与发布循环阶段

发布计划与发布循环阶段的工作内容具体如下。

- **创建产品路线图**：基于产品愿景与目标创建产品路线图，可借用户故事地图、影响地图、精益画布、最小可行性产品等敏捷产品实践。产品路线图描述了项目开发的大致方向，包括开发不同功能的时间表和优先级。
- **明确发布计划**：以产品路线图为输入，明确项目的发布目标和时间点，结合项目的范围、风险、资源和利益相关方的期望，确定合适的发布计划，包括发布频率、版本控制、是迭代发布还是增量发布等，最大程度地降低风险并实现可持续交付。
- **管理发布风险**：识别、评估发布相关的潜在风险，并制定相应的风险管理策略。在发布计划中，要考虑可能的技术挑战、技术债、资源限制、依赖关系和用户接受度等风险因素，并制定相应的应对措施。
- **完成测试和质量保障**：安排适当的测试和质量保障活动，包括桌面检查、单元测试、集成测试、系统测试、用户验收测试等，以确保发布的软件或产品符合质量标准和用户期望。
- **管理发布循环**：发布是一个动态过程，在项目执行过程中要持续评估和改进发布计划。团队应及时收集业务需求与用户反馈，及时调整发布计划，持续改进、优化产品以适应变化的需求和市场环境。

　　这里提到的发布计划与发布循环更多是针对单一项目。当面对项目集或者项目群管理时，可能会涉及多个关联方与关联系统，此时的发布计划与发布循环应该考虑更多因素。在第13章中将提到，在复杂的跨团队协作场景中，协调关联方和需求排期变得极其重要且充满挑战。由于组织架构、系统定位等原因，为同一大型项目群服务的团队常常分散在不同的部落中，难以实现目标和节奏的统一。在这种情况下，优先级协调难度增加、并行工作大量积压、协作过程缺乏透明度，这时引入Adapt框架中的版本火车机制可以协助项目集或项目群的各子项目建立持续稳定运作的版本火车，以提升版本发布的质量和效率。版本火车的具体实现方式见第13章。

4. 敏捷方法的适应性调整阶段

　　敏捷方法的适应性调整阶段的工作内容具体如下。

　　我们常观察到，在敏捷研发过程中，许多研发团队直接采用Scrum框架，并在几个迭代后出现团队成员抱怨会议过多或流程干扰正常工作的情况。甚至有些敏捷转型项目因此宣告失败，有的团队可能还继续承担类似沉重的负担弯腰前行。当然，也有很多团队在实施过程中取得了非常好的成效。先来了解一下这些负面反馈声音的根源。

　　首先，如果对Scrum框架的理解和实施不当，失败和抱怨就会成为"正常"现象。团队可能没有充分理解Scrum框架，或者没有正确地应用它，缺乏正确的培训和指导。这导致团队无法充分发挥Scrum框架的优势，从而产生不满和抱怨。其次，我们经常听到团队抱怨会议过多。在Scrum框架中，有一些固定的活动实践，如站会、迭代计划会、迭代评审会和回顾会等，如果这些活动无法高效地进行，会占用团队成员大量的时间，影响他们实际的开发工作。再次，如果这些活动没有实质性的成果，团队成员可能会认为是在浪费时间。团队成员更希望这些活动能紧密围绕研发进展、问题解决和团队协作展开，确保活动目的明确，并有明确的行动计划。最后，团队可能过度拘泥于Scrum框架的规定，忽视了其适应性和灵活性。Scrum是一种敏捷框架，团队应根据团队和项目的实际情况对其进行调整和优化，以适应团队和项目的需求，而不是僵化地遵循其规定的流程。这里仅用Scrum框架举例，在实际实施过程中，团队选择的其他框架和方案都有可能出现类似的问题。

　　所以，为了解决这些常见的敏捷实施过程中的问题，建议敏捷方法应做适应性调整：项目团队和利益相关方首先需要理解敏捷的核心价值和相关原则；然后，可以根据项目的发布计划、项目需求的复杂性、团队的能力以及利益相关方的需求，选择合适的敏捷框架，并根据实际需要对其进行增减调整。另外，团队也可以不拘泥于特定的框架，直接选择适用于自身的敏捷实践，并在项目实施过程中逐步对其进行调整和优化，最终形成适合项目的最佳方案，这样团队就能够灵活地应用敏捷原则和实践，满足项目的具体需求，并不断改进和优化实施过程。下面是进行适应性调整的建议手段。

- **了解相关敏捷框架与实践**：了解它们的原则、核心实践和适用场景等。
- **总结项目的特点和约束条件**：分析项目的规模、复杂性、风险、需求筹备情况、发布计划和利益相关方的期望，总结项目的特点和约束条件。
- **匹配团队和组织文化**：考虑团队和组织的文化和能力，以及对敏捷实践的接受度和准备程度，选择与团队和组织文化相匹配的敏捷实践，以便更顺利地实施。

- **试验和适应**：在项目初期可以采用试验的方式，尝试不同的敏捷方法，评估它们的适用性和效果。根据实践的反馈和对这些方法的深入学习，逐步调整和优化敏捷方法。
- **调整需求管理和反馈机制**：及时调整与敏捷实践相匹配的需求收集、优先级管理和反馈机制，以便及时地响应市场变化和利益相关方的反馈。
- **持续改进**：敏捷实践是一个持续改进的过程。定期回顾和评估实践效果，并进行敏捷实践的调整和改进。根据项目的需求和团队的反馈，灵活地选择和调整敏捷实践，以适应变化的环境和项目要求。

5. 收尾阶段

收尾阶段的工作内容具体如下。

- **确认项目收尾标准**：项目团队应该与项目发起人和利益相关方确认项目的收尾标准，包括收尾验收、交付物确认、质量验收、文档归档、知识转移等方面的标准。
- **客户验收和最终交付**：与客户一起进行项目验收，确保项目交付物符合其期望和要求。这可以包括产品演示、功能验证或文档审核。确保客户对项目的交付结果满意，达到项目的目标。
- **确认产品的维护和支持计划**：对于一些需要长期维护和支持的产品，团队应该与项目发起人和利益相关方确认产品的维护和支持计划，明确维护和支持责任人和流程。
- **结项汇报**：对整个项目进行分析和总结，回顾整个项目的目标、成果、进度、质量、成本和风险等方面的情况，总结项目经验和教训，撰写收尾报告，向项目发起人和利益相关方汇报项目成果。
- **回顾和总结**：举行项目回顾会，回顾整个项目的经验和教训。团队成员可以分享他们在项目中的观察、成功和挑战，并提出改进建议，这有助于团队从项目中吸取经验和教训。
- **进行知识转移**：将项目期间积累的知识和经验进行整理和总结，为组织的知识管理提供参考。
- **庆祝与表彰**：为项目的结束举行庆祝活动，表彰团队成员的工作和贡献，肯定团队取得的成果，这有助于增强团队的凝聚力。

12.4   实施敏捷项目管理

尽管敏捷项目管理与瀑布项目管理在管理方法上存在差异，但项目的几个核心要素，包括项目的范围与变更管理、进度管理、成本管理、质量管理和风险管理，是不可忽视的。因此，在实施敏捷项目管理过程中，我们也需要重视并有效管理这些核心要素。

12.4.1   项目的范围与变更管理

在实施敏捷项目管理时，项目的范围与变更管理需要结合敏捷原则，保持灵活性和适应性。项目的范围与变更管理的重点是保持持续的反馈循环，及时调整和管理项目的范围，避免过度承诺和追求完美主义，将项目交付聚焦在核心价值上，并满足利益相关方的需求。下面是有效管理项目范围和变更的参考步骤。

（1）**确定项目范围**：明确项目的目标和愿景，与项目利益相关方共同定义项目的范围和交付成果。可借鉴适当的敏捷产品实践和技术，确定和理解项目的范围。

（2）**制订需求管理计划**：建立适当的需求管理计划，包括需求收集、分析、确认和跟踪的过程。确保需求的清晰性、可测量性和可追踪性，以便在项目进展中对其进行有效管理。

（3）**管理变更**：建立项目需求变更管理过程，确保变更请求经过评估、优先级排序和批准后才能实施。使用变更控制工具和技术，如变更请求表、变更控制板、变更日志等，跟踪和管理变更请求的状态和影响，确保变更对项目范围和其他要素的影响得到评估和控制。

（4）**管理需求优先级**：根据项目目标及需求的业务价值，对需求进行优先级排序和规划。确定哪些需求是最重要的，并确保团队专注于优先级较高的需求。此外，在进行规划时还需要考虑需求的复杂性和团队的资源可用性，以便在有限的时间和资源下实现最大的价值。

（5）**持续评估变更**：持续评估项目的范围和变更需求。通过定期需求澄清，结合站会、迭代计划等实践，团队可以及时识别和处理新的变更请求。

（6）**沟通与协作**：确保项目团队和利益相关方之间的良好沟通和紧密协作。及时分享项目的范围和变更信息，与利益相关方共同决策和解决与项目范围相关的问题。

12.4.2　项目的进度管理

在实施敏捷项目管理时，团队会频繁地进行计划和优先级调整，此时项目进度管理就显得至关重要。幸运的是，敏捷项目管理已经提供了非常多的相关工具或实践来帮助我们实时了解项目的进展，确保按时交付，具体的工具或实践如下。

（1）**版本计划或里程碑计划**：可以实时跟进项目当前的交付进展。

（2）**燃尽图**：使用燃尽图来跟踪和预测项目的进度。燃尽图显示了剩余工作量和时间的关系，可帮助团队了解项目的剩余工作量和项目是否能按时完成。

（3）**敏捷仪表盘**：创建敏捷仪表盘来可视化项目进度。敏捷仪表盘可以包括迭代计划、任务进度、工作项状态等信息，可帮助团队成员和利益相关方实时了解项目的进展情况。

（4）**迭代计划**：将整个项目划分为多个迭代周期，每个迭代周期都有明确的目标和交付成果。团队在每个迭代开始时进行规划，确定本迭代的工作内容和时间框架。

（5）**站会**：站会是敏捷项目管理中常用的进度管理方式。站会是短暂的会议，团队成员分享自己的工作进展、遇到的问题和计划，以便团队及时调整和协调工作。

12.4.3　项目的成本管理

前面几章提到，项目其实是实现产品能力交付的一种方式，所以进行项目的编制时应更多聚焦于每个投资单元可产生的价值结果。尽管更多情况下项目仍然需要根据立项时的项目范围提前编制预算包，但敏捷项目管理是一种灵活的、增量式的交付模式，新的投资决策需要基于各阶段交付价值的商业场景来决定。我们可以看到，当下有不少企业已经改变了过去仅仅用年度规划来划分预算的方式，缩短了预算编制周期，或者选择在立项的项目预算上允许一定的上下浮动。

当然，在实施敏捷项目管理时，仍需要有效的成本管理举措来尽量确保项目在预算范围内进行，并为决策提供可靠的基础。例如，通过定期跟踪和监控实际成本，及时识别潜在的超支或节约的机会；评估变更对成本的影响，并在必要时对成本进行审批和调整等。通过合理的成本管理，团队能够更好地控制项目预算，优化资源利用，确保项目的经济可行性和成功交付。

12.4.4　项目的质量管理

吉姆·海史密斯在《敏捷项目管理：快速交付创新产品》一书中提到，软件的一个关键问题是我们经常为了满足进度、范围或成本要求而使软件的内在质量下滑。许多团队认为交付高质量的软件可能需要花费更多的时间成本。事实上，《敏捷项目管理：快速交付创新产品》一书中提到的卡南斯·琼斯（Kanans Jones）和迈克尔·马厄（Michael Maher）的研究表明，高质量实际上可以加速开发。良好的质量管理可以确保项目交付的成果符合预期，更能满足客户需求，并建立可靠的声誉。下面是一些用于项目质量管理的参考实践。

（1）**明确交付的质量标准**：明确项目的质量目标和交付的质量标准，以确保整个团队对质量有共同的理解。

（2）**分步移测**：鼓励团队进行分步移测，将复杂需求分解为较小的模块或功能，逐步进行迁移和验证，以减少集中提交测试的潜在风险并确保系统的稳定性。

（3）**代码审查**：通过代码审查和同行评审，发现潜在的缺陷和低质量的代码，提供反馈并进行改进。

（4）**技术债识别与响应**：研发过程中及时识别潜在的技术债，并进行优先级排序，在进行需求规划时，合理规划待办清单中技术债的占比。

（5）**持续集成和自动化测试**：提高持续集成和自动化测试能力，提高软件的功能正确性和稳定性。

（6）**重构**：改进现有代码的结构、设计和性能，以提高软件的可读性、可维护性和可扩展性，提高代码质量、减少技术债。

12.4.5　项目的风险管理

敏捷项目管理在加强灵活性和适应性的同时，也增加了项目面临更多过程风险的可能性。我们需要通过有效的项目风险管理手段，来识别、评估和应对潜在的风险，从而降低项目失败的可能性。下面是有效管理项目风险的一些参考步骤。

（1）**风险识别**：早期识别潜在的项目风险并建立风险清单，建立开放和透明的沟通渠道，鼓励团队成员共享风险信息，并及时同步。同时，过程中实时跟踪和监控潜在风险的变化和进展。

（2）**风险评估**：对已识别的风险进行评估，确定其影响程度和优先级，这有助于确定哪些风险需要重点关注和处理。

（3）**风险应对策略**：为每个风险事件制定相应的应对策略，如避免、减轻、转移或接受风险等。

（4）**风险监控和控制**：建立风险透明机制，如使用看板的风险停车场或线上风险跟踪工具等，定期进行评估和优先级排序。根据需要调整风险应对策略，并及时采取措施来控制和减轻风险的影响。

（5）**持续改进**：使用相关敏捷实践现场进行回顾和总结，如站会和回顾会等，从经验中学习，并进行团队共创，对风险管理过程进行改进和优化。

12.5 小结

敏捷项目管理是一种强调以客户价值为中心、跨职能合作、快速反馈和持续改进的项目管理模式，其主要优势在于：

- 以客户价值为导向，强调与客户的紧密合作，提高客户满意度；
- 具备灵活性与适应性，帮助组织更好地应对变化和不确定性；
- 通过增量式的频繁交付，加快项目交付速度；
- 鼓励项目成员之间的密切合作和有效沟通，促进团队协作和知识共享；
- 强调项目团队的持续改进，并通过快速发现和解决问题降低风险并提高产品质量。

实施敏捷项目管理的必要前提是需要明确项目的愿景和目标，并与利益相关方达成共识，在项目进展过程中根据项目目标对需求和项目范围进行调整。

灵活性和持续改进是敏捷项目管理的核心理念，团队不应拘泥于特定的框架，而应根据项目的发布计划、需求的复杂性、基础设施的建设、团队的能力及利益相关方的需求等因素灵活运用敏捷方法、实践和工具，并在项目实施过程中逐步进行调整和优化，以实现项目的成功交付。

第**13**章

版本火车

从研发过程来说，当单个研发团队进行需求交付时，他们只专注于自身业务领域的需求交付，比较容易实施，但是当组织中有不同的业务领域需要一起协作才能进行需求交付时，往往就会面临着不同团队有不同的工作习惯、不同的工作流程、不一致的工作用语等现象。这些现象极大地提高了团队的认知成本，需要不断地沟通来说明彼此的诉求，从而影响了需求交付的效率。针对这一问题，业界中有一个实践称为"版本火车"。

本章将结合Agilean公司近年来与客户合作的部分经验，对"版本火车"这一实践进行探讨和总结。

13.1 版本火车的价值

随着数字化进程的逐步推进，大型研发组织中的研发人员比例在过去几年几乎呈线性增长，除了急剧增加的人员和业务，IT从业人员更为明显的感知是，不断增加的代码行数和不断重构的系统。

在最初的大型研发组织软件研发过程中，我们通常看到的一个系统可以由10人以内的研发团队进行开发和维护，需求基本在研发团队内就可以交付完成。但现在一个需求交付通常会跨不同业务团队，如存款、贷款、风控等不同的团队。不同的团队有不同的发版节奏，他们经常会反馈以下问题。

- 需求排期不透明，业务团队不能及时知晓排期情况，业务团队和研发团队之间沟通不及时，临到要上线，业务团队才被告知需求会被延期。
- 关联方排期效率低，需要团队间通过高频会议才可以确定彼此的排期时间。
- 组织里缺乏统一的术语及颗粒度，各项目难对齐、难推进。
- 业务团队的需求变更频繁，需求范围不确定导致需求排期计划性弱。
- 研发团队发版策略管理不够精细，各项目只知道发版时间，没有稳定排期节奏，经常出现变更、加塞等现象。
- 缺少系统管理工具，大家基于电子邮件和Excel进行沟通，沟通效率低下。
- 数据不能得到有效沉淀，问题持续存在，却不能得到有效解决。

这些问题涉及需求交付的整个过程，总体来说就是需求排期难，需求交付容易彼此影响，上线时间不确定等。多角色、多团队的协作摩擦在组织级层面得到了进一步的放大。在以往的变革中，组织通常首先会采用一些敏捷、精益方法来解决团队内的需求交付难题。在敏捷、精益实践的不断深化过程中，不少组织也开始采用以产品为核心的团队组建方式，其产品研发过程一般呈现出以下特点。

- 单个产线端到端交付需要跨职能协同。
- 领域（产品领域/业务领域）间团队需要彼此有效协同。
- 服务/渠道（平台）交叉关系复杂。
- 组织内上下游系统依赖关系复杂。

版本火车则试图解决或者缓解以下挑战和问题。

- 对于单个产品领域，跨职能协同缺少清晰的节奏，导致上下游协同步调不一致。
- 对于单个产品领域，跨职能协同缺少明确环节，以及环节中的规范，尤其是上下游职能交接规范，造成重复返工、协作摩擦，影响最终交付时效、质量及团队的士气。
- 对于多个产品领域，缺少清晰一致的整体节奏，导致产线间协同困难。

当一个组织不同程度地实施版本火车后，还会顺带优化其他方面，或者为以下问题的解决提供有利条件和基础。

- 跨职能产品领域中的人员配置的动态优化。
- 跨职能产品领域中的不同职能成员的职责明确。
- 利用协同工具平台固化交付节奏。
- 产品交付过程中的度量体系搭建和应用等。

13.2　版本火车机制

在复杂产品跨团队协作的场景中，协调排期一般都是一件非常重要却充满挑战的事情，因为由于组织架构、系统定位等原因，为同一个产品服务的人员往往分散在各个团队和项目上，大家的目标和节奏很难统一，小到个人、大到团队，优先级都很难协调，每位研发人员手上都积压着大量并行的工作（或称为在制品），老需求不知何时交付，新需求或长期等待开始或紧急升级插队，总之这里存在着巨大的协调成本，而且在这种协作模式下协作的过程是很难透明的，不透明就难以管理，更别提积累数据牵引改进了。为了解决以上问题，我们设计了Adapt框架中的版本火车机制，希望通过建立持续稳定运转的版本火车来帮助版本发布提质增效。

如图13-1所示，Adapt框架倡导的版本火车机制包含承载机制、优先机制、调度机制、支撑机制和评价机制，这五大机制可切实有效地帮助组织实现研发过程"5升2降"，即交付效能、需求吞吐量、排期效果、排期达成率和需求交付准时率的提升，以及需求加塞率和需求发布前置时间的下降。

回想准备乘火车出行的一般步骤。

（1）找到并打开火车订票App。
（2）选择"起始地"和"目的地"。
（3）选择出行"日期"。
（4）点击"查询车票"。

（5）看"余票"情况。

（6）选择合适的"车次"。

（7）选择心仪的"座位"。

图13-1   版本火车机制

一般决定成功出行的关键因素是时间合适及有票，根本因素其实是有票，而一般情况下，"有票"的前提是"有座"，所以火车的承载能力是其有效运行的前提和基础。

13.2.1   承载机制

承载机制的主要目标是建立"运载体系"，即组建研发团队（组建的稳态研发团队称为项目团队，组建的敏态研发团队称为部落），明确承载能力并对客户透明。

相信大家对图13-2所示内容并不陌生，这是火车车厢座位图，通常意义上，火车的座位数决定了火车能卖多少票，而我们之所以能像前文提到那样按步骤查票、买票，做好出行准备，是因为每个车次的承载能力是明确的，我们只需结合余票情况按照自己的需求选择心仪的座位，检票上车后找到自己座位所在的车厢按座落座就好，明确的承载能力、透明的承载机制不仅让乘客安心，更能让火车工作人员在管理上省心。

图13-2   火车车厢座位图

如果我们想在软件研发管理领域也达到"管理省心、客户安心"的效果，那么第一步就是构建稳定的"车厢"，它是我们明确承载能力、对客户透明的基础，也是版本火车行进过程中移除阻碍、解决冲突、处理突发事件的最小单元。如何构建我们版本火车的"车厢"呢？这就要我们一起思考一个问题：是什么因素决定了我们在一个版本中能够发布多少个需求呢？像软件研发这种绝对的知识创造型工作的主要生产力还是人。所以构建稳定的"版本火车车厢"就是要建立一个稳定的小队，建立了稳定的小队就能确定小队的容量，进而就能实现容量透明。版本火车小队的情况如图13-3所示，就像一个火车车厢。

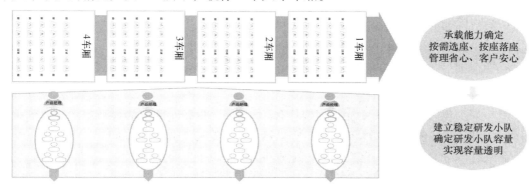

图13-3　版本火车小队类比示意

如果小队代表车厢，那么什么代表车次呢？让我们再回想一下乘坐火车的过程，以G909次列车为例，各车厢中的乘客有什么共同特征呢？乘客都是由北京朝阳站出发前往齐齐哈尔南，也就是说乘客的方向一致。所以，每个版本火车的车次上的需求也要方向一致，我们才能准时出发，按时到达。实现需求方向一致，我们就要对口业务团队，组建对应的研发团队，每个研发团队对应一个车次，然后我们围绕着版本来规划火车的运行，也就是说火车的一次运行即一次发版。如图13-4所示，以一个研发团队为例，B001代表业务编号，即版本火车，T001代表研发团队编号，即车次，V0401代表版本编号。

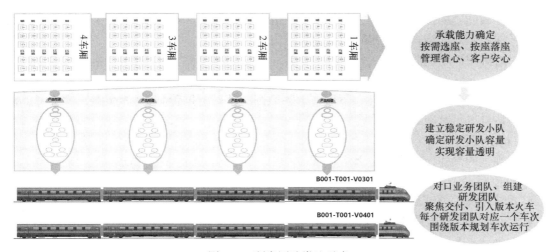

图13-4　研发团队类比示意

13.2.2　优先机制

优先机制的主要目标是建立"票务体系"，定义买票、检票活动，实现价值优先。

具备了承载能力，也就是有了座位，下一步我们就可以构想一下怎么买票了。如图13-5所示，铁路系统为了保障买票环节的公平性、便捷性、高效性，其背后有明确的规程指引，标准化售票流程，围绕着价值、公平、社会关爱等因素制定的优先买票制度，以及稳定且能适应性调整的车票预售规定。

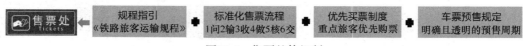

图13-5　售票整体机制

试想一下，我们的版本火车如果也要让各"乘客"，也就是乘车的各个需求，达到火车买票这样的效果，都需要做哪些准备工作呢？当然，这些准备工作因组织而异，大家可以结合自己的上下文进行讨论和定义。这里介绍一下版本火车买票的5条原则。

（1）**打破全量承诺**。以往业务团队与研发团队的协作模式一般是业务团队给一个大需求，研发团队进行需求评审、技术评审，然后给出一个整体上线的排期承诺，一般情况是业务团队开始了漫长的等待，研发团队开始了边猜边干的研发旅程，加班加点完成后找到业务团队来进行用户验收测试，但验收结果却不尽如人意，更有甚者由于间隔周期太长，他们已经忘记这个需求的目标及价值了。所以我们倡导的第一条原则就是打破这种僵化、死板的全量承诺模式。

（2）**进行需求优选**。我们更提倡将需求按等级分类，选出优先级更高的需求，始终聚焦更具价值的需求。

（3）**结合历史数据**。每次发售车票时可以结合团队历史速率、版本吞吐量、车次准时率、需求加塞率等数据综合分析本趟版本火车的售票数量。

（4）**综合评估承载能力**。团队承载能力是我们决定卖多少票最基础的因素之一，当然影响每次发车承载能力的因素有很多，如节假日、团队成员请假、技术平台升级需求、技术债优化任务等，在卖票前要结合团队实际情况综合考虑。

（5）**对排期计划达成共识**。当我们买了票，并且完成检票之后，要给利益相关方发出正式的通知，在上车的需求、各需求的排期及整个车次的到站时间上达成共识。

为了实现买票环节的高效性，下面在上述原则的基础上推荐4个具体实践，读者可以根据自身组织特点进行裁剪和补充。

1．制定规程

制定规程的具体内容可参考以下维度。

- 角色职责：定义买票各阶段、各活动及每个阶段和活动的主办角色及其职责。
- 准入原则：需求需满足什么样的条件才具备买票资格。
- 沟通机制：明确买票主体（业务团队）与售票主体（研发团队）间、交付主体（小队与小队）间的沟通形式、频率、时机及方式。
- 决策机制：明确排期决策机制，定义决策活动（如排期会）等，定义主办小队、需进一步协调确认事项的跟踪反馈流程等。

- 上升机制：明确买票过程中存在不一致意见时的决策上升路径，以及路径各节点的决策人员。
- 定义完成：定义买票、检票成功的标志。

2．梳理流程

以买票的5条原则为指导，梳理买票流程如下。

（1）收：向业务团队收集版本需求。

（2）估：对需求进行初步估算并识别关联小队，进行需求到系统功能的拆分。

（3）整：整合各小队排期信息。

（4）预：进行研发团队内部预排期。

（5）排：与业务团队正式确定排期，识别需跟进事项。

（6）定：进行系统功能到个人任务的拆分，与各关联方最后确定排期计划，确认主办小队和每个需求的提交测试时间及上线时间，并公告。

3．需求优选

对需求进行优选，总是选出优先级更高的需求，始终聚焦更有价值的需求交付。

在版本火车机制下，需求优先级的确定对于确保每次发布都包含更高价值的功能至关重要。产品经理和研发团队需要根据需求的业务价值、紧急程度、风险程度和延迟成本等因素来调整需求优先级。通过将需求优选与版本火车的发布计划相结合，研发团队可以更有效地规划和执行开发工作，确保每个版本都能带来更大的客户价值和市场竞争力。关于需求优选的具体活动细节详见7.6.1节。

4．车票预售

为保证版本火车需求质量，做到每车次准时发车，需根据业务团队和研发团队配合情况合理设置预售周期，注意以下4点。

（1）**保持节奏**，按周期买票，预留合适准备时间才能保持版本火车每车次持续稳定运行。

（2）**保证透明**，保障大家时刻了解何时通过何种方式买票能够大大降低协调成本，促进高效协作。

（3）**保障优先**，要结合需求优选指标按需求优先级进行预售。

（4）**保有预留**，为技术需求及可能发生的临时性紧急需求保留适当的运力资源。

探讨完买票，接下来我们来具体看一下"检票"，相信大家都了解，即使我们买了票也未必一定能上车，这中间有一个非常重要的动作就是"检票"，我们必须做到"人证票合一"，随身携带的行李还必须经过安检。同样，在版本火车机制里，"检票"也是一个非常重要的环节，我们可以根据组织的实际情况定义检查点，也可以结合现有的软件研发管理活动定义检票活动，例如我们曾在为一个客户的敏捷团队导入版本火车时将"检票"环节与迭代计划会结合在一起。一般，在检票环节可以关注以下几个方面。

- 需求细节是否清晰？
- 需求拆分是否合理？

- 概要设计是否完成？
- UI设计是否定稿？
- 关联方排期和联系人是否明确？
- 内部关联内容及排期是否已确定？

完成了检票之后，我们的版本火车就可以"发动"了。

13.2.3　调度机制

调度机制的主要目标是建立"调度体系"，通过定义火车车次与列车时刻表实现软件研发全过程管理。

通过定义买票、检票保证了车次高质量准时发车，接下来我们就要考虑如何保障各车次按时到达了。让我们思考一下，我们在乘车时是如何知道火车是处于正常运行状态还是晚点状态呢？或许有人会回答："通过问列车员。"那列车员是怎么进行判断的呢？如图13-6所示，每个火车站都有各车次的列车时刻表，我们通过12306查看、对比沿途各站的到站和发车时间也能够判断火车的运行情况。现在高铁的每一个座位上都贴有二维码，轻轻一扫，可轻松一览火车行进状态。通过查看列车时刻表，我们很容易看到各车次发车及到站的时间，它不仅能帮助我们在乘车过程中判断火车运行情况，还能帮助我们提前规划行程，养成按照时间点乘车的习惯，而且可以通过数据的透明化帮助我们减少候车及乘车过程中的焦虑。

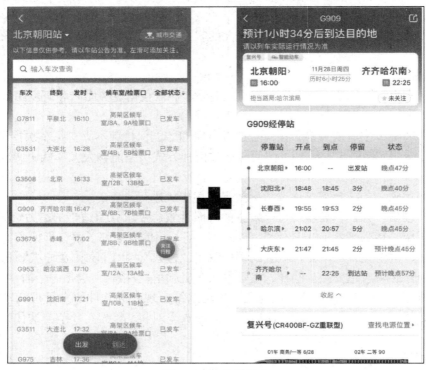

图13-6　列车时刻表

所以，对版本火车而言，为了保持透明、保障到达，我们也要设计我们的"列车时刻表"，也可以称其为"版本日历"。

制定版本日历，首先要考虑的是该"车次"的运行周期，也就是发版周期。图13-7所示的版本日历示例中，研发团队的版本火车运行周期是一个月。明确了发版周期后，我们可以考虑该车次的发车及到达时间，进而定义"检票"和"到站"时间点，图13-7中斜纹底纹日期代表检票日，竖纹底纹日期代表到站日。除此之外，我们可以在日历中标注各项活动的"最晚风险可控节点"，若实际执行晚于日历计划的时间点，会增加版本交付的风险。

下面是对版本日历中各关键活动的具体说明。

- **需求业务内审截止**（即买票开始）：业务团队提供下一个版本需求列表的截止日期，在后续的一周中按需进行需求的澄清和评估工作。
- **技术评审截止**：研发团队拿到该版本的需求清单后，在一周内对需求进行估算、优选及拆分，明确需求的关联方和待办清单。
- **需求澄清截止**：通常会安排产品经理、开发人员、测试人员、小队长等相关人员，通过会议的形式就需求细节进行最终确认并达成共识，完成系统功能估算修正，并初步确认系统功能移测日期。
- **需求排期确认**（即买票截止）：小队长最后调整系统功能排期，确认功能的联调日期、移测日期、系统集成测试完成日期，根据优先级分配开发任务，平衡研发团队成员工作负荷；确认各需求的开发人员、测试人员；正式通知利益相关方。
- **检票**：需求通过检票上车后，导致当前版本工作量发生变化的都属于需求变更，包含新增、修改、撤出、调整发版日期等，均需走需求变更流程。
- **提测截止**：建议设置为封版时间前一周的某一天，用于完成系统集成测试收尾和回归测试。提交测试截止时仍未移测的需求存在较高风险。

一个清晰、明确的版本日历，对团队是大有裨益的，具体有以下几个好处。

- 有助于产品版本计划更顺畅。
- 有助于小队自身交付更聚焦。
- 有助于小队之间协作更高效。
- 有助于多渠道端上线节奏更一致。
- 有助于团队整体管理过程更有序。

那么，怎样才能设计出一个好的版本日历呢？下面是4个基本原则。

（1）**建立稳定的发版节奏**：确定一个固定的发版周期，如每两周或每月一次；保持周期的一致性，避免频繁更改，以减轻团队的适应压力。

（2）**各活动设计有规律可循**：设定固定的日期和时间进行特定的活动，如每周一进行需求评审，每月的第一周进行迭代计划；通过规律性，帮助团队成员预测和规划自己的工作。

（3）**最小化管理成本**：优化现有流程，避免重复工作；合并相关活动，如将需求澄清会和迭代计划会合并为一个会议，减少会议次数，提高效率。

JULY						7月
日	一	二	三	四	五	六
					1	2
3	4	5	6	7	8	9
		8月版需求业务内审截止				
10	11	12	13	14	15	16
		8月版技术评审截止			0722 7月版提交测试截止	
17	18	19	20	21	22	23
	8月版需求澄清截止	8月版需求排期确认				
24	25	26	27	28	29	30
	回顾会					
31						

AUGUST						8月
日	一	二	三	四	五	六
	1	2	3	4	5	6
7	8	9	10	11	12	13
		9月版需求业务内审截止				
14	15	16	17	18	19	20
		9月版技术评审截止			0826 8月版提交测试截止	
21	22	23	24	25	26	27
	9月版需求澄清截止	9月版需求排期确认				
28	29	30	31			
	回顾会					

SEPTEMBER						9月
日	一	二	三	四	五	六
				1	2	3
4	5	6	7	8	9	10
		10月版需求业务内审截止				
11	12	13	14	15	16	17
		10月版技术评审截止			0923 9月版提交测试截止	
18	19	20	21	22	23	24
	10月版需求澄清截止	10月版需求排期确认				
25	26	27	28	29	30	
	迭代回顾会					

示例：	需求业务内审截止日	买票截止日	检票日	到站日

图13-7 版本日历示例

（4）版本日历要公开、透明、可视化：使用在线日历工具，确保所有团队成员都能访问和查看版本日历；保持日历的更新，确保信息的准确性和时效性。

除了上述原则，下面是不断优化版本日历设计的一些额外的建议。

（1）灵活性：虽然稳定的发版节奏很重要，但也要有一定的灵活性来应对突发事件或紧急需求。

（2）反馈机制：建立反馈机制，定期收集团队成员对版本日历的意见和建议，以便不断改进。

（3）沟通：确保所有相关方都清楚版本日历的安排，并通过会议或文档共享来加强沟通。

（4）技术整合：利用项目管理软件或集成开发环境（integrated development environment，IDE）来自动化日历更新和提醒功能。

遵循这些原则和建议，就可以设计出既高效又易于管理的版本日历，从而提高团队的协作效率和需求交付的准时率。

13.2.4　支撑机制

支撑机制的主要目标是建立版本火车运行的"路网体系"，以支撑版本火车稳定、高效运行。要打造能够支撑持续交付的火车轨道，就要打通从代码到服务的管道，实现需求快速、可靠地部署和发布。这就对组织的DevOps能力提出了要求。当然，DevOps是一个复杂的体系，其整体建设需要一个循序渐进的过程。从保障版本火车运行的角度，这里特别强调3个具体实践，即环境策略、分支模型和自动化测试（见图13-8），实践细节不在这里展开介绍，详见第16章。

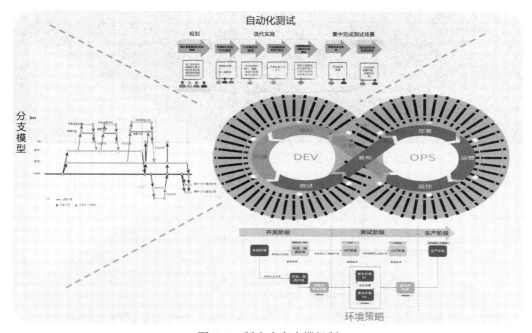

图13-8　版本火车支撑机制

13.2.5　评价机制

评价机制的主要目标是制定"评价体系",以支撑版本火车运行管理从定性评价到基于度量指标的定量评价。

在版本火车实践中,实现透明指挥、实时调整和综合调度是保证版本火车持续稳定运行的关键。为此,构建一个全面的数据大屏至关重要。数据大屏不仅提供了实时监控的能力,还可以通过多层级、多维度展示,为不同角色提供定制化的视图。具体度量指标设计及展示可参见第11章,在版本火车实践中,从运行调度和持续改进的角度,我们主要关注版本故事完成率、加塞比率和延期比率3类指标,其中版本故事完成率为核心指标,可以拆解为版本故事整体完成率、验收故事完成率、部署故事完成率,以便研发团队从不同角度对版本火车运行情况进行分析和监控。而需求加塞比率可以作为观察指标,帮助研发团队分析影响版本故事完成率和延期比率的因素。版本火车评价指标及呈现示例如图13-9所示。

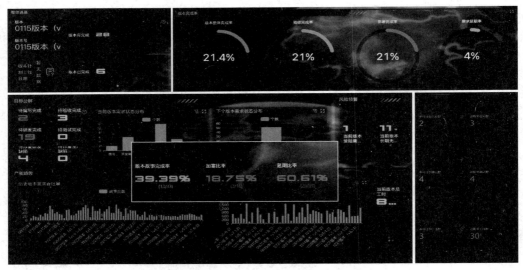

图13-9　版本火车评价指标及呈现示例

13.3　实施思路及案例

虽然版本火车五大机制全面落地能达到最佳效果,但这也是比较理想的情况。在实际落地时,各组织都有自己的现实场景及上下文,需要综合评估符合组织现状的实施路径。图13-10所示为真实的版本火车实施思路案例,希望经由这些案例能给读者一些思路借鉴。

- 案例1:版本火车聚焦试点团队,研发团队内嵌业务团队形成产品部落组织,业务团队优选需求,研发团队产能透明化,全体系落地。
- 案例2:版本火车在全行范围落地,业务团队强势,不参与需求优选,给到的需求研发团队必须干,研发团队较弱势,愿意产能透明化。票务体系初步实行,配合上需求排期的活动,此案例中重点落地承载机制及实现研发团队产能线上透明。具体实施细节见下文。

- 案例3：部落层面试点，业务团队与研发团队协作，重点落地承载机制和票务体系，路网体系未涉及。
- 案例4：小队试点，研发团队强势，不愿意产能透明化，业务团队进行需求优选，研发团队不做承载机制中的团队产能透明化，只给排期承诺。

案例	实践起点	重要实践成效	一体化实践深度			规模化覆盖广度	线上化支撑力度
			"票务体系"实践	"列车运营"实践	"道路基建"实践		
案例1 全融合 整体难度：3星	· 业务领域低耦合 · 与外部系统低耦合 · 技术能力较强 · 基础设施较完善	· 双周发布，准时率很高 · 需求交付时效提升 · 吞吐量提升 · 质量提升	★★★	★★★★	★★★	· 小型部落 · 单列火车	· 线上化管理 · 度量体系
案例2 对业务人员透明 整体难度：2星	· 系统有较高耦合 · 技术能力较强 · 基础设施较完善	· 较稳定的交付节奏 · 按月发布，准时率较高	★★		无	· 全组织跨多个部落 · 全国列车	· 线上化列车时刻表
案例3 同频协作 整体难度：1星	· 业务团队配合，降低并行 · 系统有较高耦合 · 技术能力有局限 · 有一定基础设施	· 较稳定的交付节奏 · 双周发布，准时率很高 · 吞吐量提升	★★★	★★	★	· 线上化列车时刻表	· 暂无线上化管理
案例4 价值校准 整体难度：1星	· 系统有较高耦合 · 技术能力较强 · 基础设施完善	· 加强了业务价值对齐	★	★★	无	· 不同部落的单小队 · 多个单列火车	· 买票意向线上化管理 · 线上化确认承运（排期）

图13-10 版本火车实施思路案例

总结一下，版本火车机制在实际推进中可以有计划地一步一步落地，覆盖广度与深度因组织实际情况而有差异，在这种差异下明确落地目标和原则至关重要。建议结合组织现状先确定落地侧重点，再选择具体实践，其中调度体系是必选。

图13-10中提到的案例2是组织级的某国有行科技公司的版本火车实施思路。此案例的背景为业务团队提出需求，并对需求的响应时效有较高要求（要求研发团队15天内给出排期计划），各分支机构/项目团队对需求进行排期规划，引入版本火车机制前各项目团队自行排期，涉及关联方时则通过会议讨论对齐。排期之后再将结果统一返回给业务团队，经确认后需求进入实际研发。在涉及全组织3000多人的需求排期工作中，往往存在各个分支机构、企业项目团队内需求术语不一致、颗粒度大小不统一的情况，导致各方在协同排期时存在较多信息偏差，排期估算难对齐、难推进等问题。为保证全行排期的效率与准确性，经过与各方机构及各大项目团队协调沟通，确认了业务需求、需求项两级需求分拆排期体系，并在规范术语的同时明确了各级需求的颗粒度大小及对应层级（见图13-11）。

在这个需求分拆排期体系中，明确了业务需求将由业务团队提出，经由产品经理/需求分析师拆分为需求项之后，各个项目团队的项目经理对需求项进行排期确认的排期工作机制。通过业务需求下关联的需求项的排期时间可得出每个需求项的上线时间，从而自动推导出业务需求的整体上线时间，便于业务团队能够实时查看排期进展。同时，业务需求拆分和颗粒度的规范要求可以保证各级成员对事项的标准统一，能够更加方便各参与方进行协同排期。需求交付流程如图13-12所示。

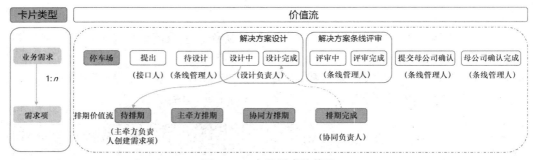

图13-11 产品需求价值流

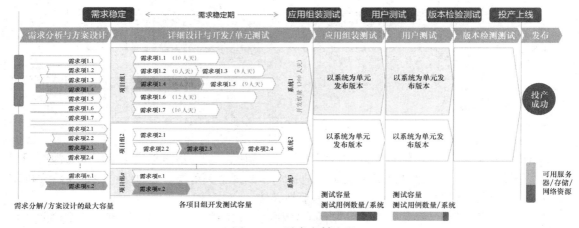

图13-12 需求交付流程

当业务团队提出业务需求后，在完成相应需求的分析和方案设计后，会由产品经理/需求分析师将业务需求分拆成多个需求项。机构各企业项目团队在接收到分派给自己的需求项后，就可以在系统内对需求项进行排期规划并给出相应估算。排期经多方确认后需求项进入研发过程，业务需求通过测试及验证后，统一发版。

在实现排期的过程中，可以用以下流程来进行版本火车的落地运行。

1. 引入版本火车，统一发版节奏

在明确全年21个上线节点的背景下，为方便全行各级能够更好地基于上线节点安排、规划自身项目团队排期，同时能够更好地与关联方进行协同，引入了版本火车机制，如图13-13所示。

在此案例中，版本火车有以下两层含义。

- 有计划地按批次发布版本，实现需求从起点到中转站点，再到终点的逐站推进；完成需求的逐步加工。
- 通过每个中转站点，实现支线、干线多车次的联运，从而实现不同系统间协同交付的目的。

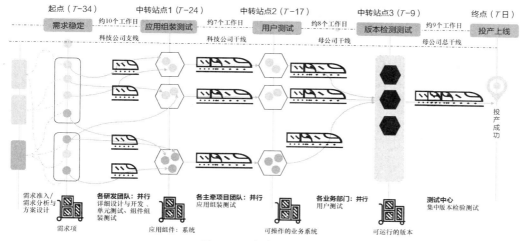

图13-13 版本火车机制

版本火车机制的引入可以让团队中各个角色基于一个框架进行排期，能够基于统一的事项进行对齐和协同，从而减少信息壁垒，确保团队中所有人说的是一件事，朝着同一个方向前进。版本火车的引入还可以使发版周期与具体时间节点更加透明化，有效减少各环节的等待时长。

版本火车单次发版周期如图13-14所示。

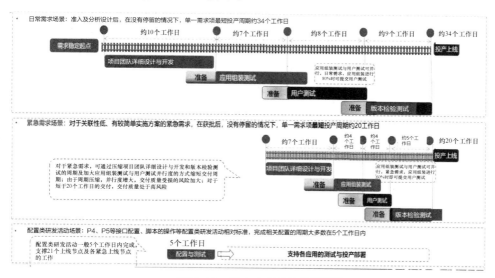

图13-14 版本火车单次发版周期

全年21个上线节点构成版本火车常规的列车时刻表，到点发车。各项目团队可以根据列车时刻表，如图13-15所示，及时调整自身排期，提前沟通准备、有序计划，确保每次版本火车准时、保质、保量。

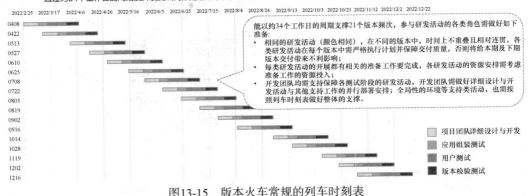

图13-15   版本火车常规的列车时刻表

2．建立版本火车运营管理策略

建立版本火车运营管理策略包括票务体系、调度体系、运载体系等。策略的关键点在于：

- 简化并统一需求估算方法；
- 资源要素的口径完整，匹配物理环境等非人力资源的容量约束；
- 冲突协调的方式一致，解耦排期目标与资源配置决策；
- 有效排期的准则明确、满足目标、服从约束，并且能最大化资源效率和兼容不确定性。

3．使排期透明化，提升调度与协同效率

有了统一的术语口径、颗粒度要求及版本火车机制之后，如何将排期计划及时、有效地告知各方，也是一个难点。以往各个项目团队各自为战、各自管理，不仅管理成本高，而且协同效率低。平台管理工具的引入大大减少了这种情况的出现。通过可视化看板、专属排期视图及各类数据视图的支持，不仅可以满足业务团队能实时观察相应需求的排期进度、风险事项的需求，对各项目团队而言，也可以高效进行排期，及时发现关联方的排期计划，及时对齐问题并调整自身排期计划。

引入平台管理工具后，机构下的项目团队可以把分派到自身的需求项在该工具的排期视图（见图13-16）中进行统一排期。该工具同时提供多种视图，可以有效帮助项目经理高效、高质量地完成排期，及时同步排期结果给各方，提升组织中排期任务的协同效率，有效减少了过往每次排期都需要拉上各个关联方开会对齐进度的情况。同时，业务团队也可以通过排期视图及时观察到相应需求的排期情况，可以快速反馈业务团队的诉求。

4．积累数据，持续度量与改进

规模化排期是一个系统工程，要持续做好这件事除了要建立行之有效的管理机制和运营策略，还离不开对数据的积累。使用线上排期能有效地得到系统上的各项操作和数据流转的记录，便于后续可以快速地使用各类统计报表来实现对各项数据的度量，在对数据的观察中不仅可以实时发现研发过程中的问题，还能提前识别风险，将可能出现的问题尽早消除。版本火车相关度量视图如图13-17所示。

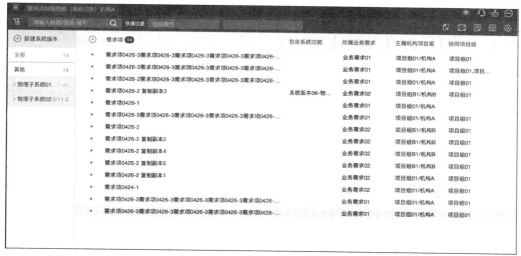

图13-16　排期视图

图13-17　版本火车相关度量视图

13.4　版本火车的实施策略

版本火车实践最大的误区是全体系构建完备后再运行版本火车。

引入版本火车机制的第一步是要以"最小阻力"让火车跑起来！要能让火车先开起来，不要等到火车的机制完全构建起来才让它跑起来。运行版本火车会遇到的阻力实际上是方方面面的，例如在实际咨询过程中我们经常听到这样的反馈：

- 有的组织认为自己人员配置不够，达不到跨职能研发团队的要求，做不了版本火车；
- 有的组织里都是老员工，没有办法用这种新的实践，甚至说之前发布了一些规章制度不能违背；

● 研发团队非常忙，忙到根本没有时间停下来探讨版本火车。

这些现象在不同的组织中是普遍存在的。

总结一下，版本火车对一个组织来说其实是一个变革，最大的阻力还是来自组织观念及行动的强大惯性，而且大家在面对这种变化的时候其实也会有所畏惧，团队成员会纠结于这种变化会让当下的状况变得更好还是失控。一个组织在"舒适圈"里未必是舒适的，可能很痛苦，但是已经习惯了这种方式，所以变革往往很难。面对这种现状，我们首先要给予充分的理解，每个组织演进到当下的状态都有它的道理，不要急于去评判。

火车跑得快，全靠车头带，那么这个车头是什么呢？其实就是组织里的管理层。

引入版本火车机制的第二步是发起人要跟管理层建立充分的信任关系并就引入版本火车机制达成共识，在这个基础上还有一个很重要的事，就是要和组织的核心成员进行充分的对齐。每个组织都有自己的特点，所以在实施版本火车时不可能拿一套方案生搬硬套，需要结合每一个组织的实际情况来共创适合其自身的版本火车落地方案。方案成形后要跟组织的核心成员做充分的对齐。对齐的过程虽然很耗时，但成果往往是非常显著的。因为一般运行版本火车涉及的人员少则几十人多则上百人甚至更多，就算已经与管理层达成共识，也不足以把整个火车驱动起来，所以和组织的核心成员做到充分对齐，相当于这个火车从一驱变成了两驱，两驱变成了四驱，四驱最后变成了八驱。

真正开始运行版本火车的时候，要快速启动，不要一次导入所有的东西，那样组织其实是很难消化的，可以先在一个部落进行版本火车运行试点。

尽管版本火车机制的理想运作形态是基于承载机制在稳定的跨职能研发团队内进行，但在现实中许多组织难以立即达到这种运作形态。作为咨询顾问，我们当然希望能够在进入组织时就建立起合适的承载机制。然而，大多数情况下，我们面临的挑战是：在现有的组织阵型中，很难清晰地划分出理想的团队。对于这种情况，有以下参考建议。

（1）**面对现实，保持积极态度**。尽管组织阵型的划分牵连甚广，但不应过于消极。组织变革是一个渐进的过程，需要时间和耐心。

（2）**建立工作节奏**。在无法立即实现理想研发团队结构的情况下，可以先专注于建立稳定的工作节奏。这意味着确定固定的发版周期，以及周期性的买票、检票活动等。

（3）**透明化，增强协作与信任**。实现透明化是继建立工作节奏之后的另一个关键步骤。通过确保所有组织成员和利益相关方都能够访问和理解项目进度、风险和依赖关系，可以增强组织成员间的协作和信任。

（4）**启动版本火车，接受跨职能研发团队复用**。在建立工作节奏和透明化的基础上，即使存在人员跨职能研发团队复用的情况，也可以启动版本火车。允许版本火车开始运作，即使不是在最理想的配置下。

（5）**持续优化，提高运行效率**。一旦版本火车开始运行，就可以逐步考虑如何提高其运行效率，包括优化组织阵型、改进工作流程和增强组织能力。

13.5　版本火车实践挑战

版本火车实践面临的最大的挑战是促使业务团队接受需求优选机制。这要求我们要先改变现有的业务团队与研发团队的协同模式。例如，目前银行业务团队习惯于提出需求后立即获得研发团队的上线时间承诺。即使最终上线时间晚于预期，业务团队也能接受。然而，版本火车机制要求研发团队在接收新需求时不立即承诺具体上线时间，而是遵循版本火车的需求优先机制等待统一的排期计划。之所以强调要遵循需求优先机制是因为在大多数组织中都存在需求高并行的开发模式，这将导致资源分散、协调困难和需求交付效率降低。例如，在接触大多数组织时，我们常通过提问来了解当前的开发状态："现在开发的是几月的版本？"答案通常表明许多组织的需求处于高并行状态，即多月（如3月、4月、5月）的需求同时在进行，甚至未来（如6月）的需求也在讨论之中，也就是说，在同一时间点可能同时进行着开发、测试、支持不同版本的工作，以及讨论新版本的需求。

金融组织在实施版本火车面临的另外一个挑战是环境问题，这直接影响了开发和测试的效率。银行普遍采用混合测试环境，其中不同月份的代码会先在该环境中进行测试，以确保功能正确。然而，高并行开发模式带来了代码冲突和协调成本。对银行而言，硬件设施通常不是问题，而测试数据的准备和维护才是最大的难点。数据维护的高成本使得维护多套环境变得不切实际。在运行版本火车前，减少并行是必要的。高并行状态不解决，将导致后续更多的环境问题。根据经验，一般两套环境已足够满足开发和测试需求。这不仅不超过现有环境的承载能力，也能保证每套环境相对干净，避免代码混淆。通过优化环境，可以显著降低开发和测试的成本。实际案例表明，需求发布前置时间能缩短约20%。

13.6　小结

版本火车总的来说是一套协助跨职能、跨团队进行高效协同交付的机制。版本火车机制中利用需求层级体系、以产品为中心的跨职能研发团队，以及五大机制来保障版本火车的正常运行。版本火车机制的透明和可视的特点可以帮助团队在需求研发过程中更合理地分配资源，确保团队能够集中精力于业务价值的交付。

（1）承载机制：组建跨职能的研发团队，明确研发团队的承载能力，团队容量对客户透明。

（2）优先机制：建立"票务体系"（如买票、检票等活动），实现价值优先的需求优选机制。

（3）调度机制：利用类似火车车次与列车时刻表来节奏化管理从需求接收到发布管理的全过程。

（4）支撑机制：利用有效的工程实践来打造支持流水线顺畅流通的路网建设与升级。

（5）评价机制：定性和定量相结合来评价版本火车运行的结果。

第七篇

引导技术篇

在研发组织中，业务和产出具有复杂性和不确定性。研发工作是一个复杂系统，无法简单地分解为独立的部分，软件产品也无法简单地划分为几个功能或界面。因此，团队成员需要运用各自的知识和技能，在合作过程中形成互补，以应对多样化的任务和挑战。在这样的组织中，很难简单地通过个体绩效来衡量整体研发效率。整体研发效率不仅仅取决于单个团队成员的表现，还取决于团队协作的高效性。

这样的环境需要弱化对未来的预测和控制，鼓励更加柔性和灵活的应对方式。引导和激发员工的活力变得尤为重要，以催生出自组织行为，以群体智慧的方式创造更大的效益，让整体的成果超越个体简单加总的效果。

过去的组织文化建设往往面临着从战略规划到执行落地的挑战。本篇介绍研发工作中必备的仪式和引导。在研发组织中，引导作为一种柔性的方式，能够让员工更主动地参与战略共创和团队协同的过程，形成真正的共识，推动组织朝着共同目标迈进。

第**14**章

引导技术

组织中的活动很多，活动需要仪式，仪式可以提供仪式感，营造仪式感可以增加感情联系和认同感。

仪式可以将参与者聚集在一起，使其产生共同的经验和体验。这有助于增加个人和群体之间的情感联系和认同感，让人感受到归属感和共同体的存在。仪式感可以提供结构和秩序，提供一个明确的框架和流程，使参与者能够清楚地知道他们需要做什么、什么时候做及如何做。仪式过程的结构和秩序可以帮助人们感受到安全和稳定，并在不确定的情况下提供指导和方向。

活动的仪式化提供仪式感。仪式感可以提供精神支持和慰藉。仪式可以在人们生命中的重要时刻为人们提供心理支持和慰藉，如婚礼、葬礼等。这些仪式可以让人们感到被关注和支持，并提供一种安慰和缓解心灵创伤的方式。仪式感可以增强人们的自我意识和自我表达：仪式可以提供一种自我表达的机会，让人们展示自己的个性和独特性；仪式可以让人们感到自信和自豪，并提供一种展示自我和建立自我形象的途径。

在现代组织管理中，个人努力的过程渐渐转向群策群力的集体智慧和协同。仪式的风格也由主持方式向引导方式转变，这就引出了组织工作中的以下相关话题。

- 在研发组织的研发过程中有哪些仪式，或者说哪些类别的仪式，特别是典型的仪式。
- 引导会让这些仪式有什么不同，有哪些协作，可以提供什么价值。
- 在研发组织管理中，有哪些仪式及需要哪些人掌握哪些引导技法。
- 需要如何进行仪式引导过程的设计。
- 开箱即用的典型的仪式工作坊是什么样的。
- 引导者需要注意哪些事项。

14.1 引导

在组织的工作中有许多仪式，如探索的仪式、对齐的仪式、复盘的仪式等，仪式是一种启发和激励的手段。使用仪式有助于促进沟通和协作，形成预期和闭环检验，落实文化和价值观，建立规范和标准化，提高工作效率和质量。组织内的所有活动都是多个团队之间协作的结果，皆是仪式。通过仪式的过程，组织可以促进团队之间的沟通和协作。用仪式来组织会议、讨论和决策，可以确保每个人都能参与并了解整个工作的进展。每个人的参与意味着需要更多的协作，而协作意味着工作的过程和成果需要团队之间的协作和共同努力。因而，仪式本身也是组织承载共同的文化和价值观，并将其传达给每个人的过程。在仪式中顺应组织文化，会增强团队的凝聚力和归属感。传统计划型仪式只聚焦于组织的理性目标（关于结果、逻辑和产出物的目标），而协作型仪式还关注组织的感性目标（关于人的感受、体验和创造过程的目标）。协作型仪式同时形成了理性目标和感性目标，让人更有意愿主动参与，完成了组织和个人的"双向奔赴"，表里一致。协作型仪式在组织过程中将重要的活动流程化、规范化和标准化，以便每个人都能遵循相同的流程，从而提高协作效率和工作质量。

凡有仪式必谈引导。仪式的目的是启发人们追求特定目标或达成共同的愿景，仪式的过程则要通过引导来帮助参与者进行协作并获得关键目标的产出。仪式的结果要可以验证，仪式的经验要可以参照。

引导是指通过一系列有效的技巧和方法，帮助他人或团队实现目标、解决问题、提高能力的过程。引导不是简单的指导或教导，而是一种交流、协作和引导者主动引导、支持的过程。

14.1.1　引导的价值

引导是一种非常有价值的过程。引导的价值具体如下。

- 通过引导可以帮助个人或团队认识到自身的优势和不足，提高自我认知和自我管理能力，促进个人或团队的成长和发展。
- 引导通常是针对具体的问题或目标进行的，通过引导可以帮助个人或团队更好地理解问题或目标，找到解决问题和实现目标的方法和途径。
- 通过引导可以帮助个人或团队更快、更有效地完成任务和实现目标，提高工作效率，改善工作效果。没有引导的过程，每个人都有不同的方向，够发散，但不能聚焦、收敛。有引导的过程，人的参与感更强，更能求同存异。通过引导，可以促进团队成员之间的交流和合作，增强团队凝聚力，提高团队的协作效率和工作质量。
- 引导者在引导过程中需要具备领导力和人际沟通能力，通过引导可以提高个人的领导力和人际沟通能力。

14.1.2　引导带来的不同

随着数字经济的崛起，"Z世代"人群已经开始进入职场，"Z世代"人群成长于互联网高速发展的时代，习惯了高效、便利的生活方式，也更加追求简洁、方便的沟通流程，他们与组织之间已经不是传统的雇佣关系，而更像是新型的合作伙伴关系，他们更加关注自我体验，更倾向于自我实现，以引导的方式进行组织的管理已经成为未来的新趋势。

在以往的组织文化建设过程中，从战略规划到执行落地往往是组织中的大难题。有参与，但没有参与感；有共识，但不是主动的共识；有进展，但是被推着走的进展。现在，我们再看在战略共创和团队形成等过程中使用引导的情景，体会可能会略有不同。

- **引导可能带来更高效的沟通**。通过引导能更清晰地表达自己的观点和想法，更好地理解别人的需求和期望，能提高沟通的效率和质量，避免误解和冲突的发生。

- **引导可能加速更有效的问题解决**。通过引导能从更多角度和层面看待问题，发现问题的本质和根源，并寻找切实可行的解决方案，能提高问题解决的效率和质量，避免解决了表面问题但未解决实质问题的情况。
- **引导可能有助于在更有意义的合作上达成共识**。通过引导能更清晰地理解彼此的价值观、信念和期望，增强对彼此的信任和尊重，从而建立更有意义的合作关系，能提高团队的凝聚力和稳定性，避免发生个人主义和利益冲突。
- **引导可能促进更好地自我反思和成长**。通过引导能更深入地反思自己的行为和决策，发现自己的优点和不足，并寻找改进和成长的途径，能提高个人的自我认知和领导能力，帮助个人更好地释放潜力和实现价值。

同时，随着网络的应用越来越广泛，跨地域沟通越来越多，在线沟通已经成为日常工作中不可或缺的协作方式。与面对面沟通不同，在线沟通具有不一样的特点。

在线沟通以异步的方式进行，即不需要即时回应。这意味着，参与者可以在"自己的时间内"回复信息，它能避免即时沟通可能带来的压力和干扰，也可以对复杂或重要的问题进行更深入的思考和讨论。但是，这种异步沟通也带来了信息无序化、多任务和注意力分散，如同时进行多个聊天、处理电子邮件等，这可能导致信息理解不充分、回应延迟等问题。它缺乏面对面沟通中重要的非语言信息，如面部表情、手势、语调等，这可能导致信息传递不够准确和完整，容易产生误解和歧义。在线沟通也会让参与者感到孤立和缺乏互动，因为无法实现真实的面对面交流和社交互动，这可能影响团队的凝聚力和合作氛围。

通过引导，网络环境中的沟通效率可以得到有效提升。可以通过设计和引导各种互动活动，促进参与者之间的互动、提高沟通效率。另外，在网络环境中，沟通容易因为信息过载和碎片化而导致效率低下。引导可以帮助组织明确沟通的目标和议程，确保讨论和交流的焦点清晰，避免无效的讨论和重复的信息。引导可以帮助组织管理多元观点，倾听和尊重各种声音，促进建设性的讨论和协作。引导可以通过提供结构化的决策和问题解决过程，帮助参与者高效地进行决策和解决问题。

14.1.3　引导者的角色定位

仪式都需要高效，仪式需要被引导。在引导过程中，引导者应尊重被引导者的意愿和能力，以达成共同的目标。引导者通常需要具备一定的领导力、人际沟通能力、问题解决能力和协作能力等，以更好地引导和支持被引导者。引导者进行仪式发起、场域①构建、过程设计、话题引导、成果产出等活动。我们之所以将他们称为引导者而不是引导师，是因为在国际引导者协会（International Association of Facilitators，IAF）的话语体系中更倾向于将他们称为引导者，这不是自谦，而是定位，因为引导者负责牵引交付价值而无须贡献价值。

引导者的角色定位通常包括以下几个方面。

- **支持者**：引导者通常作为支持者的角色，通过提供结构化的方法、技术和工具，帮助个

---

① 场域是参与者及其所在的环境。引导者需要对引导过程中涉及的空间、设施进行全面考虑并进行相关的设计、安排和实施。例如，进行现场的空间设计、提示信息准备、互动装置搭建等。

体或团队在问题解决和决策过程中更加清晰地思考和行动。

- **中立者**：引导者应保持中立，不陷入个人立场或偏见，从而能够客观地促使个体或团队在思考和行动中考虑多种观点、利益和解决方案。
- **促进者**：引导者通过运用不同的引导技术，促使个体或团队在协作、沟通和决策中更加积极地参与和合作。
- **教练**：引导者在引导过程中通常会运用一系列的问题、反馈和激励等技巧，帮助个体或团队自主地探索和解决问题，从而促使其自我学习和自我提升。
- **激发创新者**：引导者通过鼓励和激发个体或团队的创新和创造性思维，帮助其在问题解决和决策过程中探索新的想法和解决方案，从而推动持续改进和创新。

14.2 如何做引导

引导鼓励协作，引导促进协作，引导形成协作，引导验证协作。协作是在目标实施的过程中群体之间、个体之间的协调和配合。协作才能促成人与人合作、共同创造、达成结果。处于协作状态的团队，个性、专长、创造力同频共振，能够发挥更大的效果，取得丰盛的收益。处于对抗状态的团队，封闭、相互排斥、掩盖创造力，所以效率低下，收获不如人意。

14.2.1 如何促进协作

若要更好地协作，必须在群体中达成共识。共识是协作的基石。在研发组织的协作过程中，不同角色对于目标、进展、协作方式、协作时间、参与人等的理解是不同的，对于管理要求、考核、工作内容的理解更是多种多样。

1955年，约瑟夫·勒夫特（Joseph Luft）和哈灵顿·英格拉姆（Harrington Ingram）在从事组织动力学研究时提出了约哈里窗口（Johari window）模型，如图14-1所示，从自己知道、他人知道的维度展示了达成共识的必要性。如果我们对同一问题的理解并未在公开/共识的状态下，势必影响协作。每个角色都在各自不同的理解上独自工作，都认为对于目标贡献无穷，结果却大相径庭。由于分工越来越细，管理越来越精细化，角色本身的事务和目标

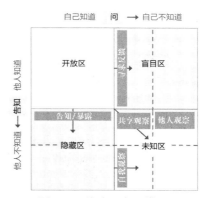

图14-1 约哈里窗口模型

也有很多要求，如果沟通的流畅度和开放度不同，会让需要取得目标成果的各参与方形成的结论各异，各有各的活动和逻辑，使协作更复杂，更有甚者，会因沟通不畅、结果不佳，进入相互指责的境地。

约哈里窗口模型按自我认知和他人认知划分为4个区域。

- **开放区**：自己知道的信息，并且他人也知道。这些信息包括个人的技能、经验、工作风格等。

- **盲目区**：自己不知道的信息，但他人知道。这些信息可能包括个人的行为习惯、反应方式等，而自己可能没有意识到。
- **隐藏区**：自己知道的信息，但他人不知道。这些信息可能包括个人的内心感受、秘密、恐惧等，个体选择不主动与他人分享。
- **未知区**：自己和他人都不知道的信息。这些信息可能包括个体的潜能、未开发的能力等，需要进一步自我探索和通过与他人的互动来发现。

通过告知/暴露、寻求反馈、共享观察等举措形成协作，意味着扩大了约哈里窗口模型的开放区，开放区的扩大会给组织带来以下好处。

- **促进互信和协作**。约哈里窗口模型鼓励团队成员之间的信息共享和沟通。通过增加开放区的信息，团队成员可以更好地了解彼此的技能、经验和工作风格，建立互信和共同目标。这种信任和协作有助于增强团队动力，促进团队成员之间的合作和支持。
- **提高沟通效果**。约哈里窗口模型强调了个体之间开放和透明的沟通。通过分享个人的想法、意见和感受，团队成员可以更好地理解彼此，并减少误解和冲突。有效的沟通可以增强团队动力，确保团队成员在工作中理解彼此的期望和需求。
- **增强个体参与感**。约哈里窗口模型鼓励个体积极参与协作过程，并表达自己的观点。通过减少盲目区和隐藏区，个体有机会分享自己的想法和意见，获得他人的反馈和支持。这种参与感可以提高个体的动力和积极性，增加其对团队目标的承诺和投入。
- **促进个人成长**。约哈里窗口模型鼓励个体不断探索和扩展自己的未知区。团队成员通过与他人的互动和反馈，可以发现自己的潜力和能力，推动个人进一步成长。这种个人成长可以激发团队成员的动力，推动他们在工作中有更好的表现和创造力。

若要建立更好的共识，意味着我们需要调整基础假设。"共"意味着"共同"，是一群人的事。

管理者对人性的假设有两种对立的基本观点：一种是消极的X理论，另一种是积极的Y理论。

X理论采用的是古典管理理论中的"经济人"假设：

- 员工天性好逸恶劳，只要有可能就会躲避工作；
- 以自我为中心，漠视组织要求；
- 员工只要有可能就会逃避责任，安于现状，缺乏创造性；
- 员工不喜欢工作，需要对他们采取强制措施或惩罚，迫使他们实现组织目标。

支持X理论的管理者会趋向于设定严格的规章制度，以降低员工对工作的消极性。

而Y理论采用的是人的自我实现假设：

- 员工并非好逸恶劳，而是自觉喜欢勤奋工作的；
- 员工有很强的自我控制能力，在工作中践行完成任务的承诺；
- 一般而言，每个人不仅能够承担责任，还能够主动寻求承担责任；
- 绝大多数人都具备做出正确决策的能力。

所以支持Y理论的管理者主张用人性激发的管理，使个人目标和组织目标一致，他们会趋向于授予员工更大的权力，让员工有更多的发挥机会，以激发员工对工作的积极性。

X理论和Y理论是由美国管理心理学家道格拉斯·麦格雷戈（Douglas McGregor）提出的。管理者关于人性的观点是建立在X理论和Y理论的基础上的，而且管理者正是根据这些理论激励下属的。

14.2.2　如何进行引导过程的设计

进行引导过程的设计一般参照"参与钻石"模型。

"参与钻石"模型（见图14-2）是由山姆·肯纳（Sam Kaner）开发的一个框架，旨在促进会议和团体活动中参与者的协作程度。该模型强调营造一个包容和富有成效的环境，让会议和团体活动的所有参与者都能有意义地做贡献。

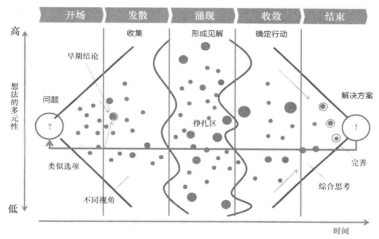

图14-2　"参与钻石"模型（来源：《结构化研讨：参与式决策操作手册（第3版）（钻石版）》一书）

"参与钻石"模型包含开场、发散、涌现、收敛和结束5个阶段。

- **开场阶段**：侧重于为团体创造积极和包容的氛围，包括设定清晰的目标，制定基本规则，并在参与者之间建立安全和信任的感觉。
- **发散阶段**：参与者积极探索和生成思想、观点和信息。通过脑力激荡、小组讨论和个人反思等各种方法，鼓励多样化的观点，促进创造性思维。
- **涌现阶段**：参与者从发散的内容开始进行思维的碰撞，相互促进，识别差异，渐进性地形成共识。
- **收敛阶段**：涉及综合和总结发散阶段中产生的思想和成果。参与者共同识别主题，做出决策，并制订行动计划。强调达成共识、明确行动和任务归属。
- **结束阶段**：侧重于反思和评估团体过程的有效性。参与者可以评估活动的产出成果、参与质量等，这些反馈有助于改进未来的团体过程。

"参与钻石"模型旨在创建一个平衡和包容的团体动态，确保所有参与者在整个过程中感受到被倾听和参与感。它为主持人和团队管理者提供了一个结构化的框架，以引导讨论并最大限度地发挥所有参与者的贡献。这个框架用一句简约的话概括就是"没有下一步,就不要开始"。
    一般来说,我们的协作过程都可以参照这个模型进行阶段划分。

14.2.3   设计工具

    了解了引导的模型,我们就可以着手进行活动引导的设计。虽然有多种方法可以用来进行
设计,毕竟条条大路通罗马,但我们这里还是推荐使用用户故事地图来进行设计,毕竟这种方
法在研发过程中较为常用,也为广大研发人员所熟悉。
    用户故事地图是研发常用的思考和分析工具。使用用户故事地图设计引导过程将非常
容易。作为一种视觉化的工具,用户故事地图用于帮助团队理解用户需求和设计用户体验。
将用户故事地图用于工作坊的引导过程,可以帮助引导者更好地组织和引导工作坊的活动,
以实现预期的目标。使用用户故事地图设计工作坊和引导过程的步骤如图14-3所示。

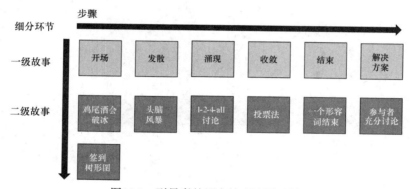

图14-3   引导者的用户故事地图示例

    一个工作坊要先明确定义工作坊的目标和参与者。目标可能包括解决某个具体问题、推动
团队合作、促进创新等。参与者可能包括不同角色和职能的人员。
    设计工作坊和引导过程的步骤如下。
    (1)**确定用户故事地图的主题**。根据工作坊的目标,确定用户故事地图的主题。主题应该
与工作坊的目标密切相关,如用户需求、用户体验、用户旅程等。
    (2)**收集用户故事**。与参与者一起收集用户故事,这些故事可以是用户的实际经验、需求、
期望等。可以使用不同的方法,如访谈、调查、头脑风暴等,收集用户故事。
    (3)**组织用户故事**。将收集到的用户故事按照主题、关键点或其他相关因素进行分类和组
织。可以使用贴纸、卡片等方式,将用户故事放在用户故事地图的相应位置。
    (4)**设计引导过程**。基于用户故事地图,设计引导过程。这包括在工作坊中引导参与者探
讨和讨论用户故事、从用户故事中识别问题和机会、生成解决方案、评估和优先级排序等活动。
根据用户故事地图的不同部分,可以设计相应的引导技术和工具,如问题提出、小组讨论、头
脑风暴、投票等。

（5）**实施工作坊**。在工作坊中使用用户故事地图的设计结果作为流程工具，引导者按照用户故事采用对应的引导工具对参与者进行引导与提示。

（6）**反馈和总结**。在工作坊结束时，引导者可以通过收集参与者的反馈、总结工作坊的成果，为后续的行动计划提供指导。

14.2.4 引导者的能力要求

引导者帮助团队释放他们的全部潜力。团队提供内容，而引导者提供过程支持。引导者通过会议支持团队解决问题和作出决定来做到这一点，具体工作如下：

- 帮助团队发现和定义流程；
- 坚持流程，但在必要时做调整；
- 对结果保持中立；
- 营造一种所有声音都能被听到的环境，尤其是那些通常沉默的声音；
- 确保不相关的对话能够及时回到正轨。

引导者的中立性是至关重要的。他们对团队达成的结果是保持中立的，这使他们能够专注于流程。引导者不是为了引导团队达到预定的结果或施加影响，而是为了支持这个流程，使团队有可能作出决定。团队需要这种中立的支持，因为这可以让他们专注于自己的专长：会议/活动的内容。

引导者的六大核心能力如表14-1所示。

表14-1 引导者的六大核心能力

核心能力	细分能力	具体能力
创建协作的客户关系	建立工作伙伴关系	<ul><li>明确相互的承诺</li><li>就任务、交付成果、角色和职责达成共识</li><li>展现协作价值观与流程，如共同引导</li></ul>
	根据客户需求设计与定制应用	<ul><li>分析组织环境</li><li>诊断客户需求</li><li>创建适当的设计以达到预期的结果</li><li>与客户预先定义产出质量和成果</li></ul>
	有效管理多次活动	<ul><li>与客户约定工作范围和可达成的成果</li><li>制订活动计划</li><li>成功交付活动</li><li>在活动项目的每个阶段都评估客户满意度</li></ul>
规划适当的团队流程	选择明确的方法和流程	<ul><li>促进开放参与，尊重客户的文化、规范和参与者的多样性</li><li>吸引不同学习/思考方式的参与者参与</li><li>实现高质量产出/成果，满足客户需求</li></ul>
	准备能够支持团队流程的时间和空间	<ul><li>安排能够达成活动目的的物理空间</li><li>规划有效的时间运用</li><li>为活动提供有效的氛围与场景</li></ul>

核心能力	细分能力	具体能力
创造并维持参与性环境	展现有效参与性及人际沟通技巧	• 应用多种参与性流程 • 展现有效的语言沟通技巧 • 与参与者建立融洽关系 • 实践积极倾听 • 展示观察和向参与者反馈的能力
	尊重并认可多样性，确保包容性	• 为参与者创造机会从团队的多样性中受益 • 培养文化意识和敏感度
	管理团队的冲突	• 帮助个人识别和审视潜在的假设 • 识别团队冲突及其在团队学习和发展中的作用 • 提供安全的环境让冲突可以浮现 • 管理具有破坏性的团队行为 • 支持团队解决冲突
	激发团队创造力	• 吸引各种学习/思考方式的参与者 • 鼓励创造性思维 • 接受所有想法 • 使用最适合团队需求和能力的方法 • 激发并利用团队能量
引导团队获得适当和有用的成果	用清晰的方法和流程引导团队	• 对活动建立清晰的背景 • 积极倾听、提问并总结以萃取团队的共识 • 识别偏离并引导回到任务 • 管理大、小团队流程
	促进团队对自身任务的自我意识	• 根据团队需要调整活动节奏 • 识别团队需要的信息，并从团队中引出数据和洞察 • 帮助团队综合模式、趋势、根本原因及行动框架 • 协助团队反思经验教训
	引导团队达成共识和期望的成果	• 使用多种方法达成团队共识 • 使用多种方法实现团队目标 • 根据团队变化和需要调整流程 • 促使任务达成
建立并保持专业知识	保持知识基础	• 对管理、组织系统、团队发展、心理学及冲突解决方面有所了解 • 理解变革的动态 • 理解学习/思考理论
	了解多种引导方法	• 理解问题解决与决策制定模型 • 了解多种团队方法与技术 • 知道滥用团队方法的后果 • 能区分流程、任务和内容 • 学习新流程、方法和模型，以支持客户不断变化/出现的需求

续表

核心能力	细分能力	具体能力
建立并保持专业知识	保持专业水准	<ul><li>参加引导相关的持续学习/研究</li><li>不断了解引导专业的新信息</li><li>实践反思与学习</li><li>建立个人的行业知识与网络</li><li>保持认证持续有效</li></ul>
树立积极的专业态度	实践自我评估和自我察觉	<ul><li>反思行为和结果</li><li>保持行动与个人和专业价值观的一致性</li><li>根据团队需求调整个人行为/风格</li><li>培养对自己价值观及其对客户工作潜在影响的理解</li></ul>
	言行一致	<ul><li>展示出对团队及其可能性的信念</li><li>以真实和积极的态度处理各种情况</li><li>作为引导者描述情况并探究不同观点</li><li>树立专业界限与道德（如IAF价值观声明和道德准则所述）</li></ul>
	信任团队潜力并保持中立态度	<ul><li>尊重团队的智慧</li><li>鼓励信任他人的能力与经验</li><li>警惕中立态度的减少对团队成果的影响</li><li>保持客观、不防御、不批判的态度</li></ul>

14.3 引导实例

工作坊设计完成后，根据设计的目标、内容、参与者及引导的步骤进行的由引导者主导的交付过程，即工作坊引导。工作坊引导是工作坊的实施和交付过程。

14.3.1 引导过程

在工作坊开始时，引导者需要向参与者介绍工作坊的目标、议程和期望的结果，并导入工作坊的话题或主题。这可以通过演示、简介、问题引导等方式进行。

引导者需要根据设计的引导过程，设计出用户故事地图，如图14-4所示。引导参与者进行一系列活动，如小组讨论、头脑风暴、角色扮演、案例研究等。引导者需要灵活运用不同的引导技术和工具，根据参与者的需求和情境进行调整，以确保活动的顺利进行。

引导者需要促进参与者之间的合作和互动，鼓励他们分享观点、倾听他人的意见、提供反馈，并协助他们达成共识或解决问题。引导者应该倾听和引导参与者的讨论，以帮助他们更好地理解和处理复杂的问题。

引导者需要管理工作坊的时间和场域能量，确保活动在规定的时间内完成，并保持参与者的积极参与和专注。引导者需要掌握时间管理技能，合理安排时间，避免过长或过短的活动时间。

引导者应该鼓励参与者的创意和创新，提供激发创意的引导技术和工具，如头脑风暴、设计思考等，以帮助参与者产生新的想法和解决方案。

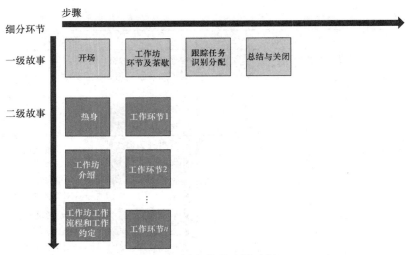

图14-4   用户故事地图示例

在工作坊结束时，引导者需要进行总结，回顾工作坊的成果，帮助参与者对工作坊的成果进行反思和总结，以便为后续的行动计划提供指导。

引导者可以收集参与者的反馈，了解他们对工作坊的评价和建议，以不断改进和提升引导效果。

14.3.2   数字化研发的工作坊

不同的引导方式可以给组织的仪式和工作坊带来不同的效果和结果。

仪式通常具有一定的正式性，需要引导者具有一定的仪式感和掌控能力，以确保整个仪式的流程顺利，氛围达到预期的效果。引导者需要对场地、道具和角色等方面进行安排和指导，以便能够增强参与者的参与度和认同感。同时，引导者还需要有一定的演讲技巧和心理感知能力，以便在仪式中对参与者的情绪和行为进行调节和引导，以达到预期的目的和效果。

工作坊通常需要引导者具有一定的主持和引导能力，以帮助参与者更好地理解和掌握工作坊的主题和目的。引导者需要对工作坊的流程和活动进行规划和安排，以确保工作坊能够达到预期的目的和效果。同时，引导者还需要有一定的沟通和协调能力，以便在工作坊中引导参与者共同思考和讨论，以产生更多的想法和建议。

在数字化研发过程中，有许多场景都可以采用工作坊的方式进行引导。常见的场景有战略共创、战略对齐、战略落地、产品梳理、需求分析、团队启动、项目启动和一系列迭代活动。典型的如探索仪式可以采用设计思维进行，对齐仪式可以采用快速启动进行，复盘可以采用回顾会的形式进行。

讲解设计思维和回顾会的文章和图书有很多。一般而言，使用设计思维进行产品探索发生在产品设计的前期。回顾会发生在迭代结束或者版本上线之后。但是，回顾会也会根据需要举行，如发生重大事件或者出现比较典型的卡点等情形时。对于研发团队，我们更建议基于精益的原则，现实、现地、现物，进行即时回顾。

下面以快速启动来讲解工作坊的特点、目标、准备和典型流程。

14.3.3 快速启动工作坊

快速启动是敏捷项目的一个活动名称，它以高互动、可视化的方式对项目情况进行快速、渐进地厘清。有别于传统项目经过漫长的需求澄清、需求评审、需求分析和需求计划过程，以工作坊的方式更容易让多方快速达成一致，交付物是足以启动整个项目的所有准备，包括第一个交付周期的迭代计划、足够的主故事列表，以及足够的原型设计。参与者通过短期聚焦的形式，快速进行需求的澄清并达成共识，识别MVP以及关联依赖项，根据愿景、目标形成短期可交付验证的发布和迭代计划。它主要有以下几个特点：

- 工作坊驱动，倡导共享、合作、包容；
- 有时间限制，一般限定1~2天的时间来开展工作坊；
- 各角色并行工作；
- 广泛应用基于实物的可视化协作引导方法。

快速启动工作坊的目标是：

- 为多个交付周期对齐目标，准备具备优先级的故事列表；
- 为第一个交付周期准备较为完整的用户故事地图，并明确用户故事优先级；
- 为第一个交付周期准备合理的迭代计划；
- 为第一个迭代准备估算的用户故事清单；
- 对第一个迭代的用户故事进行澄清和进行开发前的准备。

在快速启动工作坊开展过程中，明确的产出物包括需求清单、发布计划、迭代计划、行动项等。通常参与快速启动工作坊的角色有产品负责人、开发负责人、测试负责人、领域专家等。

可行的快速启动流程（本节最后会提供一个示例流程）具体如下：

- 上下文沟通，其中包含本次工作坊的目标介绍、过程介绍、规则介绍（可视化、不停做计划、即时培训-用户故事/Task）等；
- 功能点拆分；
- 功能点优先级排序；
- MVP划分和标记；
- 非功能性要求确认；
- 计划估算和发布；
- 待办清单和问题解决时限确认；
- 关键方案选择和汇报前整理。

快速启动工作坊之前引导者需要做的准备有：

- 识别需要做快速启动的团队人员；
- 和项目团队对齐工作坊结束后预期达成的目标；
- 得到项目团队高层对工作坊的授权。

工作坊流程设计工作如下：

- 所有人共同澄清主流程；
- 多轮识别并澄清MVP核心流程（包括业务识别、研发识别、业务团队和研发团队达成共识等）；
- 分组讨论，业务团队负责进一步识别主流程中的其他需求，研发团队识别MVP最小流程迭代方案；
- 迭代计划达成多方共识。

快速启动是基于用户需求进行的，前期共同澄清主流程部分是一个发散的过程，后期迭代计划达成是需要多方协商后达成一致的收敛过程。

整个快速启动过程可以是一个分组讨论的形式，工作坊的示例流程如表14-2所示。

表14-2　工作坊的示例流程

时间	时长	内容	注意事项
工作坊开始前		与管理者沟通工作坊设计，请管理者提出对工作坊的期待、要求，以及工作坊的目标，请管理者准备发言	
10:00	10分钟	介绍工作坊的日程、约定等相关事宜 请管理者发言 **工作坊约定** • 便签，手写张贴为主 • 行动，站立工作 • 把手弄脏的参与态度 • 注意时间，先完成再完美 • 停止信号和动作：举手并看向正在说话的人 **目标** • 形成版本、迭代计划 • 形成人力资源预算 **日程** • 目标对齐 • 场景细化 • 计划安排 • 总结输出 **关于时间的约定** • 需要时休息 • 需要时在场 **关于电子化的安排** • 每组指定一个人，产出内容后负责电子化产出内容 • 电子化产出的内容模板 **分组安排** • 相同业务领域的人坐在一处 • 每个小组指定一个区域进行工作	务必使参与者了解这一天的工作内容，配合工作坊 9:45是约定的开场时间，考虑有人是从外地过来的，留了等待时间 在白板纸（一般为A1幅面）上准备好相关内容（如工作坊约定、目标、产出等），并适量留白

时间	时长	内容	注意事项
10:10	20分钟	先由各组写自己的内容(请大家在蓝色的便签上写自己组理解的业务目标,在紫色便签上写实现这个业务目标后的关键结果、业务目标是什么、代表业务目标实现的关键结果是什么;请管理者、项目经理、产品负责人澄清内容,各小组再次对齐,将便签贴在本组负责区域右上角),如果管理者参与,由管理者解释,也可以由项目经理、产品负责人解释,将内容可视化,对比差异,对齐	**第一轮** 对齐目标
10:30	10分钟	请大家将识别的需求写在便签上,要求一个需求一个便签 写故事卡,卡片书写要求: • 用户故事名称/角色,留出评估时间位置 • 字大体正,一故事一卡	**第二轮** 进行场景细化 形成场景的用户故事地图 "浮现"端到端业务流程
	40分钟	根据业务流程次序进行排列,如果是一个场景,请给场景命名;如果是已知场景,也请写到便签上并贴在所负责区域的左侧 对于写好的便签,请按业务流程的次序排列,如果发现无法连通,请补全缺失的步骤,如果发现一个需求内包括多个步骤,请将需求按这些步骤进行拆分。如果多个步骤代表了一个环节,请在蓝色的大便签上归纳此环节并命名	
	10分钟	请参与者识别每张卡片的业务或者系统的上下游,并以其他颜色(除了黄色)便签书写	
	10分钟	为每张便签标识角色,如果涉及多个角色,请为每个角色拆分一张便签	
	15分钟	每张便签需要进行工时评估(如前端开发/后端开发/测试,如果需求仍未编写,也请估算这张便签的需求需要多少时间编写用户故事说明)	
	5分钟	补充其他信息,如数据标准、数据准备、切换时间等	
12:00	10分钟	总结上午工作,准备下午工作内容	上午发散,下午收敛,若前续时间不够,可以顺延或减少总结内容
13:30	10分钟	下午开场说明 MVP讲解 请大家根据每个组的情况编写自己分组的MVP条件。各组交流并补充	**第三轮** 提前准备MVP海报内容,讲解
	30分钟	整理本组的MVP,即版本1 进行人力评估 请各组给出内部可以进行验证的时间安排计划,各组对齐并基于版本排布,计算版本1的人力缺口等情况	检查与前述目标的相关性,可以引入SMART;若引入SMART,请提前准备资料海报内容
	30分钟	规划时间点 收缩条件 版本2	
	30分钟	版本3	

时间	时长	内容	注意事项
	10分钟	明确时间点	明确的DoR/DoD
	10分钟	交付计划样例 版本和迭代说明 形成版本和迭代计划	
15:30	60分钟	形成总结（包括版本计划、迭代计划、整体计划等） 准备总结汇报	**第四轮**
16:30	30分钟	向管理者汇报成果（版本、目标、资源缺口、业务及系统关联、重要关联事项、行动）	
17:00	10分钟	总结工作坊，下一步行动	

14.4　小结

本章讲述了如何在大规模研发组织的管理过程中应用引导技术，提升仪式质量，促进协作。通过本章，读者可以学习到如何使用软件研发中的用户故事地图工具来设计一个工作坊，以及研发工作中最常见的快速启动工作坊是如何设计和使用的。

学习完本章之后，读者应该可以：

- 设计研发工作中的各种活动，提供足够的仪式感，并促进各角色分工协作；
- 引导常见的工作坊；
- 形成目标导向的习惯；
- 激发参与个体的主动性；
- 通过不断练习，积累引导过程中的处理经验，以提升引导水平；
- 不断验证引导方式为研发过程带来的价值；
- 深入打造组织的协作互动文化。

第八篇

技术工具篇

在数字化时代，软件研发已经成为企业创新和竞争的核心。随着技术的不断进步和发展，软件研发数字化管理成为一个愈发重要的议题，技术的迅猛发展正在彻底改变着企业的面貌和运营方式。本篇将深入探讨支撑软件研发数字化管理的关键工具体系，旨在为企业带来高效、可持续发展的数字化研发实践，帮助企业和团队在日益复杂的软件研发数字化管理领域中取得卓越的成果。

第15章介绍软件研发数字化管理工具体系涉及的概念、功能和建设思路。这一章将探讨企业在建设软件研发团队的同时如何搭建工具体系来管理研发过程及数字化的软件资产，从概念的角度和实际操作的层面构建一个全面的工具体系，为企业的工具体系建设指明方向。

第16章介绍软件研发数字化管理中的重要技术实践。在现代软件研发领域，技术实践是实现高效、高质量和创新的关键。这一章首先讨论软件设计与架构的重要性，揭示如何通过良好的设计原则和模式来构建可维护、可扩展的系统；接着，探索版本控制与分支管理的实践，介绍如何在团队协作中利用版本控制系统有效地追踪和管理代码变更；然后，深入探讨代码评审的关键作用，以及如何通过团队合作和反馈来提高代码质量和团队整体水平；再后，详解如何构建自动化的交付流水线，以实现快速且可靠的交付流程；最后，介绍数据库变更管理、容器DevOps实践，以及自动化测试等技术实践。

总而言之，本篇将呈现一个全面而实用的软件研发数字化管理技术指南。从软件研发数字化管理工具体系的建设到关键技术实践的深入剖析，都是为了帮助企业在数字化时代中立于不败之地。无论是正在探索软件研发数字化管理的企业高管，还是身处一线的研发人员，都应该能从本篇中获益。

第15章

软件研发数字化管理工具体系

本章介绍支撑软件研发数字化管理的工具体系的概念、功能和建设思路，为组织构建自己的研发工具体系提供参考。

本章在编写过程中参考了国家标准GB/T 30972—2014《系统与软件工程　软件工程环境服务》。

15.1　工具体系概述

随着互联网、移动互联网及物联网技术的不断进步，组织的信息化与数字化需求越来越多。在这个背景下，组织会发现仅依靠采购现有软件或软件即服务（Software as a Service，SaaS）已经难以满足其快速增长的业务数字化需求。因此，组织开始选择自主建立软件研发团队以补充其能力。为了支持好软件研发团队的工作，组织同样需要建立一套完整且高效的工具体系来支持软件研发工作。

15.1.1　知识工作的"ERP系统"

软件研发是一项围绕源码编写展开的知识密集型工作。源码经过一系列的编译构建步骤生成可交付安装的软件包。但对最终客户而言，软件研发团队通常交付的更有可能是软件服务而不只是软件包。

软件研发的目标是制作出软件，但记录各种过程或阶段成果信息也非常重要。这些信息用来确保工作有序进行，以及交付物满足各方的要求。支撑这个工作的工具称为数字化研发工具体系（以下简称工具体系），而过去常常提到的计算机辅助软件工程（computer-aided software engineering，CASE）工具则可以视为工具体系的前身或组成部分。随着软件工程的发展，工具的内涵与功能逐步演化和扩展，最终形成如今的工具体系。

为方便理解，可将工具体系与大家较为熟悉的ERP（enterprise resource planning，企业资源计划）系统进行比较。ERP系统是一种综合性的管理信息系统。它最初是由Gartner公司在20世纪90年代提出的，是基于MRP（material requirements planning，物料需求计划）和MRP Ⅱ（manufacturing resource planning，制造资源计划）等生产管理理念和技术演变而来的。ERP系统是为生产制造企业提供支撑业务活动和战略运营的管理信息系统，其功能包含采购、生产、销售、绩效治理、人力资源、会计等。

2000年，Gartner对最初的ERP概念进行扩展，升级部分原有概念，并将商务智能（business

intelligence，BI）、电子商务、资产管理、客户服务、分销等功能纳入ERP Ⅱ的体系（见图15-1）中，还强调新的ERP应当是基于Web、开放和组件化的（参见论文"ERP Is Dead—Long Live ERP Ⅱ"）。

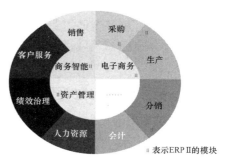

ERP的核心是生产制造，专注于企业资源的信息化管理。软件研发与生产制造有相似的地方，它们均是系统化、工程化、项目化、多人协作的，并且都有原材料、依赖关系、交付物等。但软件研发制品与生产制品显著不同的地方在于，制品不再是实物而是数字化的软件，工作过程所面对的也是各类数字化信息，属于知识工作范畴。因此，企业应当配备更适合知识工作的工具体系。

图15-1 ERP Ⅱ系统组成（参考维基百科"Enterprise resource planning"词条）

最初的软件研发管理工具聚焦在版本控制系统（version control system，VCS）、集成开发环境（integrated development environment，IDE）、构建工具、项目管理等领域。随着软件规模的扩大，管理工具逐渐加入需求管理、制品管理、持续集成等功能。随着敏捷、DevOps等概念的提出，工具体系则更加强调一体化、信息互通、自助服务等方便研发人员及管理者使用的功能。

2022年，Gartner公司观测到这一发展趋势，并将其命名为"平台工程"（platform engineering）（参见Gartner 2023年的文章"What is platform engineering?"）。平台工程希望通过基础设施的自动化供给以及工具的自助服务能力来改善研发人员使用体验，提高生产力。平台工程承诺改善工具使用体验，加速产品团队交付客户价值，这正成为一种趋势。

总而言之，工具体系应该是一套针对软件研发特点和组织对软件研发数字化管理诉求而设计的、定制化的管理信息系统，可以帮助组织实现高效、标准化的软件研发数字化管理，其主要任务有以下几项。

- **辅助各角色的知识工作**：辅助软件项目管理及软件工程工作，帮助产生信息。
- **全方位的配置管理**：项目及软件的配置管理。
- **不同岗位的人在线协作**：实时在线式的协作。
- **记录工作并可视化工作状态**：应用精益思想，可视化工作状态。
- **收集数据并开展研发效能度量**：从团队的数据大屏到高层的管理驾驶舱。
- **与其他系统交换数据**：系统之间信息互通，减少组织中的信息孤岛。

接下来的几节将主要介绍软件研发数字化管理工具体系的各项任务。

15.1.2 辅助各角色的知识工作

软件研发的核心是编程，是一项知识工作。围绕这一核心而开展的一系列活动也是知识工作，所有这些工作都需要软件辅助。例如，编写需求文档需要使用文字处理软件，设计美观的图形界面需要借助图形图像处理软件，生成交互草稿需要借助交互原型设计软件，设计软件总体架构需要借助UML（Unified Modeling Language，统一建模语言）图制作软件，编程需要IDE，将源码编译、构建为成品软件需要用到编译器、SDK（Software Development Kit，软件开发工具包）、构建管理工具，设计测试用例要用到思维导图或结构化的测试用例管理工具，不同开发语言、运行环境甚至还需要不同的IDE、调试器、仿真器等。

工具体系支撑的基础目标就是完成知识工作本身，并且工作成果是可以数字化的，可以用在线的方式共享、访问、阅览。

15.1.3   全方位的配置管理

配置管理（configuration management）在国家标准GB/T 19016—2021《质量管理   项目质量管理指南》中被归纳为技术状态管理，其目的是保证工作内容的完整性及可追溯性，因此工具体系中的几乎所有领域数据都可能要考虑支持配置管理活动。配置管理大体上可以分为两个层面，即项目配置管理（project configuration management，PCM）和软件配置管理（software configuration management，SCM）（参考国家标准GB/T 20158—2006《信息技术   软件生存周期过程   配置管理》）。

项目配置管理是软件研发项目中高层次的配置管理，面向管理活动。项目配置管理包括：

- 对项目的立项、审批、工作计划及项目中的各类资源的审核、变更；
- 对软件研发工作计划的分解、任务分派、资源分配及工作日志和工时等的记录、评审。

软件配置管理是对知识工作结果的管理，面向工程。软件配置管理包括：

- 对各阶段的文档资料，如需求文档、各类设计文档、软件源码、构建记录、测试用例、测试报告、用户手册、管理员手册等的管理；
- 对软件制品，如可执行代码、软件的安装脚本、管理脚本等的管理；
- 对软件环境，如运行的环境、产生的数据、备份、日志、运行维护记录等的管理。

注意，这两者并没有严格的边界，工具体系既会涵盖项目管理也会涵盖软件研发，甚至涉及软件的生产运行，因而配置管理是全方位的。

15.1.4   不同岗位的人在线协作

互联网、云服务、移动办公的普及，让软件研发不再是"Word文档+源码"的管理方式。各个环节、各个岗位的知识工作都已经具备数字化的可能性，工具体系就必须要支持团队在单个或多个地点的协同工作。

协作有两个含义：共同参与到一个工作流中，即便是在异地也能完成信息交流；内容的实时共同创作与评审。

各方可以通过在线方式对工作进行审核、评审。使用的工具和技术包括在线视频会议、电子邮件、即时消息、共享文档、项目管理软件等。这些工具和技术能够让参与者实时沟通、共享信息、协作工作，并且能够跨越地理和时间上的限制。

工作过程支持并发的多人实时共同创作。例如，多人在线共同编辑同一份文档或源码；多人对同一对象进行编辑时能够记录编辑历史，防止遗失；他人对同一对象进行编辑时，能够及时得到更新通知。

15.1.5 记录工作并可视化工作状态

可视化工作状态是指通过图形、图表、仪表盘等视觉化的方式，展示工作的状态和进展情况，其目的是让参与者更直观地了解工作的状态和进展情况，以便更好地进行沟通和协调工作。下面是可视化工作状态的一些常见内容。

- **进度和时间**：可视化工作状态可以展示项目的进度和时间线，包括已完成的任务、正在进行中的任务和即将要开始的任务等，以便参与者更好地掌握工作的进展情况。
- **任务分配和负责人**：可视化工作状态可以显示任务的分配情况和任务负责人，以便参与者知道任务的具体执行者，从而更好地进行沟通和协作。
- **成本和资源**：可视化工作状态可以显示项目的成本和资源情况，包括预算、费用、资源分配等，以便参与者更好地掌握项目的成本和资源使用情况。
- **风险和问题**：可视化工作状态可以展示项目的风险和问题，包括已经发生的问题和潜在的风险，以便参与者及时采取措施进行处理和解决。
- **关键绩效指标**：可视化工作状态可以显示关键绩效指标，包括进度、成本、质量等，以便参与者及时掌握关键绩效指标的变化，从而更好地进行决策和管理。

总的来说，可视化工作状态能够将复杂的工作状态和进展情况以简洁、直观的方式展现出来，帮助参与者更好地了解工作的情况，从而更好地进行沟通和协作。例如，通过看板，团队成员可以清晰地了解任务的状态和进展，从而能够更好地协同工作、调整优先级、及时发现问题和解决问题。

15.1.6 收集数据并开展研发效能度量

研发工作的度量有天然的难度，因为知识工作产生的数据存在模糊、滞后、不精确等特点。但组织运作时天然地会有度量需求，需要收集各层级的数据、分析当前运作状况，并为未来发展制订计划。研发过程数据散落在日常工作的方方面面，组织需要从支撑开发工作的各个模块中收集和汇总这些数据，并从研发价值流的角度进行统计分析。在对这些数据进行统计分析时，还要注意采取合适的统计算法来让数据更有说服力，以便让各方认可。例如，在计算交付周期时，采取百分位数算法会比均值更有说服力。

> **提示**
>
> 统计研发工作更重要的目的是得到知识工作产能的一个预估值，应用该数据指导后续工作，让信息更顺畅地流动、加工，使工作负载透明化、减少拥堵、减少浪费。DevOps中也提倡要建立无责任的文化氛围来推动改进。

15.1.7 与其他系统交换数据

工具体系不是孤立存在的，它还要与组织中的其他系统互通、交换数据，共同组成组织所需的全面、一体化的管理信息系统。下面是一些常见的集成场景。

- **从各渠道收集工具体系的需求或反馈**。对工具体系的使用反馈可能从各个渠道（如市场、客户关系管理、终端综合管理系统、运营监控等）收集而来，并进一步加工成需求文档。需求文档中应记录这类原始需求来源的关系，便于在功能上线以后通知相关人员功能的变化。
- **从组织的统一认证系统获得账号信息**。工具体系中使用的账号信息是组织整个账号数据的子集，工具体系只需要参与数字化研发的各岗位人员（如服务供应商和供应商的员工、组织内部员工）的账号。工具体系也可以向外提供这些人员在研发活动中的岗位、角色和参与的项目、团队、系统等信息。
- **与人事、财务系统互动**。研发工具中记录的工时，可能要提供给项目、人事、财务系统作为结算依据。工时数据也有可能需要与人事系统中的考勤、请假及销假数据对照。
- **与项目管理系统互动**。组织可能会有独立的项目管理系统来承载所有的项目管理数据，软件研发项目的进度、风险、付款结算等都依赖项目管理系统中记录的工作进展与付出的劳动成本。
- **资产管理**。办公计算机、开发测试环境、生产运行环境、网络设备、商业软件等都是资产管理的标的。开发出的软件和相应的过程资产也是资产管理要关心的。系统架构信息也需要向外发布，与其他系统共享。
- **工作流集成**。研发工具中的流程通常要与OA中的相关流程打通。
- **数据集成**。研发工具中产生的数据也通常要通过大数据系统或专门的商务智能平台进行分析呈现。

15.2　工具体系全景图

本节尝试从不同角色或层级视角来介绍工具体系的组成部分。

如图15-2所示，工具体系划分为3层：宏观管理层为组织中的中高层管理者开展管理与决

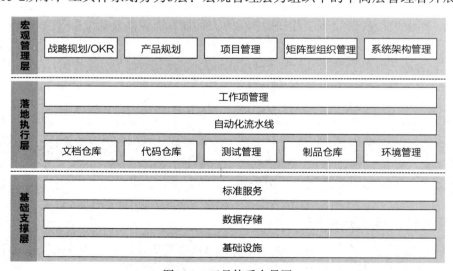

图15-2　工具体系全景图

策活动提供支撑；落地执行层为具体的软件需求分析、开发、运维等工作提供工具支持，为不同部门（既可以是实体部门也可以是虚拟部门）提供管理工作台，记录工作内容，管理工作进度；基础支撑层构建工具体系的标准化基础设施，这些是组织信息化的标准支撑，能在工具体系建设中复用。

　　下面分别对各层进行说明。

15.2.1　宏观管理层

　　宏观管理层为中高管理层开展管理与决策活动提供支撑，帮助管理者进行产品规划和项目管理，与各方对齐目标，借助管理驾驶舱及各类型的高层抽象数据汇总与洞察，辅助组织级的战略规划与决策制定。

　　（1）**战略规划/OKR**：是一种用于明确和跟踪目标及其完成情况的管理工具和方法。OKR的核心思想是将一个大的目标分解成一系列的小目标，并为每个小目标设定一个关键结果，以便更好地衡量进展并确保实现大目标。战略规划/OKR的主要功能有：

- 结构化管理组织的战略规划或OKR，以便各方对齐、追踪进度和目标完成情况；
- 将规划项关联到产品、项目、系统等资源或资产。

　　（2）**产品规划**：用于管理产品生命周期、路线图、资源等。产品规划的主要功能有：

- 作为软件产品的权威数据源，登记产品各项属性，对外提供数据查询；
- 管理产品生命周期、版本开发计划、关键里程碑。

　　（3）**项目管理**：用项目的方式管理产品在不同阶段或不同年度的资源投入。项目管理的主要功能有：

- 为完成战略规划或产品而设立项目，通过项目进行资源的分配、投入产出分析；
- 管理项目的立项、审批、招标、采购、款项、结项；
- 管理项目资源，如供应商、项目成员及其他资源；
- 管理项目进度、里程碑、风险、投产或发布计划；
- 对项目进行监视及评价；
- 为其他服务提供权威数据。

　　（4）**矩阵型组织管理**：既支持对人员的实体组织机构进行记录管理，又支持对人员进行横向、竖向的虚拟管理单元划分；在矩阵型组织管理之上，从不同的视角提供不同的管理视图与工作台。根据软件研发特点，矩阵型组织管理可以分为以下3类管理。

- **能力组织管理**，以管理实体组织阵型和人员职业技能、工作岗位、工时等为目标，包括：
  - 记录组织、部门等实体组织阵型信息及历史变迁；
  - 记录人员角色、供职单位、技能标签、岗位信息及历史变迁；
  - 提供职能经理关注的大屏，汇总工时、考勤等信息，便于其开展绩效评估。
- **产品组织管理**，以管理软件产品的项目、路线图、需求为目标，包括：
  - 记录软件产品相关的人员、角色；
  - 提供工作台，方便产品人员开展需求评审、产品风险识别工作；

　　　　○ 提供产品组织大屏，方便产品人员开展需求漏斗分析、产品路线分析、产品投产分析工作。
- **交付组织管理**，以业务、产品或项目为目标，对不同技能人员进行混编，形成稳定的软件交付单元，执行软件的开发运维，包括：
　　　　○ 记录软件交付单元的人员组成，通常是部落、小队；
　　　　○ 管理软件研发的迭代计划、版本计划、版本发布过程；
　　　　○ 提供工作进度视图，方便项目团队开展容量估算、进度风险识别、计划调整工作，并提供历史效能数据进行比较。

　　（5）**系统架构管理**：指管理组织内软硬件系统资产以反映系统架构整体现状及历史变迁。系统架构管理往往被设计成一种简单地对数据进行"创建-读取-更新-删除"的软件而需要人工维护，但更建议将其设计为一种主动发现式的软件，可以从各软件、模块所提供的依赖清单中主动发现架构信息并建立整体的系统架构视图。系统架构管理包括：
- 对系统、模块、资源等进行标识、分类；
- 对上述数据进行分组，和高层的业务、产品进行关联；
- 管理系统的生命周期（如试验、孵化、试运行、运行、停用等）；
- 为其他服务提供权威数据。

　　以上是宏观管理层通常要具备的功能，有些读者可能会对战略、产品、项目、人员管理等是否必须归属于工具体系存疑，这些应当是组织的信息化的基础能力而不只是被研发团队所拥有？这一点在不同组织中情况有所不同，有的组织信息化程度高，已经先期建设了较完善的产品、项目、架构管理等系统，有的组织信息化建设比较晚，在这一方面信息化程度不一。在开展软件研发管理时，若原先的系统已经能够适应软件研发特点则只需要进行集成，而有的不能很好适应的则需要改造升级或者多系统并存。工具体系会和其他系统有功能交叉的情况存在，在不同组织中实际情况有所差异。

15.2.2　落地执行层

　　落地执行层从数字化研发过程视角深入软件研发运维工作的内部，为开发运维提供直接支持，如图15-3所示。

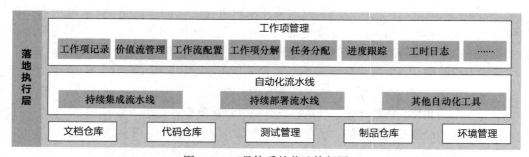

图15-3　工具体系的落地执行层

　　（1）**工作项管理**，也叫任务管理或变更管理：本着对软件的一切变更均应能完整溯源的基础目标，要有软件来记录工作项变更起因，并关联对应的文档、会议纪要、评审记录、变更的代码、构建的制品、投产/上线/发布记录、环境变更记录等。工作项来源是多渠道的，有业务需求、技术改造需求、测试发现的缺陷、生产事件回馈的改造需求等。工作项管理与项目管理中的工作分解有交集但不完全相同，因为项目管理会存在甲乙双方合作的情况，此时工作分解并不会完全记录乙方的工作细节，而只会记录与项目直接有关的工作信息。但是工作项管理需要事无巨细地记录开发活动的细节以备跟踪、追溯。可以认为工作项管理是项目管理的延伸和细化。工作项管理包括：

- 工作项记录，记录工作项的具体内容，如时间计划、内容说明、规模等；
- 价值流管理，对工作项进行价值流建模，按照价值流的方式统计工作项的增值过程；
- 工作流配置，对工作项中需要审批、审核的信息，使用工作流引擎；
- 工作项分解，将大的工作项逐级分解成细小的工作项，便于精细化跟踪，并记录工作项之间的关联关系，典型的关系有依赖、阻塞、重复；
- 工作项任务分配，将承担任务的人、团队或部门等关联到工作项；
- 进度跟踪，记录承担任务的人、团队或部门在工作项上的活动，针对关键时间点发出提醒；
- 工时日志记录，记录工时，并支持按工作项分解结构，逐层汇总；

（2）**自动化流水线**：指持续集成流水线、持续部署流水线及其他能将工作或流程自动化的工具。组织中软件研发、部署、运维横跨多个部门或团队，其中还会有多次的人工检查环节，很难用一个自动化的脚本连通，通常会采取异步加分布式的自动化流水线组合来实现。自动化流水线的主要目标包括：

- 对流水线脚本进行分类标识，以便准确度量成效。一般会将流水线分为持续集成和持续部署两大类；
- 持续集成流水线，当有代码变更时，执行持续集成流水线，并能够将流水线状态反映到工作项中；
- 持续部署流水线，当版本计划中的工作项全部完成，软件准备发布时，可通过持续部署流水线进行发布。
- 将研发工作中可自动化的部分尽量编排为脚本，以便自动化地执行；
- 帮助开发活动提升效率的工具都应当考虑集成到自动化流水线中；
- 通过更高层次的编排及与工作流集成，打通开发运维整个过程。

（3）**文档仓库**：用于管理各类有专门格式或难以结构化存储的文档。文档仓库通常需要多种软件组合才能完善地支持各种类型文件的编辑、在线阅读、格式转换和评审。在软件研发中有以下几类文档需要支持。

- 需求文档。此类文档以文字、表格、框线图、嵌入图片为主。文档仓库要支持需求文档的在线协同编辑和评审。
- GUI/UE文稿。此类文档以原型框线图、效果图、网页、交互模拟稿为主。文档仓库要支持文稿预览和批注。

- 开发设计文档。此类文档以文字、UML图、表格、接口文档、在线接口调试工具为主。开发设计文档通常会用工具格式化，再将格式化后的版本存放到文档仓库中，供在线阅读。
- 其他软件文档。此类文档通常采用文字处理软件支持的格式（如docx、wps、ppt、xls等文件格式）。

（4）**代码仓库**：用于对源码实施版本控制、权限控制、标记基线以及支持对代码的在线评审工作流。当前主流的代码仓库多基于SVN和Git进行功能扩展。代码仓库的主要功能如下：

- 支撑开发人员编码协作，提交代码，关联文档，进行分支、标签、权限设置；
- 在线评审、批注，以及比较文件差异；
- 提供客户端，集成到IDE中随编程一起操作；
- 与流水线、文档、制品等系统进行集成。

（5）**测试管理**：支持研发团队管理测试过程，记录测试资产，支持自动化测试。通常需要多个工具组合才能够完整支持测试。除了对测试用例的结构化管理，一种专项的测试往往需要一个专用工具。测试管理的主要功能有：

- 用结构化的方式管理测试用例、测试计划、测试报告，关联缺陷信息；
- 支持多样化的测试用例分类标记，如目录层级、标签等；
- 支持版本控制、用例评审、测试用例基线；
- 支持自动化测试脚本、测试数据管理。

（6）**制品仓库**：用于管理软件制品，支持不同类型的制品存储、权限控制以及工作流。制品仓库的主要功能有：

- 管理源码编译构建产物，记录制品依赖关系和元信息；
- 兼容不同技术框架的制品存储、镜像缓存；
- 支持制品准入/准出规则制定或制品晋级流程；
- 集成制品安全扫描工具，报告安全问题。

（7）**环境管理**：指各类型环境资产的登记、监控、日志、事件管理。环境管理通常由多种运维支撑工具组合形成一个完整的环境管理系统。环境管理的主要功能有：

- 实体资产与虚拟资产的配置管理；
- 对环境进行监控，有硬件级、系统级、应用级的监控；
- 用监控大屏显示应用状态、版本等可视化状态；
- 对运行日志集中管理、存储；
- 对监控发现的问题进行告警；
- 事件管理，跟踪、解决运行中发生的事件。

15.2.3 基础支撑层

基础支撑层（见图15-4）为管理活动提供支持的基础软件，分为标准服务、数据存储和基础设施3个方面，它们都是组织信息化建设中可复用的基础组件。

首先，详细讲解一下标准服务。标准服务包括以下服务，这些服务已经形成了标准化的解决方案，工具体系要集成这些服务，将数字化研发与日常办公工作相结合。

（1）**电子邮件、日历、通讯录**：是组织开展在线办公所需的最为基础的组件。以微软Outlook为例，其将这3个组件组合在一起提供。电子邮件、日历、通讯录的主要功能有：

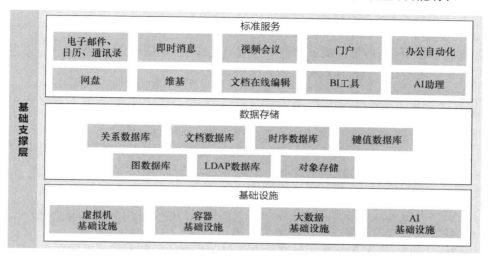

图15-4　基础支撑层

- 提供电子邮件服务，电子邮件也是组织内正式的信息传达渠道；
- 提供通讯录服务，记录组织内外人员的联络方式；
- 支持标准的联系人数据交换（如支持vCard协议）；
- 提供日历或日程记录、订阅服务；
- 支持标准的日程数据交换（如支持vCalendar协议）。

（2）**即时消息，也称即时通信**：是目前比电子邮件更为常用的实时在线沟通手段。随着移动办公的流行，众多的服务也在以即时消息为核心的平台上进行集成，成为新一代的办公门户。有开源的即时消息系统，也有商业的即时消息系统（如钉钉、企业微信、QQ、飞书等）。即时消息的主要功能有：

- 支持多终端（PC端、手机端、网页端）同时登录及消息收发；
- 支持消息持久存储、搜索；
- 支持单人沟通及群组沟通；
- 支持多媒体信息、表情符号、语音识别；
- 支持消息回复、标记、置顶、通知。

（3）**视频会议**：通过网络通信技术使得在地理上分散的用户可以通过视频、音频的方式进行交流，协同工作。现在的视频会议更新集成了录像、语音识别、文稿协作、演示等功能，更加便于办公协作。视频会议的主要功能有：

- 支持多人视频会议、录像；

- 支持多端（PC端、手机端、平板电脑、网页端、电话）；
- 支持文稿投屏、批注；
- 支持人员签到、分组讨论；
- 可与即时消息集成；
- 支持AI辅助识别语音，生成字幕。

（4）**门户**：通常是一个网站，是聚合组织内各种信息资源或服务项目的入口。现代门户除了通常意义上的门户网站以外，还包括移动端门户网站或App门户。门户的主要功能有：

- 汇集并展现各种信息资源或提供服务项目入口；
- 支持移动端展现；
- 提供移动端App门户；
- 提供开发工具，供各个系统在门户上展现数据，或发起操作。

（5）**办公自动化（OA）**：通过表单、工作流、多级审批等低代码手段支持组织内日常办公任务。在开发工作中，项目、需求的定稿通常需要在办公自动化系统中进行审批确认与留痕。办公自动化的主要功能有：

- 支撑事项审批流转，基础是工作流和表单，核心功能是完成事项审批留痕；
- 与在线文档、网盘等集成，简化文书传递。

（6）**网盘**：以网络服务形式提供的文件存储与获取服务。网盘的主要功能有：

- 提供网络版的文档存储，方便共享；
- 与操作系统集成，获得本地化的访问体验；
- 支持多终端访问；
- 支持版本控制；
- 支持与文档的在线编辑工具集成。

（7）**维基**：是一种可供多人协同创作的开放式超文本系统，有访问权限的人都可以对文档进行批注修订，方便日常文档更新。它是目前主要的组织级知识库建设承载软件。维基的主要功能有：

- 组织级、团队级文档汇集、预览修订；
- 分级的权限配置；
- 不同格式文档预览；
- 文档版本控制。

（8）**文档在线编辑**：与维基不同，文档在线编辑是传统桌面文档编辑软件的网络化、协同化延伸（如微软365、金山云办公），支持文字处理、数据表格和演示文稿3类文档的在线协同编辑、不同格式的转换、预览。文档在线编辑的主要功能有：

- 文档在线编辑；
- 支持多种终端；
- 多人实时协作编辑；
- 文件格式转换；

- 版本控制。

（9）**BI工具**：BI是一个数据驱动的决策支持系统，能帮助组织进行数据分析，并将分析结果转化为有意义的信息，用于商业决策。BI工具通常会提供灵活的数据源整合、动态的数据查询及可自定义的数据可视化界面，方便用户制作可视化报表、数据大屏、管理驾驶舱。可以通过BI工具呈现各个阶段、不同范围的研发过程数据，供度量分析并驱动改进。

（10）**AI助理**：近年来，神经网络、大模型等技术的突破，使AI辅助办公与软件研发成为可能。借助大模型技术，可以让组织的知识资产从静态变为动态，帮助组织、员工提效。AI助理的服务场景有：

- 语义检索，提高知识库搜索准确率；
- 文档编写，如需求文档、设计文档、测试用例等的编写；
- 图形图像生成；
- 代码生成；
- 代码评审；
- 自动化工作流。

根据经验，管理信息类软件一般都会提供内部数据搜索功能。例如，单个条件或复合条件的筛选，或者关键词的匹配搜索。然而，很多软件并不提供全文检索能力，或声称有全文检索能力但对中文的全文检索能力弱，难以提供具有语义分析能力的搜索功能。因此，有必要将各类工具接入组织内专门设计的全文检索引擎，或者基于语义的智能检索系统，让组织的知识库活起来。

然后，详细讲解一下数据存储。研发过程数据的结构复杂且关联关系众多，在设计时选择合适的存储库很有必要。工具体系作为内部使用的系统，与业务交易类系统相比，对响应速度、数据完整性的要求会适当放宽，但仍要保证数据最终一致性，在设计时可以考虑采用更方便运行时调整模式的数据存储方式。以下是目前常见的数据库系统，它们有各自适合的使用场景，在设计工具体系时可以有选择地采用。

（1）**关系数据库**：是目前最为成熟且应用广泛的数据库系统之一。它支持严格的结构定义，大多数研发人员对关系数据库模式设计、SQL语法都熟悉，它最适合存储结构定义明确的数据。但工具体系有运行时动态增加字段的需求，使用关系数据库实现会有难度，不如非关系数据库方便。目前使用广泛的开源关系数据库有MySQL、MariaDB、PostgreSQL等。国内软件供应商也提供符合信创标准的关系数据库。

（2）**文档数据库**：是指支持存储、检索和管理半结构化文档（如JSON文件）数据的数据库。文档数据库支持对多层复合结构数据的存储与检索，并且无模式限制，适合存储现代复杂结构的数据。文档数据库也支持索引，并有自己的查询语言。典型的文档数据库有MongoDB、CouchDB等。

（3）**时序数据库**：专门优化用于存储和检索与时间戳关联的数据，如物联网传感器发回的数值、计算机硬件中随时间而变化的监控数据（如CPU使用率、内存利用率等）。在工具体系中也有很多与发生时刻关联的数据，如需求状态变化的时刻，流水线构建时刻和运行结果，代码提交时刻与代码变化的量等。利用时序数据库存储数据可以优化存储空间，也能方便用户利用其专门设计的查询能力。

（4）**键值数据库**：用键值对存储数据，键是数据的唯一标识。这类数据库往往优先使用内存管理数据，但也支持磁盘持久存储。值支持多种可序列化数据结构，如字符串、数组、字典或哈希表等。典型的键值数据库有Redis、Memcached等。

（5）**图数据库**：以图结构来表示和存储信息的数据库。图是可抽象为节点、边和属性来表示的数据。图数据库优化了数据之间关系的查询方法，并设计专门的查询语言。这些查询在关系数据库中能够实现，但不如图数据库效率高。例如，从软件研发过程中的用户需求到个人任务的层层分解，以及任务之间的依赖关系是一个网状结构，对这样的数据进行查询、统计分析时借助图数据库可能会更便捷。典型的图数据库有Neo4j等。

（6）**LDAP数据库**：LDAP（lightweight directory access protocol，轻量目录访问协议）是一个开放的、独立于厂商的工业标准应用协议，用于在IP网络上访问和维护分布式目录信息服务。支持这个协议的LDAP数据库常用来存储账号、系统、网络、服务和应用程序的元数据，这些数据也常常被视为配置数据。LDAP数据库也支持定义模式，典型支持LDAP的数据库有Active Directory、OpenLDAP、ApacheDS、389 Directory Server等。

（7）**对象存储**：是基于对象的存储设备及系统，它综合了网络附接存储（network attached storage，NAS）和存储区域网（storage area network，SAN）的优点，能以多个数据块组成的对象为单位访问数据，同时具有SAN的高速直接访问和NAS的数据共享等优势，是可提供高可靠性、跨平台性且安全的数据共享的存储体系结构。工具体系中除了要存储结构化、半结构化数据，还需要存储大量的非结构化数据，如视频、音频、图片、文档附件、二进制制品及其他类型的媒体内容，对象存储正好满足这类需求。对象存储也称为二进制大对象存储（blob storage）。对象存储系统为现代应用程序设计了方便管理数据的HTTP API，形成对象存储服务（object storage service），除了支持文件系统式的路径访问，每个对象还被赋予唯一编号、元数据，通过这些能够实现高级的条件查询，也支持访问权限的控制。典型的对象存储系统有Ceph、MinIO等。

注意，现代数据库系统已开始向支持多种结构的数据存储发展，例如MySQL 8.0新增支持JSON结构化数据的存储和查询。在选择底层数据库时需要综合考虑组织内系统架构约束和实际需求。

最后，详细讲解一下基础设施。基础设施既服务于业务系统也服务于数字化研发。

（1）**虚拟机基础设施**：随着物理服务器性能的不断提升和组织对资源精细化分配需求的增长，服务器虚拟化技术得到了迅速发展。通过虚拟化技术，组织可实现对计算机资源的灵活分配和高效利用，对服务器甚至桌面计算机进行虚拟化管理已成为现代IT基础设施建设的主流选择。

（2）**容器基础设施**：容器化环境，特别是基于Kubernetes的容器云环境，极大地方便了环境的创建与运行管理，可以做到随申随用，用完即回收，也极大地方便了测试环境的构建与资源分配。建议在测试环境的搭建中先考虑云原生化，并进一步将生产环境迁移到云原生。

（3）**大数据基础设施**：工具体系的数据分散在多个模块之中，单个系统或数据库很难容纳全部的研发数据。因此必须要使用大数据基础设施来收集全部的研发数据（过程的、结果的），管理驾驶舱的大屏开发数据也可能来自大数据基础设施。

（4）AI基础设施：为开发、调试、运行AI而提供的硬件、软件、服务等基础设施（如专用GPU、编程语言、开发框架、算法、调试工具、中间件软件、开源模型等），借助这些基础设施，研发人员可设计适合组织使用的AI模型并在上层应用中使用。

15.3　工具体系领域模型概述

工具体系全景图是从功能模块的角度描述工具体系的，下面再从领域模型的角度来看一看工具体系。领域模型描述了工具体系所管理的数据对象和关联关系，如图15-5所示。

工具体系是一个以需求和源码为中心的管理工具体系。它围绕需求搭建线上协作平台，记录中间活动，追溯变更。图15-5所示是一个典型的工具体系领域模型，用于描述工具中的各领域对象及其之间的关联关系。受篇幅限制，图15-5中仅展示了最重要的关联关系。下面分领域进行介绍。

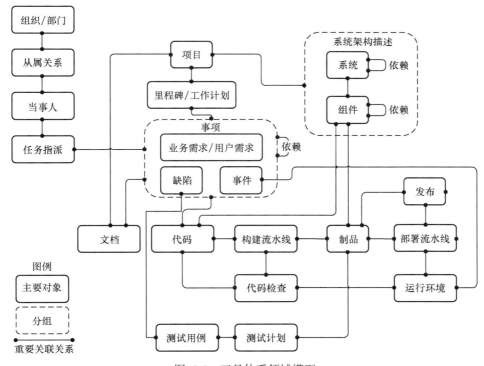

图15-5　工具体系领域模型

（1）**组织/部门**：维护管理单元（如组织、机构、部门、团队）的信息，以及它们之间的相互联系。需要注意的是，供应商与其派出人员的信息也应该记录并管理。组织/部门的主要功能有：

- 定义组织、机构、部门、团队等的人员集合模型；
- 维护好这些管理单元的具体信息、生命周期；
- 记录管理单元的性质（如实体组织或实体部门、团队，虚拟组织或虚拟部门、团队，独立法人单位等）；
- 记录管理单元之间的从属关系（如组成部分、分支机构）。

（2）**当事人**：管理人员账号信息，包括参与研发活动的全部真实人员、机器人助理及系统管理员等，并且人员不仅有组织内部成员还会有供应商人员。当事人的主要功能有：

- 定义人员类型；
- 记录人员基本信息；
- 记录人员访问系统用的账号、密码等凭证。

（3）**从属关系**：维护组织与人员之间的关系，并记录关系的历史变化。从属关系的主要功能有：

- 定义人员角色分类、关联关系分类、职业技能；
- 记录人员与组织单元之间的从属关系、岗位、角色、职业技能等。

注意，一个人在不同部门或项目团队可能有多个岗位/角色，并且人员的从属、角色等信息均会随时间发生变化，为了能支持这种情况，可以在从属关系上设计一个生效时段从而保留从属关系的历史变化。

（4）**项目**：维护IT研发的项目信息，项目会关联相应的招标、预算、采购、合同、付款等信息。项目的主要功能有：

- 记录项目的基础数据、相关的成员；
- 记录在项目开展过程中积累的文档、代码等资料。

项目通过里程碑、工作计划等条目与需求产生关联。

（5）**里程碑/工作计划**：记录项目的里程碑、工作计划等详细条目，并与需求进行关联。里程碑/工作计划的主要功能有：

- 记录工作项及工作项之间的关联关系，形成层次化的工作项分解；
- 记录工作项的日期计划，并跟踪工作项实际执行情况；
- 支持设置基线，用以记录项目历史变化并对照分析偏差。

（6）**系统**：定义并维护所开发的软件的逻辑架构，是组织用以管理IT资产的逻辑组织单位，系统并没有严格的大小之分，但通常组织内会以适合团队管理或进行数据分析的角度来划分系统。系统的主要功能有：

- 记录并维护系统名称、主键、识别代码等元信息，以及系统的生命周期；
- 记录系统与系统之间的依赖关系。

（7）**组件**：定义并维护系统的组织部分或资源依赖，也可称为模块。组件的主要功能有：

- 记录模块的名称、主键、识别代码等元信息；
- 管理模块的生命周期、版本号；
- 记录模块之间的依赖关系。

注意，模块与系统之间存在组成关系，一个系统往往由多个模块构成。

（8）**事项**：管理引发代码变更的事项，这些事项详细说明了对软件进行修改的原因。在配置管理中也称为变更管理。日常工作中，许多组织习惯于将变更管理称为需求管理，而"需求"一词则泛指各类事项。需求是整个工具体系的核心之一，以需求为核心可将整个工具体系紧密连接起来。需求的来源是多种多样的，主要包括源自软件需求方的业务需求和用户需求，以及测试过程中发现的缺陷和生产运行过程中记录的事件。事项的主要功能有：

- 对事项的类型和层级关系进行建模；
- 记录事项名称、主键、编号等元信息；
- 记录与事项相关的基本信息，与组织、人、项目等的关联信息；
- 记录事项生命周期活动（如评审、变更、修订）、参与工作的人员、引用的文档；
- 记录事项的依赖或分解关系。

（9）**任务指派**：管理事项与人的分配关系，以及在任务指派期间的工作日志。任务指派的主要功能有：

- 记录任务指派关系，一个需求会涉及多种不同工作，如编写需求文档、评审需求、设计测试用例、编写代码、部署发布等，并且任务指派关系会随时间而变化；
- 记录每个人在任务上的工作日志或工时。

（10）**文档**：管理各种存储格式的文档，可以是通用的办公文档（如文本、文稿、电子表格、幻灯片等），各类专业软件输出的专有格式电子版文件（如图像设计稿、计算机辅助设计文档等），也可以是支持Web协作编辑的各种文档。文档的主要功能有：

- 记录文件名、标题等元信息；
- 记录文档的权限，权限一般会限制在项目团队范围内，但不是绝对的，如基础公共系统的接口文档、安装手册、使用手册、版本发布历史等信息都需要公开给使用方查阅；
- 对文档进行版本控制。

（11）**代码**：管理软件源码，并对源码实施版本控制。这些源码可以是组织内团队产生的，也可以是供应商交付给组织的。管理源码通常使用版本控制系统，如Git、SVN等。代码的主要功能有：

- 对源码实施版本控制，进行分支管理、标签管理（可视为基线）。源码可能有多种形式，如可编译的源程序、数据库脚本、自动化测试脚本、经训练的AI模型、设计图源文件等；
- 配置源码的访问权限，注意访问源码的不仅可以是真实的人，还可以是自动化的机器人，可以进行流水线构建、代码扫描、审计账号等操作；
- 源码入库并开展规范检查。例如，检查源码必须关联相应的事项编号，以及编号的分配人员与代码提交者必须一致；
- 记录源码与系统、模块的关联关系。

（12）**构建流水线**：可将源码经检查、构建等过程制成可交付的软件制品的工具设施。构建流水线的主要功能有：

- 保存构建策略、构建脚本、构建环境信息，支持集成全部检查项、检查工具、门禁等；

- 支持构建脚本的配置管理；
- 记录完整构建日志。通过构建日志要能够还原出当初构建软件制品的现场。这就要求每次的构建要关联当时的源码的提交编号、对应的需求、触发原因、执行的自动化测试的报告、生成的制品等相关信息。

（13）**代码检查**：用于各类源码的静态检查、动态分析、安全漏洞扫描的工具。扫描检查工具多种多样，各有所长，功能甚至有交叉。代码检查的主要功能有：

- 在开发的不同阶段，使用不同的工具对源码、制品、环境等资产进行扫描、检查；
- 支持在流水线中集成检查活动，输出检查报告；
- 保存检查报告，提示相应人员进行复核、评审，解决问题。

（14）**制品**：通过流水线构建生成的制品，以电子文件的形式存在。制品通常指可执行的软件包，但对其更广泛的理解是，软件安装升级脚本、使用手册、测试报告等的相关文档均可以是制品的组成部分。具体包含哪些制品根据存储介质、传输方式、交付协议等因素进行调整。制品的主要功能有：

- 存储制品文件本身；
- 存储制品文件来源，通常是关联的流水线信息，如果是外部供应商提供的或开源软件则应记录上传人、时间戳等信息；
- 记录制品的物料清单，物料清单用于记录软件的依赖关系，是软件制品依赖管理、缺陷、安全影响范围识别的重要依据。

（15）**测试用例**：管理软件相关的测试用例。测试用例会有不同级别之分，单元测试针对软件的独立可测模块，集成测试针对模块的组合或者整个软件，系统测试、验收测试针对软件整体甚至跨多个软件系统。测试用例的主要功能有：

- 记录测试用例编号、测试用例名称、分类目录、与事项的关联等基础信息；
- 记录测试脚本，用来描述测试的具体执行步骤。测试脚本可以是纯文本描述、结构化的操作步骤说明或自动化脚本；
- 对测试用例实施版本控制；
- 当测试发现缺陷时，在填写缺陷时要关联好测试用例。

（16）**测试计划**：根据需求或版本发布计划制订，选择在计划内要执行的测试用例。测试计划的主要功能有：

- 记录测试计划基本信息；
- 选择要执行的测试用例集合；
- 关联在测试执行中发现的缺陷；
- 记录历次测试执行后的测试结果，输出测试报告。

（17）**发布**：管理软件制品的正式发布活动，也称为变更管理或变更评审，一次变更发布由多个变更项组成，其中涉及软件制品、变更操作机器资源、网络资源、软件、脚本等一系列执行变更。发布的主要功能有：

- 记录发布的基本信息；

- 关联发布所包含的制品，包含软件制品、文档、测试用例、测试报告等；
- 记录发布过程日志；
- 记录发布之间的依赖关系。

（18）**部署流水线**：执行部署发布过程的脚本，制品通过部署流水线发布上线。部署流水线的主要功能有：

- 定义制品的部署过程或流程；
- 执行软件部署，不同的软件有不同的部署流程，如将制品发布到网站供用户下载、部署到生产环境并启动运行、发布到应用商店、在线升级等。

（19）**运行环境**：管理软件的运行环境，通常在开发运维中会有开发环境、集成测试环境、验收环境、生产环境的区分。此外根据软件的形态不同，还会有操作系统、本地远程等的区分。若是移动应用的发布，还必须通过第三方独立渠道进行分发。运行环境的主要功能有：

- 定义运行环境基本信息，如名称、分类、用途等；
- 关联真实的环境资产，如虚拟机、容器云、手机、计算机、网络等。

15.4　工具体系建设

本节介绍工具体系建设的经验，包含组织级工具体系、一些重要需求或能力及采购工具的注意事项。

15.4.1　工具体系建设建议

我们根据过往工具咨询经验，整理出几个工具体系建设的建议供读者参考。

1. 以领域为单位建设工具

市面上有些工具宣称是一站式集成的，将研发的项目、需求、代码、制品、流水线、测试全部集成，并且多以项目为单位进行数据权限划分，项目之间数据不互通。在大型的研发团队中，这种工具设计并不适用。大型组织中系统众多，互相依赖，划分出的项目经常调整，以项目为单位进行的数据权限划分难以动态变化，数据在迁移后难以保持历史数据的完整性。

基于这一点，建议组织在建设工具体系时，要以领域模型中的领域为单位来建设工具，每个领域的数据要能够覆盖到整个组织层面。这样做的优势是能够实现组织级的数据共享、关联和标准化数据模型，易于优化专门角色/岗位的工作。举例说明如下。

- 组织级的代码仓库，能实现组织级的源码资产管理，也能方便代码之间引用、安全扫描。
- 组织级的测试用例库，方便实现测试用例的统一管理，也方便需求、缺陷等数据跨系统的关联。
- 组织级的文档仓库与文档在线编辑工具，方便各类文档的评审、在线协同编辑，也利于文档之间的交叉引用。
- 组织级的产品、项目、需求进度跟踪，可以统一数据术语，使需求层级体系可定义，便于解决需求在跨团队、跨系统时难以跟踪的问题。

2. 领域数据具有组织级唯一编号

领域数据在组织内要有唯一编号，这是实现工具互通和数据关联的基础，也是建议以领域为单位建设工具的原因。

组织内需求管理、编码测试、运维工作在客观上是跨多团队协同进行的，数据之间必然有依赖关系，必须要求每个领域数据在组织内拥有唯一编号，通过编号来互相引用。例如，一个需求可能需要2个系统、3个团队来协作完成，在系统测试时可能还会向这些团队提出缺陷修复的要求，相关系统的发布上线工作也会有先后顺序的要求，需要进行编排。如果团队之间数据不可见，必然会导致团队用其他工具去跟踪工作。

3. 领域数据之间支持建立关联关系

工具之间进行数据互通时，要记录数据关联关系，工具之间通过展现这种关联关系来实现数据互通。

关联关系中一对多应该是领域数据间关联的主要情况。如果在数据统计时必须作为一对一关联来进行统计，那么系统设计时可以设计为一个默认的一对多关联，外加一个主关联用于归类统计（如需求的主办团队、主负责人，代码仓库默认的归属的系统、关联的系统等）。

4. 通过权限控制进行数据隔离

将领域数据与组织阵型、系统架构、产品、项目等管理单元进行关联，采用基于角色的访问控制（role-based access control，RBAC）的方式实施权限控制，有需要时也可以在单条数据上设置更精细的访问控制。

这样就能给使用者提供部门、团队、个人级的数据访问视图。方便不同层级、不同角色的人管理数据。用权限控制的方式进行数据隔离也容易解决基础数据随时间变化的问题，而不必进行专门的数据迁移操作。

5. 设计便于集成的API

工具之间互通依赖统一的数据模型和工具提供的API。Gartner在2022年提出的平台工程概念中也提到了工具体系的自助服务能力以及自动化，这些均需要工具API能力支撑。在API设计上应当支持数据的自定义条件查询、分页，以及数据编辑。工具也应该具备HTTP API，以简化现代应用程序集成。

6. 信息集成

信息集成是指将领域数据集成，提供访问视图，供各部门、各岗位人员使用。信息集成可在以下3个方面开展。

（1）门户集成。软件研发虽然是团队工作的主要部分，但并非唯一任务，团队还要处理视频会议、文档评审、电子邮件、OA审批等日常事务。这些工作都应该做到门户集成，通过统一的个人待办视图来管理，减少工具的切换。

（2）入口集成。门户集成可以解决统一待办视图的问题，但是需要注意到软件研发的核心工作是在专业工具中进行的。例如，需求撰写使用文档编辑工具，图形设计使用各类绘图软件，编程使用集成开发环境（IDE），测试则使用测试用例编辑、执行工具。应该将工具体系入口集成到用户工作使用最密集场合：浏览器、桌面软件、移动办公App、办公门户、即时消息、视频会议等，随时可方便用户获取信息。

（3）**数据集成**。通过数据集成聚合领域数据，用户可使用领域数据进行各种不同角度的查询、统计、分析。

7. 记录数据历史

要能够对数据实施版本控制或修订控制，支持找回历史数据。根据需求的不同，可以采取以下3种不同的思路实现。

（1）记录数据变更日志，供查询检索。通常要记录数据变更前后的值，并在界面上显示。

（2）定时的数据备份或快照，并支持在线的比对和还原。

（3）完整的版本控制能力，支持设置基线、标签等功能。

设计完整的版本控制能力，也可以考虑采取不可变数据设计，对数据的修订转换为插入新数据操作，每次对数据的修订均保存历史。这样做的好处是支持历史数据的关联关系查找，也容易实现数据回滚，在支持多人协同编辑的场合，也会降低事务一致性处理的难度。当然不是所有场景都需要这样的能力，不可变数据设计会增大数据存储需求、增加数据库设计难度，需根据实际情况选择采用。

15.4.2　工具采购参考指标

在构建工具体系时，可能需要自研与采购成品软件并举。下面是一些采购工具时参考的指标。

- **用户界面**：用户界面形式，如Web浏览器、桌面程序、移动端App、基于HTML5的小程序；管理控制台的界面形式，如终端命令行、Web图形界面。
- **用户界面的语言**：用户界面是否具有本地化翻译，是否支持多地区语言切换。
- **账号的集成方式**：通常要支持单点登录（single sign-on，SSO），可以是LDAP、OAuth、SAML或其他实现。
- **版本控制**：是否支持对数据的版本控制，可以找回历史记录。
- **商业支持**：如果是开源软件，开发商是否有商业支持方案，以及商业支持的内容。
- **开放源码**：软件是否开源及所使用的开源协议。如果是商业软件，是否可提供源码。
- **开发语言**：软件的主要开发语言，与组织内主要使用的开发语言一致可以降低对接难度。
- **功能扩展途径**：软件提供的扩展方式，如Web API、Webhook、运行时嵌入的插件、微前端或HTML5小程序。
- **数据标准**：内部数据表示及接口传输中采用的数据标准，是否参考国际、国内标准。
- **部署方式**：部署方式是否简便、是否支持云原生部署、是否提供可执行的安装与升级脚本。
- **运维管理**：是否提供通用的应用链路监控、日志监控、埋点方案来方便运维与诊断。如果支持云原生，则运维管理会更容易。
- **性能方案**：是否有高可用与负载均衡方案，支持的方式是在线变更还是离线变更。如果支持云原生，则更容易实现扩容和提升性能。

- **数据备份**：是否支持在线数据导入/导出，导入/导出支持的数据格式，以及数据备份、还原的方式。

15.4.3　工具体系成熟度模型

国家标准GB/T 42560—2023《系统与软件工程 开发运维一体化 能力成熟度模型》（下文简称"国标成熟度模型"）是有关DevOps的一项国家标准，与CMMI类似，也有5个等级的成熟度，其中的基础设施能力域中也提到了有关系统和工具支持的能力要求，其中有两个能力域是与工具体系相关的——系统与工具规划、系统与工具支撑。

1．系统与工具规划

系统与工具规划是指规划系统与工具能力以支持DevOps的顺利开展。在国标成熟度模型中，系统与工具规划的二级成熟度描述如下。

- 基于交付价值流，制订DevOps各阶段的系统与工具建设、风险管理及技术演进规划，确保为开发运维全生命周期各类活动提供工具支持规划。
- 建立和维持系统与工具反馈和评价的机制。反馈信息和评价内容可以帮助发现问题，快速修复系统，并调整规划。
- 制定并推广技术实践标准。技术实践标准化是指将局部获得的新经验和优化方法固化在系统与工具中，以获得组织的全局改进。
- 为实施系统与工具规划提供资源保障。确保系统与工具的规划可以在有效、合规的资源保障下得以实施。
- 制订与实施系统与工具能力开放规划，并监控其效果。规划系统与工具建设的能力开放方案、互相通信的方法、技术框架，复用调用机制，有序地建设系统与工具生态环境。

在国标成熟度模型中，系统与工具规划的三级成熟度描述如下。

- 使用组织级的资产开展系统与工具的策划、管理执行机制。组织提供了系统与工具规划、开发、上线运营及管理的流程和规范，用于系统与工具的研发活动。
- 高级管理层参与系统与工具建设规划。高级管理层从全局视角参与系统与工具战略的制定，以应对组织战略和业务的变化，支撑核心业务优化和创新，支撑业务可持续发展。

2．系统与工具支撑

系统与工具支撑是指在软件工程全生命周期各项活动中提供系统与工具，以满足各能力域的实践要求。在国标成熟度模型中，系统与工具支撑的二级成熟度描述如下。

- **满足自动化的需求**：为方便用户处理系统中的数据，提供数据批量导入、导出，或者为批处理脚本提供API。
- **满足工具自助服务的需求**：用户可以方便地通过线上流程申请获得工具的服务，并支持自助使用，无须专业人员频繁干预。
- **满足可视化的需求**：将数据集成并可视化展现，以便各角色可以快速、一致地理解项目、在制品或系统等的当前状态，促进协同效率或各角色自主响应，增强反馈循环。

在国标成熟度模型中，系统与工具支撑的三级成熟度描述如下。

- **满足工具间的连通性需求**：从组织视角将各角色使用的工具通过接口、数据、适配等方式连通，实现数据共享和集中操作。DevOps强调自动化流水线，基于工具互通和数据共享提升自动化能力。
- **满足全流程可视化需求**：从组织视角对开发运维全流程价值流进行分析和建模，识别并定义各个活动、步骤，并将各活动、步骤的产出数据汇总、归集，形成可视化的状态视图。
- **满足一站式服务需求**：从组织视角区分角色职责，通过操作控制台或统一门户的形式集中处理各种工具的操作、管理和配置，提高同类职责用户的工作效率和使用体验。
- **满足组织级度量和分析能力需求**：制定组织的度量指标，收集所需的度量数据，设计图表呈现数据，并能够下钻数据。统一度量体系、统一收集数据可以帮助组织可视化全组织数据，帮助组织获得实际运行状况，为准确决策和持续改进提供依据。

15.5　小结

本章介绍工具体系的6个主要任务、工具体系的功能和领域模型。软件研发管理工具不仅需要支持软件工程的各项工作，还要承担软件项目管理的职能，因此不能孤立存在，它必须与组织中的其他管理工具紧密集成。在实际的工具体系建设中，自主研发与采购软件常常并举。有关工具体系建设，本章也给出了一些实用建议。

第16章

研发与交付技术实践

本章将深入探讨软件研发数字化管理中的一些重要的技术实践。**软件设计**是构建可维护、可扩展和高效系统的基石；**分支策略**是团队协作中不可或缺的工具，通过Git等版本控制系统的运用，能够有效追踪和管理代码变更，辅以主干开发、特性分支等实践，帮助团队高效协作，为后续的实践打下基础；**代码评审**是提高代码质量和团队整体水平的关键环节，通过团队合作和反馈，增强代码的可读性和可维护性；**持续集成与持续交付**实现快速交付；**数据库变更管理**确保数据库演进的安全性；**容器DevOps实践**有助于实现高效部署和扩展；**自动化测试**可以有效地降低手动测试的工作量，提高测试效率和准确性。这些核心技术实践相互交织，形成一个协同工作的整体，理解和应用这些技术实践可以让研发人员在数字化时代的研发领域中更加游刃有余，从而提高团队效率和软件产品质量。同时，每种技术实践都旨在构建一个优化的反馈闭环，帮助研发团队更快地探索问题、更快地纠正错误，从而提高整个研发过程的效率和质量。

本章的目标是通过探索和实践提升与数字化研发效能相关的技术，帮助研发人员更好地应对日益复杂的软件研发挑战，加速团队的学习和创新，使产品更加优秀、用户更加满意。

16.1 软件设计

本节深入探讨软件设计在提高研发效能方面的重要性与实践方法。在软件设计过程中应该积极与需求提出方沟通，提出深入的问题，挖掘需求背后的动机和目标，以便更好地理解需求的本质，为后续设计奠定坚实基础。架构设计将需求转化为系统结构，选择适当的设计模式和技术栈，可提高系统的可扩展性和性能。在进行架构验证前，通过原型验证和模拟测试评估所选架构的可行性和有效性，可减少后期修复成本。当需求和技术变化时，重新设计是一种正常的迭代过程，优化现有设计，使系统更加稳健和灵活。

16.1.1 需求向设计转化

需求向设计转化涉及将需求文档或需求规格转换为实际的软件设计方案。在这个关键阶段，研发团队首先需要仔细梳理和深入理解需求并将需求转化为设计。软件架构设计是一个涉及多个方面的复杂过程，如果在设计中没有充分洞察需求本质，就会出现很多问题并可能会多走很多弯路，详细梳理需求是很重要的一个步骤。

通过深入了解用户需求本质，还可以为软件架构设计提供更加明确的目标和方向。在软件架构设计过程中，需要考虑各种不同的需求和约束条件，如用户需求、技术限制、时间限制、成本限制等。如果没有明确的软件架构设计目标和方向，就容易偏离软件研发的主要目标，从而导致软件设计的失败或者低效。

需求向设计转化是软件研发过程中不可或缺的重要环节。通过深入理解需求、设计合理的软件架构、选择合适的技术和工具及设计数据模型，团队可以将需求转换为实际可行的软件设计方案，为后续的开发工作奠定坚实基础。不断进行设计评审，并与需求提出方保持密切沟通，确保软件设计方案与最初的需求一致，是确保成功实现客户期望和交付高质量软件的关键。

16.1.2 需求概要设计

需求概要设计是软件设计过程中的关键阶段，它紧随需求分析之后，是将需求转化为高级的、抽象的设计方案的过程。概要设计将对需求进行详细分析（见图16-1），考虑核心算法和数据结构，确定系统的数据和流程，并考虑系统的安全性和稳定性要求，以及软件的可扩展性和可维护性要求。需求概要设计可为架构设计提供必要的信息和依据，帮助设计者更好地了解用户需求和系统要求，从而制定出合理的架构设计方案。

图16-1　多维度多场景分析需求

1. 核心算法和数据结构

在需求概要设计阶段，核心算法和数据结构的设计是架构设计中不可忽视的重要部分。这些设计决定了软件系统的性能和效率，对于实现高效的计算和数据处理至关重要。核心功能的运行效率对整个系统的性能影响非常大，团队必须明确这些核心功能所涉及的具体计算任务，并确定合适的算法和数据结构。

对于算法的选择，需求概要设计阶段需要考虑多种因素，如时间复杂度、空间复杂度、实现难度和算法稳定性等。合理选择算法可以显著提高系统的运行效率。在涉及大规模数据处理或复杂计算的情况下，团队可能需要进行算法的性能分析和评估，以选择最优的算法方案。例如，数组适用于随机访问、链表适用于频繁的插入和删除操作、哈希表适用于快速查找等。

2. 系统的数据和流程

在软件架构设计中，需要考虑系统的数据和流程。对于数据和流程，需要考虑的几个关键因素包括数据存储和流动方式、数据输入和输出方式、数据处理和转换逻辑、数据安全和保护。

通过需求分析，可以深入了解用户需求和系统要求，从而确定系统的数据和流程，为架构设计提供必要的信息和依据。同时，通过需求分析，可以提供明确的数据和流程设计的目标和约束条件，帮助用户选择合适的架构风格、技术和工具，以实现系统的数据管理和流程控制需求。

3. 系统的安全性和稳定性要求

在软件架构设计中，安全性和稳定性是至关重要的要素。需求分析可以通过明确系统的安全性和稳定性要求，为架构设计提供必要的信息和指导。

　　系统的安全保护机制通常包括身份验证、访问控制和权限管理。数据的安全性需考虑保密性、完整性和可用性，可采用数据加密、访问控制和备份策略。稳定性要求系统在异常情况下持续运行，需考虑容错能力、错误处理和故障恢复。可采用分布式架构、负载均衡和自动化扩展机制来适应负载和流量变化，从而提升稳定性。

　　4．软件的可扩展性和可维护性要求

　　软件架构设计需要考虑软件的可扩展性和可维护性要求，包括软件的模块化设计、代码的可读性和可重构性等。通过需求分析，研发团队能深入了解软件系统对可扩展性和可维护性的要求，包括预期的功能扩展需求、性能要求，以及未来的维护和支持需求。在设计过程中，可以选择适当的架构模式、设计原则和开发工具，以满足这些要求。

16.1.3　架构设计

　　架构设计旨在定义系统的整体结构、组件之间的关系以及系统的行为。它涉及多个方面，包括技术、业务和用户需求等，并在这些方面之间进行权衡和决策。架构设计从明确系统的目标和需求开始，选择适合的架构风格和模式，划分组件并定义良好的接口规范，进行合适的技术选型和集成，同时具备演进和迭代的能力。综合考虑这些因素，架构设计的最终目的是实现一个能够满足业务需求，具备可扩展性、可维护性和高性能的软件系统。

　　1．领域驱动设计

　　领域驱动设计可以帮助研发人员更好地理解业务需求，统一领域术语（见图16-2），明确业务流程，从而提高开发效率，降低风险。同时，领域驱动设计也可以为系统设计提供必要的信息和依据，帮助设计人员更好地了解用户需求和系统要求，制定出合理的系统设计方案。通过领域模型设计，可以有效地提升软件研发的质量和效率，满足用户的需求和期望。领域模型设计是领域驱动设计的关键步骤，为实现高质量业务驱动的软件解决方案提供技术支撑。

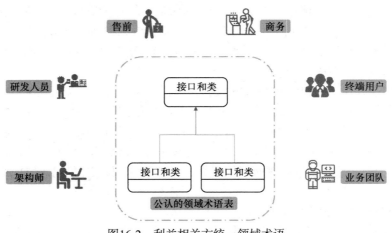

图16-2　利益相关方统一领域术语

领域模型设计的流程包括需求分析、概念建模、实体建模、行为建模等环节。在需求分析环节中，需要明确业务需求，确定业务领域的范围。在概念建模环节中，需要定义业务领域的核心概念和关系。在实体建模环节中，需要定义业务对象的属性和关系。在行为建模环节中，需要定义业务对象的行为和业务流程。领域模型设计的流程是循序渐进的，需要经过多次迭代和优化，才能最终得到一个符合业务需求的领域模型。

领域模型设计（见图16-3）的实现方法包括领域特定语言（domain specific language，DSL）、统一建模语言（UML）等。在使用DSL进行领域模型设计的过程中，可以根据业务需求自定义语法和规则，使领域模型更加贴近业务需求。DSL有利于提高领域专家对业务领域的描述和表达能力，提高研发人员的工作效率。在使用UML进行领域模型设计的过程中，可以使用标准化的符号和规则，使领域模型更加通用化和易于理解。UML具有标准化的建模方式，方便不同团队的合作和交流。

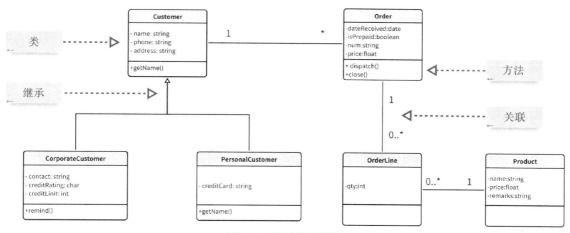

图16-3　领域模型设计

2．微服务架构设计

微服务架构设计方法强调自治性和可伸缩性。每个服务都应该是自治的，即具有自己的数据库和业务规则，可独立进行开发、部署和扩展。这种自治性使得团队能够独立地对服务进行修改和升级，而不会对整个系统产生过多的影响。此外，微服务架构设计方法还支持弹性伸缩，即根据需求动态地调整每个服务的实例数量，以应对负载的变化。

在微服务架构设计方法中，通信和数据管理是关键考虑因素。服务之间通过轻量级的通信机制（如RESTful API或消息队列）进行交互，以实现松耦合和灵活性。此外，在数据管理方面，每个服务可以选择适合自身需求的数据库技术，如关系数据库、NoSQL数据库或内存数据库。这样的选择使得每个服务能够更好地处理自己的数据，同时降低了整个系统的复杂性和依赖性。

微服务架构和单体架构有本质的区别（见图16-4）。微服务架构设计方法通过将应用拆分成小型自治服务，强调自治性、可伸缩性以及灵活的通信和数据管理，是一种有效构建复杂分布式系统的方法。

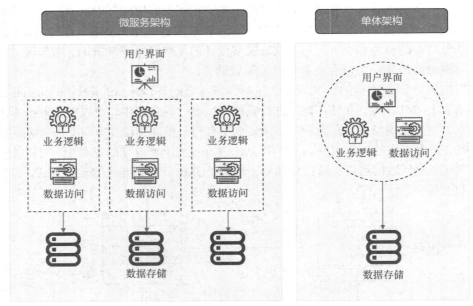

图16-4   微服务架构与单体架构的区别

3．架构设计可视化

架构设计可视化是将架构设计的概念、结构和关系以图形化的方式呈现出来，使其更加可视化、易于理解和共享。通过可视化，架构设计的各个方面可以以图形符号、图表和图形模型的形式呈现，从而帮助研发团队和利益相关方更好地理解和沟通系统的整体架构。

在架构设计可视化方面，有许多工具可供使用，如Microsoft Visio、Lucidchart、draw.io、Enterprise Architect等。这些工具提供了丰富的图形符号库、模板和绘图功能，使架构设计可视化更加便捷和高效。通过架构设计可视化，团队成员可以更清晰地理解系统的结构、组件之间的关系和交互方式。同时，它还促进了团队内部和外部的沟通和讨论，帮助各方更好地对系统架构达成共识，并为系统的实施和演进提供有价值的指导。

架构设计可视化的方法有很多，目前主流的方法是C4模型（见图16-5）。C4模型是一种易于学习、对研发人员友好的软件架构图示方法，C4模型没有规定使用特定的图形、特定的建模语言来绘制图，因而使用者可以非常灵活地产出架构图。C4模型将系统从上往下分为上下文、容器、组件和代码4层视图，每一层都是对上一层的完善和展开，层层递进地对系统进行描述。

组件图是C4模型的关键组成部分，用于细化容器视图，它不仅展示了容器内部各个组件的功能和相互关系，还帮助研发人员明确各个组件的职责和依赖，提供了系统内部的详细视图。图16-6所示的宠物医院管理系统的组件图展示了该系统的主要组件及其相互关系，并直观地体现了5层的逻辑分层。

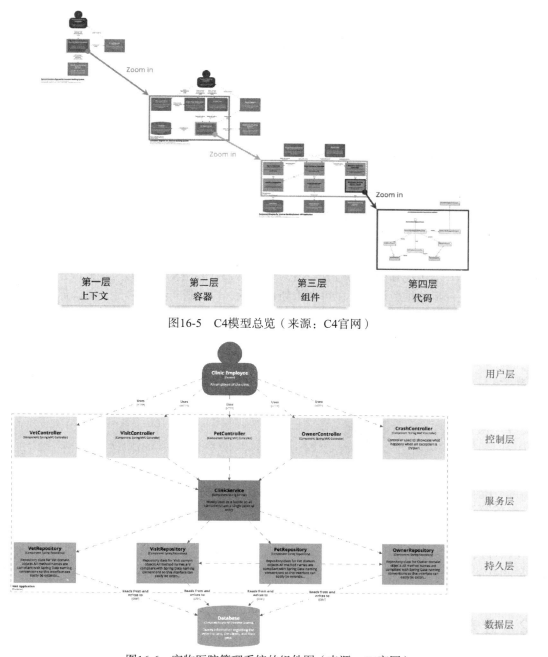

图16-5 C4模型总览（来源：C4官网）

图16-6 宠物医院管理系统的组件图（来源：C4官网）

16.1.4 架构验证、重新设计

在软件研发领域，架构验证可用于评估软件系统在设计和开发的过程中是否达到预期的质量和性能要求。架构验证是评估和确认软件架构的适应性、合理性和质量的过程。它旨在确保所设计的软件架构能够满足系统需求、满足非功能性要求，并具备可维护性、可扩展性、可测试性等关键属性。架构验证的目标是验证架构的正确性、有效性和可行性，以减少后续研发过程中的风险和问题。架构验证可以使用多种方法，常见的架构验证方法有静态代码分析、架构设计可视化、模型检查、代码评审、性能测试和负载测试、弹性和可恢复性测试、用户反馈和验收测试等。

重新设计是指在现有的软件架构基础上进行改进和优化，以解决现有架构存在的问题、改进性能或满足新的需求。重新设计可能涉及对架构的整体结构、组件的功能和相互关系进行修改，以及对架构中的技术选择和决策进行调整。

架构验证和重新设计之间存在紧密的联系（见图16-7）。通过架构验证，可以发现现有架构中的问题、瓶颈或不足之处。架构验证结果可以为重新设计提供指导，帮助架构师确定需要进行改进的方面和重点。架构验证的结果和反馈可以作为重新设计的依据和参考。根据架构验证结果中的问题和要求，进行相应的架构调整和优化，以满足架构验证的目标和标准。架构验证和重新设计是一个迭代和循环的过程。架构验证结果可能会揭示新的问题或改进的机会，这可能需要进行进一步的重新设计。在每次重新设计后，再次进行架构验证，以确保所做的改进和调整能够达到预期效果。

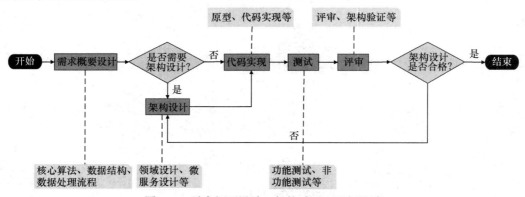

图16-7　需求概要设计、架构验证、重新设计

在软件设计中，架构验证需要进行多个步骤，包括确定验证的范围和目标，评估软件架构的质量和性能，测试和验证软件系统的组件、模块和接口等。在实施架构验证的过程中，架构师需要使用各种工具和技术，如领域模型设计、自动化测试和代码审查等。

16.2　分支策略

为了配合项目管理和软件工程，对版本控制软件的使用要加以规范，俗称为分支策略。本节将从版本控制概述、分支模式和分支管理实践3个方面介绍分支策略，为制定合适的分支策略提供参考。

16.2.1 版本控制概述

版本控制是指对计算机程序、文档、网站内容或其他信息的变更进行管理。版本控制又叫修订控制、源码控制或源码管理。理解版本控制需要注意以下两点。

- 这里的版本指的是跟踪并记录文件或数据的变化、修改，而不是软件的版本计划。
- 控制的不仅仅是源码，与代码关联的文档、测试用例、制品等一系列的内容都应当进行版本控制。

另外，版本控制、分支策略与配置管理的目的是一致的，都是为了实现下面这些功能。

- **记录变更**：在编程过程中及时记录对源码文档的修改，在需要时可以找回历史记录。
- **关联上下文**：关联源码相应的需求、设计、测试、发布等一系列文档。
- **标记基线**：当代码达到一个里程碑、具备发布条件时，将为库中当前状态的文件整体进行一次快照。
- **支持评审**：对入库文件进行检查，拒绝不合格文件入库。
- **权限控制**：指定谁拥有读或写的权限。

因此，日常也会用分支策略指代配置管理或版本控制。

（1）**版本控制系统**。承担版本控制职能的软件就叫版本控制系统，有通用型的软件，如Git、SVN、CVS等；也有许多软件内嵌了版本控制能力，用于软件内数据的版本控制，如云文档服务、wiki、Office 365等。在软件工程中首先会使用通用型的版本控制软件来管理源码，并在各个支撑工具中集成版本控制能力来达到全面的配置管理。

（2）**版本控制软件术语**。版本控制软件有自己专门的术语，并不完全套用配置管理的概念。了解这些术语有助于对齐管理概念和实际操作。表16-1所列单词是SVN、Git中的常用术语，后面讨论中也会用到。

表16-1　版本控制软件术语

术语	释义与说明
branch（分支）	通过分支功能可以支撑对同一组文件进行并行编辑
head（头端）	也叫尖端（tip），用来指代分支中最新的提交，每个分支都会有各自的头端
merge（合并）	将不同的提交合并到一起，产生新提交的动作。实际工作中有多个场合均能出现合并动作： • 更新自己工作区的代码时； • 将自己的修订提交入库时； • 两个分支合并时； • 应用一个补丁文件时
pull request/merge request（拉取请求/合并请求）	一个分支向另一个分支发起一系列变更的准入请求，由专人评审后可以将变更合并到第二个分支中
resolve（解决）	指在合并发生冲突时解决冲突的动作。一般需要通过人机交互操作
revision（修订版）	代码库中的一个完整快照。每次提交均能形成一个完整快照
tag/label（标签/标号）	代码库中某次提交的特定标记。标记可以是更有帮助意义的名字或者版本号。通过该标签可以快速找到对应的代码库变更

16.2.2　分支模式

在理想情况下，对代码的变更应当是次序叠加的，变更历史将是一条直线，如图16-8所示，main为分支名称，1.0、2.0为标签。实际上，受管理、协作、技术等因素的影响，分支的使用会呈现多样化，没有唯一标准。

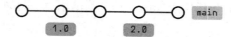

图16-8　代码库提交历史可视化图

分支策略有很多种，但没有最佳一说。要制定合适的分支策略建议先进行分支用途分析，再结合实际项目决定每类分支的数量和使用流程。分支可以分为开发分支、版本分支、存档分支和环境分支4类（临时性的分支不影响分支策略制定，不在此讨论）。

1．开发分支

用于追加新修订（编程或编写文档）的分支叫作开发分支，通常用feature*、hotfix*、develop等模式起名。

如果大家都在同一分支上进行开发，就称为主干开发。主干开发在项目初期、小型项目或规划较好的项目中相当常见（见图16-9）。

图16-9　实际中的主干开发（来源：截图自Apache JSPWiki项目）

如果项目是多开发分支并行开发，每个新功能均创建独自的开发分支，如图16-10所示的feature分支，等到自测完成后再合并到其他分支。

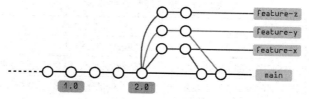

图16-10　多分支并行开发示意

多开发分支并行开发也很常见，团队可以借助工具在合并前设置强制的评审环节与自动化检查，也可以适当延迟某个功能的规划决策（如果不再需要则不合并）。图16-11所示为GitHub支持的Spring项目中某个合并评审日志截图，所有检查都通过后评审主持人才能合并代码。

2．版本分支

版本分支会对应版本计划中的代码，通常用release、release*、develop和staging等起名模式，如图16-12中的Staging和Develop。

版本分支要集成当前规划版本中的所有修订，并交付测试验收，合格后就会进行发布工作和进入存档分支。版本分支生命周期和版本或迭代的周期强相关。

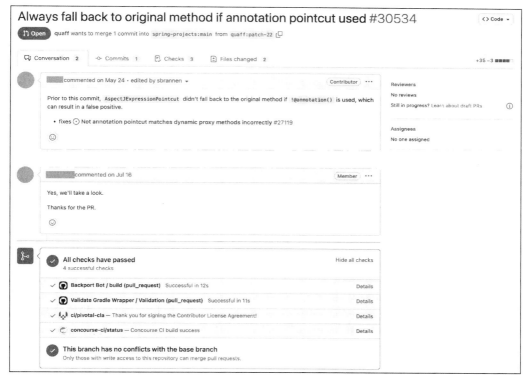

图16-11 Spring项目中某个合并评审日志截图

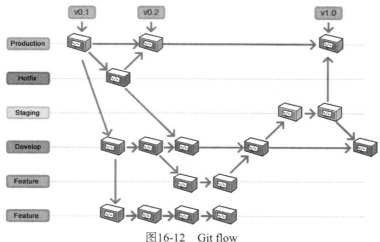

图16-12 Git flow

在只有一个存档分支的前提下，如果团队始终保持只有一个版本分支，可以断定团队的规划能力较好，能够很好地应对需求的变更，但如果有多个版本分支，说明团队可能存在超前开发的情况。

3．存档分支

存档分支用于存档正式发布过的代码，也称基线分支。如果是单基线常用master表示，多基线则用版本号前缀表示（如v1.x、v2.x等），如图16-13所示。

```
3.0.x 4f9593d Fix typo in reference documentation
3.1.x 7a7df66 Update JavaScriptUtils
3.2.x 2a268f2 Consistent local vs external resolution of https schema references
4.0.x a636420 Manual URL Cleanup
4.1.x 11fc102 Merge branch 'spring-operator-polish-urls-build-4.1.x' into 4.1.x
4.2.x 9543b9c Consistent local vs external resolution of https schema references
4.3.x 2164842 Next Development Version
5.0.x d159cb6 Next Development Version
5.1.x 620bce5 Fix permission of shell scripts
5.2.x e163078 Next development version (v5.2.23.BUILD-SNAPSHOT)
5.3.x 00da70e Fix some typos in Kotlin WebClient example code
beanbuilder b0acb58 Merge pull request #125 from jeffbrown/beanbuilder
conversation 92ff07d SPR-6420, refactoring conversation scope for more simplicity
gh-pages 7c6ee1b URL Cleanup (#22681)
main ed5ab77 Fix javadoc link in AOP extensibility documentation
```

图16-13　Spring代码库的多个版本存档分支示意

4．环境分支

环境分支对应一个测试环境或测试阶段，观察其起名会发现带有明显的测试环境或测试阶段特征（类似于dev、test、sit、uat、prod等缩写词），如图16-14所示的release/test、release/prod。环境分支的代码会呈现两种流动模式，一种是可以接收任意开发分支的代码，另一种是只能按照测试流程从前一个环境分支晋级代码。

环境分支和版本分支在一定程度上会混淆，处于用户验收阶段的代码就等价于版本分支的代码。但注意，环境分支比版本分支有更高的不可控因素：任一环境分支均可以接收修订，每个环境分支的代码均会有自己的构建和部署逻辑；而版本分支则是一个分支的代码可以部署到任意测试环境。

对上述4类分支进行组合就能够实现实践中的任何分支策略，常见的3种分支策略是单开发分支单版本分支（主干开发）、多开发分支单版本分支、多开发分支多版本分支。组织在制定分支策略时可以按照存档分支、版本分支、开发分支、环境分支的顺序设计策略，声明每类分支的数量与用法。

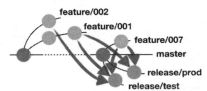

图16-14　Aone Flow（来源：阿里巴巴）

16.2.3　分支管理实践

分支策略不是独立存在的，它与团队的工作流程紧密相关。在制定分支策略时，不能忽视团队管理和技术实践的同步调整。本节将分享5条高效运用分支策略的实用建议。

1．做好软件版本计划

分支策略与版本计划密切相关。实践中经常遇到因为计划性不强而必须多版本并行开发的情况。通过多分支管理并不能解决此类问题，反而会增加分支管理成本，例如：

- 多次合并，导致冲突增加；
- 造成更多轮次的测试，尤其是人工测试；
- 产生上线遗漏或合并遗漏；
- 使前后版本之间依赖关系的不确定性增加。

业界有推荐使用主干开发策略的呼声，但这要求对软件研发的版本计划执行能力较好，也能通过管理与技术手段控制好需求变更。当组织存在频繁的需求变更或者延时上线决策的情况时，采用主干开发策略就会有困难。

在无法严格做出版本计划时，推荐采用一种温和的策略，也就是最多允许两个版本并行，即当前版本与下一个版本，更远期的版本不进入开发。这也是版本火车推荐的分支策略，如图16-15所示，R1_20210408和R2_20210422分别为当前版本计划和下一个版本计划的代码分支，Dev为环境分支，对应一个公共测试环境，P1_R1、P2_R1、P3_R2则是3个个人开发分支，开发分支的代码可以在Dev环境中集成和调试，调试完毕可以合并到版本分支并提交测试。将版本并行数量限制在2个，来控制分支管理操作的难度。

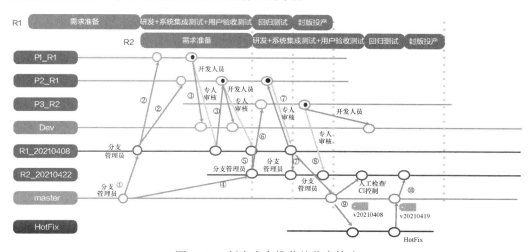

图16-15　版本火车推荐的分支策略

2．用对分支名称模式

我们还注意到以下几种不太好的实践。

- 分支名称不稳定，会随着时间变化。例如，一个版本计划中的版本号为1.0.0，在开发的不同阶段使用不同的分支名称进行标记，如release-1.0.0-alpha、release-1.0.0-beta、release-1.0.0等。开发的阶段是变化的，反映到分支上会增加分支管理负担，并且容易出错。建议分支名称固定为release-1.0.0，而版本计划所处的阶段应当从另外的系统中获取（例如从测试管理工具或版本管理工具中查询版本计划所处阶段）或者使用标签来标记。

- 只有存档分支，没有使用标签。这样无法追踪历史基线，历史基线必须使用标签进行标记（见图16-16）。

3. 合并冲突的处理

合并冲突的处理原则是必须由冲突的双方商定处理，后提交的人不能无视冲突直接覆盖他人劳动成果。在处理冲突时要借助更高级的合并处理工具，进一步降低冲突处理难度。团队成员应当花一点时间学习使用合并处理工具。具体处理思路如下。

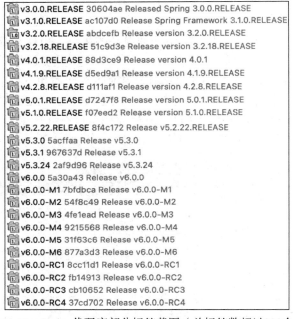

图16-16　Spring代码库部分标签截图（总标签数超过300个）

- 对于缺陷类变更，既影响存档分支也影响正在进行的开发分支。要先在存档分支上生效，然后必须通知各开发分支合并此项变更。
- 对于重构类变更，通常涉及的文件较多，建议以文件为单位进行批量修改。按照问题类型进行修改则会造成影响文件太多，增加冲突概率。

4. 设计功能开关

在代码中设计功能开关是一种响应需求变化并减少分支管理工作的手段。功能开关可以分为以下两种。

（1）**静态编译开关**：将条件设计成编译参数，在构建可执行文件时传入不同的参数值，构建出含有不同功能的二进制文件。

（2）**运行时功能开关**：一项功能在运行时可以通过管理控制台开启或关闭，这种开关在SaaS类软件中比较常见。这类开关还可以进一步细分为需要重启生效和无须重启即时生效两种。

使用功能开关时需要注意，这是一项设计决策，会增加代码逻辑，必须在需求分析和架构设计阶段加以讨论并明确。另外还需要增加必要的测试用例来验证开关在不同状态下的效果。最后，功能开关不适用于所有场景。

5. 完善自动化处理

人工执行的分支策略与有自动化工具介入的分支策略应该是不一样的。借助自动化处理可以简化分支策略。以下是一些常见的自动化场景，它们通常嵌入流水线中或者作为独立工具提供。

- 提交时检查：可以检查作者名字、备注消息格式、提交内容等。提交时检查是同步执行的，要限制在数秒内完成。
- 提交完成后检查：可以检查缺少依赖、编译错误、增加的技术债、自动化测试失败等。这些检查通常需要数分钟时间，因而放在提交之后，降低对代码库的阻塞。
- 定时做检查：将不那么频繁发生的问题的检查降低为周期性执行，节约自动化资源池消耗，例如周期性检查代码是否存在安全漏洞或每日一次的自动化测试。
- 使用分支管理小工具：如批量合并分支的工具，通过界面可批量合并功能到版本分支，并在合并失败时告警；又如，在功能上线后自动或自助合入存档分支，并标记标签。

类似的自动化措施还有很多。这需要专门的工具管理员深入开发一线观察与收集工具的自助使用需求，并予以实现。

16.3 代码评审

在软件研发过程中，代码评审是一项至关重要的技术实践活动。本节将深入探讨代码评审的重要性与价值，以及它在软件研发中所扮演的关键角色。代码评审是一种系统性的活动，旨在通过集体讨论和专业审查，确保软件项目的代码质量和整体可靠性。通过对代码评审的全面了解，研发团队可以更好地理解如何提高代码质量、降低缺陷率，并最大程度地满足用户需求。常用的代码评审工具和技术，如静态代码分析工具、代码对比工具等，可以帮助团队提高评审效率和准确性。最后，本节将总结代码评审的实践经验，以及从成功案例和挑战中获得的经验教训，以提供实用的指导和建议。

16.3.1 代码评审的重要性

在软件研发过程中，代码评审是一项至关重要的活动，可以发现和解决许多潜在的缺陷和错误，从而提高软件质量、可靠性和安全性。本节旨在介绍为什么需要进行代码评审。

代码评审可以在软件研发过程的不同阶段发现缺陷和纠正错误，提高代码的可维护性和可读性，减少后期纠正的成本和风险。代码评审可以帮助团队成员加深对代码的理解，促进知识共享和沟通，提高团队的工作效率和协作能力。此外，代码评审还可以帮助团队保持一致的代码风格和规范，形成良好的工程文化。

有效的代码评审需要明确的评审目标和流程，评审人员需要具备专业的技能和知识，同时在代码评审过程中需要保持良好的沟通和合作氛围，以便评审结果能够尽快应用于软件研发过程中。代码评审流程的进化如图16-17所示。

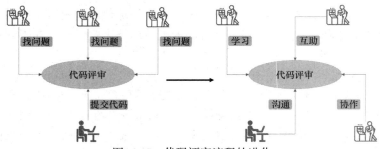

图16-17 代码评审流程的进化

16.3.2 代码评审的流程与方法

在软件研发领域，代码评审的流程和方法至关重要，它可以确保代码评审的有效性和高效性。

评审前的准备工作非常重要。评审前需要明确评审的目的、范围和标准，确定评审的时间和地点，确定参与评审的人员和角色，并准备评审所需的文档和工具等。评审前还需要对待评审的代码做准备工作，如检查代码是否可以正常编译和运行，是否符合编码规范和最佳实践等。

评审中的操作也需要遵循一定的流程和方法。评审的过程中需要根据评审目的和标准对代码进行全面细致的检查，发现代码中的错误和潜在问题，并及时记录和反馈。评审人员应该遵循评审流程，按照事先确定的评审标准进行评审，确保评审的准确性和一致性。评审过程中评审人员和代码提交者需要充分讨论和交流，发现问题和提供解决问题的方案，并及时记录和反馈评审结果。

评审后的处理也非常重要。评审结束后，需要对评审结果进行整理和分析，并提出改进措施。评审结果还需要及时反馈给开发人员和相关部门，以便及时修正和改进代码。行会运作机制中的代码评审流程如图16-18所示。

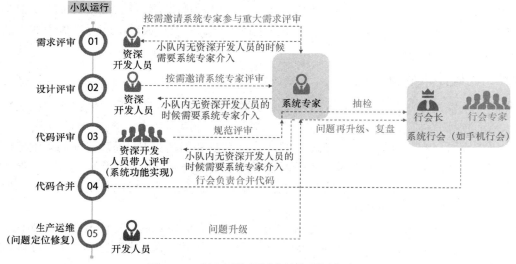

图16-18 行会运作机制中的代码评审流程

代码评审包含不同类型的评审方法，如阅读评审、技术评审、过程评审等。阅读评审是最常用的代码评审方法之一，它主要基于代码的可读性和可理解性进行评审，发现代码中的错误和潜在问题。技术评审基于技术规范和最佳实践进行评审，主要关注代码的正确性和健壮性。过程评审基于软件研发流程和规范进行评审，主要关注软件研发过程中的缺陷和问题。选择合适的评审方法可以有效提高评审效率和效果。

16.3.3　代码评审的挑战和应对措施

代码评审过程中会遇到一系列管理和协作方面的挑战，包括评审人员技能和经验差异导致评审标准不统一、评审过程过长影响开发周期、评审效果参差不齐和评审结果处理不当等。本节将介绍如何提升评审人员技能、提高评审效率、确保评审效果一致性及优化评审结果处理等方面的解决方案，以帮助团队不断提高代码质量和工作效率。

评审结果应该包括问题的类型、严重程度、影响范围和解决方案等信息。评审结果需要及时汇总、反馈和跟踪，以确保问题得到及时解决。评审人员将评审结果记录到事项跟踪工具上，集中管理评审中发现的问题，跟踪问题的状态和进展，并为团队提供丰富的数据分析能力。可以根据不同维度对评审结果进行统计和分析。例如，可以分析问题的数量和趋势，评估不同类型问题的解决时间，识别出现频率较高的问题模式等。这些分析可以为团队提供有价值的洞察，帮助优化开发流程和提高代码质量。

为了应对这些管理和协作方面的挑战，需要采取一些措施来优化代码评审的效率和效果。首先，可以使用一些工具和技术来辅助评审，如静态代码分析、动态代码分析等。这些工具可以提高评审的效率和效果，并减少人为因素的干扰。其次，需要建立有效的评审流程和标准，以确保评审的一致性和有效性。评审流程包括评审前的准备工作、评审中的操作和评审后的处理。评审标准需要明确评审的重点和范围，以确保评审的深度和广度。最后，需要持续跟踪和反馈评审结果，以及及时对评审流程和标准进行优化和改进。这需要建立良好的沟通和协作机制，以确保评审结果得到及时的反馈和处理，促进团队成员之间的学习和交流。

通过以上措施，我们可以优化代码评审的效率和效果，减少评审过程中的问题和错误。

16.3.4　代码评审的工具和技术

随着软件规模的不断扩大和软件复杂性的不断增加，手动代码评审变得越来越困难和耗时。为了提高代码评审的效率和效果，开发人员需要结合一些代码评审工具和技术来进行评审。图16-19所示的代码评审工具和技术可以引导开发人员识别和选择适合自己团队的评审软件，并了解如何使用这些工具和技术来提高代码评审的效率和效果。

为了更好地应对手动代码评审遇到的这些挑战，可以采用以下两种技术来提高代码评审的效率和效果。

（1）**静态代码分析**。静态代码分析是一种自动化工具，它可以检测代码中的潜在缺陷和错误。它可以帮助评审人员找出一些常见的编码错误，如空指针引用、数组越界、内存泄漏等。

静态代码分析可以在编写代码的同时进行，也可以在评审之前进行。常见的静态代码分析工具有 SonarQube、PMD、FindBugs 等。

（2）**动态代码分析**。动态代码分析是一种模拟代码运行的技术，它可以在代码运行时检测潜在的缺陷和错误。动态代码分析可以检测一些静态代码分析无法检测的错误，如资源泄漏、死锁等。它可以帮助评审人员找出一些难以模拟的情况，如网络故障、内存不足等。常见的动态代码分析工具有 Valgrind、JProfiler 等。代码注释工具是一种帮助开发人员编写注释的工具，它可以自动生成一些代码注释，如函数注释、变量注释等。代码注释工具可以帮助评审人员更好地理解代码，并减少代码评审的时间、降低代码评审的难度。常见的代码注释工具有 Doxygen、Javadoc 等。

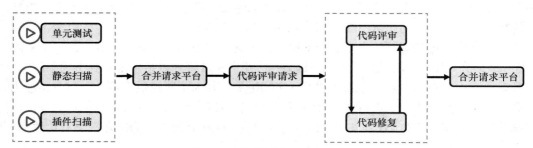

图16-19　代码评审工具和技术

在选择代码评审工具和技术时，需要考虑团队的技能水平、项目的要求及可用的资源。一些开源工具和技术可能是免费或低成本的，但可能需要更多的时间和精力来配置和集成；而一些商业工具和技术可能更昂贵，但能提供更多的功能和支持。选择适合自己团队的代码评审工具和技术是非常重要的。它可以提高评审效率和效果，减少人为错误和漏洞，提高代码质量和可维护性。在选择之前，需要充分了解不同工具和技术的特点和限制，以及如何集成和使用它们。

16.3.5　代码评审的实践经验

代码评审没有最好，只有更好。只有在实践中逐渐积累代码评审的经验和教训，才能帮助团队快速、高效地开展代码评审工作。本节将介绍一些实用的实践经验，以帮助团队快速、高效地开展代码评审工作。图16-20所示为代码评审的一个案例，着重展示如何通过代码评审促进质量内建，对团队规范达成共识，逐步提升研发质量。

代码审查是代码评审的核心环节，也是最具挑战性的部分。要进行有效的代码审查，需要评审人员具备足够的技能和经验，同时还需要一定的方法和工具来辅助审查工作。

为了提高评审效率，可以采用自动化工具和技术，如静态代码分析和自动化测试等。此外，可以制定明确的评审流程和标准，以确保每个评审都是有规可循的。为了提高评审效果，可以进行培训，提高评审人员的技能和知识水平。此外，还可以利用评审结果和反馈，不断改进和提高代码质量。

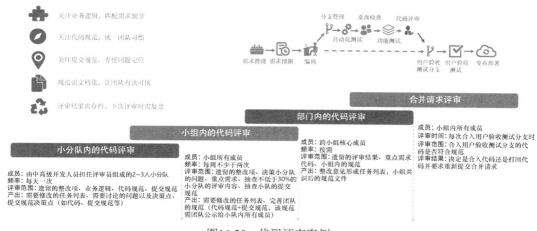

图16-20 代码评审案例

一个成功的代码评审工作需要整个团队的支持和参与。建立良好的代码评审文化，可以在团队中建立协作和互相学习的文化，增强团队的凝聚力和合作性。为了鼓励团队成员积极参与代码评审，可以提供适当的奖励和激励措施。同时，团队管理者应该定期评估代码评审的效果，并及时做出调整和改进。

16.4 持续集成

持续集成的核心理念是"小步快跑"，即频繁地合并代码变更到主干分支，每次合并都由自动化构建（包括编译、发布、自动化测试）来验证，以尽快发现集成错误，从而降低代码集成和部署的风险。持续集成可以帮助团队更好地管理代码变更，降低代码集成的难度和风险，提高开发效率和代码质量，还可以更快地将新功能交付给用户。

16.4.1 持续集成概述

马丁·福勒这样描述持续集成："持续集成是一种软件研发实践，即团队研发人员经常集成他们的工作，通常每个团队成员每天至少集成一次，这样就意味着每天可能会发生多次集成。每次集成都由自动化构建（包括测试）来验证，以尽快地发现集成错误。"

随着软件规模的增加，传统的手动测试已经不能满足现代软件研发的需求，而持续集成则可以极大地提高软件的开发速度和质量。在传统的软件研发方法中，研发人员需要手动构建和测试软件，这可能非常耗时。而持续集成可以自动化构建和测试软件，减少手动操作和人为错误，可以让开发人员更加专注于代码质量和功能实现，从而加快开发速度。

另外，持续集成自动化构建和测试软件还可以让开发人员更早地获得反馈。在持续集成流程中，每次代码提交都会自动触发构建和测试流程，开发人员可以立即得到有关代码是否通过构建和测试的反馈信息。这有助于开发人员在代码出现问题时尽早发现和解决问题，减少错误和缺陷的积累和修复成本，从而降低修复问题的成本和风险。

持续集成可以帮助团队成员更加高效地协作，减少重复工作和错误，加速产品开发进程。持续集成鼓励团队成员频繁地提交代码，并在一个共享代码库中进行集成，避免出现长时间的代码分支，减少代码冲突。这意味着团队成员可以更快地了解他人的工作，从而提高团队合作效率。

16.4.2　持续集成的实现

持续集成的工作原理基于持续集成服务器（continuous integration server），该服务器可以自动化构建、测试和部署应用程序。持续集成的工作流程通常包括以下5个步骤。

（1）**代码提交**。开发人员向代码仓库提交代码，持续集成服务器会监控代码仓库，并在检测到新的提交时触发构建。

（2）**自动化构建**。持续集成服务器会自动下载代码和依赖，然后编译代码并生成可执行文件。此过程中可以使用各种静态分析工具，如代码风格检查、代码复杂度分析等。

（3）**自动化测试**。持续集成服务器会自动运行各种测试用例，如单元测试用例、集成测试用例、端到端测试用例等。如果测试用例通过，持续集成服务器会生成测试报告，否则生成失败报告。

（4）**自动化部署**。如果代码构建和测试通过，持续集成服务器会自动部署应用程序到目标环境中。目标环境可以是开发环境、测试环境或生产环境。部署过程中开发人员需要考虑版本管理、数据库迁移、配置管理等问题。

（5）**反馈通知**。持续集成服务器会通过电子邮件、即时消息或其他方式通知开发人员代码构建和测试的结果。

持续集成工具是一类用于自动化构建、测试和部署软件的工具。它们有助于提高研发团队的效率，减少手动操作和减少错误，使软件的发布更加频繁、更加安全可靠。表16-2给出的是一些常用的持续集成工具和服务。

表16-2　常用的持续集成工具和服务

名称	说明
Jenkins	Jenkins是一个开源的、可扩展的持续集成工具。它支持众多插件和集成选项，可以与不同的开发工具和平台集成。Jenkins可以配置为自动触发构建、测试、部署等，并提供详细的构建和测试报告
Travis CI	Travis CI是一种云端的持续集成服务，主要用于构建和测试开源项目。它与各种版本控制系统（如GitHub、Bitbucket等）集成，可提供简单、易用的配置方式。Travis CI支持多种编程语言和平台，并提供构建状态和报告的可视化展示
CircleCI	CircleCI是一种持续集成和持续交付平台，可支持在多个环境和云平台上构建和测试应用程序。它提供一种简单的配置语言，可以与常见的版本控制系统和云服务集成。CircleCI支持并行构建、容器化测试环境和定制化工作流程
GitLab CI/CD	GitLab CI/CD是GitLab提供的一套完整的持续集成和持续交付解决方案。它与GitLab代码托管平台集成，可以通过在代码仓库中定义配置文件来配置持续集成/持续交付流程。GitLab CI/CD支持自动化构建、测试和部署，并提供集成的监控和报告功能

续表

名称	说明
Bamboo	Bamboo是Atlassian公司提供的持续集成和持续交付工具。它与其他Atlassian产品（如Jira、Bitbucket等）无缝集成，提供一体化的开发工具链。Bamboo支持多种编程语言和平台，具有易用的界面和丰富的可视化报告功能

表16-2中展示的持续集成工具和服务都有各自的特点和优势，研发团队可以根据项目需求和偏好选择适合自己的工具和服务。这些工具和服务都致力于自动化构建、测试和部署流程，以提高软件研发的效率和质量。

16.4.3　持续集成实践

本节使用Jenkins作为持续集成工具、Git作为代码管理工具、Maven作为代码构建工具介绍持续集成实践。持续集成流程包括代码提交、自动化构建、自动化测试、自动化部署和反馈通知5个步骤，如图16-21所示。

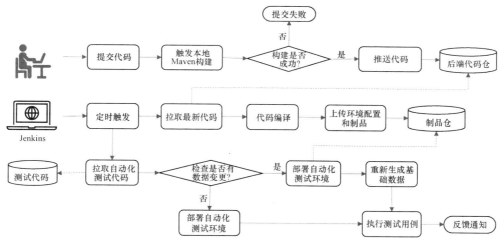

图16-21　持续集成的步骤示例

1．代码提交

代码提交是开发人员在本地工作目录中进行代码开发和修改，在经过本地运行测试，确保没有明显的错误后，向代码仓库推送代码的行为。使用git add命令将修改过的文件添加到暂存区，使用git commit命令将暂存区的变更提交到本地仓库，并添加提交消息，使用git push命令将本地提交推送到远程仓库。为了防止开发人员提交无法通过编译的代码，建议开发人员提交代码前先在本地对代码进行编译并确保编译通过。另外，在Git仓库的.git/hooks目录下创建一个名为pre-push的文件（见图16-22），以实现自动编译。这个文件会在开发人员每次执行git push时运行，如果pre-push文件的脚本执行失败，脚本将输出"Maven build failed, aborting push."并终止push操作；否则，脚本输出"Maven build successful."并允许push操作继续进行。

```
#!/usr/bin/env bash
. "$(dirname "$0")/_husky.sh"


echo "Running Maven build..."


if ! mvn -T 2C clean install -Dmaven.compile.fork=true; then
  echo "Maven build failed, aborting push."
  exit 1
fi

echo "Maven build successful."
exit 0
```

图16-22　pre-push文件示例

2. 自动化构建

采用定时检查策略自动化构建，定时检查相关工程是否有代码变更，如图16-23所示。

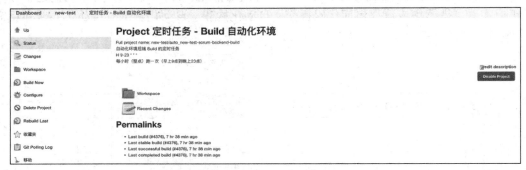

图16-23　Jenkins定时任务

下面以Java代码仓库和自动化测试代码仓库为例进行介绍。

代码提交到主干分支后，自动化构建每小时检查一次Java代码仓库有没有新代码提交，如果有新代码提交，Jenkins会自动从Java代码仓库拉取最新代码，并使用Maven来构建Java工程代码。在构建的过程中，Jenkins会运行Java代码的单元测试，以确保代码最小功能单元的准确性。如果代码编译失败，相应的流水线标记为失败并显示红色，后续的流水线步骤则中断。代码编译构建完，Jenkins工具把编译好的工程制品和配置文件上传到自动化测试环境服务器，重启自动化测试环境，该环境用于为后续步骤"自动化测试"执行自动化测试。

检查自动化测试代码，更新mock数据。Jenkins自动从自动化测试代码仓库拉取最新的自动化测试工程代码，并检查自动化测试代码中的造数代码有没有变更，如果有变更则执行造数流水线，生成新的mock数据，给后续"自动化测试"步骤使用。

3. 自动化测试

在持续集成流水线中，因为流程是持续循环跑的，所以在自动化测试步骤前，需要先检查基础数据是否有变更，如果基础数据有变更，需要先执行造数步骤，生成基础数据并且备份这份数据作为今日测试的数据；如果基础数据没有变更，则丢弃上次执行自动化测试的数据，还原今日测试数据。

图16-24所示是一个单独的流水线。该流水线用于执行Gauge的所有作业，主要针对API测试，测试知微所有系统功能。测试相关细节见16.8节。

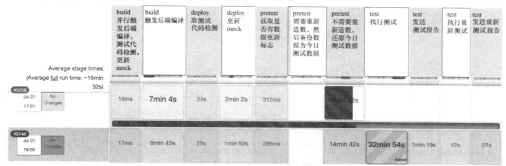

图16-24　执行测试流水线

4．自动化部署

流水线执行完"build-触发后端编译"后，如果后端代码编译通过，则会把后端制品上传制品仓库的指定目录，供其他环境（如开发环境、生产环境等）部署使用。上传完制品后，会自动部署自动化测试环境，并检查服务是否启动成功。

5．反馈通知

自动化测试的作业执行完后，Jenkins会把执行结果发送到研发团队集成的第三方聊天群中。

发送到聊天群中的测试报告是一个简单的超链接列表（见图16-25），列表中包含所有作业的执行情况和执行失败的作业对应的负责人，通过第三方聊天工具的@功能通知到对应的负责人，方便所有人针对此次执行过程的跟踪。通过点击超链接可以查询作业的执行过程（见图16-26），也可以查看执行过程的接口日志（见图16-27），方便开发人员定位错误。

图16-25　自动化测试报告

图16-26　作业的执行过程

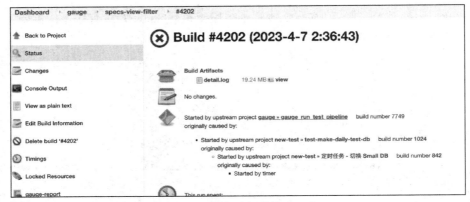

图16-27   执行过程的接口日志

16.5   持续交付

持续交付起源于敏捷开发的理念，旨在使软件的交付过程自动化、高度可预测和可靠。回顾持续交付的发展脉络，从单一交付周期到持续不断地迭代交付，展示了其对软件研发效率和质量的巨大影响。在持续交付中，自动化实践是关键环节，它包括构建自动化、测试自动化、部署自动化等，有助于消除重复性工作和减少人为错误，提高研发团队的生产力和软件交付的频率。模块化架构设计是持续交付的基础，它将软件系统拆分为独立的模块和组件，以实现并行开发和部署，这有助于快速迭代和灵活应对需求变化。数据驱动决策在持续交付中起着重要作用，通过数据分析和指标监控，团队可以更好地评估软件的性能、稳定性和客户满意度，从而做出更明智的决策。通过持续交付的自动化实践、模块化架构设计和数据驱动决策这些关键实践，将持续交付融入软件研发过程中，实现高效、快速、可靠的软件交付，以应对快速变化的市场需求和提高组织的竞争力。

16.5.1   历史与演进

随着互联网技术的发展和移动设备的普及，软件研发需求日益增长。传统的软件研发方式存在开发周期长、交付速度慢、反馈困难等问题。因此，持续交付作为现代软件研发的一种实践方式，逐渐成了软件研发领域的重要实践。持续交付的概念最早可以追溯到2006年，当时两位著名的软件研发人员杰斯·亨布尔（Jez Humble）和戴维·法利（David Farley）在他们的《持续交付：发布可靠软件的系统方法》一书中首次提出了这个概念。持续交付的目的在于通过自动化、快速、可靠的方式，不断地交付高质量的软件产品给客户。在持续交付的演进过程中，也出现了一些相应的技术和工具，如持续集成、持续部署、DevOps、容器化、云原生等。

持续交付和持续部署是软件研发和交付过程中的两个关键概念，它们旨在实现快速、可靠的软件交付和部署。持续部署是持续交付的一种延伸，它进一步将软件的自动化部署引入生产环境。在持续部署中，通过自动化流程将经过测试的软件直接部署到生产环境，而不需要人工干预。这意味着，每次代码变更通过测试后，持续部署都可以自动将新版本的软件部署到生产环境中，从而实现更快的交付速度和更快的反馈循环。

持续交付的历史和演进，反映了软件研发行业对效率、质量和用户体验不断追求和改进的过程。在今天的软件研发中，持续交付已经成为一种必不可少的实践方式，它不仅可以提高软件研发的效率和质量，还可以快速地实现用户需求和调整产品策略，从而满足不断变化的市场需求。持续交付的定位如图16-28所示。

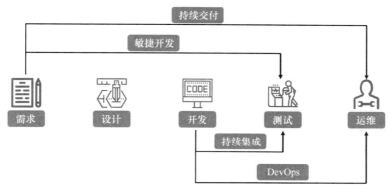

图16-28　持续交付的定位

16.5.2　自动化实践

随着软件研发的复杂性和软件规模的不断增长，手动管理代码集成、测试和部署等过程已经变得不再可行。因此，持续交付需要采用自动化实践（见图16-29）来降低时间成本、减少错误和提高可靠性。

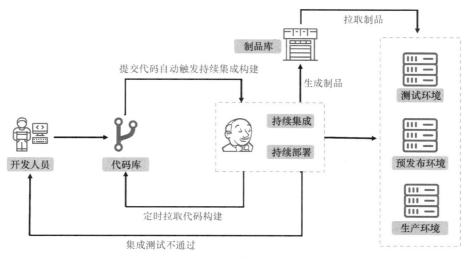

图16-29　自动化持续交付

自动化代码集成是持续交付中的重要环节。通过将代码集成和版本控制系统（如Git）相结合，可以实现自动化的代码集成和构建。例如，当开发人员提交代码时，系统可以自动进行代码编译、构建和打包，从而降低手动处理代码集成的时间成本，并减少发生集成错误的风险。

自动化测试是持续交付过程中不可或缺的环节。通过自动化测试工具（如Selenium、JUnit、TestNG等），可以自动化执行各种测试，例如单元测试、集成测试和端到端测试等。自动化测试可以提高测试效率、减少手动测试的成本，并确保软件的质量和可靠性。

自动化部署和发布也是持续交付中的重要环节。通过自动化部署和发布工具（如Jenkins、Travis CI、AWS CodeDeploy等），可以将代码自动部署到测试环境、预发布环境和生产环境中。自动化部署和发布可以帮助团队快速响应市场变化和客户需求，缩短发布周期和上线时间，提高团队的灵活性和生产力。

自动化实践是持续交付的关键环节之一，通过自动化代码集成、测试和部署等过程，可以提高团队的效率、降低时间成本、减少错误和提高软件质量和可靠性。因此，在实施持续交付的过程中，需要大力推行自动化实践，利用自动化工具和流程来简化持续交付过程，提高团队的生产力和效率。

16.5.3　模块化架构设计

模块化架构设计的核心原则是将系统划分成一些独立的模块或组件，每个模块只负责特定的功能，并且模块之间的依赖关系尽可能少。这样做的好处是，在需要修改某个功能或者修复某个问题时，只需要修改或者替换对应的模块，而不会影响整个系统的其他部分。另外，模块化架构还能够提高系统的可扩展性，因为可以很容易地添加或者删除某个模块，以满足不断变化的业务需求。

在实际应用中，有很多种方法可以实现模块化架构设计。例如，可以使用微服务架构来将系统划分成一些小的、独立的服务，每个服务只负责特定的功能，服务之间通过API通信。另外，也可以使用分层架构来将系统划分成几个逻辑层，每层只负责特定的功能，并且每层只依赖于它下面的一层。还有一种比较流行的模块化架构是基于领域驱动设计（domain-driven design，DDD）的架构，它将系统划分成一些领域模型，每个领域模型负责特定的业务逻辑，并且模型之间的依赖关系尽可能少。

16.5.4　数据驱动决策

在软件研发过程中，数据已经成为一个非常重要的驱动力量，数据可以帮助研发团队了解用户需求和产品问题，同时也可以帮助研发团队验证假设和优化产品。在持续交付过程中，研发团队应该始终关注数据的收集和分析，并将其作为决策的重要参考。因此，如何收集和分析数据以优化产品和流程，已经成为一个至关重要的话题。本节将介绍如何使用数据来驱动持续交付的决策，如图16-30所示。

了解如何通过埋点收集数据是十分重要的。埋点是一种在应用程序中添加追踪代码的技术，它可以记录用户的行为和交互信息，例如页面访问、点击按钮、提交表单等。通过埋点，可以收集大量的数据，了解用户如何使用产品，并且可以追踪用户流程中的瓶颈。这些数据有助于发现产品的瓶颈和问题，并了解用户对产品的需求和偏好。

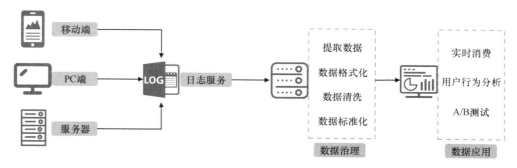

图16-30 使用数据来驱动持续交付的决策

通过使用数据监控来监视系统的性能和稳定性。数据监控是一种实时追踪和分析系统性能和稳定性的技术，通过监控系统中的指标和日志，可以快速地发现系统中的问题，并且可以及时地采取措施来解决问题。在持续交付过程中，数据监控能够提供对系统健康状况的洞察，发现系统中的问题，并及时采取措施来解决问题，以确保系统的稳定性和可靠性。

16.5.5 分步发布实践

持续交付的分步发布实践是指在软件研发中，通过逐步推出新特性给用户的方式来降低风险和不确定性，保证软件交付的可靠性和稳定性。这种方法能够减少软件发布时的风险，同时也能够让用户更快地享受到新功能，提高客户满意度。本节将介绍如何使用分步发布来实现这一目标，分步发布包括灰度发布和全量发布两种方式。

1. 灰度发布

灰度发布（见图16-31）是一种将新功能逐步推向部分用户的方法，即通过让一小部分用户先体验新功能，收集用户反馈和数据，以确保新功能的质量和稳定性。在灰度发布中，可以按用户量分为不同的阶段，例如5%用户、20%用户、50%用户、80%用户等，逐步将新功能推向更多的用户，直到全量发布。这种方法能够有效减少新功能的发布风险，也能够快速获取用户反馈，从而及时修复问题，提高用户体验。关于容器下的灰度发布，可以参考16.7.3节中的"金丝雀发布"。

2. 全量发布

全量发布是指将新功能一次性发布给所有用户。这种方法适用于新功能已经经过了严格测试和验证，并且具有良好的稳定性和可靠性的情况。全量发布可以快速让所有用户获得新功能，同时也能够提高客户满意度和体验。但是，如果新功能出现了问题，所有用户都将受到影响，因此在选择全量发布时需要特别注意新功能的质量和稳定性。

持续交付的分步发布实践是一种有效的软件发布方式，通过逐步推出新功能来降低风险和不确定性，能够快速获取用户反馈和提高客户满意度。分步发布需要建立在良好的测试和准备工作、有效的沟通和反馈机制的基础上，需要组织具备一定的技术和管理能力。

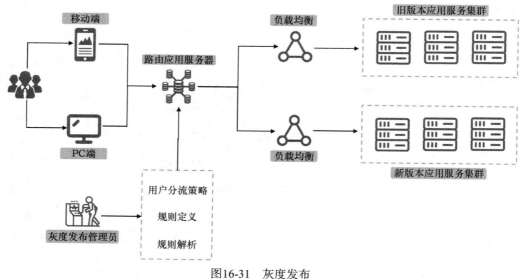

图16-31　灰度发布

16.6　数据库变更管理

软件研发过程中，数据库变更脚本的管理经常游离在代码管理之外，所以每次进行数据库变更之前研发团队成员都心惊胆战，需要不断找各种所谓"干净"的环境进行试验升级，甚至每次变更前需要重新收集数据库变更脚本。所以，对数据库变更脚本的管理至关重要。

16.6.1　数据库变更管理概述

以关系数据库举例，在日常的开发、运维中，能对数据库模式做出变更的是DDL（data description language，数据描述语言）、DML（data manipulation language，数据操纵语言）和DCL（data control language，数据控制语言），因此，它们应当和应用程序代码一样接受版本控制管理。

16.6.2　数据库变更管理的价值

数据库变更管理具有如下价值：

- 拥有单一可信源，方便项目中的任何人获取；
- 过程中高频的代码审核、风险评估和及时反馈；
- 有效防止数据库与应用程序部署不同步带来的检索和更新数据方面的错误；
- 同一份脚本可轻松支持多个环境；
- 避免研发团队疲于应付确认数据模型和数据库变更脚本的部署，尤其是当多研发团队共享同一个数据库，或者部署多版本时。

16.6.3 数据库变更管理的实现

数据库变更管理的实现大体上有两种方式，第一种是图16-32展示的GitOps的集成方式，即数据库变更脚本在仓库中管理，并逐步将脚本持续集成到具体环境数据库中去，第二种就是基于SQL变更审核的方式，即用户基于页面操作发起变更流程，经评审后在目标数据库中生效。下面就介绍这两种数据库变更管理的实现过程。

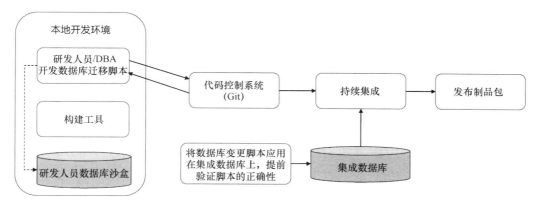

图16-32　GitOps集成方式示意（来源：马丁·福勒的"Evolutionary Database Design"）

1. GitOps集成方式，基于版本控制的模式变更

数据库变更脚本也应该和代码变更一样受版本控制管理，同时能够持续部署到各个环境，环境之间的差异性由工具统一管理，研发人员主要确保数据库变更脚本的正确性。

在脚本管理方面，有3点是需要重点关注的：命名规范、目录结构规范等规范；能将数据库变更脚本直接部署至目标数据库的部署工具；数据库变更脚本版本和应用版本之间的关系。针对这3点采用不同的脚本管理方式，侧重点是不一样的，但在GitOps的集成过程中需要同时关注这3点。

（1）规范。数据库的命名规范、工程目录规范、编码和数据库类型、自动化的发布工具是息息相关的。

首先，需要确定是采用自动化执行工具，还是采用脚本化方式执行数据库的变更。

其次，约定文件的命名规范。例如，对于Flyway，如果约定SQL文件的命名规范如图16-33所示，则在版本研发过程中，会产生图16-34所示的文件。

图16-33　Flyway的SQL文件命名规范

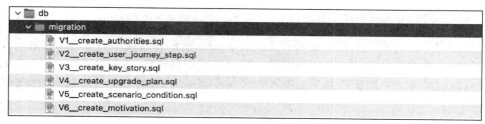

图16-34 Flyway文件示例

如果使用的是Liquibase，可以将多次变更放在同一个文件里面。这时，文件格式如下所示：

```
--liquibase formatted sql
--changeset nvoxland:1
create table test1 (
  id int primary key,
  name varchar (255)
);
--rollback drop table test1;

--changeset nvoxland:2
insert into test1 (id, name) values (1, 'name1');
insert into test1 (id, name) values (2, 'name2');
```

一个版本只对应一个文件，文件内部的changeset才是具体的变更过程。也可以采用每次变更的都是一个文件。

最后，约定脚本的编写规范，是采用SQL、XML、JSON，还是YAML格式。如果使用的是Liquibase，则changeset的命名规范是什么，这些都是团队需要去决策的。

（2）部署工具。在相关脚本和代码已经放置在软件配置管理控制中心之后，需要考虑如何将脚本在目标数据库中生效的执行方式。下面列举一些常用的方式。

- 脚本化。自己编写shell脚本来自动化执行数据库变更脚本，示例如下：

```
mysql -h${host} -u${user} -p${password}@123 demo < deploy_ddl.sql
```

- 使用Liquibase。Liquibase 的命令比较多，主要有update*、rollback*、snapshot、diff、status、utility等6种类型。此外，Liquibase有许多执行方式，这些方式都可以和持续集成/持续部署流水线进行集成来自动化构建。例如，通过Liquibase的命令行界面直接执行：

```
#执行update语句，并打上标签
liquibase update
liquibase tag ${version}
```

- 使用Flyway。Flyway提供migrate、clean、info、validate、baseline、repair等多种命

令，支持JDBC（Java database connectivity，Java数据库互连）协议，通过在第一次操作目标数据库时，初始化生成表SCHEMA_VERSION来跟踪数据库的状态。Flyway也支持多种执行方式，此处不详细介绍，感兴趣的读者可以参考Flyway官网相关内容。

（3）数据库变更脚本版本和应用版本的关系。

和应用的版本管理相对应，数据库变更脚本同样需要进行版本控制管理。数据库变更脚本的版本和应用的版本之间的兼容性是数据库变更过程中比较核心的点。兼容性有向前兼容和向后兼容两种模式，不同兼容模式对数据库变更脚本的实现至关重要。

- 向前兼容，又称向上兼容，即旧版本能够兼容新版本的应用。
- 向后兼容，又称向下兼容，与向前兼容是相对的，即新版本能兼容旧版本的应用。

图16-35所示是建立在现有系统的数据库变更上或者数据库的重构上的变更流程。

斯科特·安布勒（Scott Amble）和普拉莫德·塞得拉吉（Pramod Sadalage）的《数据库重构》一书中的一个需求变更示例如图16-36所示。

数据库变更包括数据库重构和数据库转换。数据库重构是对数据库模式的一种简单变更，即在保持数据库模式的行为语义和信息语义的同时改进设计。数据库重构包括数据库模式方面的定义（如视图、表的定义），也包括功能方面的定义（如触发器、存储过程的定义）。数据库转换也是一种数据库变更，通过为数据库模式增加新的特征，改变数据库模式的语义。

简单来说，数据库变更的技术方向有几种分类方式，如表16-3所示。

确定数据库变更涉及的方案或者技术，例如将存储过程的代码转换为Java代码并提供API给外部服务调用，进一步将计算和存储分离。如果采用数据库重构类型中的结构重构，最好提前编写好测试用例，如业务驱动开发（business-driven development，BDD）的测试方式。

在部署到生产环境方面，从开发环境部署到生产环境的流程如图16-37所示。在数据库变更过程中，从开发环境到

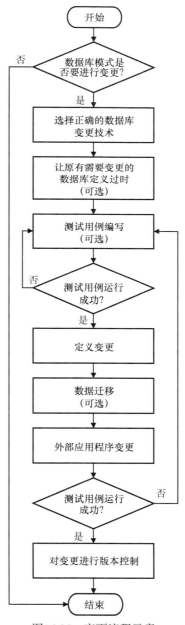

图16-35　变更流程示意

最终的生产环境,需要层层部署层层反馈,并确保更新到最终生产环境的数据库变更脚本是高度可控的。

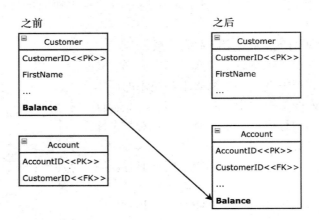

图16-36 将Customer.Balance列迁移至Account表

表16-3 数据库变更技术方向的几种分类方式

数据库变更分类	数据库变更细分	描述	举例
数据库重构	结构重构/变更	对视图或表结构做出的变更	将列从一个表迁移到另一个表,将多用途的表拆分成多个表
	数据质量重构	对数据库列值做进一步质量改进	某列不能为空,存储格式校验等
	参照完整性重构	多个表之间涉及数据的相互校验,确保不需要时能一起被删除(看适用程度,不适合分布式数据库)	增加触发器,支持实体间的层叠式删除
	架构重构	外部系统和数据库的交互	将存储过程的代码转换为Java代码
	方法重构/变更	对触发器、存储过程、函数等定义进行改进和重构	重命名、性能优化、方法逻辑变更
数据库转换		不是数据库重构,但是存在数据库重构行为,改变原有的模式定义	新增列,修改存储过程、逻辑等

　　数据库回滚机制和数据库变更的执行方式有关,在执行数据库变更的过程中,执行人员无法预测哪个变更会执行失败,因此在数据库回滚时需要从以下3方面去考虑:
- 回滚语句的兼容性;
- 数据库的回滚不同于程序代码的回滚,需要优先考虑数据库的向后兼容;
- 数据库变更脚本的处理优先直接回滚。

　　在多环境下的数据库版本维护方面,相信大家对图16-38所示的场景并不陌生,存在多个环境数据库版本不一致的问题。Flyway、Liquibase等工具会在目标数据库上维护当前版本的信息,而你要做的是提供所期望的目标版本的部署包。

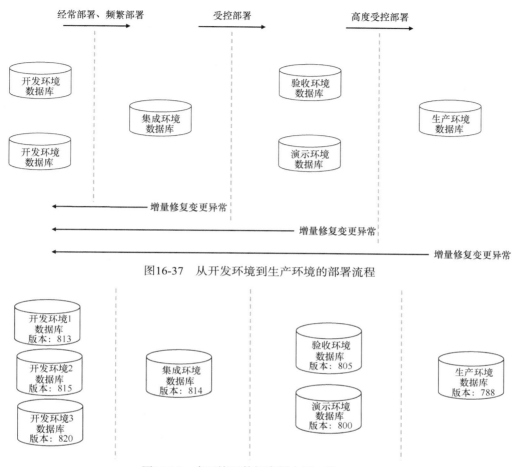

图16-37 从开发环境到生产环境的部署流程

图16-38 多环境下数据库版本不一致

2. 基于SQL变更审核的方式

基于SQL变更审核也是一种常见的数据库变更管理方式，它确保在执行任何数据库变更之前，对变更的SQL脚本进行审核和审批。一个基于SQL变更审核的一般流程如图16-39所示。

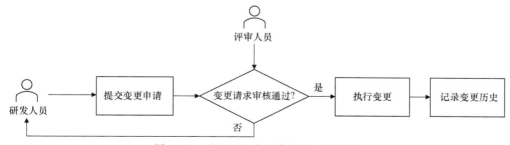

图16-39 基于SQL变更审核的一般流程

下面以Bytebase工具为例来介绍基于SQL变更审核的数据库变更管理方式和具体的实践。

与其他数据库变更管理工具（例如Liquibase和Flyway）相比，Bytebase有以下特点。

- Bytebase与Liquibase和Flyway类似，都是用于管理数据库变更的工具。但与Liquibase和Flyway不同的是，Bytebase更注重数据库文档管理和团队协作，提供了更全面的功能来帮助团队在数据库开发和维护过程中更好地协作和沟通。
- Bytebase支持更加丰富的界面功能和权限能力，而Liquibase和Flyway主要关注数据库变更的追踪和应用，功能相对较简单。

接下来介绍Bytebase的核心概念。Bytebase模型如图16-40所示。

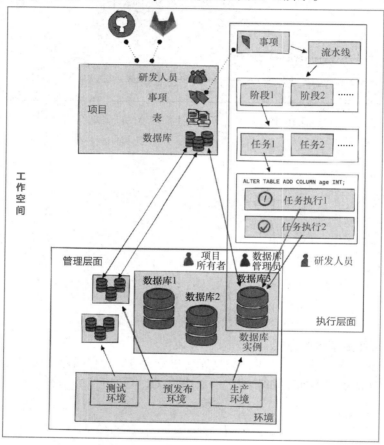

图16-40　Bytebase模型

Bytebase模型中具体的属性如下。

- 工作空间：一个Bytebase实例运行对应一个工作空间。
- 环境：模拟开发流水线中的各个环境，如测试环境、预发布环境和生产环境等。大部分情况下，环境和实际环境之间是一对一的映射关系。
- 数据库实例：通常通过"主机+端口地址"的方式访问。一个典型的数据库实例可以是研发人员的本地MySQL实例、AWS RDS实例等。

- 数据库：数据库实例中的单个数据库。数据库是通过CREATE DATABASE创建的。一个数据库始终属于一个项目。
- 项目：模拟团队合作的逻辑单元。它类似于其他开发工具（如Jira、GitLab等）中的项目概念。项目是将逻辑相关的数据库、问题和用户组合在一起的容器。
- 事项：研发人员和数据库管理员之间的特定协作活动，例如创建数据库、修改模式等。

Bytebase使用基于角色的访问控制，并在工作空间和项目级别提供以下两个角色集合。

- 工作空间角色：项目所有者、数据库管理员、研发人员。
- 项目角色：项目所有者、研发人员。

Bytebase提供以下两种变更流程方式。

（1）图16-41所示的是Bytebase的界面，研发人员在用户界面发起变更请求，最后在具体的数据库实例上生效。

图16-41　在用户界面发起变更请求

（2）图16-42所示的是GitOps集成，其工作流程与Liquibase、Flyway类似。

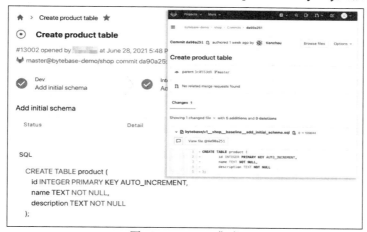

图16-42　GitOps集成

批处理模式是指在数据库变更过程中将一系列操作封装为批处理任务进行执行的模式。批处理任务主要包含数据变更过程中的所有过程执行脚本，主要目的是解决数据库在多环境、多租户、数据库分组等情况下的快速批量更新。

Bytebase支持ChatGPT增强，支持ChatSQL用自然语言辅助编写SQL，如图16-43所示。

图16-43 和ChatGPT的集成

16.6.4 数据库变更管理的误区

数据库变更管理有以下两个主要误区。

（1）没有自动化执行工具，数据库变更没有用。没有自动化执行工具或者脚本，并不意味着数据库变更管理就没有用。将数据库变更脚本加入软件配置管理进行版本控制，就具备了方便研发人员获取源码、部署拥有单一可信源等好处。

（2）一旦对数据库的变更进行了管理，就能解决更改数据而引发的各个系统的意外异常和连锁反应等。对于数据库的变更可能给外部带来的意外异常或连锁反应的问题本就不是数据库变更管理能解决的，而应该从架构设计、领域划分的角度去考虑解决方案。例如，分层架构、六边形架构等，将数据库的访问封装成基础设施程序；做好领域划分，区分数据模型和领域，业务逻辑更多的是只和领域打交道，与数据模型无关。

16.7 容器DevOps实践

以Docker为代表的容器应用就不一一展开介绍，有兴趣的读者可以参考Docker官网。本节主要就Kubernetes在持续交付中的应用展开介绍。容器和Kubernetes之间的关系大体上可以概括如下：

- 容器是一种将应用程序及其依赖项打包成可移植单元的技术；
- Kubernetes是一个容器编排和管理平台，用于自动化部署、扩展和管理容器化的应用；
- Kubernetes可以管理多个容器，确保它们在集群中按需运行，并提供高可用性和可伸缩性。

16.7.1 Kubernetes简介

Kubernetes最初是由谷歌公司的工程师在Borg项目的基础上开发而来的。目前，它是CNCF（Cloud Native Computing Foundation，云原生计算基金会）的顶级项目之一。截至2023年4月，最新版本是Kubernetes v1.26.3。

Canonical（Ubuntu操作系统的发行商，CNCF成员）2021年的调查报告中给出了Kubernetes

的使用场景，百分比表示该使用场景占所有使用场景的百分比，如下：

- 改进维护、监控和自动化场景的百分比为64.6%；
- 基础设施现代化场景的百分比为46.4%；
- 更快的上线时间场景的百分比为26.5%；
- 删除供应商依赖项场景的百分比为12.8%；
- 全球覆盖率场景的百分比为12.5%；
- 围绕流量高峰的敏捷性场景的百分比为9.2%；
- 确保便携性场景的百分比为8.9%。

16.7.2 Kubernetes的组件架构

图16-44展示的是Kubernetes核心组件架构示意，主要包含kube-apiserver、kubelet、kube-proxy、kube-controller-manager、kube-scheduler、etcd。

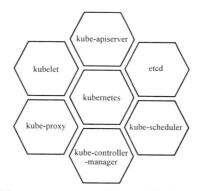

图16-44 Kubernetes核心组件架构示意

图16-45展示的是Kubernetes各组件之间的协作示意。

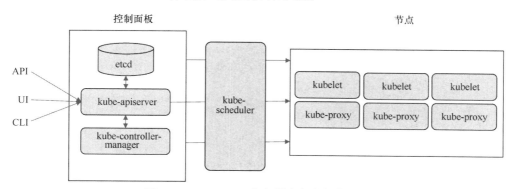

图16-45 Kubernetes各组件之间的协作示意

表16-4给出了Kubernetes各组件的简单介绍。

表16-4　Kubernetes各组件的简单介绍

组件名称	作用
kube-apiserver	Kubernetes API服务器，提供REST API，用于管理集群中的资源对象
kube-controller-manager	负责维护集群中资源对象的状态和控制器的行为，如Pod副本数量的自动缩放、故障转移等
kube-scheduler	根据集群资源的容量和需求，将Pod调度到合适的节点上，以实现Pod的均衡部署和资源利用
kubelet	运行在每个节点上，管理Pod的生命周期，确保Pod在节点上正常运行，并与kube-apiserver交互，汇报节点和Pod的状态信息
kube-proxy	在每个节点上运行，维护节点上的网络规则，负责将服务暴露给集群内部或外部的客户端
etcd	一个分布式的键值存储系统，用于存储和管理集群中的配置数据和状态信息

16.7.3　Kubernetes在持续交付中的应用

本节将介绍在持续交付过程中常见的Kubernetes的应用方式，这些应用方式也许不是最佳的，但希望能给读者在实际应用过程中带来启发。

1. 资源更新

kubectl patch命令使用YAML或JSON来声明变更内容。它可以接收以文件形式提供的补丁，也可以接收直接在命令行中给出的补丁。以下命令是等价的：

```
kubectl patch deployment patch-demo --patch-file patch-file.yaml

kubectl patch deployment patch-demo --patch 'spec:\n template:\n  spec:\n  containers:\n
- name: patch-demo-ctr-2\n    image: redis'
```

kubectl patch不会对已经存在的YAML文件进行改动，而是增量式更新，对增量更新的脚本可以进行版本控制管理。

kubectl patch执行的是策略性合并patch（strategic merge patch）。patch策略由Kubernetes源码字段标记中的patchStrategy键的值指定。例如，若要执行文件patch-file-2.yaml进行容器升级，可执行以下命令：

```
kubectl patch deployment patch-demo --type merge --patch-file patch-file-2.yaml
spec:
  template:
    spec:
      containers:
      - name: patch-demo-ctr-3
        image: gcr.io/google-samples/node-hello:1.0
patch-file-2.yaml
```

执行命令通过指定type = merge来声明本次执行策略是merge，执行结果会直接替换原先的containers列表。如果用kubectl patch进行变更，其增量变更脚本也要受版本控制，建议优先采用kubectl apply的方式。

kubectl edit命令用于对运行对象的属性进行更改，默认打开YAML配置文件的编辑器，也可以通过-o指定其他格式来编辑。

kubectl set命令用于对属性进行修改，常见修改子命令有image、resources、selector、subject等。以修改image镜像为例，将deployment/nginx中的nginx版本设置为1.9.1，其他不变，命令如下：

```
kubectl set image deployment/nginx busybox=busybox nginx=nginx:1.9.1
```

kubectl apply是声明式管理的推荐方法，其命令格式为"kubectl apply -f <目录>/命令执行目录下的文件"，它会自动跳过已经存在的对象。此操作会在每个对象上设置kubectl.kubernetes.io/last-applied-configuration: '{...}'注解。注解值中包含用来创建对象的配置文件的内容。必要时可以根据kubectl.kubernetes.io/last-applied-configuration配置来进行回滚，此外，kubectl.kubernetes.io/last-applied-configuration还可以和最新配置进行对比，从而合并成最新配置。

不同类型的字段的合并方式不同，配置文件中的特定字段与现时配置合并时，合并方式取决于字段类型。字段类型有以下几种。

- 基本类型：字段类型为string、integer或boolean之一。例如，image和replicas字段都是基本类型字段。合并方式为替换。
- 映射类型：也称作object。字段类型为map或包含子域的复杂结构。例如，labels、annotations、spec和metadata字段都是映射类型字段。合并方式为合并元素或子字段。
- 列表类型：包含元素列表的字段，其中每个元素可以是基本类型或映射类型。例如，containers、ports和args字段都是列表类型字段。合并方式不一定。

当kubectl apply更新某个map或list字段时，它通常不会替换整个字段，而是会更新其中的各个元素。例如，当合并Deployment的spec时，kubectl apply并不会将其整个替换掉。相反，实际操作是对replicas这类spec的子字段进行比较和更新。

合并更新策略如表16-5所示，其中"—"表示不适用，因为指定数值未被使用。

表16-5　合并更新策略

字段在配置文件中	字段在现时配置中	字段在last-applied-configuration 中	动作
是	是	—	将配置文件中的值设置到现时配置上
是	否	—	将配置文件中的值设置到现时配置上
否	—	是	从现时配置中移除
否	—	否	什么也不做。保持现时值

注意，kubectl apply不支持和kubectl create或kubectl replace混用。这是因为create和replace命令都不会保留kubectl apply用来计算更新内容所使用的kubectl.kubernetes.io/last-applied-configuration注解值。

另外，强烈不建议更改控制器上的选择器（selector）。PodTemplate的标签尽可能在初始定义时就确定下来。

2. 滚动部署

滚动部署（rolling deployment）是指将新版本的应用逐步地部署到生产环境中，同时逐步替换旧版本的应用，直到新版本全部部署完成，旧版本全部替换掉为止，如图16-46所示。

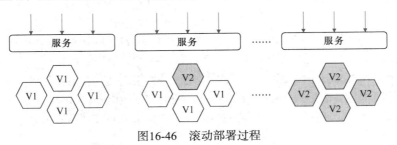

图16-46　滚动部署过程

在Kubernetes集群中，研发人员通过以下类似配置执行滚动更新：

```
replicas: 3
  minReadySeconds: 10
  strategy:
  # 滚动更新
    type: RollingUpdate
    rollingUpdate:
    #运行滚动更新时允许多出现50%的副本（即2个，最多6个）
      maxSurge: 25%
    #运行滚动更新时允许一次性不可用副本为25%个（即1个不可用，剩余3个）
      maxUnavailable: 25%
```

执行kubectl rollout status deployment <deploymentName>可以看到滚动更新的进度：

```
$ kubectl rollout status deployment  myapp
Waiting for deployment "myapp" rollout to finish: 1 out of 3 new replicas have been updated...
Waiting for deployment "myapp" rollout to finish: 2 out of 3 new replicas have been updated...
Waiting for deployment "myapp" rollout to finish: 1 old replicas are pending termination...
```

从图16-47中可以看到，同时存在v1和v2版本，且部署期间服务并不是一定呈现可用状态。

Pods									
名称	命名空间	镜像	标签	节点	状态	重启	CPU 使用率 (cores)	内存使用 (bytes)	创建时间 ↑
⊙ myapp-6dcf8576bf-ltz6q	default	chenzerong/spring-petclinic:v 2	app: myapp pod-template-hash: 6dcf8576 bf service: web 显示所有	minikube	Running	0	-	-	13 seconds ago ⋮
● myapp-6dcf8576bf-l2tfz	default	chenzerong/spring-petclinic:v 2	app: myapp pod-template-hash: 6dcf8576 bf service: web 显示所有	minikube	Running	0	-	-	2 minutes ago ⋮
● myapp-55d7b57fcd-mqcx6	default	chenzerong/spring-petclinic:v 1	app: myapp pod-template-hash: 55d7b57f cd service: web 显示所有	minikube	Running	0	-	-	8 minutes ago ⋮
● myapp-55d7b57fcd-tfi9k	default	chenzerong/spring-petclinic:v 1	app: myapp pod-template-hash: 55d7b57f cd service: web 显示所有	minikube	Running	0	-	-	10 minutes ago ⋮

图16-47　两个版本共存（镜像列包含两个版本号的镜像）

图16-48所示为采用fortio流量负载测试工具监控服务接口运行的结果，重点考察服务滚动部署期间服务接口的可用情况，设置示例如图16-49所示（细节可忽略，有兴趣的读者可以参考fortio的报告，图中深灰色代表访问错误）。

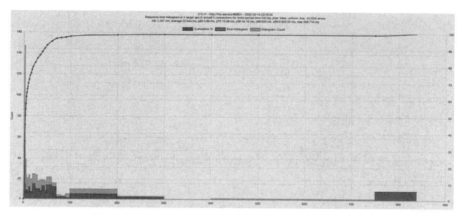

图16-48　服务滚动部署期间服务接口的可用情况示例

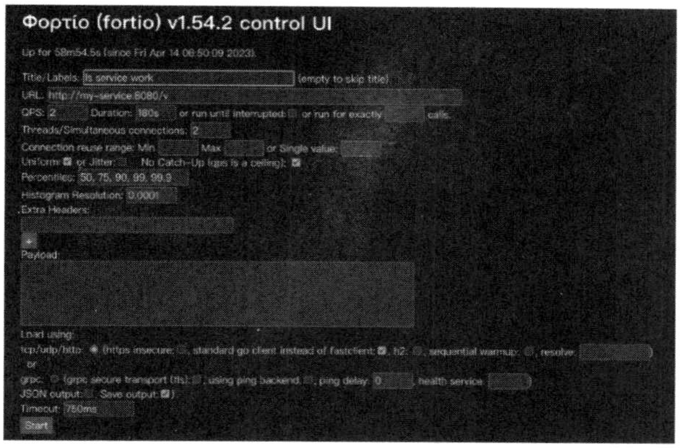

图16-49　fortio设置示例

服务状态和Pod状态的对应关系如图16-50所示。出现图16-50中的①②对应的两种情况之一都可能导致Kubernetes的状态是可用的但实际目标服务不可用的情况出现。

图16-50　服务状态和Pod状态的对应关系

图16-50中①对应的情况是，服务正处于初始化阶段，还未准备好接收流量，若这时端点已经更新为最新Pod的IP地址，外部进来的请求就会失败。这种情况可以通过readiness探针检测

容器是否已经准备好接收流量来避免,如果未准备好就不会创建端点。例如下述配置,如果GET <host>:8080/v调通,则认为该Pod已经准备好接收流量:

```
spec:
  containers:
  - name: myapp
    ...
    readinessProbe:
      httpGet:
        path: /v
        port: 8080
```

readiness探针除了httpGet配置,还有如下配置。

- exec:容器内执行相应命令,退出代码为0,则认为命令执行成功。
- tcpSocket:通过TCP(transmission control protocol,传输控制协议)测试指定端口,端口能打开则认为成功。
- httpGet:在上述例子中,对容器内的IP地址执行HttpGET请求,若状态码满足$200 \leqslant httpCode < 400$,则认为服务是健康的。

此外,以下5个参数用于定义探测行为。

- initialDelaySeconds:等待多久进行第一次探测。
- successThreshold:连续成功探测多少次认为服务是健康的。
- failureThreshold:连续失败探测多少次认为服务是不健康的。
- timeoutSeconds:单次探测的时间限制,超过该时间探测未结束则探测失败。
- periodSeconds:多次探测的间隔时长。

除了readiness探针,Kubernetes还提供了liveness探针,用于探测容器是否存活,如果探测失败,则终止探测并根据restartPolicy(重启策略)进行服务重新启动,图16-51展示了启动readiness探针后滚动升级过程中的服务状态和Pod状态,可以看出接口测试情况,基本上接口的请求均能正常响应(没有深灰色的柱形图都代表访问成功)。

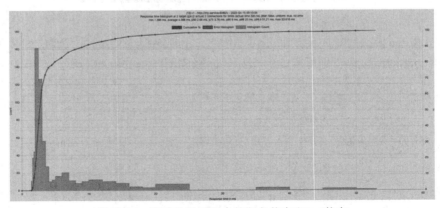

图16-51　滚动升级过程中的服务状态和Pod状态

图16-50中②对应的情况是，Pod退出时端点未及时更新，导致退出的服务仍然在接收流量，请求结果自然是失败的，如图16-52所示。

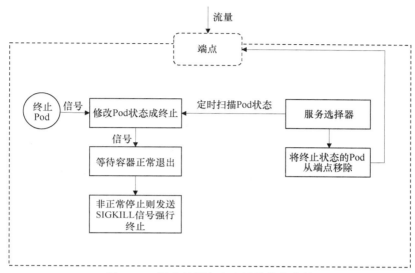

图16-52　退出的服务也有可能接收流量

这种情况可以通过容器的钩子preStop进行处理，其原理是：在SIGTERM信号发送到容器之前将其拦截，处理preStop的操作成功后才发送给容器，相当于留存了一部分时间将Pod状态交给服务选择器处理。终止信号发出后，会将Pod的状态改成终止，这时会休眠10 s（时间可以自由调整），以让服务选择器完成端点的更新后再将信号发送给容器，如下述代码配置所示：

```
spec:
  containers:
  - name: myapp
    ...
    lifecycle:
      preStop:
        exec:
          command: ["/bin/bash", "-c", "sleep 10"]
```

3. 金丝雀发布

金丝雀发布（见图16-53）是一种灰度发布方式，其本质上是短时间同时存在新旧两个版本，金丝雀发布是先启动一个新版本应用，但并不直接将流量切换过去，而是对新版本进行线上测试。如果测试没有问题，就逐步增加流量，调整服务器副本数量，最终切换到新版本上，关闭旧版本服务。如果在金丝雀发布过程中发现问题，应立即将流量切换回旧版本，以控制负面影响的范围。这种方式可以让软件发布更加安全和可控。

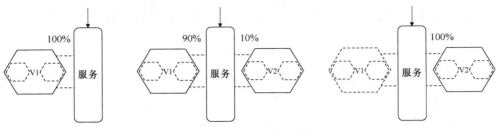

图16-53 金丝雀发布示意

在Kubernetes的服务中,我们介绍以下几种金丝雀发布的实现方法。

(1)利用kubectl rollout pause在滚动部署时先暂停升级,让现有版本和即将更新的版本短时间并行存在,然后通过kubectl rollout resume来恢复滚动部署升级,也可以执行kubectl rollout undo来取消上一次的升级。升级开始后立刻执行kubectl rollout pause来让新旧两个版本并存,如下述代码所示:

```
kubectl set image deployment <deployment-name> myapp=myapp:v2 && kubectl rollout pause
deployment <deployment-name>
```

(2)在Pod模板中通过模板标签来指定同一服务的不同版本。在图16-54中,采用version标签来区分新旧Pod,v1和v2版本的标签是不一样的(镜像标签可能也是不一样的),selector和labels是可以不一样的,selector只使用labels中的部分标识(图中使用了app:myapp)就可以将流量都流转到对应的服务(图中的deployment)上。version标签表明同一服务的不同版本,通过控制version:v1和version:v2的服务数来控制不同版本的流量比例。

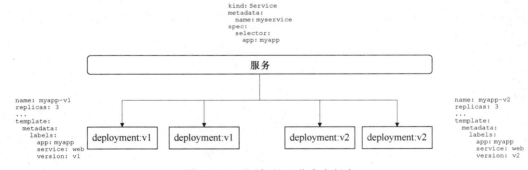

图16-54 通过标签区分多个版本

(3)通过类似Istio等流量控制服务来进行申明式切换。还是基于第2种方法中的例子,唯一的区别是根据Istio的虚拟服务VirtualService和路由规则DestinationRule来指定各自流量的比例,而不是通过副本数粗略控制流量。下面是Istio配置代码片段:

```
apiVersion: networking.istio.io/v1alpha3
kind: VirtualService
metadata:
  name: vs-canary
```

```
spec:
  hosts:
    - myservice  #客户端访问该服务时地址默认为 myservice.default.svc.cluster.local
  http:
  - route:
    - destination:
        host: myservice
        subset: v1
        weight: 90
    - destination:
        host: myservice
        subset: v2
        weight: 10
---
apiVersion: networking.istio.io/v1alpha3
kind: DestinationRule
metadata:
  name: myservice-dr
spec:
  host: myservice    #这里的名字需要与VirtualService中定义的一致
  subsets:
  - name: v1
    labels:
      version: v1
  - name: v2
    labels:
      version: v2
```

从上述代码和图16-54可以看出，v1和v2都提供了副本数（图16-54 中的replicas），但是流量不相等（代码段中的http.route.destination.weight配置），很明显会存在资源浪费的问题。同样地，正常使用中也有这个问题，高峰期和非高峰期时服务的需求是不一样的。这时候可以考虑使用Kubernetes Horizontal Pod Autoscaler（简称Kubernetes HPA）管理部署的副本。

4．负载伸缩

Kubernetes HPA会自动更新工作负载资源（例如Deployment或者StatefulSet），目的是自动伸缩工作负载以满足需求。例如，通过以下命令进行自动伸缩：

```
kubectl autoscale deployment {deployment} --cpu-percent=50 --min=1 --max=10
```

如果采用声明方式实现负载伸缩，则YAML文件内容如下：

```
apiVersion: autoscaling/v1
kind: HorizontalPodAutoscaler
metadata:
  name: autoscaling
spec:
  scaleTargetRef:
```

```
      apiVersion: apps/v1
      kind: Deployment
      name: {deployment}
    minReplicas: 1
    maxReplicas: 10
    targetCPUUtilizationPercentage: 50
```

HPA的作用是自动调整Pod的副本数量，以满足指定的CPU使用率目标（targetCPU-UtilizationPercentage）。具体来说，当Pod的CPU使用率过高时，伸缩器会自动增加Pod的副本数量，以提高整个集群的CPU处理能力；而当CPU使用率下降时，伸缩器会自动减少Pod的副本数量，以免浪费资源。同时，上述YAML文件还指定了minReplicas（最小副本数）为1，maxReplicas（最大副本数）为10；并且通过指定scaleTargetRef，将该伸缩器与特定的部署关联在一起。

16.7.4　容器的误区

"容器隔离了底层操作系统，所以更具可移植性。"相信类似的话很多人都有所耳闻，但是应用Kubernetes绝对不是应用可移植性的首要目标，相反还可能因为应用Kubernetes时与具体的供应商耦合而使迁移成本大大增加。所以，Kubernetes的应用主要是为组织带来标准化。因为使用标准操作模型和工具链，可极大降低组织成员之间的交流和学习成本，这对大型组织进行技能标准化、产出标准化有极大的好处。读者如果对此感兴趣，可以阅读Kubernetes官方文档。

16.8　自动化测试

在自动化测试的实践过程中，你可能会发现自动化测试的测试用例编写和维护成本很高，而且效果不明显，并没有发现很多缺陷，更没有起到节省测试人力的作用。这是对自动化测试定位的误解，自动化测试的作用在于守护系统的核心功能，而不是发现缺陷。自动化测试的目的也不是为了节省测试人力，而是加快测试反馈，提升质量，减少研发经费。自动化测试用例是需要人来维护的，否则随着时间的推移，测试用例可能会失效或产生误报，导致自动化测试的效果逐渐减弱。

质量保障是一项综合性工作，质量是开发人员的责任，而不仅仅是测试人员的责任，只有将开发和测试混合在一起，不分彼此，才能够真正获得好的质量。

自动化测试分层的目的是在软件研发过程中更有效地组织、管理和执行测试用例，以提高测试的质量和效率，不同层次的测试可以用尽量低的成本防御不同类型的风险。麦克·科恩（Mike Cohn）提出的测试金字塔模型如图16-55所示。

在金字塔模型中，单元测试比重最大，也说明了应该在单元测试投入更多的精力和时间。但在实践中，单元测试却变成了一个难以推行的实践。在软件研发迭代过程中，频繁的代码重构导致单元测试的代码也必须进行相应的变更。为了弥补单元测试的不足，测试人员会不断地加大接口测试的投入，使分层测试模型逐渐演变成橄榄核模型。橄榄核模型如图16-56所示。

图16-55　测试金字塔模型

图16-56　橄榄核模型

16.8.1　敏捷团队中测试人员的责任

随着Meta、谷歌和微软在商业上取得巨大成功，它们的开发模式引起了大家的关注。Meta和微软只在某些关键业务领域保留了少量的测试人员，谷歌则把测试团队归属为工程生产力（Engineering Productivity）团队，这个团队不负责具体产品的测试，而是为开发人员提供测试支持，以及其他提高研发效能的工具和技术。

在敏捷团队中，专职测试人员则侧重于以下责任和具体任务。

- 指导研发团队学习自动化测试，不断收集反馈，改进、推广测试架构和方法，提升团队质量文化。
- 持续关注产品质量和用户反馈的需求，持续改进用户反馈的需求。
- 负责搭建团队自动化测试基础设施，提供必要的测试工具。
- 负责产品设计、需求澄清、需求验收，对代码的可测试性进行把关。

16.8.2　开发人员参与编写测试用例

相比传统测试，敏捷测试不但涉及技术和方法的改变，而且涉及组织阵型的变化、团队成员思维方式的改变等，如整个团队都要对质量负责，全员参与到测试活动中。开发人员也要为自己开发的新功能做一些必要的质量守护。

开发人员参与编写测试用例有如下优势。

- 提高测试效率：可以减轻测试团队的压力，测试团队可以更好地组织测试工作。
- 缺陷追踪和修复：有助于准确定位和追踪缺陷。
- 质量保证：开发人员每次开发完新功能，由开发人员自己编写新功能的测试用例，确保新开发功能都经过测试覆盖，可以降低软件发布后出现问题的风险。

16.8.3　实践案例

知微是一款提供企业数字化协同服务的产品，其研发团队在自动化接口测试上研究多年，总结出了一套适合B端企业级软件小型团队的自动化测试实践，如图16-57所示。

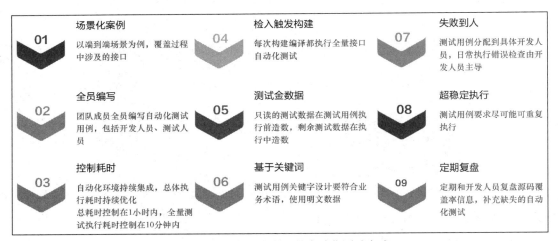

图16-57   知微研发团队的自动化测试实践

1. 从专岗到测试全员自动化

自动化测试建设初期，发现了以下3个问题。

（1）功能测试人员负责测试用例描述，自动化测试人员负责把测试用例描述转化成自动化测试用例。这个过程存在两次理解转化，知识的传播链路长，沟通成本较高，很容易出现目标偏差。

（2）自动化人员专岗，未参与功能测试，无法真正理解系统的功能、运行逻辑，在编写自动化测试用例时，无法从最优的角度合理设计测试用例。

（3）由于项目迭代节奏快、系统功能多，而自动化测试人员少，自动化测试用例转化受限于人力资源，一直落后于功能研发速度，积累了很多自动化负债，自动化测试无法达到预期的回归守护功能的要求。

上述问题可以总结为自动化测试专岗问题。为了解决这一问题，我们动员测试全员参与研发过程，参与功能测试和自动化测试。

这里先介绍知微研发团队使用的自动化框架Gauge。Gauge是一个开源的BDD自动化框架，简单、灵活，基于MarkDown格式，是跨平台、跨语言、插件化的框架。知微研发团队底层使用Python语言进行关键字的开发，用关键字组合成一个个场景案例，如图16-58所示，通过Python的方法上的@step装饰器绑定到.spec文件中的星号（＊）上，例如＊新建团队卡片。

在上述场景中，"新建团队卡片"的关键字用Python 实现的格式如下：

```python
from getgauge.python import step
@step("新建团队卡片 <name>")
def add_team_card:
# 实现新建团队卡片逻辑
pass
```

Gauge这种关键字形式的自动化框架，是一种前期积累、后期收益的框架，编写好关键字后，各类场景只需要通过关键字组合就能达成目标。

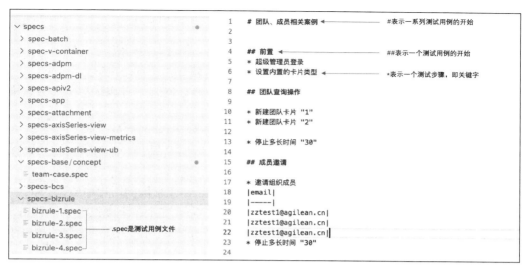

图16-58　场景示例

2．自动化后测试用例稳定性提升

测试全员自动化后，随着测试用例数量增加，每天执行测试耗时显著增加，测试用例稳定性变差，主要原因有5个，如图16-59所示。

图16-59　测试用例稳定性变差的主要原因

针对图16-59中所示的原因1和原因2，起初，统一的策略就是在不稳定环节增加等待关键字，例如新建卡片后，等待x秒再验证卡片是否创建成功。但多次实践后，我们发现这样依然无法保证稳定性。因此，我们引入了测试用例重试机制。

（1）增加了"等待确认"相关的关键字，伪代码如下：

* 创建普通视图菜单 "看板视图"
* 等待确认 "菜单列表" "看板视图"

测试用例执行到关键字"等待确认"时，执行程序会休眠 x 秒再执行后续的关键字。

（2）引入Python中的retry依赖，增加步骤重试机制，伪代码如下：

```
import re
from getgauge.python import step
@step("校验收藏的菜单 <menu> <flag>")
@retry(wait=wait_fixed(2), stop=stop_after_delay(3))
```

```
def validateUserFavoriteMenu(menu,flag):
# 实现业务逻辑
pass
```

在被@retry标注的测试步骤内，Python代码如果遇到异常，会重新执行。

针对图16-59中所示的原因3至原因5，研发团队引入造数概念，对测试用例的数据准备进行了以下改造。

（1）将测试用例中的数据准备过程剥离，放到造数文件（JSON文件）中。

（2）按功能模块划分测试用例，聚合测试用例中的数据，以减少重复造数，提高数据利用率。

（3）优化specs测试用例，保证测试用例不依赖其他specs测试用例产生的数据。

由于知微是一个高度配置化的产品，测试一个场景前需要先把整个测试场景配置出来，因此才出现测试准备过长的现象，但这些测试准备过程并不是测试用例关注的主体，测试用例只关注要测试的主要目标。

例如，在看板上新建卡片，验证卡片数据是否正常。在这个场景中，测试用例只关心新建卡片操作，并不关心看板是怎么来的。因此，研发团队从测试准备过程中剥离出测试用例，将其简化成编写一个业务数据文件（JSON文件）的过程，在业务数据文件里只需要编写知微上的用户界面输入内容。研发团队编写了一套将JSON文件转化为系统数据的造数代码。研发团队将这一过程称为造数阶段。至此，研发团队将测试分为造数阶段和测试用例执行阶段。造数和测试用例执行分离如图16-60所示。

图16-60 造数和测试用例执行分离

通过以上方式，研发团队解决了测试执行耗时过长、测试用例稳定性差的问题，让自动化测试可提供一个可信任的测试结果，使之能够持续地发挥其应有的作用。

3. 让开发人员也能无压力编写自动化测试用例

经历了测试全员自动化和测试用例稳定性提升的积累，自动化测试逐渐覆盖了大部分回归场景，将测试人员从繁重的手动回归测试中解放出来。

不过，随着团队规模变大、开发人员增多，测试人员在自动化上的投入又开始不足，赶不上版本发布的节奏，自动化负债开始上升。在测试人员不增加的情况下，研发团队引入开发人员来编写自动化测试用例，在这个过程中主要出现了两个问题。

（1）编写的关键字存在不良设计，不利于推广使用。

（2）开发人员对业务端到端流程不熟悉，需要针对造数工具、测试用例编写进行培训。

为此研发团队展开了自动化测试用例代码的又一轮重构——关键字重构。关键字设计是否合理会影响其是否易懂、易使用，进而影响测试用例的可读性。良好的关键字应满足以下要求。

（1）良好的关键字应该只用业务语言描述，示例如下：

```JavaScript
# 不合理的关键字：关键字耦合了接口信息，且表达形式上没有完全用业务语言描述
* 移动故事价值单元
|from|to|optDate|
|----|--|-------|
|0|1 |201702070901011|
# 合理的关键字
* 从"需求澄清"移动故事价值单元到"研发中"
```

（2）良好的关键字不应该使用隐形数据，即数据被隐含在代码层，没有在关键字层体现。示例如下：

```JavaScript
# 不合理的测试用例
* 列表快捷编辑-修改状态
* 检查卡片状态
# 合理的测试用例
* 列表快捷编辑-修改状态："故事-1"修改状态为价值流"价值流-故事"的状态"设计中"
* 检查卡片"故事-1"所在状态为"设计中"
```

经过一段时间的开发、测试协作，开发人员也都具备了编写自动化测试用例的能力。随后，研发团队将功能开发完成进行了重新定义：开发人员完成功能开发，且编写HappyPath的自动化测试用例后，才算完成开发，在桌面检查的时候进行核实。

同时，研发团队也开始收集后端各服务自动化覆盖率信息（见图16-61），并结合开发定期评审服务的覆盖率信息，整理哪些场景未覆盖，以进一步提高代码覆盖率和业务场景覆盖率。

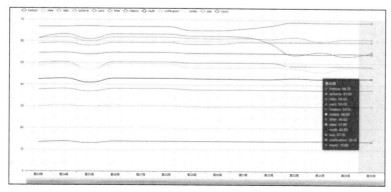

图16-61 各服务的自动化覆盖率

自动化测试实践是一个积累的过程，只有当自动化测试用例积累到一定程度，才能体现其守护质量的作用。在开发迭代过程中，自动检测出这一过程中引入的缺陷，可以解决开发人员重构代码的后顾之忧，减少测试人员的工作量，大大提升产品的稳定性。

16.9　小结

本章介绍了软件研发数字化管理中的一系列重要技术实践，这些技术实践共同构建了一个协同工作的整体，旨在提高团队效率和软件产品质量。

首先，本章深入介绍了软件设计，它被视为构建可维护、可扩展和高效系统的基石。通过精心设计的软件架构和模块化思维，研发团队能够更轻松地适应变化和快速迭代。

然后，本章介绍了分支策略和代码评审的重要性。在团队协作中，版本控制系统扮演着不可或缺的角色，它们不仅能有效地跟踪和管理代码变更，还支持主干开发和特性分支等实践，从而促进团队的高效协作。代码评审则是提高代码质量和团队整体水平的关键环节，能显著增强代码的可读性和可维护性。

再后，本章介绍了持续集成与持续交付的实践，旨在实现快速交付和自动化部署，使团队能够更快地将新功能交付给用户，从而提高开发的敏捷性和效率。数据库变更管理和容器DevOps实践也是本章的关键主题，它们确保了数据库演进的安全性，并帮助组织实现高效的部署和扩展。

最后，本章强调了自动化测试的重要性。自动化测试可以有效地减少手动测试的工作量，提高测试效率和准确性。

这些核心实践相互交织，共同构成了一个协同工作的整体，帮助研发团队更快地解决问题、纠正错误，从而提高整个研发过程的效率和质量。通过理解和应用这些实践，研发人员能更好地应对数字化时代的挑战，提高团队效率，提升软件产品质量，从而实现更大的成功。

第九篇

规模化篇

前八篇已从组织战略、研发过程、人才体系、度量体系、整合管理、引导技术、技术工具等方面阐述了软件研发数字化管理的方方面面，也通过敏捷项目管理和版本火车串联起多种方法论进行整合运作。

现代企业，特别是大型企业的数字化，通常呈现多业务领域、多产品线、多团队、多系统的"规模化"特点，业务领域和产品线交错，团队彼此协作，系统交叉调用，这些都对软件研发数字化管理提出了更高的要求。

本篇从工具和体系管理视角推进建设的思路，根据企业当下的状态选择不同的推进策略，助力组织软件研发管理全面数字化，最后通过一个真实案例让读者对研发团队的数字化管理有一个具象化的理解。

第17章介绍软件研发数字化管理能力建设。一家企业或各种工具能力不足，或部分工具缺失，或"一穷二白"，是推倒重来，还是适合就复用、不足就升级、缺失就补足等，有太多种组合。同时，到底谁来牵头建、谁来建、如何建、谁来推广、如何推广等一系列问题等待着管理者去决策；特别是在金融组织中，这种重要而不紧急的事情如何得到上到管理高层、下到一线人员的支持；这些都将是巨大的挑战。这一章从能力建设历史讲起，介绍为什么会构建很多烟囱式的系统，总结了能力建设的4个痛点、整体思路、4条原则、12种能力，以帮助组织制定自己的能力建设策略。

第18章介绍规模化推广路线图。规模化推广的9个步骤，从做准备（3步），到找人员（3步），再到落实践（3步），每步用3个字描述了其核心目标。这让有意规模化的组织可找到快速切入规模化的大体思路，组织需要结合自己的实际情况，有选择地强化一些步骤，以凸显转型的重点和关键点。

第19章介绍一个金融组织应用版本火车的完整案例。这一章从案例背景、解决方案、实施效果上进行讲解，旨在从团队实际问题出发，并针对问题给出解决方案，让读者知道怎么做，也知道为什么，结合案例中的效果给读者一个有效的参考。

读者既可以读完前面全部章节再读本篇，也可以直接从本篇开始阅读，知道自己关注的重点后，再去读前面的内容。

第 **17** 章

软件研发数字化管理能力建设

经过10多年的发展，国内金融行业数字化已形成不可阻挡之趋势，从10多年前"要不要做"，到今天"如何做"。然而，需要提示的是，企业数字化转型必须以软件研发数字化管理为先导，因为科技能力是数字化转型的基础。因此，软件研发数字化管理能力建设就责无旁贷地成为金融组织数字化转型的第一场战役。本章在介绍时蕴含着能力建设可以由工具承载，读者可以适当地把能力固化到工具上来思考如何建设软件研发数字化管理能力。

由于历史原因，在金融组织中，软件研发数字化管理能力建设情况并不尽如人意。本章先回顾国内金融组织软件研发数字化管理能力建设的历史，有哪些共性的问题，再结合Agilean公司10多年来帮助金融组织提升软件研发数字化管理能力的经验，分析这些能力建设应采取的4条原则，以及应具备的12种能力。

17.1 能力建设的历史

在软件研发数字化管理能力建设之初，业务驱动因素首先是合规，系统建设以管控为基础，增加了一定的协同。团队围绕各自的职责，建设独立的能力（如评审能力、测试管理能力等），保障业务得以安全开展。这是企业发展之所需，也是系统建设之必然，只是从数字化视角带来了系统散（烟囱式建设）的问题。

随着信息化进程的推进，企业开始关注各个领域的效率，企业快速建立了各种能力：人员管理（入场出场管理）能力、需求审批能力、项目管理（立项管理、里程碑管理）能力、软件研发管理（任务分配、过程管控）能力、测试管理（测试用例管理、测试进度管理）能力、版本管理能力、发布审批管理能力、发布自动化能力等。这些能力的建设对企业提效起到了一定的作用，也形成了内部数据，更方便统计，为管理者提供了有效的数据支撑。由于能力建设前期较难规划，一定程度上可以说是自由生长（自由生长是组织在建设时未能有效进行规划而最终导致各个能力域相互隔离、不连通，有时称之为烟囱式建设。出现这种现象的一个常见原因是，组织在快速增长时，大多数情况下能力建设仅以安全、合规、单职能管理为主），缺少统筹、较少关注整体时效和效能，也不乏重复建设，端到端全流程带来了数据不准、口径不一致等问题。

企业在推进有效全局管理过程中，通常开始建设管理驾驶舱，在系统散、数据不连通的情况下，各系统独立提供数据（有时人工报数），在一定程度上解决了管理者无数可看、数据不共享的问题。由于各系统标准不统一，数据点拉通不足，以及存在加工整合逻辑差，极易出现看到的数据和听到的反馈不一致等情形。软件研发数字化管理需要多维度、实时数据的支撑，管理者的需求如果不能够有效被传达，会导致管理驾驶舱的决策能力大大减弱，数据支撑决策力度不足。

从软件研发数字化管理能力建设的历史看，初期以满足监管要求、安全合规、效率提升诉求为主，充分体现了"信息化时代"的特点，在新的数字化能力建设要求下，我们发现了能力建设的4个痛点。

17.2　能力建设的4个痛点

企业内部建设软件研发数字化管理能力从来不是一件容易的事，因为它总是重要但不紧急，在汇报时，各项能力都有了，可是用起来总是难以将其整合，本章总结了4个痛点。

17.2.1　缺失面向价值交付的协同能力

金融组织在建设管理能力时，以安全合规驱动的审批能力建设为主。强审批会带来强的流程节点控制——这是金融行业强监管和高严谨性在软件研发管理上的直接体现。最终体现能力建设的结果是面向管理层的审批能力完备，但缺失面向价值交付[①]的协同能力。

在传统组织分工、分配、分责的体系下，组织可以在以职能为中心的工作模式下有序协同，其中审批能力起到了决定性的作用。随着数字化进程的推进，外部环境的竞争压力、业务能力升级都需要各职能部门快速响应、快速决策，业务团队需要看到各个价值交付环节的呼声越来越高，业务团队想看到的交付效能数据可助力组织转向以价值交付为中心的有序高效协同，解决沟通慢、交付慢、返工多的问题。

在不确定性外部环境下，组织迫切需要面向价值交付的协同能力，以提升响应市场变化的速度。在能力建设的顶层设计中，需要考虑审批能力与协同能力是能助力组织的数字化转型，还是只增加了更多的审批点，让能力建设成了组织的负担。

17.2.2　系统间散而不同且不通

面向职能部门建"孤岛"，组织在提升单点效率的背景下，已拥有各个职能部门的通用能力，如人员管理能力、软件研发管理能力、需求审批管理能力等，然而系统散、系统不连通和系统能力重复会导致同样的东西在不同系统中的定义或产生的数据有差异。每个人在各自的领域都做得很好，却始终看不清如何有效提升组织响应能力。形成了散而不同、散而不通的现状，最终状态同步全靠问。

这种面向职能部门的通病使组织数据连接极为困难。术语不统一、标准不统一会导致沟通成本加大。数据重复录入、能力入口多会导致状态同步不及时、数据缺失等。这些问题最终会导致面向职能部门建设的系统无法发挥其在组织中的最大价值，信息同步依旧依靠电子邮件、电话、即时消息等原始方法。跟进工作靠责任心、靠经验会导致执行层忙、乱，管理层缺失全局视角、决策不及时等。

---

① 价值交付强调价值导向，需求是价值的一种载体，在具体谈到需求时，可以表述为需求交付。

17.2.3　有数据却不能支持决策

在以数据组合为中心，简单聚合的条件下建立的管理驾驶舱，数据洞察不足。有结果数据，却难以分析，数据驱动决策面临不及时、难判断等问题。

导致上述问题的原因是：面向合规、分工建设的能力，重管控、弱协同，导致数据无法还原真实的协同场景。数据质量①远达不到数据驱动决策的要求，直接原因是组织协同能力未嵌入业务流程。同时，软件研发数字化管理取得长期成功取决于文化的改变及质量观念的建立。我们应该充分意识到，低质量的数据会给企业带来多方面的成本，如报废和返工成本、组织效率低下产生的成本、组织冲突成本、机会成本（包括无法创新）、声誉成本等，只有高质量的数据才能提高业务团队与研发团队的管理一致性，提高生产力，快速响应商机。

所以，在数字化时代，不仅应关注业务数据的治理，IT数据的治理也势在必行，只有IT数据的治理到位，才能最终保障IT战略与业务战略的一致性。

17.2.4　强依赖外购来提升能力

至此，已经介绍了组织面临的3个痛点，即缺失面向价值交付的协同能力、系统间散而不同且不通、有数据却不能支持决策。因此，不少组织已在尝试购买一整套业界先进的解决方案，使其快速融入自己的组织。

在重投入、高关注的聚光灯下，点状试点覆盖模式总是很有"效果"的。在失去聚光灯、规模化推广之后，融合问题渐渐凸显。外购的管理体系极难改变整个组织，加上定制化慢等一系列问题，整个组织效率并不能如预期那样往前走，长时间无法撑起全流程端到端的软件研发数字化管理能力。最终，导致一体化解决方案又沦为零散的功能在各个职能部门中使用，方案难以真正应用、难以整体调整的问题导致决策者左右为难。其实这个问题的本质在于缺少能力主线规划，强依赖外购来提升能力，没找准定位。

17.3　能力建设的整体思路

基于上述痛点，我们认为金融组织软件研发数字化管理能力建设应体现能力导向、业务驱动、统一架构、分工协同原则。面向管理层，聚合数据做决策；面向执行层，面向价值交付抓协同。通常，我们把这两层称为管理流水线和研发流水线。

可以将业界先进的能力作为目标进行差距分析，制定策略：能力符合就复用，能力缺失就新建，能力弱则升级，能力重复则集约化改造。图17-1展示了基准服务和目标服务之间的差距分析矩阵，通过该分析可制定出组织软件研发数字化管理能力建设的路线。例如，增强业务需求规划能力，补齐需求服务的产品规划能力短板；增强协同看板能力，补齐价值交付协同能力短板。

---

① 数据质量指从准确性、完性、一致性、完整性、合理性、及时性、唯一性、有效性进行评估，缺失任何一个环节，数据质量都是不高的。数备据质量的高低是以满足数据消费者应用为标准来衡量的。

基准服务	目标服务					
	项目服务	需求服务	审批服务	度量服务	人员组织服务	去除的服务
项目服务	包含					
组织阵型服务					潜在匹配	
需求服务		潜在匹配				
审批服务			包含			
专项意向服务						淘汰
新增服务		差距：增强业务需求规划能力，增强协同看板能力		差距：增加组织级度量，增加可配置的管理驾驶舱	差距：增强网状组织管理能力，增强人员角色能力	

图17-1　差距分析矩阵

在我们服务的金融组织中，管理流水线存在明显的网状组织阵型缺失、组织级度量能力弱的问题；研发流水线存在系统不连通、协同困难等问题。

下面将聚焦重要的、通常存在差距的管理流水线和研发流水线（见图17-2），详细阐述金融组织都需要哪些软件研发数字化管理能力。

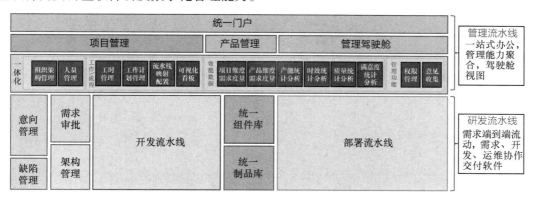

图17-2　管理流水线与研发流水线示意

17.4　能力建设的4条原则

为了让能力建设更加顺畅，我们总结了4条原则，帮助企业快速找准能力建设路径。

17.4.1　能力聚合，端到端覆盖

做到身份聚合、功能聚合、信息聚合、应用聚合，构建端到端连通的一体化平台。通过差距分析矩阵，以及缺则补齐、弱则增强、重则聚合、已有则复用的原则，实现数据贯通、应用端到端覆盖。在进行能力聚合时，应以协同为驱动，赋能每个角色。

各业务系统之间可以数据贯通，并提供数据给一体化平台，在平台层进行协同展示（集中式管理模式），如图17-3所示。

图17-3   通过能力聚合建设的一体化平台模型

17.4.2   能力模块化，场景结构化

这里将组织里使用的需求、团队等统称为业务对象。把这些业务对象作为结构化数据进行表达，在系统内建立描述业务对象的能力。将业务对象的各种操作权限要求、数据计算等，抽象为业务规则、计算公式等通用能力，并应用在业务对象上，以构建具体的业务实体。通过管理场景的覆盖，做到构建零代码应用成果，实现随时可配置、实时生效的能力。我们将这种能力称为建模能力。

图17-4以业务对象项目为例说明如何构建一个业务对象。项目本身这个对象是建模出来的，项目有哪些属性可以填写，和其他业务对象的关系均源于配置。把一个个业务对象抽象化后，组织有了新的需要管理的业务对象，就可以通过建模的方式快速实现对应的管理能力构建和应用。

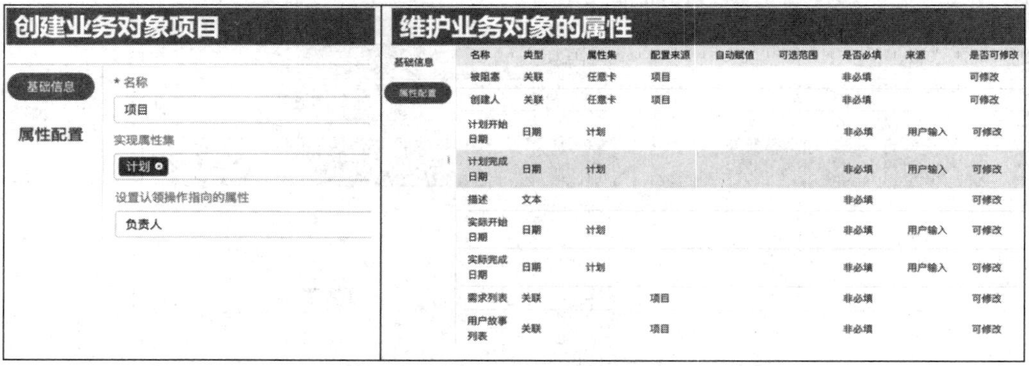

图17-4   业务对象项目构建示例

17.4.3   多方协作，共同治理

能力建设或聚合过程中，会横向跨越多个职能部门，需要多部门之间凝聚共识，并从战略或问题出发，解决组织中数据不准、不及时、不完整等问题。另外，多部门还要达成一致的数据治理规则"谁生产则谁管理、谁负责"，从而推动数据在组织中的标准化，提升数据的有效性。

17.4.4   行为驱动，强化协同

系统建设面向价值流[①]交付过程，强化协同，让数据产生于协同，而非管理者的要求，以可视化和度量为驱动，引导行为，从堵至疏。我们建议把组织的IT数据作为一种资产进行管理，驱动数据共享。通过数据赋能业务团队，做好资源调整和战略决策。

---

① 价值流被描述为"一个端到端的增值活动集合，为客户、利益相关方或最终用户创造整体结果"。

在以上4条原则下，未来系统的建设将会是一种能力的组合，而非某个具体管理需求的研发工作。通过不断地进行能力建设，方可应对管理的不确定性、协同的易变性。

17.5　能力建设的12种能力

本节介绍的12种能力是常见的软件研发数字化管理应该优先考虑建设的能力，组织可以根据自己的需要进行裁剪。

17.5.1　网状组织管理能力

对于管理流水线，应能够提供网状组织管理的能力，以解决有多少人、分别是什么角色、聚焦在什么业务领域或项目的问题。

传统的组织阵型的线上化，通常只能描述出简单汇报线的树状结构，如金融行业常见的业务科室、科技部门室组等，体现的是人事管理线。但往往还有更多不同层次的组织阵型，如项目团队、业务单元等。例如，在软件研发数字化管理过程中会引入的部落/小队，需要考虑部落/小队里面包含多少人、分别是什么角色（不再是通用的开发人员等），以解决传统人力资源系统对网状组织与角色支持不足（或不易调整）的问题。网状组织管理能力是围绕实际作战业务单元进行管理的，也为过程管理、后评估提供人力数据基础。

网状组织管理能力的重点是网状组织阵型层级可定义、名称术语可定义和人员角色可定义（人才标签）。

17.5.2　价值流管理能力

对于管理流水线，应能够提供"价值流管理"的能力，以体现价值交付流动过程，通常结合看板等可视化端到端进展、阻塞等，做到数据流贯通。价值流是得以协同的基础，也是关键数据的来源，价值流管理能力尤为重要。

这里需要注意的是，价值流是赋予价值的全部活动，并非审批，但通常会结合已有的审批能力保障安全合规。不同部门由于组织阵型的差异，价值活动也会存在差异，例如有的部门进行需求优选时先小组优选再部门优选，而有的部门可能就采用集体优选。面对企业内部价值流的差异性，价值流管理能力需要作为一种通用能力同时支持标准化与个性化，也就是把标准化交给组织统一管理，把个性化交给团队决策，这种能力可以更好地体现实际价值交付过程，使协同能力的价值得以有效应用。

价值流管理能力的重点是价值流可定义、价值流名称可定义、价值流可个性化。

17.5.3　柔性的需求层级体系能力

柔性的需求层级体系能力指的是可定义的需求层级体系、可定义的术语，以适应不同组织的上下文，减少新概念带来的认知负荷。

（1）可定义的需求层级体系。金融组织由于组织阵型天然比较复杂，对应的需求层级体系也通常具有相对应的复杂度。定义清楚需求层级，结合价值流管理，可明确哪一层工作在管理流水线，哪一层工作在研发流水线。需求层级体系是帮助上下对齐沟通的基础，通常作为参考数据①进行管理。

（2）**可定义的术语**。不同组织对需求使用了不同的术语，可以统一术语，以进行参考数据的治理。例如，原始需求和意向可能都代表着用户提出的最初想法，在一个组织里可以将其统一为意向，而不建议创建一个新词叫"想法"。

需求层级体系的不同层级之间可进行拆分，能够支持可定义的上下级关系，而不仅是关联，一个简单的树状关系可以让整体需求交付过程更清晰。例如，使用Adapt框架中的3层需求层级体系，需求面向业务团队，系统功能面向研发团队且不跨系统，个人任务面向个人。需求主要在管理流水线层，系统功能和个人任务在研发流水线层。

柔性的需求层级体系能力的重点是需求层级体系可定义，术语可定义，以及术语统一高于术语替换。

17.5.4　战略解码与需求规划能力

业务成功始于战略，行于规划。组织的顺畅运作离不开战略解码和最终需求的规划落地。保障组织战略目标的垂直一致性和水平一致性，也是软件研发数字化管理的能力之一。

战略解码以企业战略和部门业务目标为基础，自上而下垂直分解，保证垂直一致性。需求规划以企业端到端的业务为基础，建立部门间的目标连接和协作关系，保持水平一致性。把需求规划与战略连接起来，才能把业务与研发连接在一起。

战略解码与需求规划能力的重点是需求规划与战略连接、业务与研发连接。

17.5.5　项目、产品管理能力

项目、产品管理能力是指管理需求的两个维度，需求既是项目的组成部分，又是产品的组成部分。

项目管理作为基础的管理单元，天然采用短期达成目标的思路开展工作，从启动、规划、监控、实施、收尾等全方位关注过程。近几年，产品管理思维渐渐被管理层所关注，从业务探索、预研开始，到后续的立项、设计、开发、发布、退市等产品的全生命周期，在软件研发数字化管理中，使用项目进行短期目标的管理，使用产品进行长期目标的管理。有了项目和产品的管理能力，我们可以清晰地看到项目与产品、项目与需求、产品与需求的关系，结合后续的数据展示能力和数据洞察能力，可为管理者提供全方向的管理与决策。

项目、产品管理能力的重点是从项目、产品角度聚合需求看规划与进展。

17.5.6　多元化的数据展示能力

数据来自每日协同工作，数据的可视化能够赋能每一个用户，用户可以创建数据、使用数

---

① 参考数据指可用于描述或分类其他数据，或者将数据与组织外部的信息联系起来的任何数据，如代码表，通常变化较小，数据量也较小。

据，并在使用的过程中不断产生新的数据，让数据聚合后驱动决策，形成改善闭环。

如图17-5所示，数据展示能力已抽象为日常管理所需的看板、列表、矩形等各种展现能力视图。以看板视图为例，业务需求、项目、产品均可以作为看板数据源，通过价值流配置能力，生成对应的业务需求看板、项目看板、产品看板，而不再需要进行每一个看板的定制开发。

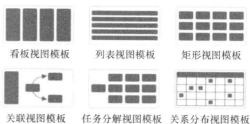

看板视图模板　　列表视图模板　　矩形视图模板

关联视图模板　　任务分解视图模板　　关系分布视图模板

图17-5　数据展示能力模板示例

多元化的数据展示能力的重点是业务对象与数据展示分离，按用户需求进行编排，促进协同。

17.5.7　协同设计能力

对于大型组织，沟通与协同是需要精心设计的。结合组织的战略与规划，把网状组织阵型设计、价值流设计、需求层级体系设计这些能力有机整合，并进行多元化的数据可视化展示，按需进行动态调整，使组织协同并不断演进。协同设计能力是一个组合能力，可帮助组织不同角色、不同部门，从促进协同角度进行组合展现与交互。

协同设计能力的重点是协同设计、能力整合、按需调整、动态演进。

17.5.8　成本管理能力

软件研发数字化管理少不了成本度量，成本包含但不限于人力成本、软硬件资源成本。此处以人力成本为例，我们通过网状组织管理能力，能够知道投入某个特定领域的大致人力成本。如何进一步精细化管理到以产品、项目，甚至需求为单位的统计，将是许多组织面临的一个新的挑战。通过专项填写报工（工时填写）的形式，一定程度上得到了一些数据。然而，这样的设计带来了额外的统计成本，也不能很好地引导行为。我们要思考的是如何结合日常的协同行为，产生有效的工时数据以度量成本。图17-6所示为以看板协同、结合站会、引导行为的形式产生工时数据的示例，既能保障所有工作得以记录，使工作状态为最新状态，又能产生管理所需的工时数据。这种方式遵循"行为驱动，强化协同"的能力建设原则，以减少为了度量而增加的额外工作，而这些为了度量而增加的额外工作易导致数据不准。

图17-6　工时收集示例

17.5.9　实时可配置的数据洞察能力

管理层抓方向，执行层抓落地，组织各层人员关注点有类似点，也存在差异点。在不同时间，关注点也需要动态演进，随时调整。若要构建一个可随时调整的管理驾驶舱来赋能管理者，需要可定制的报表能力，来赋能管理者，使其具备多维度进行数据洞察的能力。

组织成员通过精心设计的协同能力进行协同，产生了我们所需的各种数据，有了数据之后，可以像使用Excel一样产生多维度统计视图，如图17-7所示，视图可以根据管理者的需要随时配置，实时生效，不再需要提需求进行开发、上线。

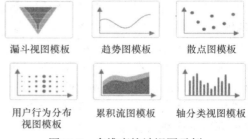

图17-7   多维度统计视图示例

若需要观察一个产品的需求规划情况，可使用轴分类视图，数据源选择业务需求，横轴为规划月，纵轴为需求数量，这样我们就能够得到这个产品需求按月的规划情况，如图17-8所示。

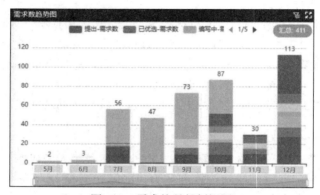

图17-8   需求按月规划视图

实时可配置的数据洞察能力的重点是实时可配置的统计报表能力。

17.5.10   个性化工作台能力

不同角色的关注点差异很大。根据角色定制工作台，作为日常操作的入口，本质上是赋能每个角色关注所需关注的点，多维度展示任务进展，以提示风险、发现瓶颈、进行智能提醒等，进一步促进协同。

无论是增加可视化看板还是增加具备数据洞察能力的报表，都需要具备随时可调整数据的能力。也就是说，报表不仅是静态的，也是可下钻、可修改且立即生效的，是能保障数据一致性及实时可用的可交互式的报表。

版本需求数据报表如图17-9所示。通过这个报表，可以直接下钻至可操作的需求主数据[主数据是有关业务实体（如雇员、客户、产品、需求等）的数据，这些业务实体为业务交易和分析提供语境信息。主数据应该代表与关联业务实体有关的权威的、最准确的数据]，如图17-10所示，不用切换系统查找再调整。这不仅是一个报表，也可以作为用户的操作入口。

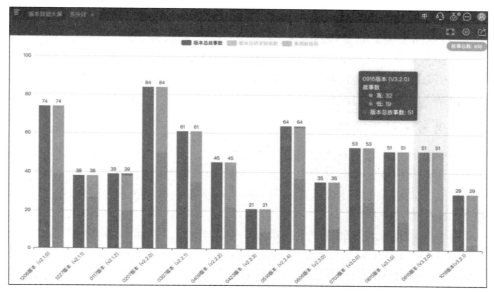

图17-9 版本需求数据报表

用户故事 29	状态	负责人	当前状态停留天数	更新时间	阻塞天数
-工时管理-不允许手动添加工时	待上线		5	2021/11/24	
需求状态数据治理。	归档		31	2021/10/29	
openapi webhook配置迁移到apollo, 同时支持配置多个hook地址	归档		31	2021/10/29	
完善知微授权账号许可机制（私网版本）	归档		33	2021/10/28	
长行数据发布工具	归档		33	2021/10/27	
漏斗过滤的交互优化 支持或且过滤和视图设置的过滤保持一致。（#…	归档		33	2021/10/27	
【1】OKR解决方案优化 --内置目标、关键结果类型，新增目标管理…	归档		33	2021/10/27	
下钻视图 去掉 漏斗里 保存为过滤方案 入口	归档		33	2021/10/27	
成员管理视图，左侧节点支持显示对应的节点人数	归档		33	2021/10/27	
新增批量设置【1】可设定批量卡，针对批量并记录指标数据	归档		33	2021/10/27	
神兵同步故事和缺陷，适配相关内置属性	归档		33	2021/10/27	
理财子同步 idea 关联 feature	归档		33	2021/10/27	
成员属性集上的用户名属性，默认为显示（现状为隐藏）	归档		33	2021/10/27	
长行增加数据变更对接mq	归档		33	2021/10/27	
devops-自动化测试结果纳入测试案例视图	归档		33	2021/10/27	
【4】OKR解决方案优化 ---我的okr	归档		33	2021/10/27	
webhook增加block/unblock	归档		33	2021/10/27	
成员应用组织架构的时候，可以声明成员与架构各个节点的关联是引…	归档		33	2021/10/27	
【3】OKR解决方案优化 ,视图呈现--列表样式(组织okr)	归档		33	2021/10/27	

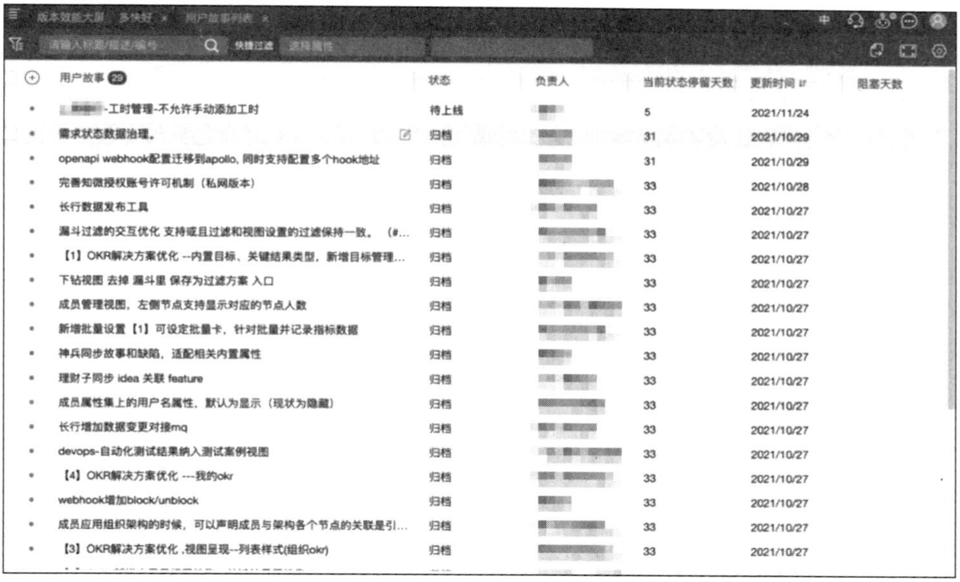

图17-10 下钻至需求主数据（用户故事列表）

通过融合报表和数据之间的连接，达到随时溯源、随时调整、随时生效的目的。个性化工作台能力的重点是个性化角色工作台和交互式报表。

17.5.11 多维度数据下钻透视能力

数据展示能力模板与报表能力模板的本质是数据展示的不同形式。既可以使用轴分类视图展示以部门为横轴的需求分布情况，也可以使用数据展示以月为横轴的需求分布情况，通过下钻、透视，进行不同报表之间展现的透视、报表能力（数据洞察能力）至数据展示能力的透视，帮助数据使用者多视角查看数据，进行数据分析。最重要的是，对于管理的不确定性，多维度数据下钻透视能力能够快速地按需进行透视结果切换。

多维度数据下钻透视能力的重点是可配置的透视能力。

17.5.12 业务规则管理能力

在构建多种能力时，如何发挥这些能力组合的最大效用，如何去寻找自由和管控平衡点，从来就不是一件容易的事，我们这里引入业务规则管理能力。通常，把业务对象（见17.4节）所需的一些规则，如是否必填、价值流之间流动检查状态、不同选项之间的联动、计划未如期达成提醒等，统称为业务规则。

举一个简单应用业务规则的例子，当录入业务需求时，我们希望加上计划完成时间（业务规则定义为必填项，如图17-11所示），结合需求规划能力与数据洞察能力，可以完整展现需求按月规划的情况，帮助业务团队和研发团队看到全局，动态维护调整，而不至于让所有需求像一个没有期望日期的愿望一样，迷失在沼泽里。业务规则管理能力能够帮助我们动态调整以快速适应不同阶段推广的需要，充分应用强提醒能力培养用户习惯，不再设置各种阻塞使系统使用出现上不去和下不来、响应慢等各种问题。

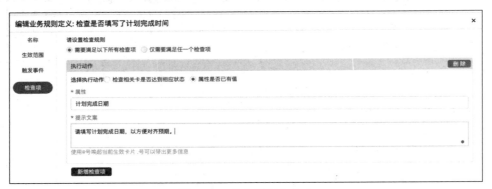

图17-11   业务规则自定义

总之，业务规则管理能力使动态管理要求得以及时响应，而且不再强依赖于提需求再研发，而且具备可试验性。让管理者真正做到弹性管理、试点探索、分场景应用以及分阶段增加和减少管理要求，让管理真正做到刚柔并济。

17.6 小结

本章介绍的软件研发数字化管理能力建设的4条原则和12种能力，是Agilean公司多年来帮助国内金融组织落地软件研发数字化管理的经验总结，也蕴含着IT数据治理的理念，12种能力覆盖了大部分通用场景，为了精减，不赘述过多细分能力域场景。我们希望为想要推进软件研发数字化管理的组织，提供一个有效的能力建设思路。如果您在这方面有困扰，不妨对本章整体能力建设原则和能力加以参考，在保障业务连续合规的前提下，推动企业软件研发数字化管理能力的升级。这也是能力建立之所需，企业数字化转型之所需。

企业可以通过构建面向价值交付的价值流管理能力，集成多种协同场景；通过定义适应组织的统一语言，让各个系统便于连通；通过构建具备交互能力的多角色工作台，赋能每一类用户，并产生实时、有效且高质量的数据，以支撑组织决策的需要；通过多方协作、共同治理的原则，从能力主线规划出发，凝聚共识，打通企业内部平台，并从外购一整套平台转向外购组件或能力融入组建软件研发数字化管理平台。

由于管理的复杂性、不确定性、动态演进性，加上外部市场的不断变化，组织需要快速响应市场变化，相应地进行研发投入调整，快速开发迭代的"驾驶舱"仍然难以满足管理者的需求，而使用低代码或零代码平台将会是一个很好的适合此类场景的思路，建议组织在自研或外购组件或能力时充分考虑管理复杂性带来的新的挑战及应对策略。

第**18**章

规模化推广路线图

前面已经介绍了各种方法论和多种实践，接下来需要快速地构建一种规模化推广路线，并把主要的方法和实践有机连接起来。本章将讲解规模化推广的9个步骤，帮助读者快速掌握组织规模化推广的完整路线。读者可以较轻松地根据所在组织的情况，对步骤进行必要的裁剪，以自定义适合自身组织的导入路线。

18.1 规模化推广的步骤

组织在转型过程中，规模化是必经之路，只有整个组织不断规模化，才能让组织持续保持活力。由于组织特点差异化、管理者的个人风格不同等各种因素，可以先试点再推广，也可以直接进行规模化。图18-1中概括了组织规模化推广的9个步骤，后文将详细阐述每一步的重点工作。

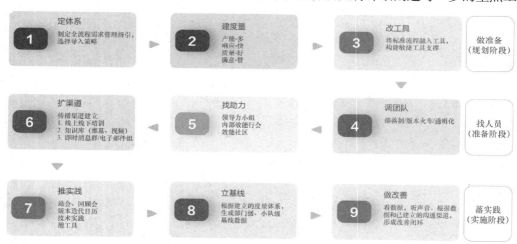

图18-1 组织规模化推广的9个步骤

18.2 定体系

一个组织要实现规模化转型，少不了流程机制和标准。值得注意的是，我们认为流程机制和标准并不是传统瀑布项目管理所特有的，也不是CMMI（Capability Maturity Model Integration，能力成熟度模型集成）所特有的，在当今精益、敏捷、DevOps等盛行的体系下，流程机制和标准也是必不可少的。Adapt框架中包含各种流程机制和标准，其同传统的流程机制和标准的差异点在于，我们强调这些流程机制和标准是由管理者推动，与执行者共同制定，且刚性与柔性共存的。

18.2.1 定策略，选范围

虽然是规模化，但同样有不同的策略，根据变革影响的范围，结合自身情况，你可以选择部落制、版本火车或透明化，如图18-2所示。

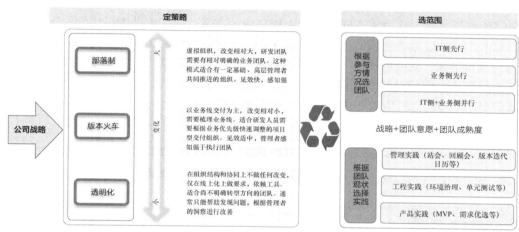

图18-2 规模化的不同策略与范围

需要注意，图18-2所示的这3种策略并没有好坏之分，主要是看哪种策略更容易被组织接受。另外，组织要变，并不需要一步到位，采用渐进式变革还是休克疗法，需结合组织现状。组织只需要采用任意一种策略，推进变化，就成功了。我们深知有多种方法论，这些方法论常常会提到一把手工程或制造紧迫感以推进变革，如果你能达到如此高度，当然是好的，切不可因为一时做不到就不往前推进。

18.2.2 产品制与项目制融合运行

部落/小队是一种常见的组织阵型，因为面向业务交付，稳定的交付容量在快速响应上有较大的优势，部落/小队也是多种敏捷框架中推荐的组织阵型，我们在第3章已经介绍了组织的构建形式。如果你决定使用部落制，但只想部分采纳，也是完全可以的，例如可以不强调部落，只构建小队，或者部分小队成员有一定的共用。有小队，有职责，知目标，就是很大的进步。在图2-4的基础上我们可以从多个部落中选择一部分人员参与项目，也可以选取一个部落做一个项目，即项目既可以是横向跨部落的，也可以是纵向的，部落即项目。产品制在组合组织阵型时，一个产品通常可以归属到一个小队，这也是我们设立这类小队的初衷。

18.2.3 两层需求层级体系分解

需求是不同角色、不同部门之间沟通的桥梁，而且由于细化管理的需要，我们通常推荐使用两层需求层级体系（两层需求层级体系如图2-6所示）。需求层是各角色沟通对齐的基本业务单元，我们通常建议需求要在1个产品版本周期内完成或以可以看到有效进展为原则。同时，由于需求可能由不同系统承接，需要知道多个系统的进展，可以将产品需求拆分为多个系统功能，以明确责任人并跟进工作，系统功能层通常要求单小队、单迭代可完成。

18.2.4　产品需求价值流标准化

产品需求价值流与研发活动通常是一个标准化的关键步骤，如图18-3所示，看起来十分简单，但该价值流实际上代表着不同角色间工作完成的定义，价值流里还包含价值流状态之间应该进行哪些活动，以促进需求的逐步完善和在研发过程中帮助相关方知道需求的具体进展。有了产品需求价值流，就可以拥有需求交付的全局视角，如果想要优化需求发布前置时间，通过价值流上工作项的停留时长和数量就很容易知道交付堵点在哪里。从我们曾经导入价值流的实践来看，对图18-3所示价值流达成一致，可能需要讨论不止一个月的时间。具体价值流制定原则参见7.4节。

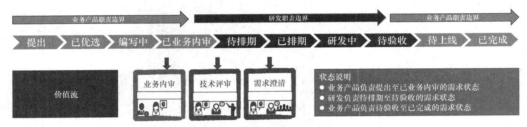

图18-3　产品需求价值流与研发活动示意

以上为"定体系"的部分内容，不少组织仍然会制定全流程需求管理指引，如需求管理办法、细则、实践指南等，这些在研发过程中都是不可或缺的。只要牢记，制定标准的过程需要执行人员充分参与，从"要我做"变成"我要做"，流程、文档、工具就是组织效能的助力。

18.3　建度量

实际上，组织不会因为没有度量而无管理，也不会因为度量成功就获得成功。组织是复杂的，在一个复杂组织里，没有数据支撑的管理就像一场"豪赌"。

做到数据知情决策是必需的。组织需要设计一个度量体系，通过适时的引导，遵循指标设计的整体性、无害性、制衡性、外部性、演进性五大原则（见表18-1），让组织成员看得到成长与改变。

表18-1　指标设计的五大原则

原则	描述
整体性	软件研发团队是一个复杂系统，要避免过于强调各个局部的指标而缺乏或弱化整体指标的情况，否则可能引起很多局部优化
制衡性	要有多维指标，从多个方面来衡量，例如不能只重视需求发布前置时间而忽略质量

续表

原则	描述
演进性	指标的选取是要和实际需要结合的，在不同的阶段设定不同的关注点能够更好地落实改善，这样指标会随时间而变化；经过一段时间的积累，才能识别出更合适的指标，同时需要持续优化指标
外部性	也就是在组织或团队外部可以觉察到的，例如交付的多少、快慢等
无害性	在选择指标时要尽量消除负面牵引，避免为了快速达成该指标而做出对组织长期有害的行为

组织管理者需要完善的度量体系，结合指标设计的五大原则进行组织管理。Adapt框架提供"多""快""好""赞"的度量体系供管理者参考，如图18-4所示。

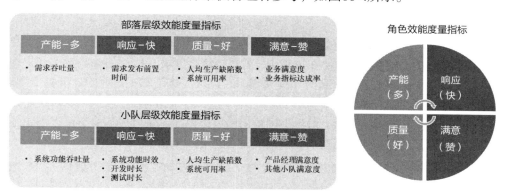

图18-4　"多""快""好""赞"的度量体系

拥有一个设计上健康的度量体系是前提，再结合人员合理的数据解读，度量才可能给组织带来尽可能大的帮助。因此，我们强烈建议管理者要有能力去解读数据，因为数据是客观的，但解读数据的人是主观的。管理者只有拥有数据解读能力，才能真正做到数据知情决策。

18.4　改工具

组织的工具一定要匹配组织的流程机制。当工具与实际组织的流程机制不匹配时，产生的数据将偏离实际，更谈不上数据知情决策。如何构建工具参见第15章。

这里要特别注意的是，我们强调工具的匹配度，而不是先进性。对于太过先进的工具，组织无法掌控时，同样会导致管理失败。举例来说，如果设计了一个完美的价值流，可体现各种角色之间的交互，但是组织目前业务团队并不能够配合工具使用，也不能发挥工具的效果，反而会导致工具应用复杂。

在改工具时，充分考虑服务对象，不同服务对象使用和需要看到的数据是有差异的。常见的软件研发管理大屏会有部门维度时效、产能、质量等数据，但缺失站在业务领域和数字产品视角的时效、产能、质量等数据，同样缺少站在项目经理视角的数据。组织的工具最大的问题就是，功能看起来都有，但用起来什么都缺，到最后最好用的工具仍然是Excel和PowerPoint。

永远要记住，软件研发管理工具大多数情况下不是一个必需品，当它不能帮助到使用它的大多数人的时候，这个工具将会成为一个摆设。为了使其不成为摆设，有人想起了使用一堆卡点、一堆制度，这样管理者的责任是摆脱了，但实际上仍然不会有人使用，只剩下业务团队和研发团队无休止地拉扯罢了。举个常见的例子，需求评审结论要线上化，但是实际上需求评审本身是线下进行的，需求评审结论线上化就是一个后补流程，加任何卡点也不能保证组织实现了真实的协作，只是最后留痕罢了。正确的做法是让这些活动线上化，通过度量数据去看有多少需求未经审批而已开工，再去优化流程。

下面介绍一些常用的工具。

18.4.1　看板

看板是软件研发管理工具中的一个必备工具，平常得不能再平常了，它增强了可视化功能，让参与者能看到进展。但是，卡面上的信息真的是协作者需要的吗？我们看到太多的工具只能在卡面上显示固定的信息，难道在整个协作过程中，需要持续高度关注这些信息吗？例如提交测试日期，在研发过程中研发团队关注什么时候提交测试，以关注进度和提醒风险，但提交测试后，不应该关注什么时候测试完成吗？这些都是工具使用上应该注意的问题。图18-5所示是一个看板示例，它充分考虑了关键信息的展示，对于不同价值流，可以显示不同的信息，可以展示不同的配色，以增强可视化，而这些均是可配置的，保留了足够的弹性。

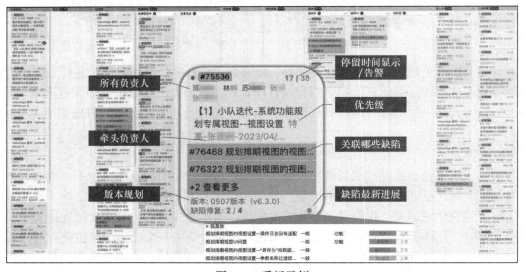

图18-5　看板示例

18.4.2　需求规划图

需求规划图是一个以产品经理视角，按投产日展示的视图（见图18-6）。它可以让产品经理清晰地看到其负责的需求哪天将投产，以及整体投产日规划情况。这将决定产品经理是仅用需求管理平台提需求，还是用需求管理平台做日常的关键管理。

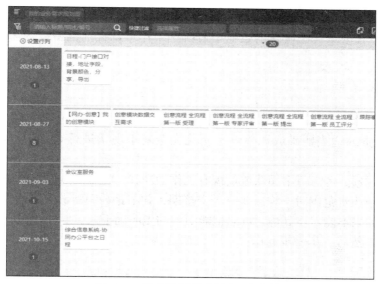

图18-6 需求规划图（版本日视图）

18.4.3 度量大屏

度量大屏的数据能够支撑决策吗？当看到产能异常的时候，能够下钻看到具体是哪些需求异常吗？如果能下钻且可修复，能快速修正相关数据吗？修正完后，能立刻在大屏上展示吗？看完按月产能后，为了进一步诊断，能看双周产能的情况吗？这一系列的疑问是管理的实际场景中会出现的。技术管理工具有可能比业务系统更复杂。图18-7所示是一个软件研发管理大屏，是动态可配置的大屏。

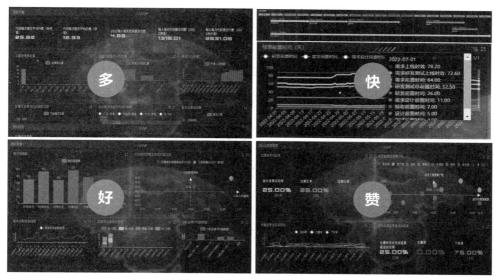

图18-7 软件研发管理大屏

定体系、建度量、改工具是规划阶段需要考虑的，本质上是推广导入前的准备工作。读者可以根据这3步看一下自己所在的企业中有哪些工作可以提前准备，为后续推广导入做好准备。

18.5   调团队

在定策略时，组织可以选择部落制、版本火车或透明化，其中部落制和版本火车需要进行一些人员职责的适当明确或调整。透明化完全基于现状进行导入，不涉及团队的组建工作。

在调团队的时候，考虑每个团队成员现有工作的现状，哪怕团队愿意调整，也要有过渡阶段。在扩大或缩小职责范围时，均需要一个交接期，并不是瞬间能够完成的。如图18-8中的部落制示例所示，如果不能一步到位，可以把能明确的先明确下来，例如零售业务团队的账户小队和信用卡小队，然后一步一步运作。

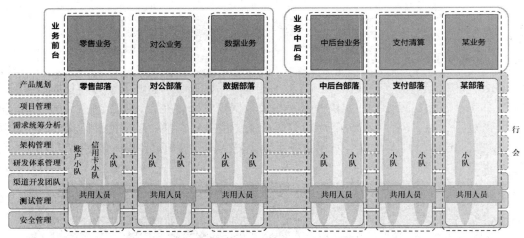

图18-8   部落制示例

18.6   找助力

在组织里找到志同道合之人，共同推进组织转型，通常建议成立3种组织：一种是领导力小组，包含能够推动关键活动且具备影响力的人员；一种是内部效能行会，这些人懂效能或有志于在效能上做一些工作；还有一种是效能社区，用于传播文化，影响更多的人。

在组织内部，为了让规模化推广这件本身就不简单的事情得以有效推进落地，有必要结合组织目标和个人目标来推进。图18-9所示是一个效能教练选择示例，该示例充分考虑组织、部门、团队，以及部分自主报名人员的情况，结合目标进行推广运作。自组织也许是一个终极目标，这个过程需要目标牵引。

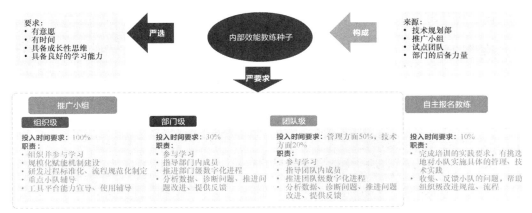

图18-9 效能教练选择示例

18.7 扩渠道

要让组织所有成员行动起来，就要先让所有人都知道我们在做什么，理解为什么这么做，对大家有什么帮助。这些可以通过电子邮件、制度宣导、知识库、内部电视直播、内部即时消息群、短视频等来实现。

在沟通上，尽可能采用多种形式进行，如正式的、非正式的。图18-10所示是一个内部即时消息群与例会的沟通渠道示例。它可让信息在组织内部快速、高效传播。

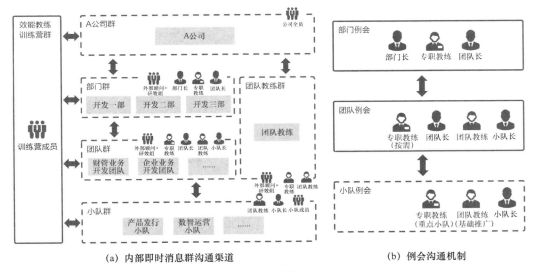

(a) 内部即时消息群沟通渠道　　　　(b) 例会沟通机制

图18-10 沟通渠道示例

调团队、找助力、扩渠道是准备阶段需要考虑的，有了关键人员和渠道，信息才能传递和反馈。文化很重要，新的文化是通过一部分人员和传播渠道逐步建立起来的，将新的文化融入组织就形成了新文化。

18.8   推实践

没有最佳实践，只有最合适的实践。经过规划阶段和准备阶段，实践似乎水到渠成。但是，虽然是规模化，依然没有捷径可走，我们需要通过各层级的效能教练，覆盖组织的每个小队，然后通过收集到的反馈，经构建的渠道宣传推广，不断地辐射更多小队。规模化推广小提示：一次推广一个实践，保持简单性。

接下来介绍常见的管理实践（技术实践见第16章），帮助读者建立对"推实践"的基本概念的认知。

18.8.1   站会

站会是最轻量且高频的实践，它让改变看得到。这是最推荐的实践之一，让站会保持简单性，导入常见的"三问"，强调昨天完成的事项、今天将完成的事项，以及阻碍和风险。让每个人记住，最关键的是完成事项，有人跟进阻碍和风险，参与人员有收益，站会才会更有效。图18-11所示是站会的场景示例，有电子大屏（如MAXHUB）可以开站会，无电子大屏也可以开站会，利用能拿到的资源（如投影仪、大显示器、物理白板等）往前迈一步。

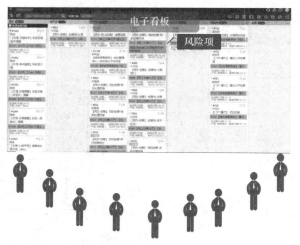

图18-11   站会的场景示例

18.8.2   版本迭代日历

任何规模化敏捷框架的本质都是对齐。而最轻量的规模化协同实践是版本迭代日历。它就像年历，让全国人民都知道周一至周五要上班，过年要回家一样，周而复始。

版本迭代日历规划了一年中所有的标准投产窗口，而研发周期本身是刚性的，不同的业务部门需要知道什么时候应该完成需求梳理和跨部门对齐，以保障需求能在下一个版本日投产。如果能够约束一个迭代开始和结束日期，将会让协作目标感更强；如果再加上迭代周期内的关键时间点，将会使紧凑的迭代更加有序。图18-12给出了年度版本迭代日历和小队迭代日历的示例。

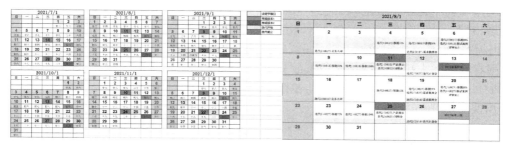

（a）年度版本迭代日历   （b）小队迭代日历

图18-12　版本迭代日历的示例

18.8.3　回顾会

没有任何一个团队不需要持续改进，所以说，如果管理实践只有一个，我们希望是回顾会，由此可见回顾的重要性。图18-13所示是一个回顾会的示例，它鼓励团队中的每个人参与，这非常重要，示例中的换椅子在实践中也真正做到了。

图18-13　回顾会的示例

回顾会的常见"坑"是回顾会不能坚持，表面上看是参与者没有时间，本质上是对回顾后的事项没有跟进成效。当然，也不排除管理者认为回顾会是在浪费时间。我常常会对小队长或效能教练说："研发人员是知识工作者，难道一直在写代码效率才高吗？你的行为让我觉得研发人员本质上就是在搬砖。"所以，前期需要想办法说服团队参与回顾会，后期需要跟进成效，才能让改变真正发生。

18.8.4　需求漏斗

想要构建稳定的节奏只有版本迭代日历是不行的，只有输入稳定，才能保障输出稳定。需求漏斗的重点在于需求规划的线上化，只有这样我们才知道具体堵点在哪里，才知道为什么研发并行度特别高，而交付本身又似乎不够快。

图18-14所示是一个需求漏斗的示例。这里强调远期规划、近期承诺、降低并行、增强承诺，根据有效的需求积压（待排期需求数）和优先级进行研发人员的调配，而不只是根据需求的多与少，做到人员调配的数据知情决策。

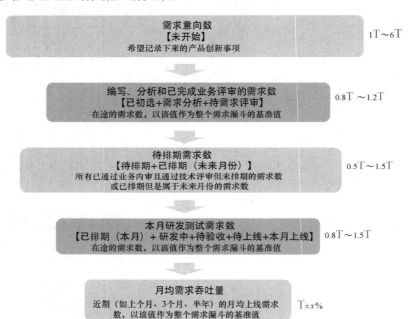

图18-14　需求漏斗的示例

注意，图18-14中的T代表吞吐量。需求漏斗是一种较特殊的漏斗，需求在往下漏的过程中存在累积的情况，以便各阶段进行一定的需求优选活动和应对需求阻塞等导致的临时置换。T前的系数代表一个行业经验值，在这个系数下，基本可以保障需求不断流，也不过度积压，形成相对稳定的需求流动，企业在实际应用过程中，可以根据实际情况调整这个系数。

管理和工程实践不一一罗列，需要结合团队问题、组织特点、所获支持，引入约束条件下最合适的实践。

18.9　立基线

在建立度量体系时，我们知道数据如何正确应用。在组织转型过程中，第一步应该是建立基线，建立基线通常有一个较长的过程，例如6个月甚至更长。同时，建立基线时，还要看是建立哪一段的基线。例如，可以先建立研发基线（从已排期至上线），后续再建立科技交付基线（从待排期至上线）。这在组织转型过程中一定要明确，避免概念不清导致的理解偏差。

图18-15所示是一个基线建立数据的示例，其从产能、时效、质量的维度逐步建立数据基线。优先对齐认知，在基线稳定后，再制定一些基于基线的改善措施。

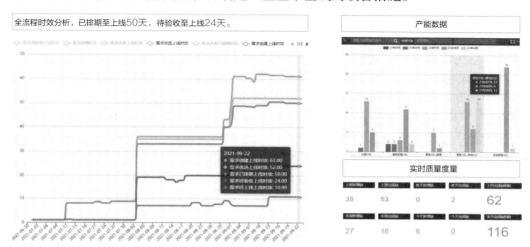

图18-15　基线建立数据的示例（来源：知微系统）

18.10　做改善

一个组织应该逐步完善一个基于人、事、流的评价体系，沉淀经验，将各种规则数字化，通过管理平台积累数据，让整体组织做到基于数据的决策。图18-16展示了一个软件研发数字化管理全貌的示例。

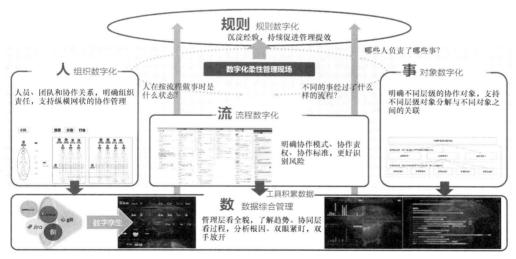

图18-16　软件研发数字化管理全貌的示例

做改善离不开各层级的管理对齐机制,组织需要构建适合自己的管理团队。需要注意的是,管理是一个不断纠偏、不断调整的过程。管理层务必要做到看数据、听声音,然后做决策,让数据服务管理,做到数据知情决策。

18.11　小结

本章介绍了规模化推广的9个步骤。前3步是规划阶段要考虑的,也是规模化推广的关键步骤,帮助想做推广的人员查漏补缺,判断准备过程是否充分。如果期望在组织内应用相关内容,需要做好差距分析和准备好应对策略,做到对准备工作心中有数,以备发生相关风险时应对有序,向上管理好管理者预期,向下管理好执行团队预期。中间3步是规划后的准备,涉及团队调整、推动人员、推动渠道,每进行一步均需要做好差距分析,以评估执行风险,同时,在准备阶段也可以不断迭代优化前3步的内容,以便更好地完成规模化推广前的准备工作。最后3步是检验前6步的关键标准,在落地过程中需要不断优化规划、发现更多合适的人员,保障组织能够持续发现问题、解决问题,并持续保障组织的竞争优势。拥有良好的规划,找到合适的人员,让具体实施的研发团队知道为什么要做、如何做、要达成什么目标才是一个完整的推广步骤。

至此,本章完成了规模化推广路线的9个步骤的全部介绍,期待读者有所收获,并开始自己的实践之旅。

第19章

综合案例：规模化产品研发管理

本章以某金融组织实际案例为基础，深入剖析版本火车机制如何驱动规模化产品研发管理和组织效能的飞跃。

随着大数据、人工智能等前沿技术的迅猛发展，金融科技正引领金融供给侧改革的深化，强化金融服务实体经济的效能，并加速财富管理市场的数字化转型步伐。在证券业全面拥抱数字化的浪潮中，构建强健、高效的软件研发管理体系已成为证券公司的核心战略之一。

2021年，某证券投资行业头部机构启动了组织全面数字化转型。该机构首先在业务领域对产品和服务等进行了梳理和调整，并将研发团队与业务团队和产品团队进行了对齐，形成了"业（务）产（品）研（发）"一体的部落组织形式。调整后，该机构形成产品、客群、渠道等多个部落，T（代号）部落是其中之一，E（代号）平台是T部落的核心数字化产品之一。

本章以T部落和E平台为例，阐述落地版本火车的案例背景、解决方案和实施效果。本章基于客户信息保密、篇幅有限和案例的复杂性等因素，在保证案例真实性和逻辑完整性的前提下，对案例进行了提炼和简化处理。

19.1 案例背景

E平台的主要用户是该机构内部4000多名投资顾问，覆盖投资顾问的客户展业、业绩分析、产品学习、社交成长等多个业务场景。T部落规模在70人左右，分成产品、研发、运营、数据4个核心职能，并辅以项目管理、UI/UE、架构师角色，研发团队内部划分为8～9个小组，用户触达渠道包括App、Web、小程序等。

相比其他部落，T部落已经具备较好的协作基础，例如员工地域集中、协作链上角色配置相对完整、产品负责人（product owner，PO）与技术负责人（technical leader，TL）合作基础好等。

在组织架构按照"部落制"调整优化后，T部落自行运作了一段时间，依然面临交付协作上的诸多挑战，具体如下。

- 业务团队和产品团队抱怨研发团队需求发布前置时间长，调阅历史数据显示，需求近似端到端①周期在14周左右。

---

① "近似端到端"中的"端到端"时效是指从需求纳入需求池开始到最终投产面向客户的完整时效。但由于案例中该组织的历史产品和研发交付数据不够完整且存在不一致性带来的数据偏差，无法有效获取这个时效数据，故截取其中相对完整和准确的"从需求进入评审到需求上线"的阶段性数据，因此是"近似端到端"，而非准确的端到端时效。

- 业务团队和产品团队抱怨研发团队交付"质量差"，开发出的产品特性经常与需求预期不符。
- 研发团队则指责要求的需求发布前置时间太短，导致加班赶工交付，质量难以保证，或者"需求质量"太差，需求表述不清，需要花费许多时间来理解。
- 研发团队抱怨需求方变更多、需求"加塞"现象频繁，给"按时保质"交付带来了更大的压力。

调研发现，小组间人员复用严重，各小组运作方式和节奏差异大，效能缺少有效度量，团队组建时间短、人员能力参差不齐、核心岗位职能缺位等进一步加大了以上挑战的难度，诸多因素相互关联和影响，让T部落管理者对组织改进无从下手。

与此同时，T部落即将迎来一轮"大考"。该机构每年第四季度会召开品牌升级发布会，T部落研发的数字化产品E平台需在4个月后升级，提供新的产品功能。但面对以上问题和挑战，T部落面临的产品上线压力巨大。于是，T部落邀请外部顾问进场进行咨询并对其进行辅导。

19.2　解决方案

经过关键访谈、实地观察、数据查阅等调研摸底后，外部顾问发现T部落面临诸多协同挑战，涉及组织阵型、运作节奏、协作价值流、需求管理、流程规范、度量体系、线上平台和工程能力等多个协同要素，要素之间相互作用和影响。这是一个系统性协作问题，如图19-1所示。

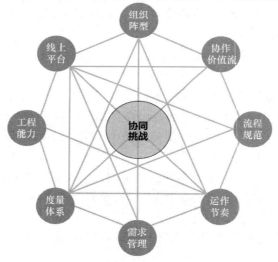

图19-1　T部落面临的系统性协作问题

既然是系统性问题，就需要从全局视角，以系统化的方法和机制进行优化改进。在分析协同要素和要素影响后，我们和客户达成共识，一期采用敏捷版本火车机制（简称版本火车）重点关注阵型、节奏、需求、规范、度量等方面（要素）的提升，同时牵引带动其他方面的改进，从而达到系统化改善组织协同能力的目标。二期从交付流水线角度进一步提升交付效能。版本火车具体措施对各协同要素的改善关系如图19-2所示。

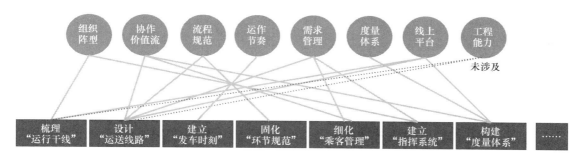

图19-2 版本火车具体措施对各协同要素的改善关系

下面主要以一期内容为主介绍案例。结合现实生活中高铁的运行方式和概念，具象化和实例化产品交付中的要素，以便读者更好地理解版本火车。

版本火车是一套规模化敏捷组织的运作机制。如同现实中，高铁向旅客提供了高速、准时、运载力强、可预测、稳定提速、运行体验好的运送体验一样，版本火车旨在帮助组织在产品交付过程中，改善其内部协作，提升交付效能，提高交付的稳定性和可预测性。

版本火车的一次运行，代表着一个稳定团队的一次产品版本交付。本案例的版本火车具体实施内容包括梳理"运行干线"、设计"运送线路"、建立"发车时刻"、固化"环节规范"、细化"乘客管理"、建立"指挥系统"、构建"度量体系"共7个方面。

19.2.1 梳理"运行干线"

梳理"运行干线"就是厘清哪些板块属于主力线路，哪些板块属于旁线支路；后续根据线路上的客源分配运力。梳理"运行干线"具体包括以下两方面。

（1）**产品板块划分**。板块基于产品价值主张清晰和典型用户深访，遵循"场景驱动，价值闭环"的原则进行划分。为了保持体验一致，也将PC与App端进行了板块对齐。最终将产品划分为"工作台""客户""产品""发现""我的"共5个主板块，向下细分10余个子板块。每个板块设立一位板块负责人，内部称为"板主"。

（2）**根据板块对团队人力进行对齐和投放，并进一步明确和优化分工**。这个过程尽可能遵循《人月神话》一书中的康威定律（见3.2.2节）。由于团队复用严重，产品又按照不同面客渠道分成了Web（含HTML5）、App（含小程序）等，前端人员技术栈分散，人员规模无法对应到具体板块。我们提出了"后端静态划分，前端机动作战"的动静结合的策略。在T部落办公空间内采用物理实物方式实地搭建了全景作战地图（地图设计见图19-3），对板块、板主、需求、人力配置等要素进行可视化呈现，提升产品迭代和研发交付中的信息透明度和团队协作效率。

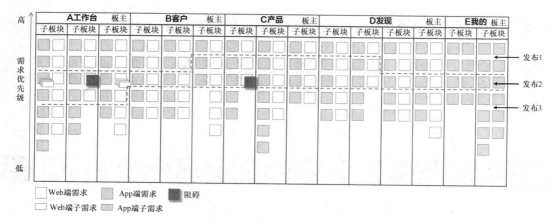

图19-3   全景作战地图设计

19.2.2   设计"运送线路"

正如现实生活中的火车运行都有具体的行进线路和停靠站点，产品研发也需要一个清晰的路径。

版本火车的一个核心内容是价值流的梳理和管理。在辅导之前，每个团队的交付过程、术语体系和流转规范是异常混乱的，缺少统一梳理和定义，这导致了无序的团队交付协作、各种低效沟通和无效返工等。例如，有的团队采用5阶段交付，有的则采用7阶段；产品团队和研发团队对"需求评审"作用的理解并不一致；研发团队内部，开发人员和测试人员对"需求提交测试"的标准达不成共识。

经过多轮访谈、设计、评审和沟通，在外部顾问的辅导下，最终各团队制定了相对统一的价值流。价值流具有如下3个特点。

（1）**遵循经典原则**。依据精益看板方法的价值流设计原则，"进行中"与"已完成"交替出现。

（2）**全链路端到端**。始于"需求池"，止于"发布上线"，涉及过程中18个流转的状态和2个辅助状态。

（3）**加强需求质量**。需求准备与需求实现均有9个状态，体现了对需求收集、分析、细化、优选等各环节的重视，旨在提升需求精细化处理的质量。高质量的需求是保证迭代化运作的重要前提。

梳理完毕后，统一更新电子看板，如图19-4所示。

在图19-4中，需求准备的9个状态包括需求池、需求分析（进行中、已完成）、交互设计、需求评审（进行中、已完成）、需求梳理（进行中、已完成）、迭代就绪；需求实现的9个状态包括迭代就绪、开发（进行中、已完成）、测试（进行中、已完成）、验收（进行中、已完成）、发布池、发布上线；其他包括挂起和抛弃。

图19-4　T部落价值流示意（电子看板）

19.2.3　建立"发车时刻"

火车的列车时刻表是火车运营的节奏。火车运营节奏一旦确定，向后倒排售票、检票等的时间窗口也能一并确定。在大规模产研协同交付中，建立和对齐多团队的节奏是非常有必要的，也是非常有挑战的。

这里的"节奏"指的是发版节奏，也就是在相对固定的频率或者经过相对固定的周期后，团队对实现的需求发布上线的时间的安排。通常意义上，拥有发版节奏的团队也是具备敏捷基础的团队。

1. 发版节奏与交付模式的选择

发版节奏和交付模式有很大的关联。较短的发版周期，意味着更频繁的价值交付和反馈闭环。这是敏捷理念所提倡的。反之则是传统的瀑布式、长周期、低频发布的模式。广义敏捷语境下，通常有如下两种交付模式。

（1）迭代式（sprint/interation）交付。当研发团队承接的需求是可提前规划的，适合采用敏捷迭代的方式运作。这是大多数情况下采用的模式。

（2）流式（flow）交付。少部分情况下，需求无法提前规划，团队处于"短时响应"交付状态，则可以采用精益流式交付。

经过调研评估后，除一个团队外，T部落绝大多数团队均可以采用第一种交付模式，即采用敏捷迭代方式，进行需求交付。

2. 发版节奏与迭代节奏

在确定采用的交付模式后，下一步需要确定的是发版节奏和迭代节奏的具体频率及其相互关系。发版节奏与迭代节奏根据"周期长短"和是否"迭代内发版"，可以分为以下5种模式，如图19-5所示。

（1）A1模式：迭代周期短于发版周期，迭代内发布版本。

（2）A2模式：迭代周期短于发版周期，迭代外发布版本。

（3）B1模式：迭代周期等于发版周期，迭代内发布版本。

（4）B2模式：迭代周期等于发版周期，迭代外发布版本。

（5）C模式：迭代周期长于发版周期，无须区分迭代内还是迭代外发布版本。

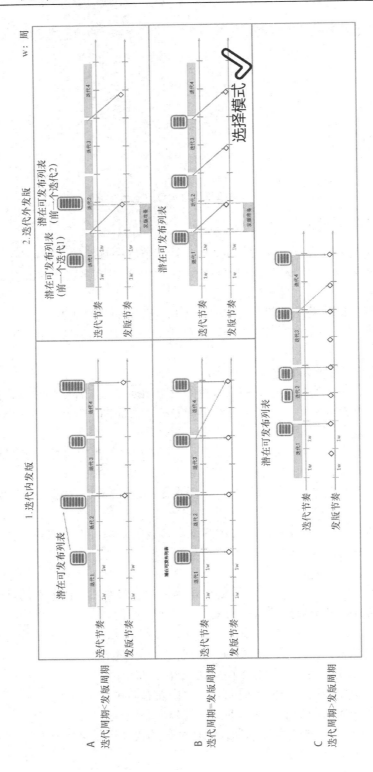

图19-5   发版节奏与迭代节奏对应的模式

经过综合评估和与部落核心成员的沟通后，最终确定采用B2模式，即迭代周期与发版周期一致，并在迭代外发布当前迭代的版本内容。该模式具有以下两个特点。

（1）发版周期与迭代周期同频。每个迭代从周一开始，跨度2周，周期长度适中，运作节奏强。

（2）发版与迭代轻微"错开"。在迭代结束后，次周完成发版。迭代内团队专注交付需求，避免发版对"时间盒"的挤压。

经过外部顾问和部落负责人的几次沟通后，部落决定所有团队一次性拉齐各自的运作周期和节奏，由此迭代节奏和发版节奏不再是单一团队的"心跳"，而是T部落一致的"心跳"，如图19-6所示。

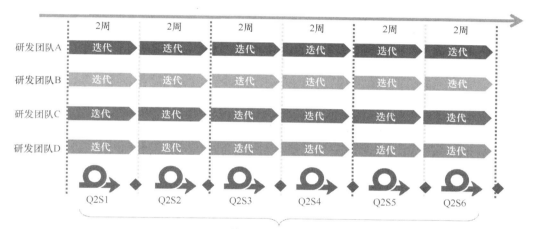

图19-6　T部落统一迭代节奏与发版节奏，建立统一"心跳"

统一节奏为部落规模化交付管理带来了以下5个显著改变。

（1）有助于产品版本计划更顺畅。

（2）有助于团队自身交付更聚焦。

（3）有助于团队之间协作更高效。

（4）有助于多渠道端上线更一致。

（5）有助于部门整体管理更有序。

19.2.4　固化"环节规范"

现实生活中，乘客若要乘坐高铁抵达终点，要经过买票（建立承诺）、检票（持有的凭证符合要求）、到站等环节，在每个环节中都要遵循一定的规范。同样，版本火车在运作中也需要针对核心环节制定相应的规范，从而保障有序交付，避免混乱和浪费。

1．核心环节

T部落运作版本火车的核心环节具体如下。

（1）买票，即需求澄清会。

- 时间：迭代开始的前一周的周五。
- 目的：产品团队和研发团队的第一次正式"握手"。产品团队就计划纳入下一个迭代周期的需求向研发团队讲解需求；研发团队评估需求概要设计的必要性，识别外部依赖，初步进行工作量评估。

（2）检票，即迭代计划会。

- 时间：迭代开始那一周的周五。
- 目的：作为迭代开始的标志（正式开车是次周周一，迭代为期两周）。明确迭代目标、确认迭代交付范围、评估工作量及认领需求等。

（3）到站，即迭代评审会。

- 时间：迭代开始后第二周的周五。
- 目的：作为迭代结束的标志。对照迭代交付范围，研发团队演示迭代成果，产品团队给予反馈。

"买票"（需求澄清会）和"检票"（迭代计划会），分别在前后两个周五举行，如图19-7所示。因此，每周周五成了整个部落一个特殊的日子，也形成了T部落每周五"买票—检票—买票—检票……"交替循环的节奏。

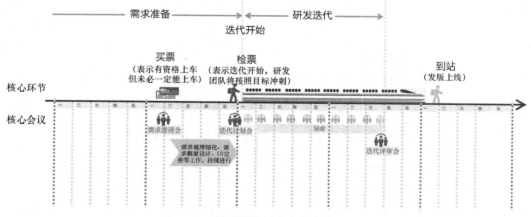

图19-7　T部落运作版本火车的核心环节

2．流转规范

如前文所述，T部落采用线上化看板平台进行交付协作。在平台上，产品需求等以卡片形式在不同价值流环节（看板列）中流动和流转。各个团队在"买票""检票""到站"等环节中，会频繁更新和拖动卡片，因此在明确了价值流和核心环节后，外部顾问进一步与团队细化和交流，确定了价值流的流转规范，对齐了上下游认知，形成了统一规范，避免流转混乱和返工浪费。如图19-8所示，流转规范具体分为以下3个部分。

（1）**核心工作**：明确卡片在当下看板列的工作内容。

（2）**流转规则**：明确卡片向下一个看板列流转时需要满足的条件，可以看作卡片移出当前列的"准出条件"。流转规则部分用看板卡片的字段填写要求来控制。

（3）**流转角色**：明确负责移动卡片的具体角色，以保证卡片移动的有效性。

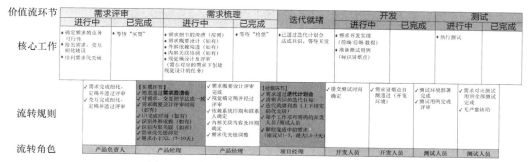

图19-8　T部落价值流流转规范示意（局部）

19.2.5　细化"乘客管理"

高铁作为一种交通工具，其目的是将乘客快速、准时、安全和体验良好地送抵目的地。在版本火车中，"乘客"便是部落需要交付的需求（第17章中"价值"的一种主要类型）。当"客流量"大的时候，需求容易出现拥堵和等待；当"客流量"小的时候，运行的火车又会出现"空跑"，使用效率不高。

需求质量是敏捷管理特别重视的一个领域。正如行业里经常说的那句"垃圾进，垃圾出"（形容进入一个处理过程的输入项的质量非常低，达不到既定要求，那么很可能经过这个过程的处理后，输出项的质量也会非常低）。

需求管理是一个范围比较大的话题，需求生命周期包括需求探索、需求设计、需求实现和需求验证4个阶段和若干小环节。

从版本火车的角度，重点关注需求池化、优选和颗粒度，以及渐进精细加工。

1. 池化、优选和颗粒度

经过业务探索和需求收集后，需要建立"需求池"，并以"池化"方式管理。需求池化管理的是需求管理的源头，其目的是保证需求平稳、持续地供给。上游供给充足和稳定，下游的需求设计（含分析）阶段方能有源头活水，避免需求断流带来的团队无效空转。

需求池化同时也是需求优选的前提。通常在需求绝对价值难以量化的情况下，需求的相对价值是通过对比选择来完成的。这个过程称为"需求优选"，或者需求优先级排序。在辅导T部落进行需求优选的过程中，两个原则被反复强调，即优选面向目标，基于产品路线图；优选需要同时考虑产品需求价值和实现成本。

此外，在较复杂和大型业务情况下，需求起初以各种颗粒形态出现，优先级也不尽相同。因此，在需求准备过程中，随着诸多需求的分解，可能会不止一轮地进行需求优先级排序。在

T部落，我们推荐使用了"T恤估算法"来评估工作量，需求在准备过程中，被不断从XL（特大号）逐步分解到L（大号）和M（中号）。待到迭代计划会时，需求已分解成近似大小（中号或者小号），最终按照优先级高低安排"检票"，进入迭代交付。

2．渐进精细加工

在价值流中，需求被一道道精细化地加工，除了体现在颗粒度上，还体现在需求自身的细节上。而需求的细节就体现在需求的内容及其特性字段的丰富上，如图19-9所示，图中"+"号代表在当前阶段，相较前一个阶段增加或进一步明晰了哪些（新的）字段。

一个需求在处理初期，所带信息比较少，例如，在需求池阶段需求只需要有需求名称、需求分类和期望上线时间（业务团队提出）即可；随后需求被选择进入后续阶段，将经历优选、分析、分解、分配、设计、评估、评审等一系列活动，在这一系列活动中，需求的内容得以细化和补充，需求的特性得以丰富和完善。这个过程便是需求精细加工的过程。

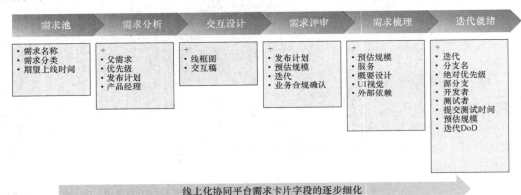

图19-9　需求加工渐进精细

渐进精细加工体现在线上化协同平台上，便是需求卡片字段的逐步补充完整。一开始需求进入需求池，可能只有需求名称、需求分类、期望上线时间等简单内容，当完成整个需求准备过程后，需求具备超过20个字段，覆盖包括类型、时间、从属关系、优先级、关联人、迭代/发布计划、工作量评估、核心岗位确认、外观、设计、技术等在内的10多个维度的信息。

这种"渐进加工感"正确和完整地反映了需求准备的客观情形，使产品团队和研发团队更容易接受和采纳。从另一个角度，一个需求在各个增值活动中不断打磨，渐进精细化，由粗到细的过程，本身就是一个敏捷理念实现的过程，甚至与精益产品思维中的MVP概念不谋而合。这种方式既解决了"一句话需求"带来的难理解、高返工的需求低质量问题，又避免了一上来就追求大而全，过度"完整"的需求文档带来的高门槛问题。前者给研发团队提出了很大挑战；后者给业务团队和产品团队造成了沉重负担。

19.2.6　建立"指挥系统"

介绍完板块梳理清晰（干线）、资源投放合理（运力）、价值流设计明确（线路）、运作节奏建立（发车时刻）、协作标准达成共识（规范）及加强需求管理（乘客）之后，要将整套机制动态运作起来，让整个部落的版本火车真正跑起来，就需要一个"指挥系统"。这个指挥系统的核心是决策和调度，也就是需要一种方式让T部落核心管理层能统揽全局信息，及时在19.2.1节至19.2.5节介绍的5个方面做出决策和调整，保证部落所有版本火车的正常运转。这个指挥系统包括指挥团队、指挥载体和指挥会议。

1. 指挥团队

如前文提到，尽管T部落的协作机制的岗位配置比较完整，但部落组建没多久，面临部分成员配合时间短，个人和小队能力参差不齐，以及部分核心岗位空缺等难题。在这种情况下，要在短期内将版本火车运作起来，让整个部落的产品创新设计和交付节奏提速，必须在初期建立一支职能齐全、理念一致、影响力足够、敢于决策的指挥团队。

指挥团队本身也是敏捷中的跨职能团队，其核心是本部落关键职能的负责人，同时纳入数科委（数字化转型科技委员会）代表、UI/UE总监、外部顾问、内部效能教练和工程效能负责人等5个来自不同部门的核心角色。指挥团队的结构形态类似于一个SoS（Scrum of Scrums），但与传统的SoS团队相比，本案例中的指挥团队成员职能更为全面和完整，如图19-10所示。

图19-10　指挥团队组成结构示意

指挥团队的目标是多方对齐目标、同步关键信息，定期举行部落站会、加强敏捷协同，对规范、制度达成共识、加快内部落地。

2. 指挥载体

考虑到E平台发布面客时间紧迫，指挥团队主要采用两个指挥载体：一是全景作战地图，二是微信群。

全景作战地图如图19-11所示。它是一种元素丰富、直观立体的综合呈现方式，展现元素包括产品板块、负责人、人力投入（多职能，动静结合）、产品需求（及卡片上更丰富的内容）、用户渠道、节奏（规划、买票、检票）以及风险等信息。团队成员既能直观地看到地图全貌，又能了解各种元素当前的状态和关系，可以说是"既见森林，又见树木"。

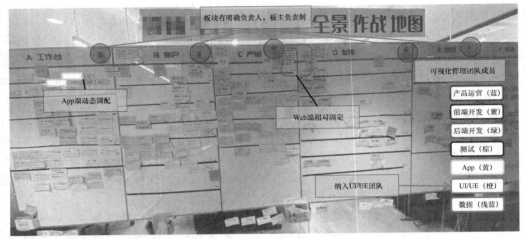

图19-11 全景作战地图

地图通常每天下班前更新，以便次日早上的部落指挥会议的信息相对实时和准确。

微信群的主要作用是及时同步信息，实时暴露风险，加速解决问题。

值得一提的是，经过前期方案设计，沟通并达成共识，部落内部已经建立起了"先买票，再检票"的规律节奏。而且相比传统的澄清、评审、梳理、计划等容易混淆的术语体系，"买票"和"检票"更容易理解和形成新的协作语言，在指挥团队的微信群中可体现，如图19-12所示。

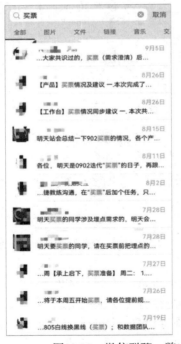

图19-12 微信群聊一瞥：建立新的协作语言体系

3. 指挥会议

指挥团队围绕全景作战地图的站会（简称高层站会），在E平台的产品升级冲刺过程中，发挥了关键作用。高层站会周一、周三、周五隔天召开，每次时长20～30分钟，要求指挥团队全员参加。高层站会的形式是指挥团队全员在全景作战地图前，站立举行。

高层站会的目的是同步当前状态、暴露问题、明确待办清单、按必要性调整决策。高层站会的内容包括：

- 各板主作为板块代表，向参会者同步本板块状态和进展，暴露风险；
- 前后端技术负责人同步技术风险，与各板块对齐认知；
- UI/UE和运营代表同步产品整体交互设计方面的状态；
- （后期）运营人员同步产品整体运营工作的准备情况；
- 跟踪上次高层站会待办清单完成进展，明确本次待办清单的负责人和完成时间；
- 外部顾问就目前产品运作过程情况与参会者同步和反馈，并就运作方式等方面提出必要建议和要求；
- 部落长/产品负责人就关键决策事项同步。

指挥团队的会议相对简洁，其他会议不赘述。

在T部落这个案例中，由于部落对E平台的升级上线有明确的冲刺时间底线，所以"指挥系统"的作用在"中程跑"类型的场景中非常显著。即使在日常交付场景中，指挥团队（人）、指挥载体（工件）、指挥会议（仪式）对版本火车的长效运作依然非常重要。

19.2.7　构建"度量体系"

在规模化研发交付场景下，组织会更加注重对效能的度量。T部落面临以下3个常见的问题和挑战。

（1）如何设计适合本组织的度量体系。

（2）如何将度量落地到具体的线上化协作平台上，客观、准确、及时地完成数据采集。

（3）如何有效地运用度量结果，将其落实到具体行动和实践上，促进团队持续改进。

经过与T部落、工程效能部门、项目管理办公室的几轮访谈和沟通后，结合Adapt框架的度量体系和该机构、T部落的具体情况，我们设计了"三四四"的度量体系，即"3个原则，4个维度，4个北极星指标"。

度量体系中的3个原则具体如下。

（1）关注整体。研发交付是一个整体系统，它的度量指标也应当是一个整体。因此，度量体系的构建需要强调核心度量指标之间的关联性和相互作用关系，避免形成局部或者片面的无效甚至无益的度量。

（2）重视实用。在度量指标数据的应用领域，核心聚焦于引领团队行动、行为及实践的精准导向，旨在激发期望中的行为转变，助力管理者清晰确定优化策略与提升路径。

（3）渐进演化。渐进演化强调度量指标的设计本身也是渐进完善的，因此一开始只对4个北极星指标进行设置和度量。

经设计，度量体系被抽象为多、快、好、控4个维度，如表19-1所示。Adapt框架的度量体系包括多、快、好、赞4个维度，在落地T部落过程中，客户希望能更加突出"过程性指标"，因此将"赞"（业务效果好）替换成了"控"（过程交付优化可控）。

表19-1　多、快、好、控4个维度的度量体系

维度	说明	北极星指标
多（产能）	团队"消化"需求的能力。产能指标在一定程度上代表团队的协作能力、工程能力、需求质量等各个维度的综合能力	团队产能
快（周期）	需求发布前置时间是迭代运作、工程水平的另外一个体现，是影响业务满意度的一个重大因素	需求发布前置时间（85%分位数）
好（质量）	质量问题、工程水平往往也是影响团队产能的重大因素。通过度量缺陷密度、工程实践等指标来反映团队的质量内建水平	缺陷密度
控（过程）	通过动态展示迭代过程中的各项指标，如迭代完成情况、需求发布前置时间等，来更好地指导团队的复盘改进点	迭代完成率

在4个维度内，包括北极星指标和群星指标。表19-2中列出了4个北极星指标的内容。

表19-2　4个北极星指标

指标名称	团队产能	需求发布前置时间（85%分位数）[5]	缺陷密度	迭代完成率
指标意义	指标数值越高，表明单位周期[1]内，团队产能越高，团队消化需求的能力越强	该指标覆盖了需求的全生命周期，包括需求准备、需求实现、需求上线3个核心环节的全过程	产生缺陷的原因：需求遗漏、需求理解偏差、系统设计偏差、开发实现质量低、环境问题、分支错误提交等 该指标供团队成员以及管理者了解迭代内的需求逐层加工后交付至测试的质量；交付至测试后发现的缺陷属于偏晚发现的缺陷，发现得越晚，返修成本越高	该指标主要用于衡量团队迭代计划及其执行的有效性、合理性，牵引合理规划，避免过度承诺；该指标是团队（跨职能）指标，并非只是针对研发团队
指标解读	理想情况下，该指标数值不应出现大幅波动，期望稳中有升 如果出现忽高忽低的波动，应重视其原因	指标数值越低，说明需求的平均发布前置时间越短，团队内部协作水平越高，团队整体响应能力越强。由于本维度数值是长时间（90天）的分位值，故理论上不应出现大幅波动，若出现，需重视和分析	数值呈现降低趋势，说明团队各角色协作水平高，质量建设程度高；数值呈现忽高忽低或者持续较高趋势，说明团队成员的协作需要加强，需要重视质量活动	迭代完成率并非总是100%就是最好的，若如此，可能说明团队缺乏挑战。该指标保持在80%左右比较合理，低于80%需要引起关注
使用场景	迭代计划：作为历史数据，用于需求的交付预测、迭代的容量规划 回顾会：中周期回顾、中长周期回顾[2]	回顾会：中周期回顾、中长周期回顾	回顾会：中周期回顾	迭代过程中作为进度判断的一项输入 回顾会：中周期回顾

续表

指标名称	团队产能	需求发布前置时间（85%分位数）[5]	缺陷密度	迭代完成率
期望行为	引导团队合理拆分需求 规划的需求尽可能不跨迭代，需求发布前置时间缩短 团队人数保持稳定	通过3个核心环节的分别改进，缩短各环节的需求发布前置时间，从而缩短端到端的整体时效	改进该指标时需要分析造成缺陷的原因，原因可能来自多个方面，如需求遗漏、需求理解偏差、系统设计偏差、开发实现质量低、分支错误提交、环境问题等	需求数量合理规划 需求质量严格把关 依赖风险尽早识别 按优先级有序开发
避免行为	过度追求需求的数量，导致无意义的过度需求拆分，避免为了追求数值提高，将非需求（类似缺陷）归入需求	为改善数据而出现的人为"延迟开始"或者"提前结束"	为了数据好看，在系统中有意少提甚至不提缺陷 故意将缺陷转换成需求，缺陷转需求应经过测试、产品、开发共同决策认可，而不能单方决定 为了数据好看，在一个大缺陷中包含很多类型的缺陷	避免迭代预估保守
改进举措	在INVEST原则[3]基础上的合理拆分 其他内容具体参考其他指标的内容[4]	**需求准备** • 需求拆分合理，单迭代可交付 • 需求设计清晰，产品和研发团队澄清共识 • 需求工作量合理估算 • 评估第三方依赖，合理规划排期 **需求实现** • 结合历史容量，合理规划迭代 • 优化提交测试环节和产品验收环节 • 站会关注拥堵、等待等情况，推动解决 • 站会关注迭代完成率和缺陷 • 协作平台配置合理，数据更新及时 **需求上线** • 分析发布前置时间的耗时因素，缩减"等待发布"时间 • 提升部署发布工程能力，如自动化测试部署	**需求**：需求合理拆分；鼓励编写验收标准，明确验收条件；需求反讲 **研发**：鼓励采用部分工程实践提升代码质量；自动化测试；桌面检查 **分支**：明确分支模型，明确代码提交规则 **环境**：清晰划分部署包晋级模式，加强自动化部署	根据团队容量及历史速率来辅导团队合理规划迭代需求 通过增加需求评审环节、定义需求准入条件等方式加强需求质量 提前识别依赖及风险项，通过站会同步依赖及风险的解决情况 辅导团队按照优先级开发并聚焦完成，避免并行任务过多造成拥堵

注：1. 单位周期指用于统计的周期，组织根据自身情况设定，可以从2周到1个季度不等。

　　2. 中周期通常指季度、半年度；中长周期通常指年度。

　　3. INVEST原则：一个好的需求（用户故事）应当具备6个特点，即独立、可协商、有价值、可估算、短小、可测试。

　　4. 团队产能是4个北极星指标中更偏综合性的指标，用于牵引时效、质量和过程等其他指标，改进措施具体体现在其他指标上。

　　5. 需求发布前置时间（85%分位数），即"取数日"向后统计90天内处于85%分位的需求发布前置时间数值，也可以看作具备85%信度的需求发布前置时间。

除本节介绍的7个具体措施，我们还帮助T部落在协同平台、交付工程能力、产品创设、内部教练培养等方面进行不同程度的优化和提升，从多个层面助力组织落地版本火车，促进整体效能提升，沉淀数据资产和组织能力，这里不赘述。

19.3　实施效果

经过4个多月的现场咨询和辅导，版本火车在T部落得到了广泛认可和较好落地，在业务结果、交付过程和组织能力3个方面都取得了显著成绩。

19.3.1　从业务结果上看

T部落的E平台在面临许多挑战和不确定因素下，如期交付投产。在当年的该机构的新品发布会上，以"数字化、专业化、智能化"亮相业界，大幅提升了内部投资顾问的展业效率，改善了工作体验，投资顾问借助E平台更好地为客户创造价值，用科技传递温暖，让客户获得更多的幸福感和获得感，E平台因此受到券商同业的高度关注和肯定。

同时，借助版本火车，E平台提升和完善了软件研发管理体系和工具体系建设。在当年的技术行业年度峰会上，E平台从评选中脱颖而出。

19.3.2　从交付过程上看

T部落的多个团队的交付质量和交付效率都有显著提升，团队产能稳步提升，如图19-13所示。

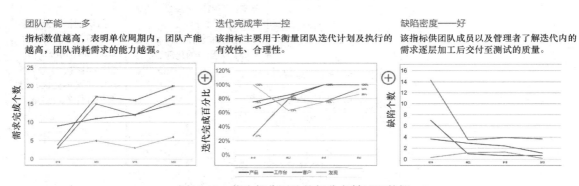

图19-13　截取部分团队的部分交付过程数据

从周期维度上，如图19-14所示，每10天作为一个采样时点，共采样8次，每次采样过去60天内需求发布前置时间的85%分位数，App团队时效缩短约44.9%；Web团队时效缩短约37.7%，需求发布前置时间改善显著，如图19-14所示。

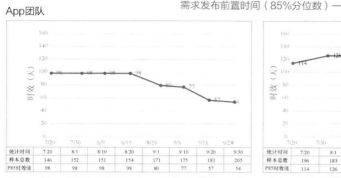
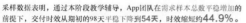
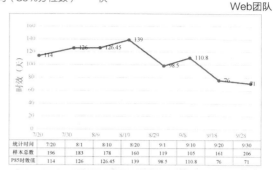

采样数据表明，通过本阶段教学辅导，App团队在需求样本总数平稳增加的前提下，交付时效从期初的98天平稳下降到54天，时效缩短约**44.9%**。

采样数据表明，Web团队需求样本总数呈现先下降再迅速回升的趋势，在此前提下，交付时效从期初的114天波动下降到71天，时效缩短约**37.7%**。

图19-14　截取团队的需求发布前置时间改善数据

19.3.3　从组织能力上看

　　组织敏捷的教辅和版本火车的落地最终会沉淀在组织整体能力上。总体来看，组织能力的提升主要体现在以下4个方面，如图19-15所示。

　　（1）**节奏**。建立节奏，意味着在需求交付过程中，T部落明确了在什么时点该做什么事情。具体来说，建立了4个节奏，即迭代节奏、发版节奏、指挥会议（部落站会）节奏，以及各板块团队站会节奏。

　　（2）**规范**。制定规范，意味着T部落清楚在关键环节上需要达到什么要求和标准。4项核心规范包括端到端价值流、关键环节价值流转规则、敏捷会议（需求澄清会、迭代计划会、站会、迭代评审会）规范，以及部落全景作战地图的规范。

图19-15　T部落组织能力提升的4个方面

　　（3）**平台**。通过优化平台，T部落统一了线上化协作平台的使用方式和规范要求，具体包括流程可视化、规范细化、体验优化以及数据量化4方面。

　　（4）**度量**。通过建立度量，T部落明确了如何建数（构建指标）、取数（数据采集）、读数（数据分析）以及用数（引导行为，应用提升）。最终组织确定了包括4个维度、4个北极星指标和12个牵引观测指标的综合度量体系。

19.4　小结

　　从本章案例中可以看出，尽管版本火车有一个基本的框架体系，但其设计、实施和落地远非简单套用其架构所能达成。版本火车的精髓在于在实施过程中必须细致入微地考量组织独有的结构特点、业务范畴的广度与深度、团队内在的组织能力与协作效率、组织成员对新模式的认知接受度、组织当前所处的发展阶段与未来愿景的契合度，以及长短期的战略目标与外部环境变迁的适应性，甚至是物理空间、技术条件等客观因素的限制。所有这些因素共同构成了版本火车落地的复杂条件，决定了其切入点的精准选择与建设路径的灵活调整。

希望读者了解，本案例是从一个相对静态的视角去描述版本火车的各个方面和维度的，没有展开介绍具体的建设路径和遇到的挑战和问题。但真实的落地过程是充满各种挑战、不确定性及约束条件的。实际的落地过程本身也体现了"行动中学习，迭代中优化"的敏捷理念。这往往需要经验丰富的顾问团队与客户组织协作，结合组织实际情况，有针对性地裁剪设计、变通取舍，以及与组织核心层大量沟通，达成共识，结成联盟，共同努力，利用版本火车推动组织规模化敏捷能力的建设，打造具备高响应能力的敏捷组织。